高等学校制药工程专业规划教材

基因工程制药

Genetic Engineering of Pharmaceuticals

李德山 ◎ 主编　　任桂萍 ◎ 副主编

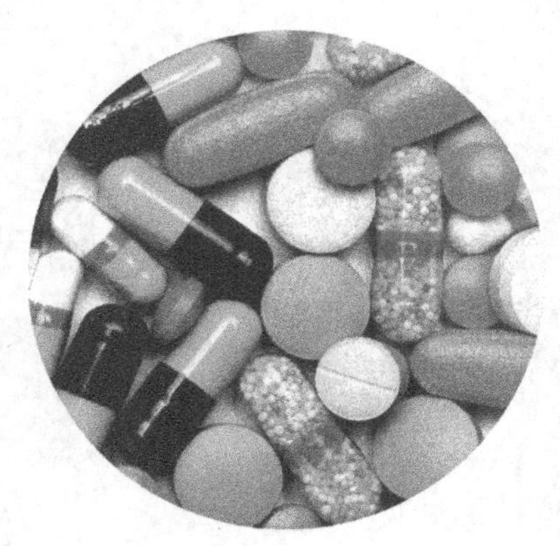

化学工业出版社

·北京·

本书共分五章，全面系统地介绍了基因工程制药概论、基因工程制药、抗体工程制药、基因工程药物设计与研制方法、基因工程疫苗等内容，涵盖了研发基因工程药物的基本理论和相关技术。全书具有较强的理论性、科学性。

本书适合各高等院校生物制药专业及相关专业学生教学使用，也可供制药行业从事研究、设计和生产的工程技术人员参考。

图书在版编目（CIP）数据

基因工程制药/李德山主编. —北京：化学工业出版社，2010.1（2024.1重印）
高等学校制药工程专业规划教材
ISBN 978-7-122-07182-8

Ⅰ. 基… Ⅱ. 李… Ⅲ. 药物-制造-基因工程-高等学校-教材 Ⅳ. TQ460.38

中国版本图书馆 CIP 数据核字（2009）第 215814 号

责任编辑：何　丽　徐雅妮　　文字编辑：李　瑾
责任校对：陈　静　　装帧设计：关　飞

出版发行：化学工业出版社（北京市东城区青年湖南街 13 号　邮政编码 100011）
印　　装：北京虎彩文化传播有限公司
787mm×1092mm　1/16　印张 13　字数 344 千字　　2024 年 1 月北京第 1 版第11次印刷

购书咨询：010-64518888　　售后服务：010-64518899
网　　址：http://www.cip.com.cn
凡购买本书，如有缺损质量问题，本社销售中心负责调换。

定　　价：40.00 元

《基因工程制药》编写人员

主　　编　李德山

副 主 编　任桂萍

编写人员　（按姓氏笔画排名）

丁良君　王文飞　尹成凯　尹杰超　叶贤龙

朱慧萌　任桂萍　刘生伟　刘铭瑶　孙国鹏

李　璐　李晋南　李德山　吴　桐　吴云舟

张　薇　郝景波　侯玉婷　姜媛媛　姚文兵

徐黎明　高华山

前　言

现代生物技术（Biotechnology）的核心是重组DNA技术。1972年，斯坦福大学Paul Berg博士创造了第一个重组DNA，从而掀开了现代生物技术的新纪元。之后，加利福尼亚大学Herbert Boyer教授与Eli Lilly制药公司一起研制出人重组胰岛素，并于1982年正式推向市场，开创了基因工程制药的历史，开始了现代生物医药的商品化时代，即生物经济时代。在此之后的20多年中，基因工程制药得到了迅速发展。随着分子生物学的不断进步，如PCR/RT-PCR技术，基因芯片技术，荧光定量PCR技术，RNA干扰技术的问世，特别是人类基因组计划的完成，更加速了基因工程制药的发展步伐。

21世纪是生物技术世纪，一场生物产业革命正在兴起。在小分子药物陷入低谷的21世纪初始，生物医药却独树一帜，犹如初生的朝阳，蓬勃发展，生物医药公司纷纷成立。据美国生物技术工业组织统计，截至2004年3月中旬，美国已有1473个生物技术制药公司，总资产超过3110亿美元，雇员近20万人。生物技术制药已成为美国的重要产业之一。全球范围内正在研制的生物药物有2000多种，其中80%已进入临床试验。由于生物医药产品解决了常规药物无法解决的医学难题，生物医药产品的回报率令人瞩目，销售额逐年攀升。根据Johnson & Johnson 2008年的年终报告，年销售额最高的药物是治疗类风湿性关节炎的抗TNF-α抗体药物-Remicade（infliximab），2008年销售额达37.48亿美元，比2007年增长12.7%；治疗贫血的药物重组红细胞生成素Procrit（Epoetin alfa）2008年销售额达24.6亿美元，比2007年增长了14.7%。重组蛋白药物逐渐成为治疗人类重大疾病的主流药物。

我国生物医药领域起步较晚，技术方面还相对落后。但是中国政府对生物医药领域的发展给予了高度重视，2007年国务院制定了我国“十一五”生物产业发展规划，把生物医药产业作为拯救千百万危重病人的民生工程，作为提高中华民族国际地位的世纪工程之一。截至2007年，全国进入临床研究的生物新药已达150多个，已有基因工程干扰素等21种生物技术药物投入生产，脑恶性胶质瘤、血友病B等疾病的6种有自主知识产权的基因治疗方案进入临床阶段。

中国的生物医药事业正方兴未艾，需要大量的技术人员和后备力量。本人曾在美国Eli Lilly制药公司工作多年，从事生物医药的研发工作，积累了大量的理论基础和实践经验。2006年回国，为将一生所学献给祖国的生物医药事业，特组织有关专家学者编写此书。

生物医药的核心是重组蛋白药物，本书以当前国际上竞争最激烈的基因工程药物、抗体工程药物和基因工程疫苗为重点，并涵盖了研发基因工程药物的基本理论和相关技术。此书将面向21世纪高等学校生物制药专业的学生和教师，以及具有一定生物学基础的生物制药公司、企事业的专业技术人员和管理人员。希望此书的出版能为祖国生物医药的发展尽微薄之力。

在此书完成之际，感谢李宁、谷学佳、高学慧、高振秋、郝健权、曲栗、张巧、齐云峰、王菁、颜世君、孙阳、王琪、高红梅、王秋颖、张振宇、张宇、刘艾林、曹荣邱和刘雪莹等在书稿的校对过程中付出的辛勤工作。

由于时间仓促和水平所限，书中难免有不妥之处，望读者批评指正，在此表示不胜感谢。

李德山

2009年9月

目　录

第四章　基因工程药物设计与研制方法 ………………………… 151

第五章　基因工程疫苗 …………………… 173

第一章　基因工程制药概论

第一节　基因工程制药的发展历史

自古以来，人们在不懈地与疾病作斗争的过程中总结出了大量的宝贵经验和成果，其中，生物制药技术便是这些成果中的一枝奇葩。

在古代，生物制药指的是利用动植物等天然存在的生物制作药物。18世纪，人们开始开发以生物制药学和生物学为基础的治疗产品。半个世纪以来，人们对DNA及蛋白质的结构的研究越来越深入，清楚地认识了其结构，以及对各种生化制品的分离纯化的技术越来越成熟，基因工程制药便应运而生。基因工程制药是利用重组DNA技术，结合发酵工程、细胞工程、酶工程等现代生物技术研制预防和治疗人类、动物重大疾病的蛋白质药物、核酸药物，以及生物制品的一门技术。由于新技术的开发和利用，基因工程制药是一门朝阳产业，具有无比的生命力，并且在今后相当长的一段时期里还会不断地发展进步。

一、传统的生物制药技术是现代生物制药的基础

在我国，人们利用生物制药可追溯到公元前。那时，人们已经开始利用动植物来治疗疾病。早在公元前597年就有使用类似植物淀粉酶类物质的记录，其后葛洪著《肘后良方》、沈括著《沈存中良方》进一步扩展了生物药物的使用，直至明代李时珍著《本草纲目》将中医药的应用和发展推到了一个历史的高峰期。

几千年来中国劳动人民在与疾病作斗争的过程中，通过不断的实践、认识，逐渐积累了丰富的医药知识。中国医药学数千年的历史，是中国人民长期同疾病作斗争的极为丰富的经验总结，对中华民族的繁荣昌盛有着巨大的贡献。由于药物中植物类占大多数，所以记载药物的书籍便称为“本草”。直至现今，中医药仍具有很大的发展潜力。中医药取材广泛，遍及动物、植物、微生物。除了人们熟知的草药外，各种真菌类、动物器官，甚至是一些动物的排泄物也可入药（如五灵脂，又称寒雀粪，为鼯鼠科动物橙足鼯鼠和飞鼠的干燥粪便）。

现今，我国的科学工作者用人工方法或生物学技术将中草药的有效成分大量生产，并研究其作用机理，使我国流传了几千年的中草药有了新的发展。

在西方，是从人们利用牛痘疫苗预防天花开始。1796年，英国医生琴纳（Jenner）发明了用牛痘疫苗预防天花病的方法，从此，用生物制品预防传染病得以肯定。1860年，巴斯德发现细菌，为抗生素的发现奠定了基础。1928年英国人弗莱明（Fleming）发现青霉素，标志着抗生素时代的来临，并推动了发酵工业的快速发展。1941年青霉素在美国开发成功。青霉素的大量生产挽救了一大批病人，使他们免于细菌感染所导致的死亡，特别是在第二次世界大战中拯救了许多伤病员。随后，美国人瓦克斯曼（Waksman）第一个将从放线菌中发现的链霉素作为抗菌药品治疗结核病，并取得了令人振奋的效果。在20世纪50年代，各种不同类型的抗生素相继被发现，同期又发现了黑根霉可进一步转化孕酮成11α-羟基孕酮，从而使可的松的大量生产成为可能。

20世纪60年代以来，从生物体内分离纯化酶制剂的技术日趋成熟，酶类药物得到广泛应用。尿苷激酶、链激酶、溶菌酶、天冬酰胺酶、激肽酶等已成为具有独特疗效的常规药物。70年代，Zenk等人开始研究应用植物细胞培养技术来生产植物药物。

传统的生物制药技术的成就，无论在东方还是西方，都是人们在对更好的医疗卫生条件、更高生活质量的不断追求中取得的，是以不断前进的自然科学发展为基础的。随着现代科技的迅猛发展，以生物技术等高新技术为标志的新科技革命的到来，生物制药也掀起了一次新的发展浪潮，以基因工程制药为核心的现代生物制药为生物制药产业注入了强劲的动力，打开了光辉的前景。

二、基因工程制药是现代生物技术制药发展的核心

现代生物技术是指对生物有机体在分子、细胞或个体水平上通过一定的技术手段进行设计操作，为达到一定的目的，改良物种质量和生物大分子特性或生产特殊用途的生物大分子物质等，包括基因工程、细胞工程、酶工程、发酵工程，其中基因工程为核心技术，是基因工程制药的基础。

20世纪50年代，沃森、克里克提出了DNA双螺旋理论，为基因工程制药奠定了理论基础。70年代，发展的重组DNA技术、单克隆抗体技术使生物制药进入到基因工程制药这一崭新的时代。自1982年，第一个基因工程药物人胰岛素上市到1992年的十年间，上市了19种基因工程药物。现在，世界基因工程制药技术的产业化已进入投资收获期，现代生物技术药品已应用和渗透到医药、保健食品和日化产品等各个领域，尤其在新药研究、开发、生产和改造传统制药工业中得到日益广泛的应用，其中基因工程制药产业已成为最活跃、进展最快的产业之一。

基因工程药物的研究开发和产业发展除了具有医药产品研发和生产经营行为中一些共同的特征外，还具有基因制药行业独有的个性特征，主要体现在以下几个方面。

(1) 高技术　主要表现在其所必需的高层次专门人才和高新技术手段方面。基因工程药物研发是一种知识密集、技术合力高、多学科相互渗透的新兴产业，它涉及诸如基因的合成、目标蛋白的纯化及工艺放大、产品质量的检测及保证等复杂环节。因此，具有高素质的专业研制人员，具有较高管理水平、知识水平和先进理念的经营人员，具有前沿特征的高技术组合构成基因工程药物高技术的特征。

(2) 长周期　基因工程药物从开始研制到最终转化为产品上市要经过很多复杂的环节：实验室研究阶段、中试生产阶段、临床试验阶段、规模化生产阶段、市场商品化阶段以及监督环节等，各阶段均须通过严格复杂的药政审批程序，而且产品培养和市场开发难度较大，开发一种新药一般需要数年的时间，而长期扎实的基础研究和生产开发又是基因工程药物研发无法省略的基本过程，也是基因工程药物强生命力的基础。

(3) 高投入　正是由于技术含量高、研制周期长、难度大，因而基因工程药物是一种投入相当大的产业，每一种新产品的研究开发及厂房兴建、设备仪器配置、高级研究人员和管理人员的高薪酬金及其他各项费用，还有产品市场开发、广告宣传等，都需要巨额支出。目前国外研究开发一种新的生物医药市场费用大致在1亿～3亿美元，有时甚至还要高出一倍以上，显然，雄厚的资金支持是基因工程药物开发的必要保障。

(4) 高风险　生物医药产品的开发孕育着较大的不确定风险，从实验室研究到上市、售后监督等一系列步骤显然是耗费巨大的系统工程，从技术、人力、物力和资金等各方面的投入上都是如此。而任何一个环节失败都将前功尽弃，有的药物甚至可能会在使用过程出现一些不曾料想的不良反应而需要重新评价。一般来讲，基因工程药品的研发成功率仅有5%～10%。长周期、大投入和不确定的市场因素又进一步增加了难度和风险。

(5) 高收益 基因工程药物的利润回报率很高，一般新药上市后2～3年即可以收回投资，尤其是拥有新产品、专利产品的企业，一旦开发成功便会形成技术垄断优势，利润回报率可高达数倍以上。这也正是基因工程药物能够吸引庞大的风险资金投入的最直接原因。

随着人类基因组计划（HGP）取得的进展，21世纪的生命科学以及医药产业取得了飞跃性的进步。HGP能够解决肿瘤等分子遗传学问题，它的核心部分是对多种遗传疾病的致病基因和相关基因进行定位、克隆和功能鉴定，通过对每一个基因的测定，找到它的准确位置，以达到预防、诊断、治疗多种人类基因遗传病的目的，彻底改变了传统新药开发的模式。这必将促进基因工程药物、抗体工程药物、分子诊断、基因疫苗、基因治疗、基因芯片等新兴产业发展。

当前，一场以基因工程为核心的生物产业革命正在全世界兴起，我国面临重要战略机遇。2007年4月国务院制定了《生物产业发展“十一五”规划》，提倡大力发展生物产业，使之成为对我国经济增长具有突破性重大带动作用的高技术产业，为全面建设小康社会进而到本世纪中叶基本实现现代化提供有力的产业支撑。《生物产业发展“十一五”规划》中明确提出以基因工程药物、抗体药物产业创新发展为核心，大力发展生物医药产业，推动治疗肿瘤、乙肝、心血管病等生物药物新产品的产业化，推动传统药物的剂型改造。形成由药物发现到应用、由研究到产业化的完整的创新药物体系。据不完全统计，中国国内目前有300多家单位从事生物工程研究，有200余家现代生物医药企业，50多家生物工程技术开发公司。中国国内已将生物医药产业作为经济建设中的重点建设行业和高新技术中的支柱产业来发展，在一些科技发达或经济发达的地区建立了国家级生物医药产业基地。可以看出以基因工程制药为增长点的现代生物技术制药在中国的前景非常光明，是名副其实的“朝阳”产业。

三、基因工程制药的现状及前景

（一）现状

1997年全球生物技术药品市场份额约为150亿美元，之后每年保持着12%甚至更高的增长速度，2003年达到600亿美元，占同期世界药品市场总销售额的10%以上。包括一系列的激素、血液因子、疫苗、单抗等，几乎都是蛋白质药物。

最初批准的许多药物都只是单纯的蛋白质，一般都通过优化重组其氨基酸序列并通过大肠杆菌、酵母、动物细胞系来表达。在未来的几年中获得批准上市的大多数蛋白质类产品仍将在这些细胞中表达。现在基于植物细胞的转基因表达系统已经出现，必将有着很大的发展潜力。

基因治疗还不尽如人意。虽然基因治疗的实验在1990年就开始，但效果并不理想。不但有效性不明显，很多实验还出现过安全性问题。迄今为止，全世界只有一种反义寡核苷酸Vitravene用于治疗艾滋病患者的巨细胞病毒视网膜炎。

在发达国家，生物医药工业已成为蓬勃发展的庞大产业，而随着生物技术的迅猛发展，生物技术产业愈来愈成为医药产业中的焦点。目前，美国和欧洲分别拥有生物技术公司1300家和200家，有人预测到2025年美国生物技术市场的贸易额将达到25200亿美元，欧洲国家在5年内也将达到3360亿美元，日本到2010年将达到2080亿美元。

但是我国生物技术水平还和国际先进水平有着一定的差距。基础研究、试验设备、人才队伍落后，资金投入不足、投资前期研究少、尚未建立起适应于知识经济时代的融资体制，对高新技术保护不足等都是发展的重要障碍。这些障碍使得中国目前的生物医药企业多未形成专业化和规模经济，创造少，引进多。中国加入WTO后，知识产权保护问题和国外产品的冲击越来越严重。

我国的生物技术制药，特别是基因工程制药大都还停留在仿制的模式上，因为仿制投资少、见效快、收益高、风险低，众多厂家趋之若鹜，一哄而上，使得我国在生物制药方面呈现重复投资多，同种药物多家公司生产（如干扰素一项就有20多个厂家生产）的现状。可以看出，中国国内的新药开发工作缺乏重点和创新，缺乏综合协调作战的能力，重复开发现象普遍；而且，新药开发后继乏力，企业难以形成专利产品，所能获得的垄断性利润很少，一旦产品更新换代或市场出现变化，企业的生产将极为被动，根本无法适应竞争。

（二）前景

据Parexel's Pharmaceutical R&D Statistical Source Book报告，已有723种生物技术药物正在进行FDA审批，还有700种药物在早期研究阶段（研究与临床前），有200种以上产品已到最后批准阶段（Ⅲ期临床与FDA评估）。治疗药物平均年增长16%，诊断药物年增长9%。

肿瘤方面：目前的医疗水平，我国仍采用早期诊断、放疗、化疗等综合手段进行治疗。今后将利用基因工程重组抗体抑制肿瘤，应用导向IL-2受体的融合毒素治疗CTCL肿瘤（皮肤T细胞淋巴瘤）；利用基质金属蛋白酶抑制剂（TIMP）来抑制肿瘤血管生长，阻止肿瘤生长与转移。

治疗自身免疫性疾病方面：如类风湿性关节炎、红斑狼疮等，一些制药公司正在积极研究如何攻克这类疾病。如Chiron公司生产的β-干扰素用于治疗多发性硬化病；能与β细胞表面抗体结合的LJP349（一种具有抗原决定簇基因的DNA片段），用于治疗红斑狼疮等。

基因治疗方面：虽然现在的技术手段还没有成熟，仍有很多技术难题没有解决，但随着基因组科学的建立与基因操作技术的日益成熟，基因治疗会形成一个巨大的市场。

今后生物制药产业会大规模应用一些新的技术，如新的筛选方法、新的纯化系统等。基因治疗技术也将不断完善，一些以前难以克服的癌症和病毒性疾病都将有望被治愈。

在生物技术领域，我国虽然与世界先进水平有一定的差距（主要是重科研轻开发，研究开发领域中的“上游技术”与国际先进水平相比仅落后3～5年，但下游技术却至少相差15年以上），但是我国的起点较高，只要我们同时注重自身的科技研发和与外国的科技合作，就能在短时间内将我国的生物技术提高到一个较高的水平。目前，我国基因工程制药产业已进入快速发展时期。

第二节　基因工程药品的研发过程

基因工程制药的研发是一个复杂的过程，可分为三个阶段：第一阶段为实验室研究阶段，也称为发现性或探索性研究（discovery），属于应用基础研究阶段（research）；第二阶段为产品开发阶段（development），属于应用研究阶段，与第一阶段一起统称为研发阶段，即临床前研究，就是常说的R&D；第三阶段为商业化阶段（commercialization），是将产品推向市场的过程。这三个阶段并不是完全独立的，特别是研究和开发两个阶段没有一个明确的界限（图1-1）。

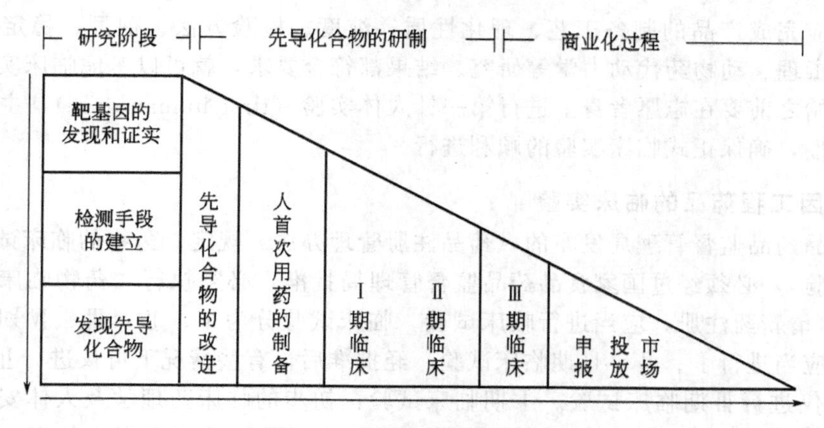

图 1-1　生物药品的研发过程

一、基因工程药品的实验室研究阶段

根据公司的研发目标不同，第一阶段的研究内容差别较大。如果目标是研发全新药物，向 Genetech、Amgen 或 Eli Lilly 这样的公司，第一阶段可能包括很多发现靶基因的研究。第二章基因工程药物设计中论述了很多发现靶基因的方法，这是一项昂贵而庞大的工程。多数生物技术公司是根据文献发表的靶基因设计药物。这一阶段的研究内容包括靶基因的发现和证实实验（target identification and validation）。整个药物研发过程好似一座金字塔，靶基因的发现和证实实验在金字塔的最底层，项目多但成功率特别低。

这些探讨性项目 90%以上都以失败而告终，只有 5% 以下的项目能坚持到底，最终走向市场。这就是为什么研发一个药物的花费如此巨大。如果靶基因的证实过关。下一步应该对目前的研究状况、专利情况与现有药物相比的优缺点等做一个综合调查，对该生物药物的适应证（indication）、作用机理、应用前景得出结论。当这些结论获得公司董事会和相关团体通过后，便进入理论证实阶段（proof of concept）。理论证实阶段获得成功后便可列入研究计划。在研究的初级阶段，即探讨研究阶段只有生物学家参加，当列入研究计划后，公司将发动不同领域的专家参与研究，包括生物信息学专家分析和收集相关资料、细胞生物学家建立细胞膜型、生物化学专家建立表达和纯化蛋白质的方法、动物药理学和病理学专家建立动物模型，进行动物实验等，直到筛选到比较理想的可重复的先导化合物（lead generation）。至此，探索性研究结束了，研究进入开发阶段。

二、基因工程药品的开发阶段

探索研究成功后，并获得一批先导化合物，公司将会立项研究。对立项的课题公司将投入更多的人力物力。第一件事将是应用蛋白质工程方法对先导化合物进行优化处理（lead optimization）。优化的目的是提高先导化合物的药物学和药理学特性，提高药物的安全性、稳定性和药效。在竞争对手首先申请专利时，可通过优化药物来解决专利问题。优化的先导化合物在动物实验中获得满意的结果后，新药还需要进行灵长类动物体内实验。这时特别需要动物病理学和药理学家的密切配合，对待选药物的药物学、药物代谢动力学、药效学、毒理学进行系统的研究。证明候选药物有较好的靶向生物利用度（在服用后充分吸收和易于分布或转运到作用位点）和具有一定抗代谢和排泄的能力，确保药物分子在作用位点维持足够长的时间，这些通常被称为吸收-分布-代谢-排泄（ADME），这些试验为最后剂量的确定做重要的准备。这些预临床研究必须确立在通用动物模型上产生药理学和毒理学反应所需要的剂量范围，并在器官、细胞和分子水平鉴定这些反应。国家食品药品监督管理局规定在研究和开发阶段应完成产品的制备工艺、理化性质、纯度、检验方法、剂型、稳定性、质量标准、药理、毒理、动物药代动力学等研究。结果都符合要求，就可以考虑临床实验。在正式临床实验开始之前要在志愿者身上进行第一针人体实验（first human dose），主要观察实验药物的安全性，确保正式临床实验的顺利进行。

三、基因工程药品的临床实验

国家食品药品监督管理局发布的《药品注册管理办法》规定，药物的临床试验（包括生物等效性试验），必须经过国家食品药品监督管理局批准，必须执行《药物临床试验质量管理规范》。申请新药注册，应当进行临床试验。临床试验分为Ⅰ、Ⅱ、Ⅲ、Ⅳ期。新药在批准上市前，应当进行Ⅰ、Ⅱ、Ⅲ期临床试验。经批准后，有些情况下可仅进行Ⅱ期和Ⅲ期临床试验或者仅进行Ⅲ期临床试验。Ⅰ期临床试验：初步的临床药理学及人体安全性评价试验。观察人体对于新药的耐受程度和药代动力学，为制订给药方案提供依据。Ⅱ期临床试验：治疗作用初步评价阶段。其目的是初步评价药物对目标适应证患者的治疗作用和安全性，也包括为Ⅲ期临床试验研究设计和给药剂量方案的确定提供依据。此阶段的研究设计可以根据具体的研究目的，采用多种形式，包括随机盲法对照临床试验。Ⅲ期临床试验：治疗作用确证阶段。其目的是进一步验证药物对目标适应证患者的治疗作用和安全性，评价利益与风险关系，最终为药物注册申请的审查提供充分的依据。试验一般应为具有足够样本量的随机盲法对照试验。Ⅳ期临床试验：新药上市后由申请人进行的应用研究阶段。其目的是考察在广泛使用条件下的药物的疗效和不良反应、评价在普通或者特殊人群中使用的利益与风险关系以及改进给药剂量等。

生物药品的临床试验，是检验待检药品对人体的安全性和疗效，在人体验证临床前动物实验和灵长类动物实验的结果，以证实或揭示试验药物的作用、不良反应和（或）试验药物的吸收、分布、代谢和排泄，确定该药物是否可以在临床正式应用。药物的临床试验包括各期临床试验、人体生物利用度或生物等效性试验。临床试验的最低病例数要求如下。Ⅰ期：20～30例；Ⅱ期：100例；Ⅲ期：300例；Ⅳ期：2000例。

（一）Ⅰ期临床试验

Ⅰ期临床实验的目的是初步评价待检药物的人体安全性试验及临床药理学实验，观察人体对于新药的耐受程度和药代动力学，为制订给药方案提供依据。Ⅰ期临床试验一般要求最低病例数（试验组）为20～30例。需要说明的是，对于创新药物来说，需要完成的药代动力学内容较多，某些药代动力学内容如健康人单次或多次给药的药代动力学研究、进食对口服给药制剂的影响等，需在此期完成。其他内容，如药物代谢产物的药代动力学研究、不同种族人的药代动力学研究、患者的药代动力学研究、特殊人群的药代动力学研究、血药浓度对药效动力学影响的研究、药物与药物相互作用的药代动力学研究等，需根据申报药物代谢及临床应用的特点来考虑需进行哪些药代动力学研究。

（二）Ⅱ期临床试验

治疗作用初步评价阶段，其目的是初步评价药物对目标适应证患者的治疗作用和安全性，也包括为Ⅲ期临床试验研究设计和给药剂量方案的确定提供依据。此阶段的研究设计可以根据具体的研究目的，采用多种形式，包括随机盲法对照临床试验。

Ⅱ期临床试验一般最低病例数为100例。Ⅱ临床试验应分为两个阶段进行，第一个阶段为剂量摸索阶段，应从最小剂量开始，进行多个剂量组的临床试验，每组可应用小样本，在初步确定安全、有效的剂量后，再开始第二阶段的严格随机盲法对照Ⅰ期临床试验，本期临床试验是在初步确定不良反应的同时进一步确定该药的有效性。

随机盲法对照临床试验，是临床试验的基础，随机是指按自然规律，而不是人为地把两组病人分成A与B组，用随机方法分配病例可以消除偏倚，为了使两组病例具有可比性，随机的方法有多种，最常见的为数字表法。

盲法就是将试验组和对照组全部保密，使有关人员包括受试者、研究者、监察员、数据资料处理及统计人员，不知每个病例分配的是何种药物，其目的是减少主观因素对药物治疗结果的影响及判断。盲法又分为仅对受试者或研究者设盲的单盲；对受试者和研究者均设盲的双盲；对受试者、研究者、监察员、数据资料处理及统计人员均设盲的三盲或多盲。

在盲法的执行中，应尽可能达到双盲，即受试者和研究者都不知道每个病人所用的药物，这样才有可能避免受试者的心理因素对治疗结果的影响，避免研究者的主观因素对结果判断的干扰。由于对照药物在剂型、性状、颜色、气味等方面表现的不同而无法达到双盲者，一般可通过采取双盲、双模拟的方法，即用安慰剂分别模拟试验药与对照药，对服用试验药的病人同时服用对照药的安慰剂，服用对照药的病人同时服用试验药的安慰剂（placebo)，从而达到双盲的模式。而对异形制剂难以进行模拟或有专利、刻有药名的制剂而无法达到双盲双模拟时，可以采用严格的盲法，尽量达到双盲的要求，如把试验药与对照药的外包装做成完全一致，外包装上所写文字也一致，仅有药物编号不同，发药时应有专人负责，随诊与结果判断也应专人负责，并应强调受试者不应对自己所服用药物的形状、颜色、气味等进行描述，研究者也不应向受试者询问以上情况，从而可达到相对性双盲，即严格盲法。

对照是比较药物疗效的一种方法，观察不同的治疗方案，区别治疗和非治疗之间的效应，大多数临床试验选择一组对照药，可为安慰剂，也可为阳性药。安慰剂作对照时，一般仅限于所选的适应证无有效的药物治疗，或所选的适应证比较轻不需要治疗可自愈时的情形。绝大多数药物选择阳性药物作对照。

（三）Ⅲ期临床试验

治疗作用确证阶段。其目的是进一步验证药物对目标适应证患者的治疗作用和安全性，评价利益与风险关系，最终为药物注册申请获得批准提供充分的依据。Ⅲ期临床试验为扩大的临床试验，试验一般应为具有足够样本量的随机盲法对照试验。Ⅲ期临床试验一般最低病例数为300例。

（四）Ⅳ期临床试验

新药上市后由申请人自主进行的应用研究阶段。其目的是考察在广泛使用条件下的药物疗效和不良反应；评价在普通或者特殊人群中使用的利益与风险关系；改进给药剂量等。为标准转正和产品再注册提供更广泛的安全有效的信息，Ⅳ期临床试验最低病例数为2000例。

（五）新药申请和上市

新药上市的程序按国家食品药品监督管理局颁发的《新生物制品审批办法》执行。新药一般在完成Ⅲ期临床试验后经国家药品监督管理局批准，即发给新药证书。持有《药品生产企业许可证》并符合国家食品药品监督管理局《药品生产质量管理规范》（GMP）相关要求的企业或车间可同时发给批准文号，取得批准文号的单位方可生产新药。

参考文献

[1] Gary Walsh 主编．宋海峰等译．Biopharmaceuticals [second edition]．北京：化学工业出版社，2006.
[2] 朱宝泉．生物制药技术．北京：化学工业出版社，2004.
[3] 张淑秀．最新药品注册实操．北京：中国医药科技出版社，2005.

[4] 谭仁祥，杨玲．浅谈海洋药物研究与开发战略 [J]．中国新药杂志，2003，9（7）：65.
[5] 郝捷，冯波，王建辰．转基因动物研究进展 [J]．动物医学进展，2004，25（1）：1.
[6] 李思成，温德良，冯燕丽．我国医药行业现状与发展趋势 [J]．中国药房，2003，14（3）：132-135.
[7] 李思成，温德良，冯燕丽．我国医药行业现状与发展趋势 [J]．中国药房，2003，14（3）：132-135.
[8] Richert JM. News biopharmaceuticals in the USA. Trends in development and marketing approvals 1995-1999. Feature，2000，18：364.

第二章　基因工程制药

第一节　制药基因的克隆

制药基因的克隆是指应用基因工程技术手段得到制药基因的过程。克隆制药基因所涉及的基因工程技术大体上分为：①制药基因的获得；②制药基因与载体分子的体外连接反应；③将该人工重组 DNA 分子导入到能够正常复制的宿主细胞中进行扩增；④阳性重组子的筛选和鉴定；⑤重组子的表达以及蛋白的纯化五大步骤。

一、制药基因的获得

制药基因获得的方法一般分为直接获得法和间接获得法。一般来说，所谓的直接获得法是指直接从基因组 DNA 中获得制药基因；而间接获得法要先获得 mRNA、cDNA 等，间接从基因组 DNA 中获得制药基因。由于原核生物基因组相对于真核生物基因组来说，结构相对比较简单、长度较短、数量较少，所以应用直接获得法（如直接分离制药基因、鸟枪法）即可获得原核生物的基因。然而，真核生物基因组不仅庞大，而且结构复杂，分离时还要尽量排除内含子，所以，应用间接分离法从 cDNA 文库克隆制药基因和应用 RT-PCR 法获得制药基因，以其操作简单，能最大限度地排除内含子的干扰等优点越来越被广泛应用。

（一）从 cDNA 文库克隆制药基因

此种方法首先要构建 cDNA 文库。cDNA 文库代表生物某一特定器官或组织在某一特定的发育时期，细胞内转录水平上的基因群体。因为基因组含有的基因在特定的组织细胞中只有一部分表达，而且处在不同的环境条件、不同分化时期，故基因表达的种类和强度也不尽相同，因此 cDNA 文库具有组织特异性。

cDNA 文库的构建是以生物细胞的 mRNA 为模板，在逆转录酶的作用下合成 cDNA 的第一条链，然后再合成双链 cDNA，并将合成的双链 cDNA 重组到质粒载体或噬菌体载体上，导入大肠杆菌宿主细胞进行增殖。由 mRNA 逆转录得到的 cDNA 是已不再含有内含子的序列。

一般我们获得材料后，第一步是分离细胞总 RNA，然后从中纯化出 mRNA。我们知道每一种 mRNA 分子的 3′末端都含有一段 poly（A）尾巴，这种结构为从细胞总 RNA 中纯化出 mRNA 提供了十分方便的途径。即当细胞总 RNA 制剂通过已经用 oligo（dT）处理过的纤维素柱时，mRNA 分子的 poly（A）尾巴便会同 oligo（dT）序列杂交并吸附到柱子上，然后用洗脱液洗脱即可获 mRNA。

1. cDNA 第一链的合成

在逆转录过程中，cDNA 的第一链及第二链的合成是这个技术成败的关键。合成 cDNA 第一链有三种方法。

（1）oligo（dT）引导的 cDNA 合成法　是利用 mRNA 具有 poly（A）尾巴的特性，用 oligo（dT）作为引物，引导逆转录酶按 mRNA 模板合成第一链 cDNA，这种反应产物是一种 DNA-RNA 杂交分子，最后 RNA 可被 RNaseH 分解而剩下第一链 cDNA，如图 2-1 所示。但是，应用 oligo（dT）引导 cDNA 合成的缺点是：它必须从 3′末端开始，因为反转录酶无法到达 mRNA 分子的 5′末端，这对于大分子量的、较长的 mRNA 分子而言，是一个特别麻烦的问题。

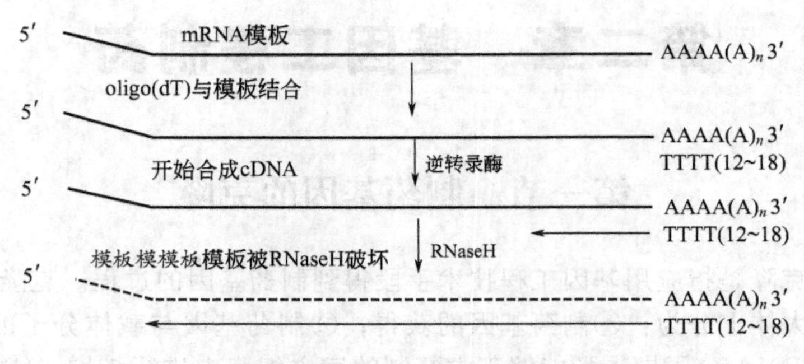

图 2-1　oligo（dT）引导的 cDNA 第一链合成法

（2）随机引物引导的 cDNA 合成法　为了克服 oligo（dT）引导 cDNA 合成法的缺点，现在已经发展出了第一链 cDNA 合成的第二种方法，叫做随机引物引导的 cDNA 合成法（randomly primed cDNA synthesis）。此法的基本原理是随机合成 6～10 个寡聚核苷酸片段，作为合成第一链 cDNA 的引物，在应用这种混合引物的情况下，cDNA 的合成可以从 mRNA 模板的许多位点同时发生，而不仅仅从 3′末端的 oligo（dT）引物处开始，可解决 3′UTR 过长或 RNA 降解问题。

（3）基因特异性引物引导的 cDNA 合成法　当 RNA 序列或部分序列已知时，可以通过设计基因特异性引物，在逆转录酶的作用下合成 cDNA 第一链。

2. cDNA 第二链的合成

合成第二链 cDNA 的方法有两种，第一种叫做自我引导合成法（self priming），如图 2-2 所示。这种方法的基本原理就是用 RNaseH 消化 mRNA 模板，从而导致第一链 cDNA 的解离，并在其末端形成一个发夹结构（loop），有关形成此种结构的分子机理目前尚不清楚，一般认为可能是由于逆转录酶转弯效应所致。这种发夹环结构可作为第二链 cDNA 合成的引物，在 Klenow 片段的作用下合成一个完整的第二链，这种发夹环结构可用 S1 核酸酶切割除去。但是这种切割作用也具有很多缺点，比如导致许多的 cDNA 序列被切割掉，这样得到的 cDNA 克隆丧失了 mRNA 5′端的许多信息，而且 S1 核酸酶还有可能破坏所合成的 cDNA 双链分子。

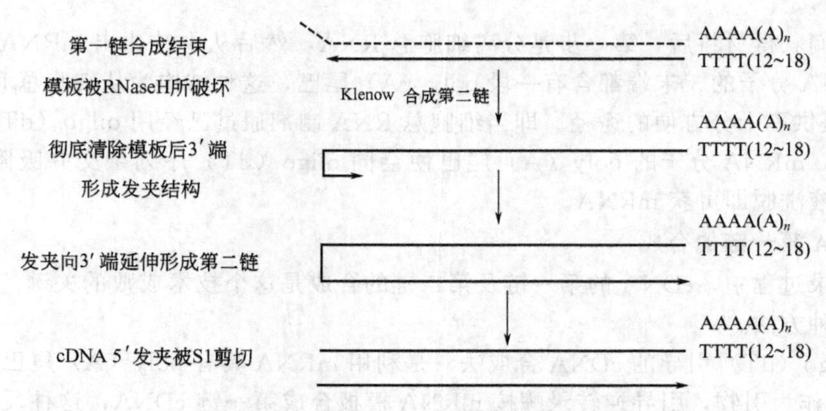

图 2-2　cDNA 第二链的自我引导合成

第二种合成第二链 cDNA 的方法是大肠杆菌 RNaseH 酶降解取代法（replacement synthesis)，如图 2-3 所示。RNaseH 酶能识别 RNA-DNA 杂合分子，并将其中的 RNA 降解成许多短片段，不过这些片段仍然与 DNA 分子结合着，成为大肠杆菌聚合酶Ⅰ的作用引物，并利用原来的 cDNA 为模板合成第二链 cDNA，最后，RNA 分子除了最紧靠其 5′末端的极小部分外，完全被新合成的第二链 cDNA 所取代。然而此时仍处于间断不连续状态，中间分布着许多缺口，需要 T4 连接酶接合形成完整的第二链。然后通过 PCR 扩增 cDNA 片段，即可获得制药基因。

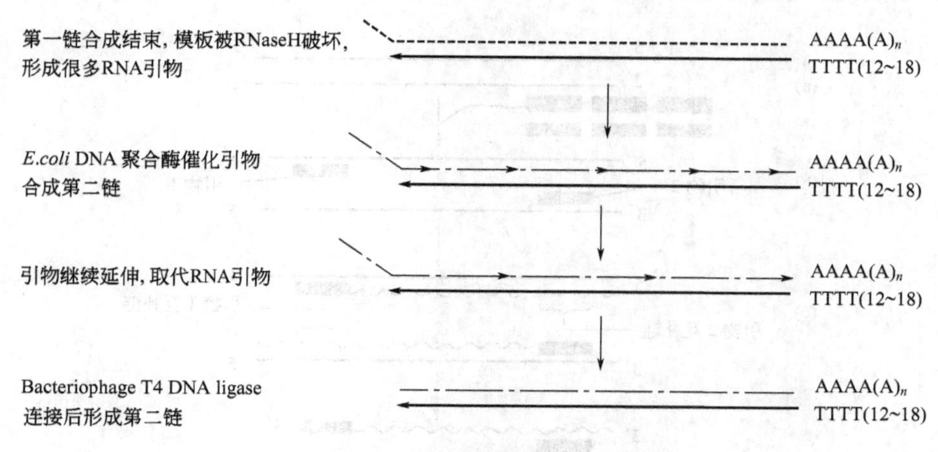

图 2-3　cDNA 第二链的取代合成

用末端转移酶给得到的双链 cDNA 分子加尾，或是将人工合成的衔接物（adaptor）加到 cDNA 分子两端，而后与经过适当处理的具有相应末端的载体分子连接，再将构成的重组体分子导入大肠杆菌宿主细胞中进行增殖，便得到了所需的 cDNA 文库。

构建 cDNA 文库的优越性有以下几点：① cDNA 文库是以 mRNA 为原材料，排除了真核基因组内含子的干扰，而且对于一些 RNA 病毒来说，cDNA 文库是研究它们的唯一可行的方法；② cDNA 基因文库的筛选简单易行；③ 由于每一个 cDNA 克隆都代表一种 mRNA 序列，这样在选择中出现假阳性的概率比较低。

（二）RT-PCR 分离制药基因

RT-PCR 是指以由 mRNA 逆转录得到的 cDNA 第一链为模板的 PCR 反应。这种方法是一种比较简便易行的分离制药基因的手段，它不需要构建文库，不需要历经漫长的筛选、鉴定等一系列过程。它的基本原理是：以 mRNA 为模板，以 oligo（dT）为引物，在逆转录酶的催化下，在体外合成 cDNA 第一链后，在基因（或 RNA）序列已知的情况下，设计特定的引物，通过 PCR 扩增此链，便可以获得制药基因产物。

RT-PCR 分离法的关键是根据基因序列设计相应的引物，由于引物的高度选择性，细胞总 RNA 无需进行分离 mRNA 即可直接使用，这对于一些研究来说是很方便的。但是这一点也恰恰是 RT-PCR 分离法的局限所在，即分离制药基因必须以制药基因的序列已知为前提。

RT-PCR 一般可分为 cDNA 的合成和 PCR 两大步骤。cDNA 合成的具体方法同构建 cDNA 文库中 cDNA 第一链合成相同。

PCR 技术是聚合酶链反应（polymerase chain reaction）的简称，是美国 Cetus 公司人类遗传研究室的科学家 K. B. Mullis 于 1983 年发明的一种在体外快速扩增特定基因或 DNA 序列的方法，又称为基因的体外扩增法。这种技术操作简单、容易掌握，结果也较为可靠，为基因的分析与研究提供了一种强有力的手段，是现代分子生物学研究中的一项富有革新性的创举，对整个生命科学的研究与发展，都有着深远的影响。

1. PCR 技术原理

PCR 技术的原理与细胞内发生的 DNA 复制过程十分类似，如图 2-4 所示。首先是双链 DNA 分子在高温下（一般为 94℃）会解离成两条单链的 DNA 分子，然后 Taq DNA 聚合酶以单链 DNA 为模板并利用反应混合物中的四种脱氧核苷三磷酸（dNTPs），在 PCR 引物的引导下，按照互补原则合成新生的 DNA 互补链。因此，新合成的 DNA 链的长度是由引物

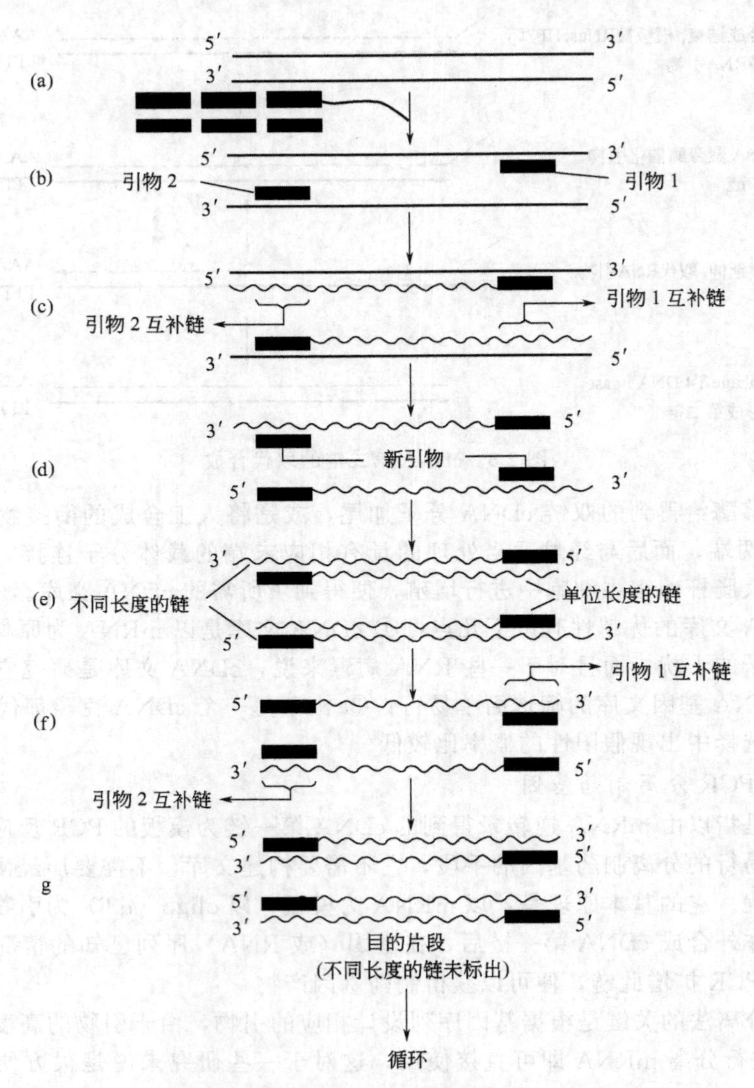

图 2-4　聚合酶链式反应示意图

引自《基因工程原理》第 2 版，科学出版社出版，吴乃虎编著

(a) 起始材料是双链 DNA 分子；(b) 反应混合物加热后发生链的分离，然后致冷使引物结合到位于待扩增的靶 DNA 区段两端的退火位点上；(c) Taq 聚合酶以单链 DNA 为模板在引物的引导下利用反应混合物中的 dNTPs 合成互补的新链 DNA；(d) 将反应混合物再次加热，使旧链和新链分离开来，这样便有 4 个退火位点可供引物结合，其中两个在旧链上，两个在新链上（为了使图示简化，以下略去了起始链的情况）；(e) 这些链的延伸是精确地局限于靶 DNA 的跨度、是严格地定位在两条引物界定的区段内；(f) 重复过程，引物结合到新合成的 DNA 单链的退火位点（同样也可形成不同长度的链，但为简洁起见，图中略去了这些链）；(g) Taq 聚合酶合成互补链，产生出两条与靶 DNA 区段完全相同的双链 DNA 片段

在模板 DNA 链两端的退火位点决定的。由于所选用的 PCR 引物是按照扩增区段两端序列设计的，所以，在每一条新合成的 DNA 链上都有新的引物结合位点。此后反应混合物经再次加热可使新、旧两条链分开，并加入下轮的反应，如此循环，DNA 片段就能得以扩增，理论上讲经过 30 次的循环反应，便可使靶 DNA 得到 10^9 倍的扩增，但实际上大约是 10^6～10^7 倍。有人报道称即便反应混合物中只含有一个拷贝的靶 DNA 分子，亦能被有效地扩增。

PCR 反应涉及多次重复进行的温度循环周期，而每一个循环周期均包括高温变性、低温退火、适温延伸三个步骤。研究者要根据自己的实验材料、研究目的，通过具体操作才能得出符合要求的、比较理想的温度循环参数。在一般情况下，首先是在高温（>91℃）环境下将含有待扩增 DNA 样品的反应混合物加热 1min，使双链 DNA 发生变性作用，从而分离出单链的模板 DNA；然后降低反应温度（约 50℃），维持 1min，使专门设计的一对寡核苷酸引物与两条单链模板 DNA 因发生退火作用而结合在靶 DNA 区段两端的互补序列位置上；最后，将反应混合物的温度上升到 72℃左右保温 1.5min，此时在 DNA 聚合酶的作用下，引物的 3′端便开始依次参入脱氧核苷三磷酸分子，并沿着模板分子按 5′→3′的方向延伸，合成出新的 DNA 互补链。

2. PCR 反应体系

PCR 反应体系常包含以下七种基本成分。

(1) 热稳定 DNA 聚合酶　热稳定 DNA 聚合酶可供选择的种类很多，主要根据合成大片段 DNA 产物需要的保真度、效率及合成能力而决定。通常选用的是 Taq DNA 聚合酶。

(2) 模板 DNA　含有靶序列的模板 DNA 可以以单链或双链形式加入 PCR 混合液中。闭环 DNA 模板的扩增效率略低于线性 DNA。尽管模板 DNA 的长短不是 PCR 扩增的关键因素，但当使用高分子量的 DNA（>10kb）作模板时，如用限制性内切酶先进行消化（此酶不应切割其中的靶序列），则扩增效果更好。

(3) 寡核苷酸引物　尽管有许多因素可影响 PCR 扩增反应的效率与特异性，但最关键的因素要数寡核苷酸引物的设计。引物精心设计的目的在于获得高产率的目的扩增产物，抑制非特异性序列的扩增以及便于扩增 DNA 产物的后续操作。引物设计直接影响 PCR 实验的成败。

(4) 脱氧核苷三磷酸（dNTP）　标准 PCR 反应体系中包含 4 种等摩尔浓度的脱氧核苷三磷酸，即 dATP、dTTP、dCTP 和 dGTP。在 Taq DNA 聚合酶反应液中包含 1.5 mmol/L $MgCl_2$ 的条件下，每种 dNTP 的浓度一般在 50～250μmol/L 之间。在 50μl 反应体系中，这种 dNTP 浓度应该能够合成 6～6.5μg 的靶基因 DNA；这种靶基因合成量即使在八对甚至超过八对引物同时进行多重 PCR 扩增反应也是足够满足要求了。高浓度的 dNTP（>4mmol/L）对扩增反应起抑制作用，也许是因为 dNTP 与 Mg^{2+} 螯合而引起的效应。然而，如扩增片段在约 1kb 长度，每种 dNTP 浓度控制在 100～200μmol/L 之间，可能会得到满意的产率。

(5) 二价阳离子　所有的热稳定 DNA 聚合酶都要求有游离的二价阳离子，通常是用 Mg^{2+} 激活。反应体系中阳离子的摩尔浓度必须超过 dNTP 和来源于引物的磷酸盐基团的摩尔浓度，原因在于 dNTP 与寡核苷酸均可以结合 Mg^{2+}。尽管通常 PCR 的缓冲液中应用镁离子的最佳浓度相当低（1.5mmol/L），但镁离子的最佳浓度必须结合不同的引物与模板通过预实验予以确定。如果可以，所制备的模板 DNA 中不应含有高浓度的螯合剂，如 EDTA，也不应含有高浓度的带负电荷离子基团，如磷酸根，因为这些物质能与镁离子螯合。

(6) 维持 pH 值的缓冲液　一般选用 Tris-HCl。可用 Tris-HCl 在室温将 PCR 缓冲液的 pH 值调至 8.3～8.8 之间，标准 PCR 缓冲液中 Tris-HCl 浓度在 10mmol/L。在 72℃温育时

（即通常 PCR 延伸阶段的温度），反应体系的 pH 值将下降多于 1 个单位，致使缓冲液的 pH 值接近 7.2。

(7) 一价阳离子　标准 PCR 缓冲液内包含有 50mmol/L 的 KCl，它对于扩增大于 500bp 长度的 DNA 片段是有益的，而提高 KCl 浓度至 70～100mmol/L 范围内，则对扩增较短的 DNA 片段有利。

3. PCR 引物设计原则

在 PCR 扩增体系中，引物的设计是十分重要的，由于基因组庞大数量的 DNA 序列，除了特异性的扩增，往往也很容易产生非特异性产物。引物的设计总原则是提高特异性扩增的效率，抑制非特异性的扩增。

通常情况下，较好的引物在结构和组成上应满足以下条件。

① 引物长度应在 15～30bp 之间，而且上下游引物的长度差别不能大于 3bp。引物太短，就可能同非靶序列杂交，得出非预期的扩增产物；引物太长，则使它与模板的杂交速率下降，结果在反应循环周期内，无法完成同模板 DNA 的完全杂交，从而降低了 PCR 反应的速率。

② 引物中碱基的分布应当是随机的，而且理论上应分布均匀。避免一连串单个碱基或其他不常见的结构。

③ GC 碱基的含量在 45%～55%左右。

④ 两个引物在 3′端均必须与模板互补，5′端可以不互补。

⑤ 引物自身连续互补碱基小于 4 个。因为这种序列可形成发夹结构，如果这种结构在 PCR 条件下稳定，它会非常有效地阻止寡聚核苷酸与靶 DNA 之间的复性。

⑥ 引物之间连续互补碱基亦应小于 4～5 个。

⑦ 引物 3′端的末位碱基最好选 T、G、C，而不要选 A。引物 3′端的末位碱基在很大程度上影响着 Taq 酶的有效延伸。实验表明，引物 3′端末位碱基在错配时，不同碱基的引发效率存在很大的差异。当末端碱基为 A 时，即使在错配的情况下也能引发链的合成；而末位碱基为 T 时，错配时的引发效率大大降低。G、C 居于其间。

为了避免单调的劳作，节省时间，尽量减少 PCR 过程中出现的问题，可以使用计算机程序进行寡核苷酸引物的设计、选择及设置并进行优化。许多计算机程序可以根据用户设定的参数来搜索合适的引物位点，而且也会同时给出引物的溶解温度，有没有发夹结构，是否容易产生二聚体，是否容易产生错配等参数。

4. PCR 的影响因素

PCR 本身虽然是一个单纯的实验技术，但是一个好的 PCR 反应及其产物则受到很多因素的影响。这些因素包括反应中各种原料的浓度，也包括整个反应中各步骤的温度与时间等。现将几种主要影响因素介绍如下。

(1) 温度循环参数　在 PCR 自动热循环中，最关键的因素是退火的温度。

模板变性温度是决定 PCR 反应中双链 DNA 解链的温度，达不到变性温度就不会产生单链 DNA 模板，PCR 也就不会启动。变性温度低则变性不完全，DNA 双链会很快复性，因而减少产量。DNA 变性只需要几十秒钟，时间过久没有必要；反之，在高温时间应尽量缩短，以保持 Taq DNA 聚合酶的活力。

引物退火温度决定 PCR 特异性与产量；温度高特异性强，但过高则引物不能与模板牢固结合，DNA 扩增效率下降；温度低产量高，但过低可造成引物与模板错配，非特异性产物增加。

引物延伸温度取决于 Taq DNA 聚合酶的最适温度，一般 Taq DNA 聚合酶延伸的最佳温度为 72℃。

（2）引物　引物是决定 PCR 扩增片段长度、位置和结果的关键，所以引物设计也就尤为重要。

（3）影响酶活力的因素　在 PCR 反应体系中存在的金属离子、有机溶剂等都会影响 Taq 酶的活力，因此设计实验时要考虑到这些因素，尽可能使 Taq 酶的活力达到最佳。

随着应用目的的不同，PCR 技术衍化出锚式 PCR、反向 PCR、RT-PCR、荧光定量 PCR、巢式 PCR、不对称 PCR、原位 PCR、重组 PCR、等位特异性 PCR、免疫 PCR 等许多新技术，为基因的进一步研究提供了更多的技术手段。

二、制药基因与载体分子的体外连接反应

制药基因与载体分子的体外连接反应，即制药基因 DNA 分子体外重组技术，主要是依赖于限制性内切酶和 DNA 连接酶的作用。连接时，要考虑到：① 实验步骤尽可能简单易行；② 制药基因 DNA 片段与载体分子的连接序列应能被一定的限制性内切酶重新切割，便于回收制药基因 DNA 片段；③ 不能影响制药基因阅读框架的转录和翻译。

（一）载体分子

1. 载体的概念和一般特征

制药基因在经过体外改造后，必须进入宿主细胞中才能得到复制和进行生物表达，制药基因进入宿主细胞，必须要通过载体（vector）的运载作用才能实现。所谓的载体就是具备自我复制能力的 DNA 分子。

作为基因工程的载体，一般具有如下特性：

① 能在宿主细胞内进行独立和稳定的自我复制，尽管有外源基因插入，这种稳定的复制状态和遗传特性不会改变；

② 易于从宿主细胞中分离、纯化；

③ 具有较小的分子量和松弛型复制子；

④ 在载体 DNA 分子复制的非必需区内，存在有适当的限制性内切酶位点，最好是单一酶切位点，可供插入外源 DNA 分子，但不影响载体自身的复制；

⑤ 具有能够观察的表型特征，如报告基因，这些表型特征可以作为筛选阳性重组 DNA 的标志。

2. 载体的报告基因

载体分子上有一种特殊意义的基因序列，它们表达的目的是为了证明载体已经进入宿主细胞，并将含有外源基因的宿主细胞从其他细胞中区分并挑选出来，这种基因就是报告基因。报告基因可反映转录及上游基因的表达水平。最常用的报告基因有抗药性基因，如抗氨苄青霉素、抗卡纳霉素、抗四环素、抗氯霉素等抗生素基因，此外还有氯霉素乙酰转移酶基因（CAT 基因）、lacZ 基因、绿蛋白基因、β 珠蛋白基因和人生长激素基因等，而且随着人们对生物发光，特别是细菌发光的生物学机制的深入了解，发光基因（lux）越来越多的作为报告基因来跟踪外源基因在宿主细胞中的复制和表达。

3. 载体分子的分类

载体根据其来源可以分为质粒载体、噬菌体载体、酵母细胞载体和病毒载体，根据其主要用途可以分为克隆载体和表达载体。克隆载体是携带外源基因进入宿主细胞，使外源基因在宿主细胞中繁殖的载体。克隆载体中都有一个松弛性复制子，能带动外源基因在宿主细胞中复制扩增。表达载体是适合在宿主细胞中表达外源基因的载体，它必须具有强启动子和终止子，能够高效转录来自外源基因的 mRNA。表达载体根据表达的蛋白质又分为融合型表

达载体和非融合型表达载体。

（1）克隆载体　克隆载体（cloning vector）是把一个有用的制药 DNA 片段通过重组 DNA 技术，送进受体细胞中去进行繁殖的工具。

① 细菌质粒载体。细菌质粒是存在于细胞质中独立于染色体的可自主复制的遗传成分，其具有独立复制起点、较小的相对分子质量（一般不超过 15kb）、较高拷贝数（可使外源 DNA 得以大量扩增），并且易于导入细胞，同时它还有便于选择的标记和安全性，这些特性使它成为基因工程中最常用的载体。不同质粒 DNA 的分子量差异相当显著，但不管怎样，凡经改建而适于作为基因克隆载体的所有质粒 DNA 分子，都一定包括复制起点、选择性标记、克隆位点三个部分。根据宿主细胞所含的拷贝数的多少，可将质粒分为两种不同的复制型：一种是低拷贝数的质粒，即每个宿主细胞仅含有 1～3 个拷贝，我们称这种质粒为严密型复制控制的质粒（stringent plasmid）；而另一类是高拷贝数的质粒，它在每个宿主细胞中可高达 10～60 个拷贝，这类质粒被称为松弛型复制控制的质粒（relaxed plasmid）。

实验观察表明，同一个大肠杆菌细胞，一般不能同时含两种不同的、亲缘关系密切的质粒，这种现象与质粒的不亲和性有关。质粒的不亲和性，也叫做不相容性，是指在没有选择压力的情况下，两种亲缘关系密切的不同质粒，不能够在同一个宿主细胞中稳定共存，在细胞的增殖过程中，其中的一种被逐渐排除掉的现象。

一般来说，一种理想质粒载体必须具有以下几方面的特征：a. 具有复制起点，这是质粒自我增殖必不可少的基本条件。b. 具有抗生素抗性的基因，一种理想的质粒载体应具有两种抗生素抗性基因，以便作为筛选阳性转化子的选择记号，而且在插入外源基因后至少能保留一个选择记号。c. 具有若干限制性内切酶单一识别位点，以便插入外源基因，但是插入外源基因不能影响质粒 DNA 的自我复制。现在几乎所有的基因工程载体都含有一个人工合成的密集排列的一系列多克隆位点，称为载体多克隆位点或限制性内切酶位点库，它由常用的限制性内切酶所能识别的序列组成，而且这些酶切位点一般都是单一的，在质粒的其他部分不再有这些位点。d. 具有较小的分子量和较高的拷贝数。低分子量易于操作，而且可以降低同一限制性内切酶具有多重识别位点的概率。

大肠杆菌质粒 pBR322（如图 2-5）是基因工程中最常用的代表性质粒，是由博利瓦（Bolivar）等人于 1977 年构建的一个典型人工质粒载体。它是环状双链 DNA 分子，分子量 4361bp，可插入大小 5kb 左右的外源 DNA。它具有一个复制起点，是松弛型质粒。当加入氯霉素扩增之后，每个细胞可含有 1000～3000 个拷贝。它具有 2 种抗性基因，一个是四环素抗性基因（tet^r），另一个是氨苄青霉素抗性基因（amp^r）。已知有 24 种主要限制酶在 pBR322 分子上均有一个限制性酶切位点，其中有 7 种限制酶（EcoR Ⅴ、Nhe Ⅰ、BamH Ⅰ、Sph Ⅰ、Sal Ⅰ、Xma Ⅲ、BspM Ⅰ）的酶切位点位于四环素抗性基因之内，还有 3 种限制酶（Sca Ⅰ、Pvu Ⅰ、Pst Ⅰ）的酶切位点位于氨苄青霉素抗性基因之内。外源 DNA 片段插入这些位点之中任一位点时，将导致相应抗性基因的失活。因外源 DNA 的插入而导致基因失活的现象，称为插入失活（insertional inactivation）。插入失活常被用于检测含有外源 DNA 的重组体。

pUC 质粒载体（如图 2-6），是 1987 年由美国加利福尼亚大学（Uniersity of California）的 J. Messingh 和 J. Vieria 首先构建的，它具有 pBR322 的复制起点，氨苄青霉素抗性基因（amp^r），大肠杆菌 β-半乳糖苷酶基因（lacZ）的启动子及其编码 α-肽链的 DNA 序列（称为 lacZ′基因），以及位于 lacZ′基因中的靠近 5′端的一段多克隆位点区域（MCS）。pUC 质粒载体具有很多方面的优越性，是目前基因工程研究中最通用的大肠杆菌克隆载体，它的优点概括为以下三个方面：a. 它具有更小的分子量和更高的拷贝数；b. 它适用于组织化学方法检测重组体；c. 它具有多克隆位点 MCS 区段，在多克隆位点区段插入 DNA 不会破坏质粒基因的功能。

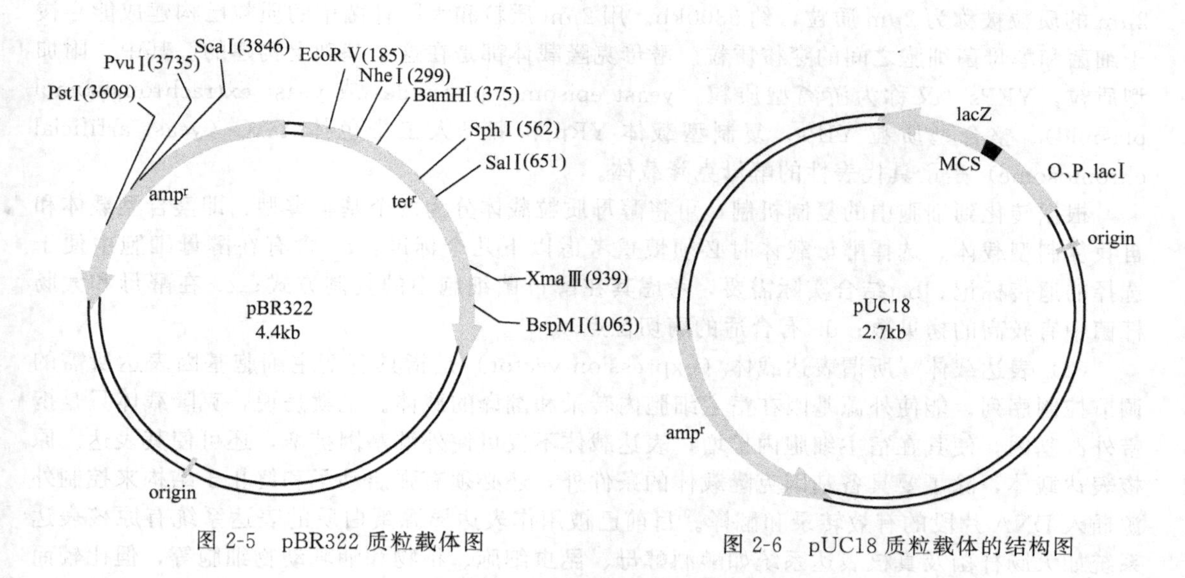

图 2-5 pBR322 质粒载体图　　图 2-6 pUC18 质粒载体的结构图

② 噬菌体载体。噬菌体是寄生在细菌中的病毒，其结构比质粒复杂得多，噬菌体 DNA 除含有复制起点外，还有编码外壳蛋白的基因。噬菌体的感染率很高，一个噬菌体感染了一个细胞后，就可以迅速地形成数百个子代噬菌体，每一个子代噬菌体又各自能再感染另外一个细胞。根据噬菌体和宿主的关系，分为烈性噬菌体（virulent phage）和温和噬菌体（temperate phage）两类，烈性噬菌体感染细菌时，其 DNA 注入细菌，DNA 在细菌细胞中大量复制，新噬菌体装配好后，细胞溶解，释放出新的噬菌体去感染其他细胞，并进行新的循环，而温和噬菌体因生长条件的不同既可引起宿主细胞的裂解死亡，又可将核酸整合到细菌的染色体上。噬菌体的这些特性使它成为良好的基因工程载体。

λ 噬菌体克隆载体，因其分子遗传学背景十分清楚；载体容量较大，能容纳大约 23kb 的外源 DNA 片段；并且具有较高的感染效率，感染宿主细胞的效率几乎可达 100%，而质粒 DNA 的转化率却只有 0.1%，因此成为基因工程中一类比较重要的克隆载体。

但由于野生型 λ 噬菌体 DNA 的分子很大，基因结构复杂，限制酶有很多切割位点，且这些切割位点多数位于必需基因之中，因而不适于作为克隆载体，必须经一系列改造才能用作克隆载体：a. 删除基因组中非必需区，使基因组变小，有利于克隆较大的 DNA 片段；b. 除去多余的限制位点。现已构建了各种各样的 λ 载体，这些载体可分为两类：一类称为插入型载体，其限制酶位点可用于外源 DNA 的插入；另一类称为取代型载体，具有成对限制酶位点，外源 DNA 可取代两个限制位点间的 DNA 区段。重组 DNA 与包装蛋白混合，可在体外包装成有感染力的重组噬菌体颗粒。但是由于 λ 噬菌体头部组装时容纳 DNA 的量是固定的，因此插入外源 DNA 长度必须控制在使重组 DNA 为野生型 λ DNA 长度的 78%～105%之间，否则难以正常组装。

③ 酵母克隆载体。在真核细胞基因功能研究以及定向克隆等工作中，常常需要克隆几百甚至几千 kb 的大片段 DNA，传统载体如质粒、噬菌体载体就显得无能为力，在克服载体容量障碍的过程中，许多人工载体便应运而生，其中酵母人工载体（YAC）所容许的插入 DNA 片段可高达 1Mb（10^6 bp），而且酵母载体技术最成熟、应用最广泛，成为基因工程中

重要的载体。

酵母是基因克隆实验中常用的真核生物宿主细胞，酵母菌中也有质粒存在，这种长约 2μm 的质粒被称为 2μm 质粒，约 6300kb。用 2μm 质粒和大肠杆菌中的质粒已构建成能穿梭于细菌和酵母菌细胞之间的穿梭质粒。酵母克隆载体都是在这个基础上构建的。其中，附加型质粒，YEPs（又称为游离型质粒，yeast episomal plasmides 或 yeast extrachromosomol plasmid）、整合型质粒 YIPs、复制型载体 YRp 和酵母人工染色体 YAC（yeast artificial chromosome）是最具代表性的酵母克隆载体。

根据转化到细胞中的复制机制，可将酵母质粒载体分为两个基本类型，即整合型载体和自我复制型载体。选择酵母载体时必须慎重考虑以下几个标准：a. 含有在酵母细胞中便于选择的遗传标记；b. 结合实际需要，考虑其在酵母菌细胞中的复制方式；c. 在酵母和大肠杆菌中有较高的拷贝数；d. 有合适的酶切位点。

（2）表达载体　所谓表达载体（expression vector）是指具有宿主细胞基因表达所需的调节控制序列，能使外源基因在宿主细胞内转录和翻译的载体。也就是说，克隆载体只是携带外源基因，使其在宿主细胞内扩增；表达载体不仅可使外源基因扩增，还可使其表达。原核表达载体，除了要具备基因克隆载体的条件外，还必须有强启动子和终止子结构来控制外源插入 DNA 片段的有效转录和翻译。目前已被用作表达异源蛋白质的表达系统有原核表达系统如大肠杆菌及真核表达系统如酿酒酵母、昆虫细胞、植物和哺乳动物细胞等，但比较而言，大肠杆菌表达系统在大肠杆菌基础生物学的研究、基因工程实验体系的安全性、操作方便、成本低廉等方面具有明显的优越性。

表达载体应具有的特征：①能够独立地复制（origin of replication)；②应具有灵活的克隆位点（multiple cloning site or polylinker)；③具有方便的筛选标记（selectable marker)，有利于外源基因的克隆、鉴定和筛选；④如果在大肠杆菌中表达，则应具有很强的启动子（promoter)，能为大肠杆菌的 RNA 聚合酶所识别；⑤应具有阻遏子（suppressor)，使启动子受到控制，只有当诱导时才能进行转录；⑥应具有很强的终止子（terminator)；⑦所产生的 mRNA 必须具有翻译的起始信号，即起始密码 AUG（start codon）和核糖体结合位点。

① 非融合蛋白表达载体。非融合蛋白是指外源蛋白不与质粒携带的蛋白基因表达的蛋白融合，自身单独表达。要使在原核细胞中表达非融合蛋白，可将带有起始密码子 ATG 的外源真核基因插入到合适的原核启动子和 SD 序列下游，经转录和翻译，就可在原核细胞中表达出非融合蛋白。

pcDNA3.0 质粒载体（如图 2-7）是 Invitrogen 较早时期推出的一个哺乳动物细胞表达载体。它不含 Kozak 序列，大小为 5446bp，含有 CMV 启动子、T7 启动子、SV40 启动子、多克隆位点（MCS)、牛生长激素（BGH）polyA 序列、大肠杆菌多拷贝复制子（ColE1)、氨苄青霉素抗性基因（amp^r）及新霉素抗性基因（Neo^r）等。CMV 启动子是真核启动子；新霉素抗性基因是它的真核筛选标记；amp^r 是细菌抗性；SV40 启动子结构中含有 SV40 复制起点，使该质粒可以在 SV40 潜在感染的或表达 SV40 大 T 抗原的细胞系内进行染色体外复制。

为了保护外源基因表达的真核蛋白在宿主细胞内免受降解，一般可采用胞内蛋白酶含量很低的大肠杆菌突变株作为表达外源蛋白的宿主菌；或使用胞内蛋白酶抑制剂使宿主菌蛋白酶受到抑制；此外，也可设法将外源蛋白分泌到胞外或形成包涵体等方法。

② 融合蛋白的表达载体。所谓融合蛋白是指蛋白质的 *N*（或 *C*）端由质粒携带的蛋白基因（通常只是 *N* 端的部分序列）编码，*C*（或 *N*）端由外源基因编码的蛋白质。为了获得

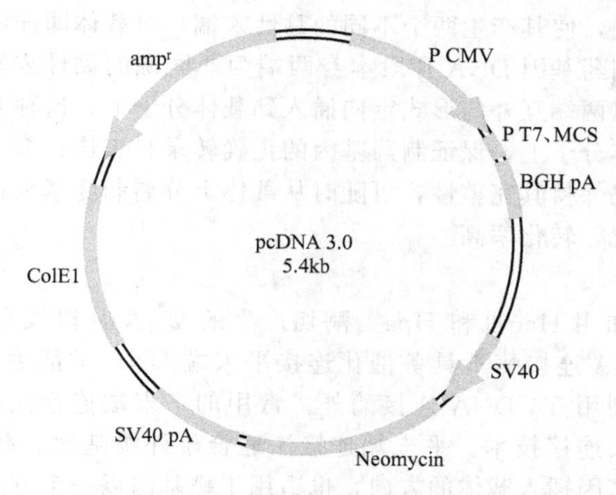

图 2-7 pcDNA 3.0 载体的结构图

正确编码的外源蛋白，外源基因编码区在插入表达载体中的原核基因编码区时，阅读框架应保持一致，翻译时才不会产生移码突变。通常，可构建一套表达载体，第一个载体有正常阅读框架，第二个载体多一对碱基，第三个载体多二对碱基。选择上述三种载体之一并与外源基因连接，以保证外源DNA阅读框架的正确性。

关于原核细胞的表达将会在本章第二节中详细讲述。

（二）制药基因与载体分子的连接

制药基因与载体分子的连接主要是利用DNA连接酶催化制药基因片段与载体分子之间以磷酸二酯键形成重组体DNA分子，又称为嵌合体（chimeric）分子，或重组体分子。这种连接具有以下几点优点：①目的DNA与载体的连接减少了DNA分子进入宿主细胞后遭受降解的危险，增加了转化效率；②由限制性内切酶产生的黏性末端在体外连接后可使原来酶的识别位点在整个DNA维持完整性，以便于重组子转化扩增以后再对外源基因进行分离；③连接时可以控制连接反应条件，有利于形成环状分子或者几个DNA片段头尾相连接的直线多连体。

制药基因与载体分子连接之前，需要将载体DNA与制药基因分别进行适当处理，同时应考虑制药基因插入载体后与载体启动子之间的距离。对于具有相应黏性末端的制药基因片段和载体分子，它们的黏性末端可以碱基互补配对而形成重组分子，然后应用T4连接酶催化缺口处碱基间形成磷酸二酯键；对于具有平末端的DNA分子之间，既可以用T4 DNA连接酶直接催化具有平末端的制药基因片段和载体分子之间的连接，也可以先用末端转移酶给制药基因和载体分子分别加上poly(dA)-poly(dT)尾巴、合成的衔接物或是接头，使DNA片段形成黏性末端，然后再用DNA连接酶催化制药基因与载体分子的连接。

1. 黏性末端连接

具有黏性末端的DNA相连接比较容易，也比较常用，通常有两种方法进行此种连接。第一种方法是单酶切位点的黏性末端连接，即用同一限制性内切酶切割的不同DNA片段具有完全相同的末端。只要酶切可以产生单链突出的黏性末端，且酶切位点附近的DNA序列不影响连接，将两种DNA分子一起退火时，黏性末端单链间就可以进行碱基配对，在T4 DNA连接酶的作用下，这两种分子便可以连接到一起。单酶切连接的方法是最简单、最方便的方法，但是它同时也有可能自身环化、可双向插入、可多拷贝插入、高背景、假阳性多等缺点。

第二种方法是双酶切片段的定向克隆，随着多克隆位点的发展，可以用两种不同的限制性内切酶切割制药基因，使其产生两个不同的黏性末端，对载体同样用这两个限制性内切酶进行酶切，使载体和制药基因DNA片段本身两端为非同源的黏性末端，在DNA连接酶的作用下实现外源基因以两端互补的形式定向插入到载体分子上。这种方法有以下优点：①外源基因定向插入到载体分子上，保证制药基因的正确转录和表达；②载体与制药基因间的限制性内切酶识别位点仍保持其完整性，可随时从载体上分离制药基因；③载体分子和制药基因都不会发生自身环化，转化率高。

2. 平末端连接

在一些情况下，如用HaeⅢ和HpaⅠ酶切产生的DNA片段没有黏性末端，而是平末端，通常大肠杆菌DNA连接酶不具备催化连接平末端DNA的能力，要连接平末端DNA片段，除了可以直接利用T4 DNA连接酶外，常用的平末端连接法还有同聚物加尾技术、衔接物连接技术和接头连接技术。平末端连接法适合于外源基因和载体只具有一个匹配位点，同时也要考虑靶基因插入载体的方向，也适用于靶基因以一个方向插入而且非重组克隆的背景很低的情况。

(1) 同聚物加尾技术（如图2-8） 这种方法主要是利用末端脱氧核苷酸转移酶能够通过脱氧核苷三磷酸将核苷酸加到DNA分子单链延伸末端的3′-OH基团上的功能，当在只有dATP或dTTP作为反应物的条件下，末端脱氧核苷酸转移酶分别在制药基因以及载体分子的3′-OH的末端延伸出poly（dA）或poly（dT）尾巴，当制药基因以及载体分子分别获得poly（dA）或poly（dT）尾巴时，就会彼此互补配对，连接在一起。同聚物尾巴的长度没有严格的限制，一般10～40个碱基就足够。

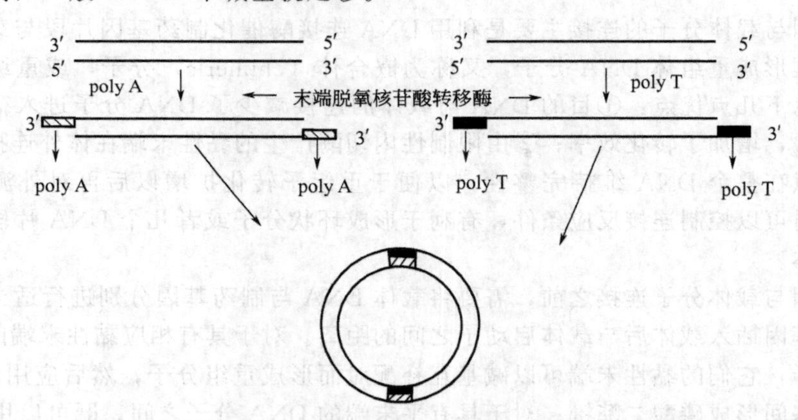

图2-8 应用互补的同聚物加尾连接DNA片段

(2) 衔接物（adaptor）连接技术（图2-9） 这种方法是用化学方法合成一段具有一个或数个限制性内切酶酶切识别位点的核苷酸序列，在多核苷酸激酶的作用下，使衔接物的3′末端与制药基因片段及载体分子DNA 5′末端磷酸化，然后再通过T4 DNA连接酶的作用使二者连接起来，通过这种方法，使制药基因片段和载体分子分别具有互补的黏性末端，然后按照常规的黏性末端连接方法将二者连接。

衔接物连接技术是一种既有效又实用的手段，它可以兼具同聚物加尾技术和黏性末端连接技术的优点，可以根据实验的不同要求，设计具有不同限制性内切酶识别位点的衔接物，并大量制备，以增加其在体外连接反应体系中的浓度，从而大大提高DNA连接片段的连接效率。

此外，当我们需要将通过逆转录法或RT-PCR法获得的制药基因片段与具有多克隆位点的克隆载体连接时，双衔接物（double-linker）技术是特别实用的。当以mRNA为模板，

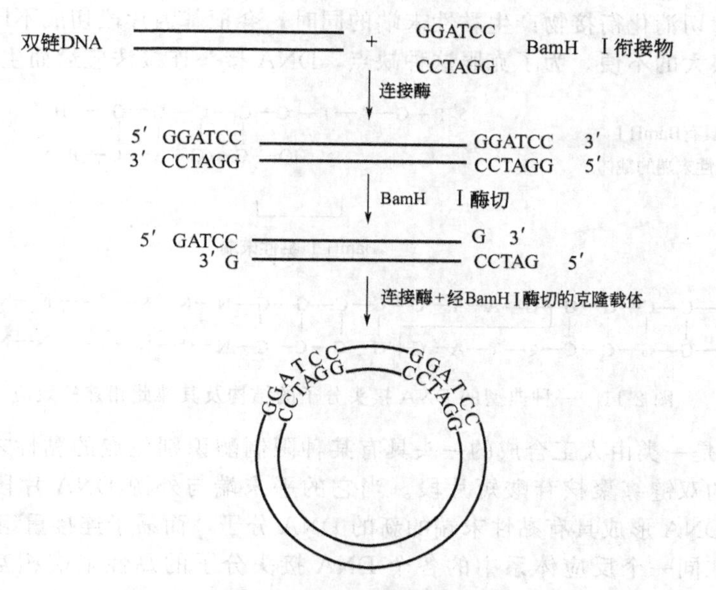

图 2-9 用衔接物分子连接平末端的DNA

合成双链 cDNA 链后，可在双链 DNA 的一端加上一种具有单一限制性内切酶酶切位点的衔接物，接着用 S1 核酸酶除去形成的 cDNA 第二链的发夹环结构，并用 Klenow 片段催化补齐双链 DNA 片段，并在双链 DNA 的另一端加上另一种衔接物，PCR 扩增后，即可与具有多克隆位点的载体分子进行连接，从而实现外源 DNA 片段的定向克隆（如图 2-10）。

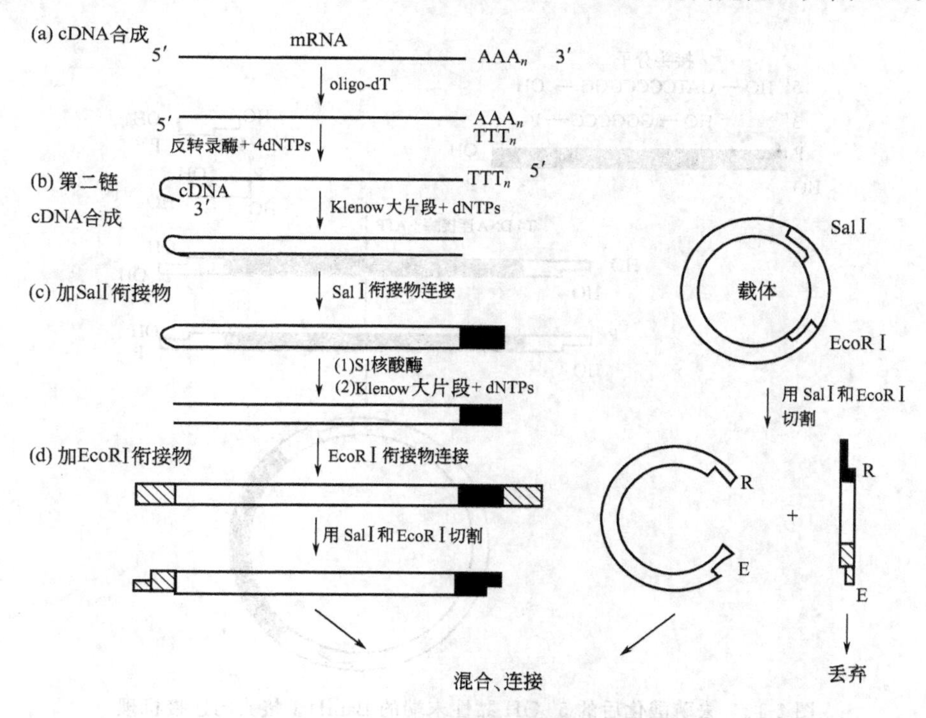

图 2-10 双衔接物连接法的基本程序

（3）DNA 接头（adaptor）连接法 衔接物连接法虽然在很多方面都具有优越性，但是也存在着一个明显的缺点，那就是如果在待克隆的 DNA 内部存在着与所加衔接物相同的酶切位点时，在酶切消化衔接物产生黏性末端的同时，会把基因片段切成不同的片段，这对以后的研究造成很大的不便。为了克服这种缺点，DNA 接头连接法应运而生（如图 2-11）。

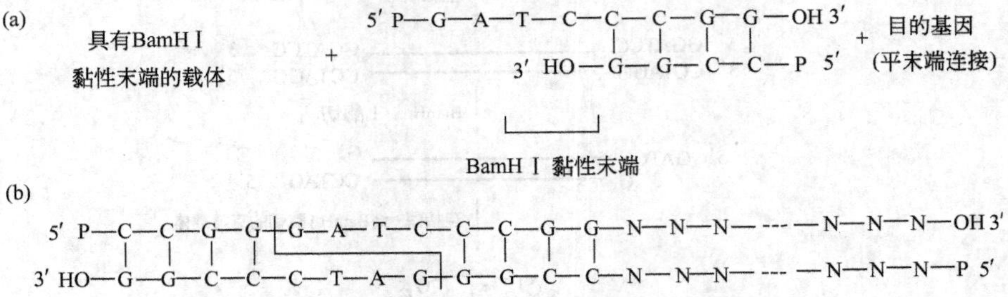

(a)

具有BamHⅠ黏性末端的载体 + 5′ P—G—A—T—C—C—C—G—G—OH 3′ / 3′ HO—G—G—C—C—P 5′ + 目的基因（平末端连接）

BamHⅠ 黏性末端

(b)

5′ P—C—C—G—G—G—A—T—C—C—C—G—G—N—N—N— --- —N—N—N—OH 3′

3′ HO—G—G—C—C—C—T—A—G—G—G—C—C—N—N—N— --- —N—N—N—P 5′

图 2-11　一种典型的 DNA 接头分子的结构及其彼此相连的效应

DNA 接头是一类由人工合成的一头具有某种限制酶识别位点的黏性末端，而另一头为平末端的特殊的双链寡聚核苷酸短片段。当它的平末端与外源 DNA 片段的平末端连接之后，就使外源 DNA 形成具有黏性末端的新的 DNA 分子，而易于连接重组。

为了避免在同一个反应体系中的各个 DNA 接头分子的黏性末端相互配对，所以要对 DNA 接头末端的化学结构进行必要的修饰。天然的 DNA 分子具有 3′-OH 和 5′-P 的末端结构，所以我们将 DNA 接头黏性末端的 5′-P 移走，使 5′-OH 暴露出来，使其黏性末端因 DNA 连接酶无法在 5′-OH 与 3′-OH 之间形成磷酸二酯键而无法相互配对。而其平末端可正常与 DNA 片段的平末端连接，只是在连接之后，需要用多核苷酸激酶催化，使异常的 5′-OH 末端恢复成 5′-P 末端，使新形成的 DNA 分子能够正常地与载体分子连接（如图 2-12）。

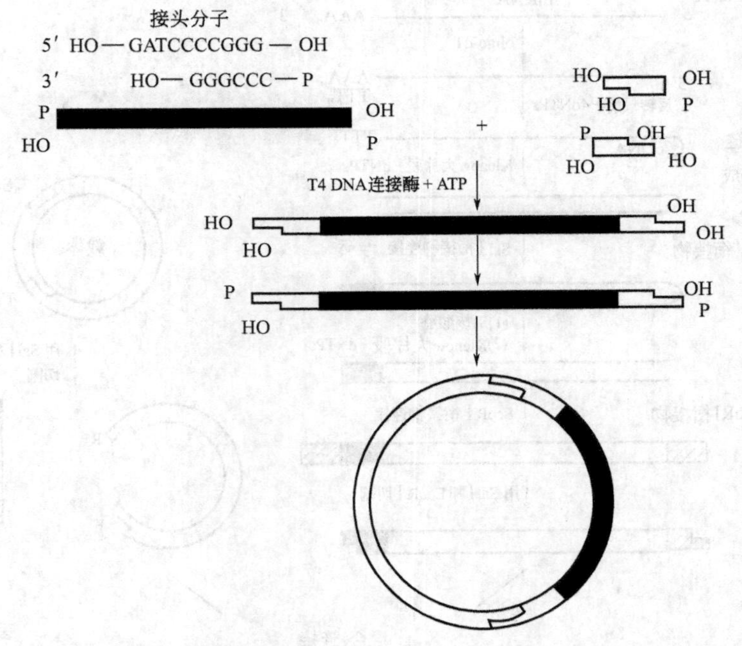

图 2-12　去磷酸化后的 5′-OH 黏性末端的 BamHⅠ接头的连接机理

合成的 BamHⅠ接头分子同外源 DNA 片段连接。这个接头的黏性末端有去磷酸化后的 5′端-OH 基团。因此不会自我多聚化，用多核苷酸激酶及 ATP 等处理，使连接在外源 DNA 片段上的接头分子 5′末端磷酸化，然后插入到事先已用 BamHⅠ切割的载体分子

三、将人工重组 DNA 分子导入到能够正常复制的宿主细胞中

（一）宿主细胞的选择

为了保证外源基因在细胞中的大量扩增和表达，选择合适的克隆载体宿主就成为基因工程的重要问题之一。基因工程的宿主细胞一般是原核宿主细胞（主要是大肠杆菌）。一个理想的宿主具有能够高效吸收外源 DNA，以及使外源 DNA 进行高效复制的酶系统，有重组缺陷型（$RecA^-$），保证克隆载体 DNA 与宿主染色体 DNA 之间不发生同源重组；不具有限制修饰系统，不会使导入宿主细胞内未经修饰的外源 DNA 发生降解；同时要便于进行基因操作和筛选；并且具有安全性，即对人、畜、农作物无害或无致病性等特点（见表 2-1）。

表 2-1　大肠杆菌的细菌部分遗传标记

基因型	功　能
dam	GATC 序列上腺嘌呤甲基化的缺失，使 DNA 序列易于被一些限制性内切酶识别
recA	同源重组缺失，主要针对一些包含有正向重复的序列
dut	dUTP 酶活性消失，能够允许 DNA 中有尿嘧啶的参与
endA	非特异性核酸内切酶的活性消失，便于制备高质量的 DNA
lacZ	β-半乳糖苷酶活性消失
Tet^r	四环素抗性基因

原核生物的大肠杆菌及真核生物的酿酒酵母，因其生长快、易培养、可使用廉价培养基，遗传学及分子生物学背景十分清楚等优点，使之成为当前基因工程被广泛应用的重要克隆载体宿主。

（二）将重组 DNA 导入宿主细胞

外源基因与载体分子形成重组 DNA 分子后，需要将其导入到宿主细胞中扩增和筛选，称为外源基因的无性繁殖，或称为克隆。将外源基因导入到宿主细胞中主要有两个目的：一是大量产生重组 DNA 分子。因为在完成连接反应后，重组 DNA 分子往往只能达到纳克级，不易操作和进行下一步分析，而把重组 DNA 导入到宿主细胞中，随着宿主细胞进行多次分裂，且在每一个宿主细胞中也会有多拷贝的重组子，从而使重组 DNA 得以扩增。二是对重组子进行纯化，在构建重组 DNA 分子的连接体系中，会有很多分子存在，如没有连接上的载体分子、没有连接上的 DNA 片段、自身环化的载体分子或 DNA 分子，还有可能存在连接到载体上的其他污染的 DNA 片段等。没有连接上的载体和 DNA 分子，即使进入了宿主细胞，也会因其不能复制，很快被宿主细胞中的酶降解掉，而自身环化的分子及污染了的重组分子也会通过进一步筛选得以去除，从而得到大量、单一的重组体分子。将外源重组体分子导入宿主细胞的方法有转化、转染、转导、显微注射技术等。

1. 感受态细胞

感受态就是宿主细胞能够吸收外源重组 DNA 分子的生理状态。转化率的高低直接与宿主细胞的感受态状态有关。在基因工程的操作中，采取一些方法处理宿主细胞，经处理的细胞就容易接受外源重组 DNA 分子。有关宿主细胞的感受态的本质，目前有一种假说，即局部原生质体化假说：经处理，细菌的表面结构发生变化，导致细菌细胞壁和细胞膜的通透性增加，使外源重组 DNA 分子进入细胞。

2. 将外源重组 DNA 分子导入宿主细胞中的转化反应

严格地说，转化就是一种细菌菌株捕获携带有外源 DNA 的质粒载体，而导致性状特征发生遗传性改变的生命过程。下面介绍两种比较常用的转化技术。

（1）热休克（hot shock）法　热休克法是将待转化的重组DNA分子与感受态细胞的转化体系在42℃的短暂热刺激下，使重组DNA分子进入宿主细胞。这个过程要经历四个阶段，分别是吸附阶段、转入阶段、自身稳定阶段及表达阶段。之后，便可以在选择性培养基上长出转化子的菌落。

（2）电转化（electroporation）法　电转化法也称为高压电穿孔法，是在感受态细胞上施加短暂、高压的电流脉冲，使感受态细胞的质膜上形成数个纳米大小的微孔，DNA能直接通过这些微孔，或者作为膜组分在微孔闭合时伴随膜组分的重新分布而进入细胞质中。电转化的效率极高，既可用于克隆化的基因的瞬时表达，也可用于建立有外源基因的真核细胞系，如构建文库。

细菌转化率的高低，受很多因素的影响，这些因素包括转化DNA的浓度、纯度和构型，宿主细胞的生理状态以及处理成感受态细胞后的成活率、转化的条件、重组DNA分子的大小、质粒的线性或环状、宿主细胞内的限制修饰体系等。

四、重组子的鉴定和筛选

在前文中已讲述，外源基因与载体连接后的连接体系是含有多种成分的混合体系，要在大量的转化子中挑选出我们需要的含有制药基因的转化子，我们还需要进行进一步的鉴定与筛选。这通常有三种鉴定方法：一是重组体表型特征的鉴定；二是重组DNA分子结构特征的鉴定；三是外源基因表达产物的鉴定。

（一）重组体表型特征的鉴定

（1）抗生素平板法　载体一个很重要的组成部分是报告基因，这种报告基因大多数是一些抗生素的抗性基因，如果外源DNA片段插入载体的位点位于抗生素抗性基因之外，那么克隆后这些基因将会表现出其重要作用：将转化后的重组体细胞置于含有载体抗性的抗生素培养平板上进行培养时，仍可长出菌落，而不含有重组子的宿主细胞不能生长。但是，还有一些自身环化的载体和未被酶解的载体，它们的转化细胞也能在含该抗生素的平板上生长并形成菌落，而作为对照的感受态细胞不能生长。此法的缺点是出现假阳性的概率高。

（2）插入失活法　检测外源DNA插入与否的一种通用方法是插入失活法。因外源DNA的插入而导致基因失活的现象，称为插入失活（insertional inactivation）。

（3）插入表达法　在某些载体的报告基因的上游会有一段阻遏调节序列，当目的基因插入到这段阻遏调节序列时，阻遏调节序列失活，因而下游的报告基因不会受到阻遏调节而能够表达。例如质粒pTR262有一个起阻遏调节作用的cⅠ基因，当目的基因插入cⅠ基因中的BcⅡ或HindⅢ位点，可以使cⅠ基因失活，这样位于cⅠ基因下游的tet^r基因（受cⅠ基因控制）因解除阻遏而被表达，转化后的重组体细胞，在含有四环素的平板中可形成菌落；而由未被酶解的质粒转化的细胞及未转化的受体细胞均不能形成菌落。

（4）蓝白筛选法　蓝白筛选法也称为β-半乳糖苷酶显色反应法。某些载体，如M13噬菌体载体，pUC质粒系列、pGEM质粒系列等，pBSK（+/−）上带有β-半乳糖苷酶基因（lacZ）的调控序列和β-半乳糖苷酶*N*端146个氨基酸的编码序列。这个编码区中插入了一个多克隆位点，但并没有破坏lacZ的阅读框架，不影响其正常功能。而所需的宿主细胞则含有β-半乳糖苷酶*C*端的编码信息，当载体分子与宿主细胞各自独立时，它们都不会表达β-半乳糖苷酶的酶活性，而当二者融为一体时，这个细胞就会表达β-半乳糖苷酶活性。这种现象称为α-互补。由α-互补产生的Lac^+细菌在生色底物X-gal（5-溴-4-氯-3-吲哚-*β*-D-半乳糖苷）的存在下被IPTG（异丙基硫代-*β*-D-半乳糖苷）诱导形成蓝色菌落。而当外源基因插入这个多克隆位点后，导致读码框架改变，表达蛋白失活，产生的氨基酸片段失去*α*-互补能力，因此在同样条件下含重组质粒的转化子在生色诱导培养基上只能形成白色菌落。

（二）重组 DNA 分子结构特征的鉴定

（1）酶切法筛选　将初步筛选的阳性克隆小量培养后，提取重组质粒或重组噬菌体 DNA，用 1～2 种内切酶酶切，然后进行凝胶电泳，检测插入 DNA 片段的大小。

（2）PCR 鉴定　通过与插入片段两侧互补的引物，以重组质粒 DNA 作为模板进行 PCR 分析，可快速测出插入 DNA 片段的大小及鉴定其序列特异性。

（3）菌落（或噬菌斑）原位杂交（in situ hybridization）　将转化细胞培养在琼脂平板上，当形成菌落（或噬菌斑）后，再将硝酸纤维滤膜贴在平板上，使菌落（或噬菌斑）转印到硝酸纤维滤膜上。翻转此滤膜并置于另一不含菌的平板上培养，培养后的滤膜上可长出菌落（或噬菌斑）。取出滤膜，用裂解液处理使菌体裂解，释放出 DNA。再用碱处理，使 DNA 变性，经烘烤将变性 DNA 固定于滤膜上。然后用放射性同位素标记的核酸探针进行分子杂交，并经放射自显影，黑点代表杂交上的菌落，即可筛选到阳性克隆。通常影印的滤膜必须有双份，在一张滤膜上找到阳性克隆后，可在另一张滤膜的相应位置上找到活的细菌（或噬菌体）克隆。此法优点是可在短时间内从成千上万个克隆中筛选到阳性克隆。

（4）Southern 印迹杂交法　又称为凝胶电泳压印杂交技术，是 Southern 于 1975 年建立的，它的大致过程为：先进行限制性内切酶酶切待检测的 DNA，然后进行琼脂糖凝胶电泳。电泳完毕后，将凝胶放入碱性溶液中，使双链 DNA 变性，解离为两条单链，再在凝胶上贴盖硝酸纤维素膜，使凝胶上的单链 DNA 条带按原来的位置印到膜上，再将此膜置于含有同位素标记的核酸探针的杂交液中，按照碱基互补配对原理，如果被检测的 DNA 与核酸探针具有互补序列，就能在被检测的 DNA 区带部位结合成双链的杂交分子，并通过放射自显影显示出来。

（5）DNA 序列测定　最后为了确证目的基因序列的正确性，必须对重组体的 DNA 进行序列测定。

（三）外源基因表达产物的鉴定

现在有很多种鉴定表达产物的方法，如 western blot、抗原抗体反应等，在后面的章节将有详细的介绍。

第二节　重组蛋白表达系统

自 1973 年 Cohen 等人在大肠杆菌中成功表达外源基因以来，基因工程已经获得了突飞猛进的发展。目前已有多种外源基因编码的重组蛋白在各种细胞中成功表达，表达的重组蛋白主要包括一些治疗性抗体和各种基因工程药物，如干扰素、白介素、集落刺激因子等。由于每一种表达系统都有其自身的特点和适用范围，因此应根据目的蛋白的性质和分离纯化的需求来选择不同的表达系统。目前被广泛应用的表达系统有原核表达系统、酵母系统、昆虫细胞、哺乳动物细胞、转基因植物和转基因动物等。

一、原核表达系统

近年来，对原核生物特别是大肠杆菌的深入研究对基因工程的发展起到了重要的作用。大肠杆菌表达系统是目前最常用的外源蛋白表达系统，大肠杆菌由于遗传背景相对清楚、使用安全、易操作、表达量大、生产成本低、周期短，以及有大量可供选择的克隆或表达载体，使之成为人们克隆表达外源基因的主要菌株。与哺乳动物细胞相比，大肠杆菌的生长周期短，可应用于短时间内的蛋白表达、纯化和分析。此外，用外源 DNA 转化大肠杆菌的方法也比较简单，且需要的DNA量较少，花费也相对较低，这些都是大肠杆菌表达系统得到广泛应用的原因。

大肠杆菌表达系统的主要缺点在于：①缺乏翻译后加工修饰系统，特别是缺少糖基化功能；②大肠杆菌本身含有内毒素和有毒蛋白，对蛋白纯化带来一定难度，可能混杂在终产物里，导致在医药方面的使用受到局限；③蛋白不能正确折叠，复性较困难，多形成包涵体，提取步骤繁琐。因此，大肠杆菌表达系统多用于表达一些蛋白的片段和不需要修饰加工的蛋白，如抗体的Fab片段等。

（一）原核表达载体

为了使真核基因能够在大肠杆菌中正常转录并翻译成相应的蛋白，需要构建有效的表达载体。典型的大肠杆菌表达载体主要包括启动子、操纵子、核糖体结合位点、多克隆位点、转录及翻译起始信号、质粒复制起点及筛选标记基因等。

1. 启动子（promoter）

启动子是指DNA链上一段能与RNA聚合酶结合并能启动mRNA合成的序列，它是基因表达的关键因素之一，没有启动子，基因不能转录。许多类型的启动子可影响外源基因在大肠杆菌中的表达，启动子一般分为两类：一类是RNA聚合酶能够直接识别的启动子，另一类是在与RNA聚合酶结合时需蛋白质辅助因子存在的启动子。常用的启动子包括Lac启动子、Trp启动子以及它们的杂合Tac启动子、P_L和P_R启动子以及T7启动子。

① Lac启动子是以Lac操纵子调节的启动子，该操纵子的转录受正调节因子CAP和负调节因子LacⅠ调控，在无诱导物存在的情况下LacⅠ的基因产物以四聚体的形式形成阻遏蛋白与操纵基因结合，抑制转录的起始。在生理情况下别位乳糖（allo-lactose）是Lac启动子的诱导剂，异丙基硫代半乳糖（IPTG）是Lac启动子实验常用的诱导物，与阻遏蛋白结合，启动转录。IPTG本身具有细胞毒作用，在制备治疗抗体时不宜使用。

② Trp启动子来源于大肠杆菌色氨酸操纵子的调控区，完整的调控区包括启动子、操纵子、前导序列和衰减子。P_{trp}在富含色氨酸的培养基中处于关闭状，当色氨酸水平下降至较低水平时，阻遏作用被去除，P_{trp}开始启动转录。P_{trp}属强启动子，启动作用较P_{lac}强，但调节作用不如后者。

③ Tac启动子是由Trp操纵子-35序列和Lac操纵子的部分序列拼接而成的杂合启动子，汇集了lac和trp两者优点，是一个很强的启动子，同样受LacⅠ阻遏蛋白调控。

④ P_L和P_R启动子是λ噬菌体的早期转录因子，启动转录能力强。cI基因的产物是其阻遏物，可以通过控制cI基因的表达，间接控制P_L和P_R的启动。

⑤ T7启动子来自大肠杆菌的T7噬菌体，该启动子不能被大肠杆菌RNA聚合酶识别，只能由T7 RNA聚合酶识别和启动，鉴于T7 RNA聚合酶活性较大肠杆菌聚合酶高6倍，因此P_{T7}转录活性高且特异性强，是目前启动转录最强的启动子。

2. 核糖体结合位点（ribosome-binding site，RBS）

在*E. coli*的高效翻译中的重要因素就是原核的核糖体结合位点的存在，它由一个起始密码子（ATG）和SD序列（Shine-Dalgarno sequence）组成。SD序列是由3～9个核苷酸组成，并结合于16SrRNA的3′末端，起始密码上游3～11bp处。研究发现SD序列为UAAGGAGG时比AAGGA翻译效率高，起始密码ATG与SD序列UAAGGAGG的最适距离为6～8bp，若这一距离减少到4bp以下或增加到14bp以上，翻译起始将会严重受阻。

3. 选择标记（selection marker）

转化时只有少数的受体菌能接受并稳定保持质粒载体，所以为了能简便地从大量的菌中鉴定出转化体必须在构建载体时加入选择标记，以保证转化后的菌体有新的表型。目前应用于大肠杆菌载体的选择标记大多是抗生素的抗性基因，常见的有抗氨苄青霉素、四环素、氯霉素和链霉素等抗性基因。

4. 转录终止子（terminator）

转录终止子是DNA分子中决定RNA聚合酶终止转录的核苷酸序列。原核生物的终止子中有倒置的重复序列，其终止转录作用需蛋白辅助因子ρ，不依赖ρ因子实现转录终止的为强终止子，其特征为在转录终止点前有一段富含GC的回文序列。由真核mRNA逆转录获得的cDNA 3′端无转录终止子序列，因此用大肠杆菌表达真核基因，特别是采用强启动子时易发生转录过头的现象，影响mRNA的翻译效率，因此需在真核基因下游加入强转录终止子序列，外源基因与转录终止子距离越近，表达水平越高。

（二）外源蛋白的表达形式

1. 以包涵体形式表达外源蛋白

包涵体（inclusion body）是存在于细胞质中的一种由不可溶的蛋白质聚集折叠而形成的晶体结构物。以包涵体表达的蛋白的突出优点是易于分离纯化，可以保护外源蛋白不受宿主蛋白酶的降解，还可以使宿主细胞免受有毒性的外源蛋白的伤害。但是，实践证明存在于包涵体中的蛋白虽然具有正确的氨基酸序列，但空间构象却是错误的，因此从包涵体中回收的蛋白在多数情况下没有生物学活性。目前为限制包涵体的产生，形成具有天然构象的蛋白质常采用与分子伴侣（molecular chaperone）共表达及使用具有高度可溶性的多肽作融合蛋白配偶体（fusion protein partner）等方法。

2. 以分泌形式表达的外源蛋白

有些外源蛋白在细胞质中过度积累会影响细胞正常的生理功能，因此可以将外源蛋白以分泌蛋白的形式表达以解决这一问题。分泌型蛋白是指将外源基因的表达产物运输到周质（periplasm）或细胞外的一种表达方式。信号肽是存在于蛋白N端的由15～30个氨基酸组成的序列，分泌型蛋白需要信号肽（signal peptides）的引导才能穿过细胞膜。周质的氧化环境有利于蛋白的正确折叠，获得具有较好的生物学活性的蛋白，而且周质中的蛋白酶较少，外源蛋白质酶解的程度较低。但分泌型表达的缺点是信号肽并不是总能帮助蛋白转运，而且有可能形成包涵体。

3. 以融合蛋白的形式表达外源蛋白

融合蛋白（fusion protein）是指由克隆在一起的两个或数个不同基因的编码序列组成的融合基因转译产生的单一的多肽序列。

外源蛋白与菌体自身的蛋白融合后稳定性和可溶性大大增加，生物活性也较高，而且外源蛋白以融合蛋白的方式表达时更易于分离纯化，可以利用菌体自身蛋白的特异性抗体、配体或底物亲和层析等技术分离纯化融合蛋白，再通过蛋白酶水解或化学法去除菌体蛋白以获得纯化的外源蛋白。关于融合蛋白的应用将在本章第五节详细介绍。

（三）影响真核基因在大肠杆菌中高效表达的主要因素

由于真核基因和原核生物在遗传背景方面存在极大区别，为了达到高效表达的目的，必须考虑下列诸多因素。

① 真核基因编码区不能含有插入序列，因为原核载体不具备识别内含子、外显子的能力，所以多采用自mRNA逆转录获得的cDNA，而不直接用染色体的基因片段。此外，需

去除真核蛋白自身的分泌信号肽序列。

② 选择具有适当强启动子的表达载体，表达的外源基因需置于大肠杆菌启动子的下游，由大肠杆菌的 RNA 聚合酶识别启动子并进而转录。

③ 目前已经在细菌和噬菌体中鉴定了一些在 *E. coli* 中显著增强异源基因表达的序列。Olins 等从 T7 噬菌体基因 10 前导序列（g10-L）中鉴定了一个 9bp 的序列，该序列似乎能替代有效的 RBS（ribosome binding site）。同 SD 共有序列相比，g10-L 能使多种基因的表达水平提高 40～340 倍。

④ 转录获得的 mRNA 需具备有效的核糖体结合位点，包括能与 16S 核糖体 RNA 3′端匹配的 SD 序列和起始密码子 AUG；增加 SD 结合点的有效性，消除在该位点及附近的潜在二级结构；调整 SD 序列和起始编码的间距。

⑤ 当根据蛋白质结构设计 PCR 引物或合成基因时，需选择大肠杆菌偏爱的密码子。原核和真核生物的基因对同义密码子的使用均表现非随机性。对 *E. coli* 中密码子的使用频率进行系统分析得到以下结论：a. 对于绝大多数的简并密码子中的一个或两个具有偏好；b. 某些密码子对所有不同的基因都是最常用的，无论蛋白质的含量多少，例如 CCG 是脯氨酸最常用的密码子；c. 高度表达的基因比低表达的基因表现更大程度的密码子偏好；d. 同义密码子的使用频率与相应的 tRNA 含量有高度相关性。这些结果暗示，富含 *E. coli* 不常用密码子的外源基因有可能在 *E. coli* 中得不到有效表达。

⑥ 表达产物需比较稳定，不易被细胞内的蛋白修饰酶降解。减少 *E. coli* 中重组蛋白降解的策略有以下几种：a. 将蛋白质靶向细胞周质或培养基；b. 在较低的温度下培养细菌；c. 选用蛋白酶缺陷的菌株；d. 构建 *N*-末端或 *C*-末端融合蛋白；e. 将目的基因多拷贝串联；f. 与分子伴侣共表达；g. 与 T4pin 基因共表达；h. 替换特定的氨基酸残基以消除蛋白酶裂解位点；i. 改善蛋白质的亲水性。

⑦ 选择合适的大肠杆菌菌株，防止表达产物对宿主菌的毒性。

⑧ 优化工程菌的培养条件，如进行高细胞密度培养等。

二、酵母表达系统

酵母（yeast）是一类低等的单细胞真核生物，作为一种外源基因的表达系统相对于其他表达系统的主要优势在于，它既具有真核细胞的特性又具有类似原核细胞的生长特点。自 1981 年 Hilzeman 等人应用酿酒酵母成功地表达了人的 α-干扰素以来，已经有十几种在疾病治疗方面有应用价值的蛋白在酵母系统中被成功表达，包括多种细胞因子、多肽激素等。酵母系统表达外源基因的优点在于：与原核表达系统相比酵母是真核生物，可对表达的蛋白进行修饰，有利于保持生物产品的活性和稳定性；而且可将表达的产物分泌到胞外不仅有利于产品的纯化，还避免了表达产物的过度积累对宿主产生不利影响；而与哺乳动物细胞表达系统相比酵母更易于培养，可进行大规模的发酵生产，故在表达外源蛋白，特别是大分子真核生物蛋白方面得到了广泛的应用。

（一）酵母表达载体

酵母表达系统的载体一般用穿梭载体，穿梭载体可以在酵母和大肠杆菌中进行复制，它是由酵母野生型质粒、抗性基因、宿主染色体 DNA 上自主复制序列（ARS）、中心粒序列（CEN）、端粒序列（TEL）等组成的。

酵母中用于表达外源基因的常用表达载体一般可以分为两种，即整合体型（YIp-type）表达载体和附加体型（Yep-type）表达载体。整合体型表达载体不含自主复制序列，而是以同源重组的方式整合在宿主酵母的染色体上，其优点是稳定性好但拷贝数低。而附加体型表达载体含有酵母天然质粒2μm复制起点序列，以游离在酵母染色体外的形式进行自主复制，在宿主细胞中的拷贝数量大，但这种载体不稳定，在传代过程中易发生质粒的丢失，影响重组蛋白的稳定性和表达量。

（二）常用的酵母表达系统

迄今已发展和建立了多种酵母表达系统。常用的宿主包括：酿酒酵母（*Saccharomyces cerevisiae*）、乳酸克鲁维酵母（*Kluyveromyces lactis*）、甲醇营养型酵母（*Methylotrophic yeast*）和裂殖酵母（*S. pombe*）等。酿酒酵母表达体系是建立最早的一个酵母表达体系，也是第一个应用于重组蛋白表达的酵母表达系统，但由于其缺乏可严格调控的启动子，所以具有表达菌株不稳定、表达质粒易丢失、表达产物含量低、分泌效率差、部分分泌蛋白筛选和纯化困难等缺点，近年来已基本被甲醇营养型酵母所替代。甲醇营养型酵母表达系统是一种发展迅速的外源蛋白表达系统，也是目前应用最广泛的酵母表达系统，其中巴氏毕赤酵母作为基因表达系统使用得最多、最广泛。

1. 酿酒酵母表达系统

酿酒酵母是一种与人类生活密切相关的酵母，也是目前了解最完全的真核生物，且被认为是安全性生物，已于1996年完成对其全序列的测定。20世纪70年代酿酒酵母的2μm质粒被发现，酿酒酵母基因工程表达系统开始建立。到目前为止很多有应用价值的基因在酿酒酵母表达系统中得到成功表达，如乙肝表面抗原和核心抗原、淀粉蛋白酶、凝乳蛋白酶和多种细胞因子。但酿酒酵母有一个缺点，即用酿酒酵母作宿主，大多数的外源蛋白被高度糖基化，糖链上常带有40个以上的甘露糖残基，糖蛋白的核心寡聚糖链具有终端α-1，3′糖苷-链连接，使其抗原性明显增加，因此用酿酒酵母表达的重组蛋白不适合作为药用蛋白。

2. 甲醇营养型酵母表达系统

用于表达外源基因的甲醇营养型酵母主要包括巴氏毕赤酵母（*Pichia pastoris*）和多形汉逊酵母（*Hansenula polymorpha*）。这两种酵母能以甲醇为唯一的碳源和能量来源，而且在以甲醇为唯一碳源时，能诱导AOX1基因的表达，使其控制的外源蛋白质得到表达，而在以葡萄糖或甘油为碳源的培养基上生长时，甲醇酵母中的这一基因的表达受到抑制。

甲醇营养型酵母表达外源基因分为胞内表达和分泌到胞外两种形式。相比而言，它们本身的分泌蛋白较少，分泌的外源蛋白可占总分泌蛋白的90%以上，有利于产品的分离纯化，所以多用分泌型表达载体，一方面可以减轻宿主细胞的代谢负荷，另一方面可以减少宿主细胞蛋白水解酶对外源蛋白质的降解。甲醇营养型酵母在一定程度上可以识别外源基因本身的信号肽，进行蛋白的分泌，但利用外源基因自身的信号肽序列所表达的蛋白的量少而且分泌效率低。因此要使外源蛋白得到高效分泌需要给外源基因接上一段酵母的信号肽序列，如酿酒酵母的分泌信号和前导肽序列（α因子）、PHO1信号肽序列。

(1) 巴氏毕赤酵母表达系统　巴氏毕赤酵母表达系统是最近迅速发展起来的一种重组蛋白表达系统，巴氏毕赤酵母的表达载体一般采用整合体型表达载体，典型的表达载体含有AOXl启动子和转录终止子片段，其中含有供外源基因插入的多克隆位点，此表达载体以组氨酸脱氢酶（histidinol dehydrogenase）基因his4作为互补筛选标志或Zeocin^{r}作为筛选标志，它还含有pBR322质粒的部分序列和氨苄青霉素（amp^r）抗性基因筛选标志。P_{AOX1}是一个极强的启动子，醇氧化酶的产量最高可占甲醇酵母中可溶性蛋白质的30%，所以能使外源蛋白质在它的控制下高效表达。巴氏毕赤酵母分泌出的蛋白糖链中一般有8～14个甘露糖残基，糖基化位点为Asn-X-Ser/Thr，与哺乳类细胞的糖基化位点相同。表2-2列出了巴斯德毕赤酵母表达载体的结构与功能。

表 2-2 巴斯德毕赤酵母表达载体的结构与功能

类别	结 构	功 能
5′AOX1	含 AOX1 启动子的 1kb 左右的 DNA 片段	介导质粒与基因组整合和甲醇诱导下高效表达
Sig	编码 *N* 端分泌信号	介导外源蛋白分泌
MCS	多克隆位点	外源基因的整合
TT	转录终止和 PolyA 形成基因	转录有效终止，促进 PolyA 形成
his4	编码组氨酸脱氢酶基因	遗传标记
3′AOX1	醇氧化酶基因片段	介导整合
Amp	抗氨苄青霉素基因	筛选标记
ColE1	大肠杆菌复制起点	复制

巴氏毕赤酵母系统表达外源基因具有以下优点：①其表达载体含有特有的乙醇氧化酶（AOX）基因启动子，通过甲醇诱导 AOX1 调控外源基因的表达；②可以高密度连续发酵培养，外源蛋白表达量高；③根据载体类型，外源基因表达产物既可以在胞内积聚又可以被分泌到培养基中，而分泌的外源蛋白占酵母细胞分泌蛋白的量大，利于工业生产和分离纯化；④巴氏毕赤酵母能对所分泌的蛋白进行 *N* 连接、*O* 连接的糖基化修饰且糖基化程度适中。

（2）多型汉逊酵母系统　多型汉逊酵母是一种耐高温的甲醇营养型酵母，最适生长温度为 37～43℃，最高的耐热温度为 49℃，生长范围宽。多型汉逊酵母只有一个编码甲醇氧化酶的基因（MOX），其启动子是强诱导启动子，与其他醇氧化酶启动子不同，该启动子对葡萄糖的阻遏不敏感，在葡萄糖限制或缺乏的条件下，能够被甲醇诱导，因此从培养向诱导的转换非常容易，在实际的应用中有很大的优越性，其表达量高于其他的酵母表达系统。多型汉逊酵母的表达载体含有宿主菌的 HARS 序列，通过自我复制引导外源基因非同源性整合到染色体上，50%以上的重组子是多拷贝，可以获得拷贝数为 100 以上的重组菌株。

3. 裂殖酵母表达系统

裂殖酵母是子囊菌真核单细胞生物，它不能以出芽的方式繁殖，只能以分裂或产孢子的方式繁殖，因此称为裂殖酵母。与其他的酵母相比，它具有更多的与高等真核生物相似的特性，如线粒体结构、启动子结构、转录机制和对蛋白 *N* 端酰基化功能更接近哺乳动物细胞，因此它正逐渐成为研究真核细胞分子生物学的模式生物，它作为外源基因表达系统也越来越受到人们的关注，它表达的外源基因产物具有天然的构象和活性，是较被看好的外源基因表达系统，其特点是它既可以表达胞内蛋白，也可以表达膜蛋白和分泌蛋白。目前已经有多种蛋白利用此系统进行了表达，如人蛋白凝血因子Ⅷa、细胞色素 P450、人白细胞介素Ⅱ-6 等。

（三）在酵母中表达外源基因的步骤

在酵母中表达外源蛋白的步骤比大肠杆菌中复杂，一般包括下述步骤。

（1）外源基因克隆　选用合适的限制性内切酶把外源基因克隆到含有酵母启动子和转录终止序列的表达载体的多克隆位点中。如果选用的是分泌型表达载体，则应保持外源基因的可读框和信号肽的可读框一致。环状质粒的整合效率很低，如将重组载体酶切线性化，则可提高整合效率，可选用的限制性内切酶有 BglⅡ、DraⅠ和 SalⅠ等。

（2）转化酵母菌　常见转化方法有三种：原生质体生成法、电穿孔法、全细胞法（PEG 法和 LiCl 法）。其中原生质体生成法和电穿孔法效率较高（约 10^3～10^4 转化子/μg DNA）。

原生质体生成法特指一种使遗传性状不同的两细胞的原生质体发生融合，并进而获得发生遗传重组的杂种细胞即融合子的生物技术。其步骤为：在高渗条件下将两个亲本细胞用适当的酶去除细胞壁生成原生质体；加聚乙二醇或用电脉冲法促进两细胞的融合；转移到合适的固体培养基上使其再生细胞壁和形成菌落；将菌落接种到选择性培养基上筛选带有两个亲本遗传标记的杂种融合子。

电穿孔法的基本原理是利用高压电脉冲作用，在酵母的细胞膜上进行电穿孔（electroporation），形成可逆的瞬间通道，从而促进外源 DNA 的有效吸收。

PEG 转化法是一种通过 PEG 的介导作用，将外源基因转入靶生物的原生质体中的方法。

（3）筛选并鉴定转化子　可在选择培养基上初筛，复筛可用 PCR（即提取转化子 DNA，用外源基因两侧特异引物扩增筛选）进行，这只限于少量转化子。对于大量转化子的筛选，可用原位点杂交进行，用原位点杂交不仅可以筛选大量转化子，而且可以鉴定多拷贝。

筛选出的转化子需鉴定表型，即确定是 Mut^+ 型还是 Mut^s 型，Mut^+ 型能够快速利用甲醇，Mut^s 型利用甲醇较慢。不同的表型在诱导表达条件上有所差异。

（4）外源蛋白的诱导表达　在巴氏毕赤酵母表达分两步，即菌体生长和蛋白质诱导表达。先在以甘油为碳源的培养基上培养菌体达到一定 A 值后，离心弃上清后菌体悬浮于以甲醇为碳源的培养基中诱导表达，间隔补加甲醇以弥补损失，表达的条件（如通气状况、pH、培养基的组成等）优化后则可以按比例放大至大规模发酵。

（四）酵母系统表达外源基因的应用前景

自 20 世纪 80 年代初，Hitzeman 等首次应用酿酒酵母表达人干扰素基因以来，应用酵母这种单细胞真核生物表达外源基因越来越受重视。目前已经建成了多种基因表达系统，成功地表达了多种蛋白质。尤其近几年，巴氏毕赤酵母、乳酸克鲁维酵母和多形汉逊酵母由于其自身旺盛的生长能力和一些独有的生物学特性，更为众多的研究者所关注，巴氏毕赤酵母表达系统已被证明是既可以用于分泌表达又可以胞内表达外源基因的一个理想的酵母表达系统，它具有强启动子 AOX1，利用这种强启动子已经高效表达了多种外源基因，如肿瘤坏死因子、破伤风毒素 C 片段、蔗糖酶、人血清白蛋白、蛋白酶抑制因子等。这些基因的表达产物都超过了每升发酵液 1g 的水平。其中肿瘤坏死因子和破伤风毒素 C 片段每升发酵液可高达 10g 以上。利用乳酸克鲁维酵母表达系统已成功地表达了人血清白蛋白和人溶菌酶等外源基因，该酵母可以高密度发酵，表达载体有稳定的附加体型载体和整合体型载体，并且表达产物有较好的分泌性等，在工业生产上有很强的应用价值。随着现代分子生物学技术的发展，人们将进一步地探索各种酵母表达系统的强启动子元件、分泌信号肽以及对外源蛋白表达、分泌的影响因素，酵母表达系统在未来生物技术制药的发展和应用中将占有重要的地位。

三、昆虫细胞表达系统

杆状病毒（baculovirus），是一类超大双链环状 DNA 分子（约 80～200kb），因其成员的病毒体呈杆状而得名。这类病毒主要见于昆虫体内，是已知昆虫病毒中类群最大、发现最早、研究最多且实用意义很大的昆虫病毒。其代表型苜蓿银纹夜蛾核型多角体病毒（autographa californica nuclear polyhedrosis virus，AcMNPV）研究得最为深入。20 世纪 80 年代初，国外学者发现了多角体蛋白基因（polh）的强启动子及晚期大量表达的特性，Smith 等人根据这一发现建立了 AcMNPV/秋黏虫细胞（spodoptera frugiperda，sf）表达系统，表达了人 β-干扰素。从此，以杆状病毒作为载体，在昆虫细胞或虫体内表达外源基因，形成了昆虫杆状病毒表达载体系统（baculovirus expression vector system，BEVS）。早期的 BEVS

有很多不足，如重组率较低、筛选困难、操作周期长、产物不易纯化等。随着杆状病毒分子生物学研究的不断深入，杆状病毒表达系统迅速发展，不断完善，已成为当今基因工程领域中重要的表达系统之一，在研究基因表达调控，蛋白质结构和功能分析及各种生物活性物质的制备等方面发挥着越来越重要的作用。

昆虫杆状病毒表达系统是目前国内外十分推崇的真核表达系统。利用杆状病毒结构基因中多角体蛋白的强启动子构建的表达载体，可使很多真核目的基因得到有效甚至高水平的表达。BEVS应用于外源蛋白表达的主要优点是：它具有真核表达系统的翻译后加工功能，如二硫键的形成、糖基化及磷酸化等，使重组蛋白在结构和功能上更接近天然蛋白；其最高表达量可达昆虫细胞蛋白总量的50%；可表达非常大的外源性基因（−200kDa）；具有在同一个感染昆虫细胞内同时表达多个外源基因的能力；对脊椎动物是安全的。由于病毒多角体蛋白在病毒总蛋白中的含量非常高，至今已有很多外源基因在此蛋白的强大启动子作用下获得高效表达。

1. 启动子

在杆状病毒转移载体中，先后被用来驱动外源基因的启动子，包括晚期基因启动子，如多角体蛋白基因启动子、P10蛋白基因启动子、碱性DNA结合蛋白基因启动子、核衣壳蛋白基因启动子；早期基因启动子，如PCNA基因启动子、IE-O基因启动子，以及嵌合修饰启动子等；其中以多角体蛋白基因启动子最为常用。

2. 杆状病毒载体的构建方法

BEVS通常由转移载体、亲本病毒和重组介质三部分组成，其构建技术路线分以下几步：

① 将目的基因克隆到合适的转移载体，置于杆状病毒启动子控制之下；

② 用重组的转移载体和相应的野生型或改造过的野生型杆状病毒DNA共转染昆虫细胞；

③ 筛选重组病毒；

④ 扩增病毒以进行大规模的蛋白生产；

⑤ 纯化表达的外源蛋白。

3. 杆状病毒表达系统的特点

随着昆虫杆状病毒分子生物学研究的不断深入，昆虫杆状病毒在生物技术研究中也得到了应用。利用杆状病毒作为载体，在昆虫细胞和虫体内表达外源基因，形成了昆虫杆状病毒载体表达系统，在这个系统中主要的表达载体是昆虫杆状病毒载体，由苜蓿蠖核多角病毒（AcNPV）和家蚕核型多角病毒（BmNPV）的多角体蛋白基因强启动子构建获得。与其他表达系统相比，BEVS具有以下的优越性。

① 安全性，杆状病毒具有高度的种属特异性，不感染脊椎动物，相对于其他病毒载体（如腺病毒、痘病毒等载体）而言，其安全性好。

② 容量大，杆状病毒基因组较大，具有多个天然启动子，也易于构建新的人工启动子，可实现多基因表达，可容纳大片段外源基因，因此可同时插入多个外源基因而形成病毒样颗粒（virus like particle，VLP），提高疫苗的免疫活性。

③ 表达效率高，外源基因置于多角病毒蛋白启动子控制下，与其他真核表达系统相比，杆状病毒系统可以高效地表达外源基因，表达量最高可达所感染细胞总蛋白量的50%，最高的可达几毫克/毫升。

④ 表达产物具有活性，昆虫细胞对蛋白质表达后修饰加工的方式与哺乳动物细胞接近，能识别并正确地进行信号肽的切除及磷酸化、糖基化等反应。

⑤ 具有完整的感染性，昆虫病毒载体的重组区是基因组的非必需区，即使缺失也不会影响病毒的复制和表达，保持了昆虫杆状病毒载体的完整感染性。

⑥ 标记显著，在多角体蛋白基因区插入外源基因后，失去了多角体蛋白的空斑，较易辨认。

⑦ 细胞可连续传代，25～30℃培养无需二氧化碳，可悬浮培养，适于规模化，便于大量表达异源基因。

⑧ 可用于有细胞毒作用的重组蛋白表达，多数的杆状病毒都能形成多角体，多角体存在于被感染细胞的细胞核内，当宿主细胞死亡后它可以感染另外的昆虫细胞，因此，可用于有毒蛋白的表达。

BEVS系统因其安全性好、表达水平高、可进行翻译后加工及表达产物的异源性表达，是一种非常理想的真核表达系统。迄今为止，已有数千个基因在昆虫细胞或幼虫体内得到高效表达，为获得大量的类原型蛋白及对其功能进行研究提供了可能。其中在对 Na^{+}，K^{+}-ATP 酶 AB 异源二聚体的研究过程中，应用了 BEVS 系统表达外源基因，不仅经济、高效，而且提供了一条新的技术途径。随着人类基因组计划的完成、蛋白质组学的发展，BEVS 表达的大量蛋白质，无疑为蛋白质结构的测定及结构基础上的药物设计提供了很好的前提。对于 BEVS 系统仍存在的不足，随着科学的进步我们有信心将它们逐步改进，以期得到最大的应用。

四、哺乳动物细胞表达系统

与其他系统相比，哺乳动物细胞表达外源基因的主要优点是哺乳动物细胞能精确有效地识别真核蛋白合成、加工和分泌的信号并且能识别和剪切外源基因中的内含子并加工为成熟的 mRNA；可以指导蛋白质的正确折叠，提供复杂的 *N* 连接的糖基化和精确的 *O* 连接的糖基化等多种翻译后加工功能。由哺乳动物细胞翻译后再加工修饰产生的外源蛋白质，在分子结构、理化特性、生物学活性方面远胜于原核表达系统及酵母、昆虫细胞等真核表达系统，因此是目前应用于治疗用抗体蛋白表达生产的主要体系。哺乳动物细胞可以作为基因表达宿主细胞的有 293、CHO、COS、BHK、SP2/0、NIH、3T3 等，不同的宿主细胞对蛋白表达水平和蛋白质的糖基化有不同的影响，因此在选择宿主细胞时应根据具体情况而定。

（一）表达载体

根据进入宿主细胞的方式，可将表达载体分为病毒载体和质粒载体。

1. 病毒载体

病毒载体是以病毒颗粒的方式，通过病毒包膜蛋白与宿主细胞膜的相互作用使外源基因进入到细胞内。常用的病毒载体有腺病毒、腺相关病毒、逆转录病毒、semliki 森林病毒（SFV）载体等。此外，近几年在哺乳动物细胞表达外源基因方面，杆状病毒载体受到高度重视，这是因为它与其他病毒载体相比有特有的优势，如可通过昆虫细胞大量制备病毒颗粒；具有较高的生物安全性，虽可感染多种哺乳动物细胞，但在细胞内无复制能力；可插入长达 38kb 的外源基因等。下面介绍几种常用的病毒载体。

（1）腺病毒载体（AV） 该病毒为双链无包膜病毒，基因组大小为 36kb，基因背景较清楚，其中 4、7 型 AV 在美国已使用多年，证明对人无害，AV 有较大的宿主范围，可感染非分裂细胞。由于 AV 感染细胞时其 DNA 不整合至宿主细胞染色体，因此无潜在致癌危险，AV 载体的构建多采用同源重组，由于 AV 载体可有效转染静息期细胞，因此将携带外源基因的重组病毒 AV 载体直接注入组织中，可原位感染细胞，表达时间较长。

（2）腺相关病毒载体（AAV） 它是目前动物病毒中最简单的一类单链线状病毒，基因组仅5kb，是缺损型病毒，需辅助病毒如腺病毒、痘苗病毒存在才能进行有效复制和产生溶细胞性感染。AAV的最大特点是可以定点整合。

（3）逆转录病毒载体（RV）　病毒基因编码在一条单链RNA分子上，进入细胞后逆转录为双链DNA并整合在细胞染色体，以此为模板合成病毒基因及子代RNA，再装配成病毒颗粒。载体分为两部分：一是携带目的基因、标记基因的载体；二是以反式提供逆转录病毒蛋白的包装细胞系，这种辅助细胞含顺式功能有缺陷的逆转录病毒，其RNA不能被装配成病毒颗粒，但能表达所有病毒蛋白，反式补偿进入包装细胞的载体所缺失的基因，将重组逆转录病毒载体导入包装细胞后，可产生有感染力的复制缺陷型病毒，病毒转染细胞使外源基因稳定插入靶细胞染色体。近年来采用组织特异性的启动子如CEA特异启动子，构成靶向型载体，使目的基因靶向性表达于CEA阳性的肿瘤细胞。逆转录病毒载体的不足在于只能感染分裂细胞，此外还可能导致插入突变，因此在使用时受一定限制。

（4）痘苗病毒载体（VV）　它是结构最为复杂的一类DNA病毒，基因组是线性双链DNA，长180～200kb，其载体特点是：容量大，可插入25～40kb的外源基因；能同时插入多个外源基因；能在多种细胞中生长繁殖；表达的外源基因为cDNA，因为痘苗病毒自身DNA序列是连续的，因此不具备对真核基因转录后进行剪切加工的能力。

2. 质粒载体

质粒载体则是借助于物理或化学的作用导入细胞内。依据质粒在宿主细胞内是否具有自我复制能力，可将质粒载体分为整合体型和附加体型载体两类。整合体型载体无复制能力，需整合于宿主细胞染色体内方能稳定存在；而附加体型载体则是在细胞内以染色体外可自我复制的附加体形式存在。整合体型载体一般是随机整合入染色体，其外源基因的表达受插入位点的影响，同时还可能会改变宿主细胞的生长特性。相比之下，附加体型载体不存在这方面的问题，但载体DNA在复制中容易发生突变或重排。附加体型载体在细胞内的复制需要两种病毒成分：病毒DNA的复制起始点（ori）及复制相关蛋白。

（二）表达载体的结构元件

基因工程抗体的表达载体系统是获得高表达抗体细胞株的关键，在确定宿主细胞后，基因工程抗体的表达产量主要由其表达载体的各表达调控元件及组织方式决定。哺乳动物表达载体包含原核序列、启动子、增强子、选择标记基因、终止子和多聚核苷酸信号等。

1. 启动子

基因表达中最关键的元件是驱动外源基因表达的启动子，它是获得基因表达的第一步。真核启动子都含有两个基本组成部分，TATA框（确定转录起始位点）和下游的富含GC的序列（决定转录起始频率）。启动子往往具有组织特异性，并且启动转录的效率在不同细胞类别之间也有差异。启动子在含有相应的增强子时启动转录的效率大为提高，因此增强子都与其启动子同时使用，平常所指的启动子均包括其增强子序列。在哺乳动物细胞表达系统中应用的启动子主要有猴病毒40（SV40）启动子、巨细胞病毒（CMV）启动子和腺病毒主要晚期启动子（MLP）。SV40启动子和CMV启动子主要在S期调控基因的表达，属于生长依赖的基因表达；在高密度培养条件下（大于10×10^6细胞/mL），营养的消耗和代谢物的累计使得细胞的G_1期延长，S期细胞减少，重组蛋白的表达水平下降；腺病毒主要晚期启动子（MLP）主要在G_1期受控表达，此时细胞的生长速度较慢，但却可获得大量的重组蛋白。此外，诱导型启动子在抗体的表达中经常被应用，可诱导启动子在细胞达到最大密度后再启动抗体的表达，能最大限度地减少宿主细胞的负担，并减少毒性表达产物可能对细胞造成的损害，是一种比较理想的启动元件，如热休克蛋白启动子可在高温下被诱导。

2. 载体的转录终止信号和高效多聚腺苷酸（polyA）加尾信号

转录的终止和 polyA 尾巴的合成影响 mRNA 的有效合成和稳定性，强转录终止信号和加尾信号可以提高胞质中有效翻译的 mRNA 浓度，提高重组蛋白的表达水平，真核基因的 mRNA 的加工过程需要多聚腺苷酸加尾信号。实验表明，除去 polyA 后，外源蛋白表达量降低 90%。在多聚腺苷酸化位点上游 11～30 个核苷酸处的六聚体保守序列 AAUAAA 和多聚腺苷酸加尾反应的识别位点的 DNA 序列决定着前体 mRNA 的多聚腺苷酸化。

3. 选择标记基因

选择标记基因对重组蛋白表达特别是对抗体表达的影响不只局限于对整合位点的筛选作用，还可以从其他方面提高抗体的表达，通常选用双选择标记基因的表达量高于单选择标记基因的载体。其作用机制：① 分别位于轻、重链载体上的两个选择标志基因可能具有协调抗体轻、重链表达平衡的作用；② 两个选择标记基因的筛选作用可能有助于去除在基因扩增过程中产生的非生产性克隆。

（三）哺乳动物细胞高效表达载体的构建

① 含有原核基因序列，包括大肠杆菌的复制子及抗生素抗性基因等，这样便于基因工程的操作，此外也应具有真核基因的选择性标记如酶、抗生素等，还可包括病毒的复制子等。

② 含有哺乳动物的启动子和增强子元件，使外源基因能有效转录。在目的基因拷贝数一定、整合位点固定的情况下，转录作为基因表达的第一步，提高转录效率对一个高效表达载体的构建来说显得尤为重要。强启动子、强增强子是提高转录水平的关键因素，目前常用病毒源性和细胞源性的强启动子，如 mCMV、hCMV、hEF-1α、人的 c-fos、鸡胞浆 β 肌动蛋白等启动子。

③ 整合位点的优化。目的基因在宿主细胞染色体上整合位点区域的状态对于目的基因的表达与否、表达高低以及目的基因在宿主细胞中的稳定性起着决定性的作用。只有那些整合位点处于染色体转录活跃区的细胞形成的克隆才可高水平表达目的基因。这主要是通过以下几种策略实现的。

一是选择基因（如 neo、dhfr）的弱化表达，使大量整合在低表达整合位点的细胞由于选择标记基因表达量不够而在选择培养基条件下死亡，只有那些少量整合在转录活跃区的细胞由于表达足够的选择基因产物而存活下来形成克隆。二是在载体上添加染色体上的某些特定序列（如骨架/基质附着区 SAR/MAR），使表达载体整合到宿主细胞的染色体后能模拟染色体的高转录活跃区，从而使形成的阳性克隆较均一地高效表达目的基因。三是先将含有定点重组位点的选择标记基因整合在染色体高表达区，然后将表达目的基因的表达载体和表达重组酶载体共转染上述带有重组位点的细胞系，在重组酶介导下，表达载体通过位点特异性重组定点整合在染色体高表达区。

④ 增加目的基因拷贝数。单拷贝或低拷贝目的基因，无论表达载体调控元件如何优化、整合的染色体位点多么合适，其外源基因表达量都是有限的。因此，通过增加目的基因拷贝数来获得高表达重组药物的细胞工程株是基因工程药物研究中不可或缺的一步。

⑤ 载体的优化。可以通过载体的系统优化，将编码细胞生长刺激因子、黏附因子、扩展因子、抗凋亡因子、转录翻译的反式作用因子以及其他细胞生长存活所必需的成分的基因和顺式表达调控元件敲入宿主细胞，以提高其表达；与此同时把不利于目的基因表达的基因从宿主细胞中敲除或下调其在宿主细胞中的表达。

⑥ 若存在内含子不利于外源基因表达时，则以 cDNA 作为外源基因；当内含子的存在可提高表达率时，则载体需含可选择的剪切信号。

（四）外源基因本身对表达的影响

用同样的载体系统表达不同的基因，表达水平可能有很大的差别。Kozak 系统分析了 mRNA 的 5′端的序列与翻译效率的关系。结果表明：最有效的翻译起始的共有序列是 5′-CCA/GCCATGG -3′（画线处为起始密码子），而且最重要的是-3 位的嘌呤，其次是＋4 位的 G。实验表明：具有 Kozak 序列与否将使翻译起始存在一个数量级的差异。

基因密码子的偏性问题值得注意。在不改变氨基酸组成的前提下，通过修饰密码子序列也可以提高基因的表达水平。目前公认的观点认为：通过优化基因的密码子序列可以适应 tRNA 的同工受体及宿主的反义密码子摇摆位置处被修饰的核苷酸的丰度；同时，也有利于翻译的二级结构的形成。

（五）高效表达外源蛋白的工程细胞株建立

1. 外源基因的导入

将外源基因导入哺乳动物细胞主要通过两类方法：一是病毒介导的转染方法；二是非病毒介导的转染方法，包括脂质体法、显微注射法、磷酸钙共沉淀法及 DEAE-葡聚糖法等方法将外源基因导入到细胞中，具体方法见本章第四节。无论采用上述哪种方法将外源基因导入细胞，其瞬时和稳定转染的效率在很大程度上还取决于所用细胞的类别，而不同的细胞系摄取和表达外源 DNA 的能力相差几个数量级，可能在一种细胞上行之有效的方法在另一种细胞上毫无作用，因此选择合适的导入方法至关重要。

2. 工程细胞株的筛选

外源基因导入动物细胞的效率很低，因此已整合并表达外源基因的工程细胞的筛选，就是一个很费时费力的工作。首先，依靠构建载体内的选择标记采用相应的筛选系统，如用 GPT（HAT、黄嘌呤、甘氨酸、霉酚酸）选择系统筛选 gpt^+ 转化细胞；用 HAT（次黄嘌呤、氨基喋呤、胸腺嘧啶）选择系统筛选 tk^+、$hgprt^+$ 转化细胞；用 G418（Geneticin）选择系统筛选 neo^r 的转化细胞；用 MTX 选择系统筛选 $dhfr^+$ 转化细胞等。其次，对选出的细胞要进行克隆和亚克隆使其纯化。另外，在具有增加拷贝的扩增系统的细胞中利用其扩增系统，不断增加其基因拷贝数，从而获得能高效表达的稳定的工程细胞株。下面以 MTX 选择系统为例进行具体介绍。

CHO（$dhfr^-$）是缺失二氢叶酸还原酶的细胞株，自身无法合成四氢叶酸，当携带 dhfr 基因的质粒与携带外源基因的表达质粒共转染 CHO-$dhfr^-$细胞后，可以得到在选择培养基上生长的细胞克隆，而 dhfr 可被叶酸类似物甲氨蝶呤（Amethopterin，MTX）所抑制，因此，不断提高 MTX 浓度，dhfr 基因必须达到一定的拷贝数转染细胞才能生存，从而得到抗 MTX 细胞系；在存活的抗性细胞中，又由于与 dhfr 基因共转染的目的基因倾向于同它一起整合到细胞染色体上的同一区域，所以编码外源重组蛋白的序列片段也随着 dhfr 基因的扩增而扩增，我们就得到了能大量表达外源蛋白的细胞克隆。对抗性细胞进行筛选，首先把 dhfr 阳性单克隆合并，然后在不断升高的 MTX 之下加压扩增外源基因的表达，最后挑出稳定的、高表达外源基因的单克隆细胞株。此外，加压扩增外源基因表达，除了单纯使用 dhfr 扩增系统，用 MTX 单独筛选外，也可构建同时含有两种选择标记基因的载体，采用两种扩增系统共同加压双筛选抗性细胞。

3. 提高外源蛋白表达产量的措施

影响外源蛋白在哺乳动物细胞中表达的因素有很多，涉及宿主细胞表达体系、表达载体系统、外源基因、表达细胞株的加压扩增与筛选、细胞大规模培养等。

① 对现有细胞株选择性地进行遗传改造是提高重组蛋白表达水平的重要手段。对细胞

特性的遗传改造主要包括细胞生长周期的调控、细胞的抗凋亡能力、细胞贴壁能力、蛋白糖基化的模式及细胞乳酸的合成等方面。

② 通过导入翻译、翻译后加工，分泌所涉及的各种因子、蛋白，例如二硫键异构酶（PDI）等，可以整体提高细胞生产蛋白质的能力，从而提高表达产量。

③ 利用强启动子、合适的增强子，装配适合 cDNA 高效表达的必要元件并选择最适的载体-宿主组合。目前，将强启动子、增强子和可扩增的筛选标记组装在同一载体上，构建高效表达和筛选的表达载体并将其运用于最合适的表达系统中，是当今真核表达载体构建研究发展的方向。

④ 根据表达效果对外源基因加以改造，以提高外源基因表达量。如在基因起始密码子的前后设置 Kozak 序列；尽量切除 cDNA 中的不必要序列；拼接一个重组蛋白的信号前导肽，以有效指导合成、分泌蛋白的输出；在不改变蛋白氨基酸序列的前提下，修饰个别基因的编码序列，解决密码偏性问题等。

⑤ 表达细胞株的加压方式对蛋白表达量的提高和细胞株表达的稳定性有较大的影响。据报道，采用小梯度多次加压有利于最终得到高表达细胞株，且细胞株表达稳定，大幅度加压可以在短期内得到高表达克隆株细胞，但最终表达水平并不比小幅度多次加压得到的细胞株表达量高，而且细胞株表达往往不稳定，在撤掉筛选压力后，表达水平往往下降。

五、转基因植物表达系统

自从 20 世纪 80 年代初利用植物基因工程技术获得转基因植物以来，植物生物技术得到了快速发展。伴随着植物生物技术发展，植物体作为生物反应器正在成为外源基因表达的重要体系，利用植物表达外源重组蛋白生产药用蛋白或疫苗是转基因植物研究的一个焦点。

（一）转基因植物表达重组蛋白的一般步骤

1. 基因的克隆

基因通常是从细胞或组织中直接经 mRNA 分离，cDNA 合成后再经 PCR 扩增克隆所得，因此可对克隆的基因进行人为修饰，如在适当位点引入终止密码子使完整抗体变为 Fab 片段，或变为只含单链可变区的 ScFv，还可合成融合蛋白，用于专门的疾病治疗。

2. 转化

对双子叶植物的稳定转化方法是农杆菌介导的转化，而单子叶植物的转化常用基因枪法。在建立稳定的转化系统之前，一般要用瞬时表达系统来检测表达效率、产物的稳定性、转译后加工、细胞中的定位以及表达产物的功能。瞬时表达的特点是目的基因不整合到转化植物的基因组中，表达速度快。目前有 3 种常用的瞬时转化方法，具 DNA 包被的微弹轰击法、重组农杆菌抽真空转化法和修饰的病毒载体感染法，其中抽真空转化法是常用的方法。

3. 表达

重组蛋白的表达量和稳定性与表达载体、基因插入的位置及蛋白本身的性质有关，也与植物所生长的环境有关。一般研究的影响因素有：①启动子。多数表达系统是利用强启动子如 CaMV 35S 来提高转录的起始效率。②表达蛋白的定位。有文献表明，在完整抗体分子和 Fab 片段的 *N* 末端附加一段信号序列可以使其进入分泌途径，如此可极大地提高其积累水平。相反，在 ScFv 的 *N* 末端附加一段信号序列，*C* 末端附加 4 肽 KDEL 滞留信号使其定位于内质网上，可得到最高的累积量。

（二）转基因植物表达系统的分类

1. 稳定的整合表达系统

将外源抗原基因稳定整合到植物染色体基因组中，特异性的表达插入的外源基因，可以稳定长期地表达重组蛋白的系统。Hiatt 等 1989 年首次报道利用转基因植物表达抗体。在植物体内，两个重组基因产物能够正确折叠，组装成异二聚体抗体，它与脊椎动物来源的异二聚体抗体有相同的功能。利用稳定的基因组整合技术转化植物，目前已获得的有烟草、马铃薯、番茄、三叶草、拟南芥等多种表达外源基因的转基因植物。目前，在植物表达系统中已成功表达的蛋白有链球菌表面蛋白抗原（SpaA）、人巨噬细胞病毒抗原、产肠毒素大肠杆菌热不稳定肠毒素 B 亚基（LT-B）、霍乱抗原的 B 亚基（CT-B）、口蹄疫 FMDV2VP1 表位抗原、诺沃克病毒衣壳蛋白、狂犬病毒表面抗原等。该表达系统的优点是：①能够获得大量稳定遗传的转基因株系且获得的转基因植株可以通过无性或有性繁殖方式获得大量后代；②可以选择外源抗原的表达器官，调节外源蛋白的组织特异性，有利于蛋白纯化；③可以同时将多个外源基因与植物基因组重组，从而获得多基因复合产品。

2. 瞬时表达系统

将植物病毒改造后作为载体编码外源基因，病毒感染植物后，在病毒衣壳蛋白启动子的调控下转录表达外源重组蛋白。由于在病毒复制过程中，衣壳蛋白高水平地复制表达，外源基因也随之得到高水平的表达。但是由于每个寄主植株都要接种病毒载体，所以瞬时表达不易起始，但能获得高产量的外源重组蛋白。利用病毒载体感染植物的瞬时表达已有很多成功的报道。植物病毒表达系统表达外源基因有两种方式：一是外源基因通过转录、表达产生可溶蛋白；另一种是将外源基因片段与病毒外壳蛋白基因融合，病毒复制组装的同时表达外源基因，并将外源重组蛋白展露在病毒颗粒表面。目前应用的瞬时表达系统主要有烟草花叶病毒（TMV）系统和豇豆花叶病毒（CPMV）系统等。

（1）烟草花叶病毒系统　烟草花叶病毒是一种宿主范围很广的 RNA 病毒，感染植物后快速复制，可回收到大量的病毒粒子，最高可达植物干重的 50%，因此，烟草花叶病毒的 RNA 经改造后被用作载体在植物中表达外源基因。Kumagai 等通过改造的 TMV RNA 载体插入外源基因，感染烟草后，在烟草中表达出了有生物活性的 a-tricosanthin 蛋白，表达量占烟草总可溶蛋白的 2%。Turpen 等 1995 年将编码疟原虫抗原决定簇的基因插入到 TMV 外壳蛋白的基因编码区中，使疟原虫抗原与烟草花叶病毒外壳蛋白的表面环区与其 C 端融合，构建成植物病毒载体，然后用它感染烟草，经感染的烟草都产生高水平的融合蛋白。Wigdororiz 等将含 FMDV-VP1 结构蛋白基因的重组 TMV 分别接种本塞姆氏烟草和苜蓿，4 天后就可以在叶片提取物中检测出 VP1 结构蛋白，叶片提取物对豚鼠进行免疫学试验，结果显示能诱导动物产生特异性免疫应答。

（2）豇豆花叶病毒系统　豇豆花叶病毒是一个正义 RNA 病毒，病毒颗粒由 60 拷贝的 L 和 S 两个蛋白亚基组成二十面体对称颗粒。1993 年，Usha 等把口蹄疫病毒（FMDV）抗原基因转入豇豆花叶病毒中得到表达。1994 年，Porta 等将 FMDV19 肽的 VP1 基因、人鼻病毒 14 肽的 VP1 和 HIV 病毒 gp41 的 22 肽成功地转入 CPMV，并获得稳定表达。感染植物上表达的重组 HRV-14 和 HIV 的病毒收集纯化后免疫小鼠均能诱导产生相应的抗血清。Dalsgaard 等 1997 年报道将貂肠炎病毒外壳蛋白 VP2 的 17 氨基酸的线性肽段转入 CPMV 中感染黑眼豆，可得到病毒颗粒产量为 1～1.2mg/g 鲜重（每株植株可获得 10g 鲜重）。将病毒颗粒加佐剂后免疫貂，可诱导产生免疫应答，并保护其免受病毒的感染。

烟草花叶病毒和豇豆花叶病毒是瞬时表达的两大病毒表达载体，被研究人员广泛应用。同时还有多种其他的病毒表达载体被人们用来在植物中表达外源基因，番茄丛矮病毒（TBSV）、重组苜蓿花叶病毒、土豆 X 病毒（PXV）都成功地被用来表达外源重组蛋白。因此，病毒表达系统在很大程度上扩展了在植物中生产外源蛋白的可能性，具有潜在的开发植物疫苗的前景。

3. 叶绿体转化植物

1988年，Boynton等首次成功地用野生型的叶绿体DNA转化单细胞生物衣藻的突变体，证明植物叶绿体基因组可以转化。高等植物的叶绿体基因转化工作开始于1990年，与细胞核转化技术相比，它虽然起步较晚，但由于叶绿体表达系统较其他表达系统具有基因拷贝数高、可高效表达、原核基因无需改造可直接表达、可实现外源基因的定位整合、外源基因不会随花粉扩散、无抗生素标记基因、无位置效应和基因沉默现象、便于实行分子操作等优点，使利用植物叶绿体遗传转化系统表达重组蛋白越来越受到重视，是一种理想的重组蛋白表达系统。1999年，范国昌等报道将甲型肝炎病毒vp3p区和丙型肝炎病毒区融合抗原基因导入衣藻叶绿体内，获得的融合抗原蛋白占衣藻可溶总蛋白的5.31%；2001年，Daniell等将未经修饰的霍乱毒素B亚基基因（CT-B）转入烟草叶绿体，表达的CT-B重组蛋白可形成寡聚肽且表达量占叶片总可溶蛋白的4.1%，是同时利用核基因组表达的大肠杆菌肠毒素B亚基基因（LT-B）表达量的410倍。这充分说明了叶绿体转化体系可实现外源基因的高效表达，比细胞核表达系统具有明显的优势。

（三）影响植物表达外源基因的因素

1. 载体元件的作用

CaMV35S启动子在大多数转基因植株中为组成型强启动子。在原生质体的瞬时表达研究中发现双35S启动子可提高基因的表达水平达10倍，但在烟草和番茄中，双CaMV35S启动子并未能提高表达。外源基因的产物可能影响植物的生长发育，利用诱导启动子控制表达状态就可以减少产物的不良影响。这类诱导型启动子包括由损伤或病原体侵染诱导的启动子、厌氧诱导的乙醇脱氢酶基因启动子、光诱导基因启动子和植物生长调节剂诱导的基因启动子等。

在种子、块茎或果实等器官或组织中特异表达外源基因时，除应使用组织特异的启动子外，还应考虑选择适当的前导序列，如连有前导肽的ScFv表达水平要比对照高5～9倍，将目的蛋白定向表达到适当的细胞区室也可增加目的蛋白的稳定性并提高收得率。

2. 末端多肽的作用

在ScFv的*C*端增加一段内质网滞留信号4肽KDEL可显著提高表达量。仅有前导肽信号时的表达量为0.01%可溶性蛋白总量（TSP），仅有KDEL信号时表达量为0.2%，两个信号都有时为1.0%TSP，两个都无时则检测不到ScFv的存在。

3. 蛋白质稳定性

现在对基因转录、转录后加工和翻译进行的研究较多，但对植物中决定蛋白质稳定性的因素了解较少，如果能够延长外源蛋白的半衰期，不需要额外的能量消耗就能提高外源蛋白的产量。因此选择在种子、块茎等器官中表达的抗体片段稳定性较好。

转录后修饰对基因表达尤为重要，在转基因植物中会影响外源蛋白的产量和活性。动、植物基因中的内含子会影响转录水平，一般认为内含子的增强子序列能够增加表达水平，其中的机制目前尚不十分清楚。

（四）转基因植物表达系统的优点及存在的问题

1. 转基因植物表达重组蛋白的优点

经长期研究表明，对于重组蛋白的大规模生产而言，植物是一种容易获得、经济实用的生物反应器。转基因植物作为生产药用蛋白的生物反应器，与其他的重组蛋白表达系统相比具有许多优越性，其中包括：①具有直接使用可食性植物原料的可能性。②植物是一个能进行大规模生产的廉价生产系统，在获得稳定遗传的转基因植株后，扩大耕种面积就能提高蛋白的产量，随着种植面积的增加，产量可按比例快速增长。③植物具有完整的真核细胞表达系统，可加工多聚体蛋白（如抗体），形成准确的折叠及多聚体结构，使其表达产物与高等动物细胞表达的产物具有一致的免疫原性和生物学活性；相反，细菌表达的蛋白由于缺乏正确的折叠和二硫键而不能形成天然蛋白的构象。④因为植物不充当人类病原体（如 HIV，朊病毒）的宿主，因此更具安全性。⑤植物细胞具有全能性，植物的组织、细胞或原生质体在适当的条件下均能培养成完整的植株。⑥便于贮藏和运输。通过特异的启动子可将目的基因的表达定位于特定器官中（如种子、块茎、果实），目的产物在其中是非常稳定的，在低温甚至是室温下长期贮存，目的产物的生物活性（如抗原结合活性）下降很少，同时也便于运输。以热带植物为表达系统，可为某些地处热带亚热带的发展中国家就地生产诊断和治疗性药物提供极大方便。⑦生产周期相对较短，一经获得了稳定的转基因系统就可进行长期大规模生产。⑧为植物抗病的分子育种提供了新途径。⑨用于植物代谢的基础研究及植物表型的改变。⑩成本低，若达到农业生产规模，生产等量目的蛋白只需其他表达系统所需费用的十分之一。因此，利用植物生产抗体是非常有前途的。

2. 转基因植物系统存在的问题

尽管用转基因植物生产疫苗具有较多优点，但也存在一些尚待克服的缺点：如转基因植物疫苗的提纯比较困难；直接食用转基因植物进行免疫接种时要考虑植物中是否存在一些会影响免疫效果的物质；大多数的转基因植物表达的蛋白质疫苗含量不高等。近来一些研究显示可将植物种子油脂体作为蛋白质及肽类的载体，外源蛋白多肽与植物结构性油脂体蛋白形成的融合蛋白已在油菜中成功表达，油脂蛋白的亲脂性将成为重组蛋白多肽纯化的有效手段。

六、转基因动物表达系统

将人或哺乳动物的特定基因导入哺乳动物受精卵，该基因若能与受精卵染色体 DNA 整合，当细胞分裂时染色体倍增，基因随之倍增，从而使每个细胞都带有导入的基因且能稳定遗传，这种新个体称为转基因动物（transgenic animal）。

利用转基因动物生产的药用蛋白或其他人类所需要的蛋白，主要是通过 4 种渠道：一是通过血液；二是通过尿腺；三是通过精囊腺；四是通过乳腺。基因表达最理想的部位是乳腺，因为乳汁不进入体内循环，不会影响转基因动物的生理过程，且从乳汁提取表达产物量多易提纯，已进行必要的修饰加工，具生物活性。因此利用乳腺生产重组蛋白是目前应用最为广泛的转基因动物表达系统，这种转基因动物也可称为“动物乳腺生物反应器（mammary gland bioreactor）”。

（一）乳腺生物反应器的制备

若将动物乳腺制备成生物反应器，构建的转基因表达元件首先必须满足两个条件：第一是乳腺特异性；第二则是转基因的表达必须是在与协调乳蛋白基因表达的发育和激素环境相同控制条件下。乳腺生物反应器的制备主要应关注载体构建的成功率、目的基因表达的水平和外源蛋白的活性等，而它的动物扩群和规模化生产则要结合动物克隆等高新技术。

1. 表达载体的构建

建立转基因动物乳腺生物反应器成功的关键是选择乳腺组织特异性表达的调节元件，因为乳腺组织特异性表达调节元件可指导与其融合的外源基因在乳腺中专一表达，而不是在其他组织中表达。所以选择合适的启动子及调控序列以及用来表达的外源基因对于该工作来说至关重要。

（1）与乳腺特异性表达有关的调控元件　目前用于转基因动物乳腺生物反应器的调控元

件主要有β-乳球蛋白基因（β-lactoglobulin gene，BLG）调控序列、αS1 和 β-酪蛋白调控序列、乳清酸蛋白基因（whey acid protein gene，WAP）调控序列和乳清白蛋白基因调控序列等。

使染色体变构和开放功能的元件：①LCR，位点控制区位于 5′远端调控序列，在载体构建时，它能对同源或异源的启动子作用，使转基因表达呈位点非依赖性，一般认为它具有增强子和绝缘子双重功效；②MAR，核基质黏附区多数位于区域的两端。研究表明，MAR 具有染色体变构和开放功能及转录增强活性。

（2）基于普通质粒的表达载体　质粒表达载体构建一般由三部分组成：乳蛋白基因 5′端及上游区，目的基因和含 polyA 信号的基因 3′端及下游区。乳蛋白区域有 3 类重要调控元件：①启动子，乳蛋白启动子一般位于离转录起始点数百碱基对（bp）的 5′端；②增强子，大多数情况下位于转录起始点数百碱基对的 5′侧翼区；③激素应答区，受催乳素、胰岛素、糖皮质激素及细胞间质的诱导。人们将许多调控元件人工组装成独立转录单位，然后在独立转录单位内插入外源基因，就构成了普通质粒表达载体。有试验表明 5′和 3′非翻译区对于 mRNA 的加工稳定性和翻译效率有影响。构建表达载体时，使用 DNA 组表达效果比 cDNA 好几倍，内含子对高水平表达是一个重要条件。

（3）基于人工染色体的表达载体　普通质粒载体的容量有限，且质粒载体对于大片段 DNA 的稳定性差。为了保持表达调控序列的天然状态，减少人为的组装，就有必要利用整个区域的调控序列来表达外源基因，这就需要新的大容量的载体，因而发明了酵母人工染色体（YAC）、细菌人工染色体（BACs）和基于 P1 的人工染色体（PACs）。第一个 YAC 是在 1983 年构建的，由三部分组成：着丝粒、端粒和复制原点，它可插入 50～200kb 外源片段，能够包容下整个调控区域。BACs 是基于大肠杆菌野生型 F 质粒设计的，由于 F 质粒相对较大，可用于携带 300kb，甚至更大的片段。近年来发展起来的 PACs，结合了 P1 载体与 BAC 载体的双重优点，较稳定，可载 300kb 的片段。

（4）基于基因敲入的表达载体　随着基因打靶技术的发展，为乳腺生物反应器表达载体的构建提供了新的思路。一是将带有启动子的外源基因放入一些开放的、活跃转录的位点如 HPRT 位点或将外源基因直接敲入内源乳蛋白基因位点中，使外源基因表达自动获得天然乳蛋白所有的调控序列，且外源基因表达发生在天然乳蛋白位点上，完全排除了位点效应的影响。基因敲入策略具有明显的优势，将是未来发展方向之一，使外源基因表达调控和乳蛋白表达调控保持一致是未来努力的方向。

2. 转基因技术的选择

（1）显微注射　此方法由 Gordon 最先于 1980 年创立，是以单细胞 S 期受精卵为靶细胞，利用显微注射技术将构建好的载体 DNA 直接注射入受精卵的原核中，并将被注射的受精卵移入假孕母体输卵管内继续发育，妊娠后出生的幼崽中有一定比例的转基因动物。

（2）体细胞克隆　体细胞克隆技术是将目的基因转移到一种胚胎或成体来源的培养细胞中，筛选出已整合目的基因或获得相应遗传修饰的细胞后，经克隆建立转基因细胞系，直接利用核移植介导的哺乳动物体细胞克隆技术，即将该体细胞的核移入去核的卵细胞中并将获得的细胞或重构胚胎移入代孕动物，获得转基因动物克隆个体。

（3）原始生殖细胞介导法　原始生殖细胞（PGCs）是卵母细胞和精原细胞的前体细胞，是一类多潜能的未分化细胞。Sarva 等在 1991 年利用载有 1acZ 基因的复制缺陷型网织内皮增生病毒，通过采用玻璃毛细管胚胎心脏穿刺转染 PGCs，注入 15 阶段胚胎中，在不同日龄采取不同组织进行 1acZ 基因的 PCR 扩增。结果表明，这些整合有 1acZ 基因的 PGCs 随着胚胎的发育逐步聚集到特定的组织，外源 DNA 只限于性腺中的生殖细胞内。

（4）精子载体法　该法是在受精之前将外源基因导入精子细胞，精子质膜可以结合吸收DNA，从而产生转基因动物。该方法尚未得到大多数科学家的认可，在受精前将精子和DNA一起温育，获得的受精卵效率很低，而且大多数情况下外源基因要发生重排。

（5）胞内精子注射法　1999年由Perry等人创立。先用温和的消化剂将精子细胞膜消化掉，然后将精子与外源DNA一起温育一段时间后，将目的基因与处理过的精子细胞一起注射到MⅡ期卵母细胞中，从而发育成含有外源基因的受精卵。实验表明，阳性移植胚胎生产转基因小鼠的效率是26%，这一方法目前只在转基因小鼠的研究中获得成功。

（6）逆转录病毒介导法　将外源基因替换病毒基因组的反式元件，通过顺式元件的调控序列和感染成分重组病毒载体，然后注射到MⅡ期的卵母细胞，体外受精和筛选后，将胚胎移入假孕母体的子宫内，继续发育成转基因动物。

（7）胚胎干细胞介导法　利用化学转染或电击法将目的基因导入未分化的胚胎干细胞（ES）中，目的基因通过同源重组整合到细胞染色体基因组特定位点上，然后将转基因ES细胞注入同系动物胚胎的囊胚中，发育成携带有目的基因的转基因动物个体。

（二）乳腺生物反应器存在的问题

① 构建乳腺体生物反应器的实验技术还存在缺陷，如无法保证目的基因的定点整合，转基因动物的成活率低等。

② 乳腺蛋白基因表达的调控规律尚未完全掌握，目的基因在宿主染色体整合的详细机理不清楚，无法对基因插入的位点作出适宜选择，基因调控元件在不同家畜表现差异的原因还不清楚。

③ 哺乳动物乳腺对外源基因的异位表达。

④ 乳腺表达外源蛋白分泌表达水平低。

⑤ 动物乳汁中同时含有蛋白酶激活剂和抑制剂，注意考虑蛋白酶对外来基因表达的水解和降解作用，抑制蛋白酶的活性，以保护表达产物。

⑥ 乳腺生物反应器转基因动物由于导入基因插入的随意性及转入基因的过表达都会引起转基因动物机能失调，表现为繁殖力下降，甚至不育、畸形、生理机能紊乱，泌乳突然停止，死亡率高。

⑦ 转基因动物遗传困难，乳腺生物反应的转基因动物传代难，下一代遗传不稳定。据报道，转基因小鼠仅15%能表达外源蛋白。

⑧ 乳腺表达药用蛋白安全性问题，如蛋白的纯度、转运系统及口服药引起的耐受性问题、残留蛋白是否对人体正常功能产生不良影响等都是这一技术要考虑的问题。

（三）动物乳腺生物反应器的应用前景

过去的20年，乳腺生物反应器研究取得了很大进展，生产出的多种产品已经创造了巨大的经济价值，并且在将来仍然具有诱人的市场前景。我国乳腺生物反应器技术经过了十余年的发展，基本上通过了技术跟踪阶段，并取得了一定成果，但与国外先进技术相比差距较大，美国、荷兰等国家已有乳腺生物反应器产品。但由于基础理论和实验技术的局限以及利用原核注射基因整合的随机性太高，乳腺生物反应器的制作效率仍很低下，只有加强其理论研究，完善或发展新的转基因技术，密切结合核移植和基因打靶等高新生物技术，才有望提高乳腺生物反应器的制备效率。

虽然转基因动物乳腺生物反应器的研究仍面临着许多需要解决的理论和实验技术问题，目前表达的药用蛋白仅十余种，但乳腺生物反应器技术在生产药用蛋白和改善牛羊奶的营养价值方面的优势，潜在的经济利益和社会效益无法估量，吸引着更多的研究者和投资者。我们有理由相信，随着对乳腺系统基因表达调控机制的深入了解、技术路线的完善，必将提高乳腺表达系统的表达效率，提高表达药用蛋白的水平和质量，降低生产成本，生产更多更好的产品，对人类的生存与健康发展做出贡献。

七、表达系统的选择

每种表达系统都有其优缺点。原核表达系统虽然具有良好的可操作性、成本低，但不能进行糖基化修饰，胞内易形成包涵体。酵母和昆虫细胞表达系统蛋白表达水平高、生产成本低，但它们的加工修饰体系与哺乳动物细胞不完全相同。哺乳动物细胞产生的蛋白质更接近于天然蛋白质，但其表达量低、操作繁琐。各种表达系统由于翻译后的加工不完全相同，因而产生的重组蛋白的生物学活性和免疫原性有时会有差别。vanderGeld 等利用不同的表达系统表达了蛋白-3（PR3），并对它们的抗原性进行了比较，结果发现，在哺乳动物细胞中表达的 PR3 具有与抗 PR3 抗体结合的所有表位，在昆虫细胞中表达的 PR3 具有大部分表位，而在甲醇酵母中表达的 PR3 只具有少数几个表位。表 2-3 简要列出各个表达系统的特点，方便大家选择最合适的体系来达到自己的实验目的。

表 2-3 各种表达系统的比较

表达系统	优 劣	产 量	适 用
大肠杆菌	具有良好的可操作性，成本低，但不能进行糖基化修饰，胞内易形成包涵体	外源蛋白 10%～70% 胞内表达，0.3%～4%胞外表达	抗体片段以及表达产物翻译后修饰的有无不会影响其活性的蛋白类药物
酵母	兼具原核细胞良好的可操作性和真核系统的后加工能力，但存在产量低及过度糖基化等问题。第二代酵母表达系统部分克服了过度糖基化缺点，有较好的分泌性、产量较高，但产物结构与天然分子仍有一些差异	外源蛋白占菌体总蛋白的 10%～30%	对蛋白结构有一定要求，如牛凝乳酶、人血清白蛋白等
昆虫细胞	具有高等真核生物表达系统的优点，产物的抗原性、免疫原性和功能与天然蛋白质相似，表达水平较高，但生物活性与天然蛋白仍有区别	外源蛋白最多可占菌体总蛋白的 50%	适用于大部分蛋白
哺乳动物细胞	产物的生物活性和功能与天然蛋白质最接近，糖基化等后加工最准确，但表达水平较低，成本较高	很少	对蛋白结构要求较高，分子较大，结构复杂的蛋白
转基因植物	经济实用，成本低，表达产物能进行正确的折叠，但产物的分离纯化难	较高，可达总蛋白的 3%～5%	大分子量的蛋白，特别是药用蛋白
转基因动物	产物易提纯，可进行必要的修饰，且产物具有生物活性，但转基因动物成活率低，遗传困难	表达水平低	表达药用蛋白及具有生物活性的蛋白

总之，在选择大肠杆菌、酵母、昆虫细胞、哺乳动物细胞制备所需蛋白时，需要考虑下列问题，如所要表达的蛋白是否有毒性、是否需要糖基化，此外还要充分考虑实验室的经验与技术，生产蛋白的成本、产量、纯化路线和安全性等。每种蛋白的表达都会遇到不同的问题，没有通用的表达系统，应权衡利弊最终决定选择何种表达系统。

第三节 蛋白的分离纯化

蛋白质的分离纯化是当代生物产业中的核心技术，是基因工程制药产业中的重要环节。根据蛋白纯化的目的不同，可以进行蛋白纯化的生物材料很多，本节主要以表达重组蛋白的原核细胞如大肠杆菌，真核细胞如哺乳动物细胞、昆虫细胞、酵母细胞等为材料，对分离和纯化重组蛋白的主要技术加以介绍。分离和纯化重组蛋白的基本原则是捕获、粗纯、精纯，即蛋白纯化三步曲。分离和纯化的一般流程是，首先对生物材料进行前期处理，将重组蛋白与细胞分离开来，然后根据所要纯化的蛋白质的性质选择适当的分离和纯化方法，如依据蛋白的等电点、在不同盐溶液中的溶解度等性质可采用沉淀分离法；依据蛋白分子量可采用膜分离技术；依据电荷差异、分子大小、疏水性和与其他生物分子之间亲和力的专一性等选择离子交换层析、分子筛层析、疏水层析和亲和层析技术。实际纯化中，我们可以根据纯化目的和目标蛋白相关性质在蛋白的捕获、粗纯、精纯的每个步骤巧妙地运用各种纯化方法，合理衔接各种层析技术，充分提高纯化效率。本节介绍蛋白纯化的几种主要方法如沉淀分离法、膜分离技术和层析技术，对应用广泛的层析技术做重点介绍，并对原核细胞表达的重组蛋白纯化的瓶颈——包涵体分离纯化，及当前重组蛋白纯化的热点——重组抗体的分离纯化做简单介绍。

一、蛋白样品的前期处理

1. 预处理

前期处理过程中一般要涉及细胞或菌体的分离或富集，一般采用离心和过滤的方法，这就要求发酵液和培养液的状态有利于提高固液分离的速度。基因工程菌株和细胞的发酵液或培养液的预处理就是在保证蛋白质生物活性稳定的前提下通过调节 pH、加热等处理来降低溶液的黏度，改变溶液的性质，使其状态更有利于后续操作。

2. 细胞破碎

基因工程菌株和细胞表达的产物，有的可以分泌到细胞外，但大部分存在于细胞内，因此，只有将细胞破碎后才可以使胞内目的产物最大程度地释放到液相中，以便进行进一步提取。细胞破碎的方法可以分为机械破碎方法和非机械破碎方法。

机械破碎方法主要是利用液相和固相的机械作用力使细胞破碎，主要包括高压匀浆器法、高压挤压法、高速珠磨机法、超声波破碎法等。

非机械破碎方法主要是指利用物理因素、生物化学物质作用使细胞破碎的方法，主要包括冻融法、化学裂解法、酶解法等。

3. 固液分离

细胞破碎后的匀浆中含有大量的细胞碎片，必须将其分离除去后才能进一步提取分离，目前主要是利用过滤、离心、水相萃取等方法。

二、蛋白分离纯化主要方法

（一）沉淀分离法

沉淀分离法是一种应用极为普遍的分离方法。它是利用在提取液中加入某种沉淀剂或改变条件后，目的物或杂质在溶液中溶解度降低形成沉淀而将待提取物分离，它具有沉淀和浓缩的双重作用。下面对几种常用的沉淀分离方法的原理做简单介绍。

1. 盐析法

盐析法是指在高浓度中性盐存在下，欲分离物在中性盐水溶液中的溶解度降低而产生沉淀，从而将目的物分离的一种方法。这是一种经典的分离方法，它成本低，不需要特别昂贵的设备，操作简单、安全，对许多生物活性物质具有稳定作用。虽然如今已经产生了一些分离纯化的新方法，但盐析法仍广泛用于分离蛋白质等生物大分子，特别是在初步分离纯化的过程中广泛应用。

蛋白质在通常状态下一般是可溶的，能够稳定地分散于溶液中，这主要是由于一方面蛋白质为两性物质，在一定 pH 条件下，带有一定的电荷，由于同种电荷的排斥作用，使蛋白质分子不能相互靠近，避免其因碰撞而聚沉；另一方面，蛋白质分子中—COOH、—NH_2和—OH 都是亲水基团，水分子与这些基团相互作用能在蛋白质的表面形成水化膜，包围于蛋白质分子周围形成 1～100nm 颗粒的亲水胶体，水化膜能保护蛋白质分子，避免了相互碰撞而沉淀。

当向蛋白质溶液中逐渐加入中性盐时，在盐浓度较低的情况下，会产生盐溶现象，即随着中性盐离子强度的增高，蛋白质溶解度增大。但是，当盐浓度达到一定值时，蛋白质溶解度随着盐浓度的升高而减小，即发生了盐析作用。产生盐析作用的一个原因是由于盐离子与蛋白质表面电性相反的离子基团结合，部分中和了蛋白质的电性，蛋白质分子之间的排斥作用因此而减弱并能相互靠拢，发生沉淀。另外由于中性盐的亲水性比蛋白质大，盐离子在水中发生水化而使蛋白质脱去了水化膜，暴露出疏水区域，疏水区域之间发生相互作用，使蛋白质沉淀。

2. 有机溶剂沉淀法

利用与水互溶的有机溶剂使蛋白质沉淀的方法很早就用来纯化蛋白质。在蛋白质溶液中，加入与水互溶的有机溶剂，能显著地减小蛋白质的溶解度而发生沉淀从而将蛋白质分离出来。有机溶剂容易蒸发而除去，不会残留在成品中，因此适用于制备食品蛋白质。

有机溶剂沉淀法的主要原理是在溶液中加入有机溶剂后，会使溶液介电常数减小，因而使不同蛋白质分子上的相反电性离子基团之间的静电引力增加，这使它们之间容易发生碰撞而聚沉。

用于沉淀蛋白质的有机溶剂需要能和水混溶，常用的有机溶剂有甲醇、乙醇、异丙醇、丙酮等，其中乙醇和丙酮最为常用。乙醇是工业上广泛使用的沉淀剂，主要是因为它无毒，因此可以用于医药卫生领域，另外它还能用于蛋白质混合物的分级沉淀。丙酮的沉淀能力比乙醇强。根据生产经验，如用 30%～40%乙醇沉淀的生化物质，改用丙酮可减少 10%左右的用量。

3. 等电点沉淀法

两性电解质分子在等电点处净电荷为零，溶解度最低，不同的两性电解质具有不同的等电点，以此为基础可进行分离。但是，由于许多蛋白质的等电点十分接近，而且带有水化膜的蛋白质等生物大分子仍有一定的溶解度，不能完全沉淀析出，因此，单独使用此法分辨率较低，效果不理想，等电点法常与盐析法、有机溶剂沉淀法或其他沉淀方法联合使用，以提高其沉淀能力。

4. 成盐沉淀法

蛋白质可以与金属离子（如 Zn^{2+}、Ba^{2+} 等）、有机酸（如苦味酸、鞣酸等）、无机盐（如磷钨酸盐、磷钼酸盐等）等生成盐类复合物而沉淀，从而可以用于蛋白质的分离，但由于有时这些物质与蛋白发生不可逆的沉淀反应，故使用时应慎重选择。

除以上几种沉淀分离法外，还有离子表面活性剂和高分子聚合物用于沉淀蛋白质，如 SDS 是一种离子型表面活性剂，多用于胰蛋白和核蛋白的分离。聚乙二醇、葡聚糖等高分子聚合物能使蛋白质水合作用减弱而发生沉淀，这种操作方法不但简便而且不易使蛋白质变性。

（二）膜分离技术

膜分离技术是以高分子分离膜为代表的流体分离单元操作技术，是一种新型的边缘学科高新技术。由于膜分离技术具有许多其他分离技术所没有的优点：浓缩不需要变相、分离系数大、分离选择性强而且不需要蒸发器或冷冻设备，所以投资成本低、能源消耗少。现在膜分离技术成为共同关注和重视的应用技术。由于膜分离技术具有诸多的优点和重要性，存在着巨大的生产潜力和前景，已被广泛应用于生物和食品工业、医药工业、环境工程等诸多方面。

1. 膜分离技术简介

膜分离技术是用半透膜作为选择障碍层，在膜的两侧存在一定量的能量差作为动力，允许某些组分透过而保留混合物中其他组分，各组分透过膜的迁移率不同，从而达到分离目的的技术。

膜是具有选择性分离功能的材料，利用膜的选择性分离实现料液的不同组分的分离、纯化、浓缩的过程称作膜分离。它与传统过滤的不同在于，膜可以在分子范围内进行分离，并且这个过程是一种物理过程，不需要发生相的变化和添加助剂。膜的孔径一般为微米级，依据其孔径的不同（或称为截留分子量），可将膜分为微滤膜、超滤膜、纳滤膜和反渗透膜；根据材料的不同，可分为无机膜和有机膜，无机膜主要是陶瓷膜和金属膜，其过滤精度较低，选择性较小。有机膜是由高分子材料做成的，如醋酸纤维素、芳香族聚酰胺、聚醚砜、聚氟聚合物等。错流膜工艺中各种膜的分离与截留性能以膜的孔径和截留分子量来加以区别，下面简单阐述四种不同的膜分离，其原理见图 2-13。

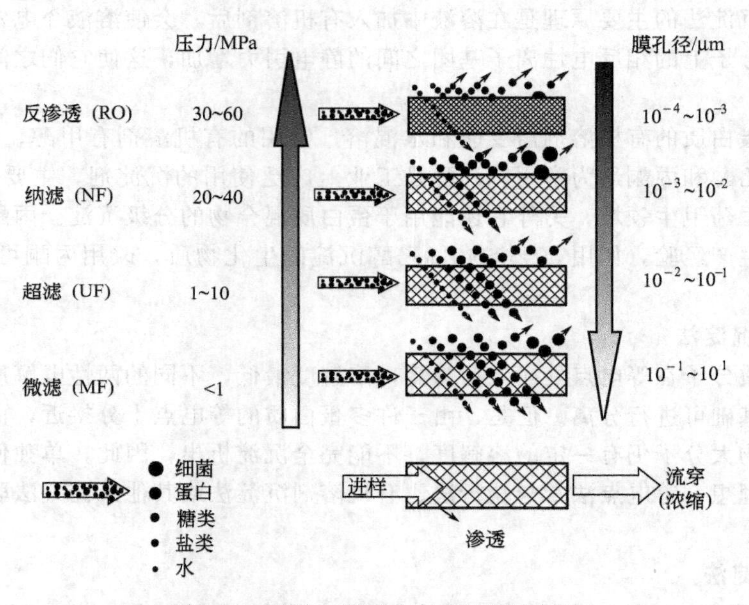

图 2-13 四种不同膜分离的原理示意图

（1）微滤（MF） 又称微孔过滤，属于精密过滤，其基本原理是筛孔分离过程。微滤膜的材质分为有机和无机两大类，有机聚合物有醋酸纤维素、聚丙烯、聚碳酸酯、聚砜、聚酰胺等。无机膜材料有陶瓷和金属等。鉴于微孔滤膜的分离特征，微孔滤膜的应用范围主要是从气相和液相中截留微粒、细菌以及其他污染物，以达到净化、分离、浓缩的目的。

（2）超滤（UF） 是介于微滤和纳滤之间的一种膜过程，膜孔径在 0.05～1000μm 之间。超滤是一种能够将溶液进行净化、分离、浓缩的膜分离技术，超滤过程通常可以理解成与膜孔径大小相关的筛分过程。以膜两侧的压力差为驱动力，以超滤膜为过滤介质，在一定的压力下，当水流过膜表面时，只允许水及比膜孔径小的小分子物质通过，达到溶液的净化、分离和浓缩的目的。

（3）纳滤（NF） 是介于超滤与反渗透之间的一种膜分离技术，其截留分子量在 80～1000Da 范围内，孔径为几纳米，因此称纳滤。基于纳滤分离技术的优越特性，其在制药、生物化工、食品工业等诸多领域显示出广阔的应用前景。

（4）反渗透（RO）　是利用反渗透膜只能透过溶剂（通常是水）而截留离子物质或小分子物质的选择透过性，以膜两侧静压为推动力，而实现的对液体混合物分离的膜过程。反渗透是膜分离技术的一个重要组成部分，因具有产水水质高、运行成本低、无污染、操作方便、运行可靠等诸多优点，而成为海水和苦咸水淡化，以及纯水制备的最节能、最简便的技术。目前已广泛应用于医药、电子、化工、食品、海水淡化等诸多行业，反渗透技术已成为现代工业中首选的水处理技术。

膜分离的基本工艺原理，见图 2-14。在过滤过程中料液通过泵的加压，以一定流速沿着滤膜的表面流过，大于膜截留分子量的物质分子不透过膜流回料罐，小于膜截留分子量的物质或分子透过膜，形成透析液，故膜系统都有两个出口，一是回流液（浓缩液）出口，另一是透析液出口。在单位时间（h）单位膜面积（m^2）透析液流出的量（L）称为膜通量（LMH），即过滤速率。影响膜通量的因素有：温度、压力、固含量（TDS）、离子浓度、黏度等。

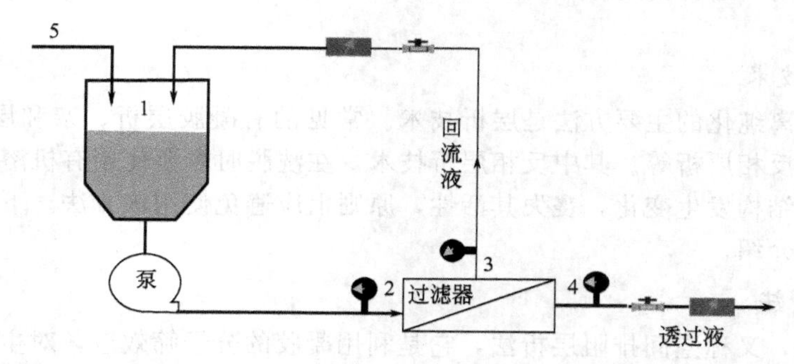

1—料液储罐；2—入口端压力表；3—回流端压力表；4—透过端压力表；5—料液/缓冲液补料口

图 2-14　膜分离的基本工艺原理

摘自 China Biotechnology 2008

2. 膜分离技术的运用

（1）澄清纯化技术——超/微滤膜系统　澄清纯化分离所采用的膜主要是超/微滤膜，由于其所能截留的物质直径大小分布范围广，被广泛应用于固液分离、大小分子物质的分离、脱除色素、产品提纯、油水分离等工艺过程中。超/微滤膜分离可取代传统工艺中的自然沉降、板框过滤、真空转鼓、离心机分离、溶剂萃取、树脂提纯、活性炭脱色等工艺过程。

采用膜分离澄清纯化的优点如下：①可得到绝对的真溶液，产品稳定性好；②过滤分离收率高；③分离效果好，产品质量高，运行成本低；④缩短生产周期，降低生产成本；⑤过程无需添加化学药品、溶剂，不带入二次污染物质；⑥操作简便，占地面积小，劳动力成本低；⑦可拓展性好，容易实现工业化扩产需求；⑧设备可自动运行，稳定性好，维护方便。

（2）浓缩提纯技术——纳滤膜系统　膜分离技术在浓缩提纯工艺上主要采用截留分子量在 100～1000Da 的纳滤膜。纳滤膜的主要特点是对二价离子、功能性糖类、小分子色素、多肽等物质的截留性能高于 98%，而对一些单价离子、小分子酸碱、醇等有 30%～50% 的透过性能，常被应用于溶质的分级、溶液中低分子物质的洗脱和离子组分的调整、溶液体系的浓缩等物质的分离、精制、浓缩工艺过程中。

采用纳滤膜分离技术浓缩提纯的优点如下：①能耗极低，节省浓缩过程成本；②过程无化学反应、无相变化，不带入其他杂质及造成产品的分解变性；③在常温下达到浓缩提纯目的，不造成有效成分的破坏，工艺过程收率高；④可完全脱除产品的盐分，减少产品灰分，提高产品纯度；⑤可回收溶液中的酸、碱、醇等物质；⑥设备结构简洁紧凑，占地面积小；⑦操作简便，可实现自动化作业，稳定性好，维护方便。

3. 膜分离技术在蛋白纯化方面的运用

随着社会的进步、科技的发展，膜材料也得到突飞猛进的更替。膜材料可以分为如下四代：第一代是以纤维素为基质的膜材料，纤维素类膜材料是应用最早也是应用最广泛的膜材料；第二代为有机合成材料，也是许多复合材料的支撑材料，其性能稳定、机械强度好；第三代是陶瓷膜，如氧化铝陶瓷膜；第四代是碳酸纤维膜。膜技术在针对蛋白纯化方面研发出很多新型的膜产品。例如基于超/微滤和纳滤技术开发的中空纤维柱。

中空纤维膜过滤技术是一种快速高效的膜分离技术，具有容尘量高、温和低剪切力、操作灵活、成本低、易于放大等优点。通过将中空纤维膜过滤技术和下游两步层析工艺相结合，可以成功地迎接几十甚至上百千克生物制品生产所面临的挑战。

总之，膜技术在蛋白纯化方面有分离、浓缩、缓冲液的置换等作用，还具有：在常温下进行，无相态变化；分离精度高，效率高，节能、无公害；设备简单，操作方便，运行稳定；自动化程度高，运行费用低等优点。因此，膜技术广泛应用于重组蛋白、疫苗等生物制药领域。

（三）层析技术

重组蛋白分离纯化的主要方法是层析技术。常见的有凝胶层析、亲和层性、疏水层析、离子交换层析、反相层析等。其中反相层析技术，在洗脱时需要使用有机溶剂，此类溶剂往往使蛋白的三级结构发生变化，丧失其活性，原则上应避免使用该方法。下面将其他四大层析技术进行详细介绍。

1. 凝胶层析法

凝胶层析法，又称空间排阻层析法，它是利用凝胶的分子筛效应，对生物大分子物质进行分离的方法。以有机溶剂为流动相的凝胶层析法称为凝胶渗透层析法，以水为流动相的凝胶层析法称为凝胶过滤层析法。凝胶层析法由于设备简单、操作方便，对高分子物质有很高的分离效果，目前已被生物化学、分子生物学、生物工程学、分子免疫学以及医学等有关领域广泛采用。

(1) 基本原理　凝胶具有多孔网状的结构，类似于分子筛。当含有分子量不同的组分的样品溶液缓慢地流经凝胶层析柱时，各分子同时进行着垂直向下的移动和无定向的扩散运动。大分子物质由于直径大于凝胶颗粒的微孔，只能分布于不同凝胶颗粒之间的间隙内，所以在洗脱时向下移动的速率较快。小分子物质除了可在凝胶颗粒间隙中扩散外，还可以进入凝胶颗粒的微孔中，在洗脱过程中它沿着凝胶颗粒的网孔曲折移动，这样使小分子物质的下移速率落后于大分子物质，从而使样品中分子量大的组分先流出层析柱，小分子量的组分最后流出，即产生了分子筛效应。由于分子筛效应使得大小不同的组分以不同的速率通过凝胶柱，就可以将样品中的各组分分开。凝胶分离的原理如图 2-15 所示。

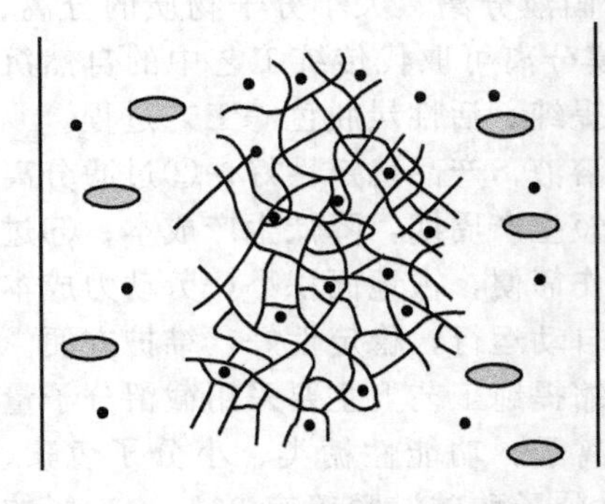

图 2-15　凝胶分离的原理示意

(2) 层析柱的重要参数

① 柱体积。柱体积是指凝胶装柱后，从柱的底板到凝胶沉积表面的体积。在层析柱中充满凝胶的部分称为凝胶床，因此柱体积又称“床”体积。

② 外水体积。层析柱内凝胶颗粒之间存在间隙，这部分体积称外水体积，亦称间隙体积，常用 V_o 表示。

③ 内水体积。凝胶颗粒内部含有微孔，液体可进入颗粒内部，这部分间隙的总和为内水体积，又称定相体积，常用 V_i 表示。内水体积不包括固体支持物的体积（V_g）。

④ 峰洗脱体积。是指被分离物质通过凝胶柱所需洗脱液的体积，常用 V_e 表示。当使用样品的体积很少时（与洗脱体积比较可以忽略不计），在洗脱图中，从加样到峰顶位置所用洗脱液体积为 V_e。当样品体积与洗脱体积比较不能忽略时，洗脱体积计算可以从样品体积的一半到峰顶位置。当样品量很大时，洗脱体积计算可以从应用样品开始到洗脱峰升高的弯曲点（或半高处）。

(3) 凝胶层析法操作技术　进行凝胶层析操作时首先要选择合适的凝胶。市售凝胶的粒度分粗（相当于 50 目）、中（100 目）、细（200 目）、极细（300 目）四种，一般精制分离或分析时，多选用细粒凝胶，因为使用细粒凝胶柱进行层析所得到的洗脱峰窄、分辨率高，而粗制、脱盐时应选用粗粒凝胶柱，它的洗脱峰平坦，分辨率低。

根据所需凝胶体积，估计所需干胶的量。将干燥凝胶加水或缓冲液在烧杯中搅拌、静置，使之充分溶胀。自然溶胀时需要较长的时间，特别是在使用软胶时，一般需要溶胀 24h 至数天，为了加速溶胀可以在沸水浴中将湿凝胶逐渐升温至近沸，这样可大大加速膨胀，通常在 1～2h 内即可完成。然后按照层析柱的操作要求进行装柱、平衡、洗脱。

使用后的凝胶，如短期不用，可加防腐剂防止微生物的污染，一般使用叠氮钠、可乐酮、乙基汞代巯基水杨酸钠等。在凝胶层析中只要用 0.02%叠氮钠已足够防止微生物的生长，可乐酮在凝胶层析中使用 0.01%～0.02%，乙基汞代巯基水杨酸钠在凝胶层析中作为抑菌剂使用 0.05%～0.01%，而苯基汞代盐在凝胶层析中使用 0.001%～0.01%。若长期不用，则可逐步以不同浓度的酒精浸泡，末一次脱水需用 95%的乙醇，然后在 60～80℃烘干即可进行长期保存。

2. 亲和层析法

(1) 基本原理　在生物体内，许多大分子具有与某些相对应的专一分子可逆结合的特性，例如抗原和抗体、酶和底物及辅酶、激素和受体、RNA 和其互补的 DNA 等都具有这种特性。亲和层析法正是利用生物体内存在的这种分子对之间的特异性相互作用，将配基通过共价键牢固地结合于固定相上，流动相中的目的物能够与固定在固定相上的配基发生可逆的结合，而杂质则不能结合，最后改变条件通过特定的洗脱剂洗脱，将目的物洗脱下来，从而达到分离、纯化的目的。亲和吸附的基本原理如图 2-16 所示。

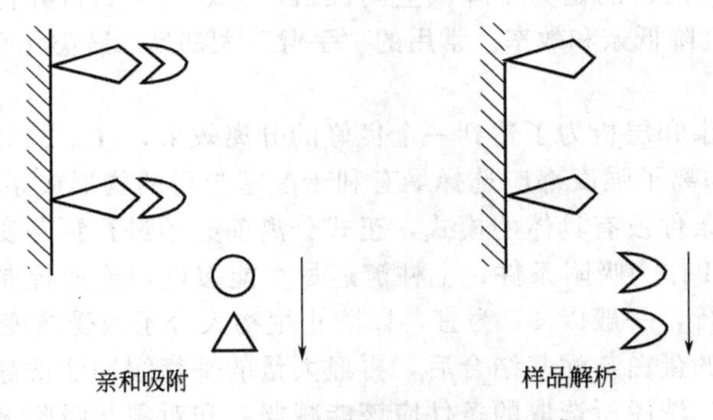

图 2-16　亲和吸附的基本原理示意

亲和层析法的基本过程大致分为以下三步。

① 配基固定化。根据分离的具体要求选择合适的载体和配基，将与纯化对象有专一结合作用的配基连接在不溶性的支撑载体上，制成亲和吸附的介质。

② 亲和吸附。将含有目的物的样品通过亲和层析柱，目的物与配基结合，杂质不能结合而随流动相流出。

③ 样品解析。改变条件将吸附在亲和柱上的欲纯化物质洗脱下来。

亲和层析由于利用了某些生物分子之间能够特异性结合的特点，因此它的灵敏度极高，这种技术不但能用来分离一些在生物材料中含量极微的物质，而且可以分离那些性质十分相似的生化物质。

(2) 载体的选择　载体是用于固定配基起支持作用的亲水性多孔性物质，用于亲和层析的理想载体应具有下列特性：

① 不溶于水，化学性质和机械性能稳定，要有高度的亲水性，能够很容易地与水溶液中的生物大分子接近；

② 具有疏松网状结构，容许大分子自由通过；

③ 具有大量可供反应的化学基团，能与大量配基共价连接；

④ 非特异性吸附能力极低；

⑤ 能抗微生物和酶的侵蚀。

常用载体主要包括琼脂糖凝胶、聚丙烯酰胺凝胶、葡聚糖凝胶、纤维素载体等。

(3) 配基的选择　配基的选择应遵循以下标准：

① 蛋白质和配基之间必须有强的亲和力，但亲和力也不是越高越好，因为亲和力越高在解离蛋白质—配基复合物时所需的条件就越强烈，这样可能使蛋白质变性；

② 配基必须具有适当的化学基团，这种基团不参与配基与蛋白质之间特异的结合，但可用于活化和与载体相连接，同时又不影响配基与蛋白质之间的亲和力；

③ 配基应与分离对象专一性的结合。

为了保证分离与纯化的效果，配基与分离对象的结合应为专一性结合，非特异性结合要弱。例如纯化胰蛋白酶时牛胰蛋白酶抑制剂作为配基不是一个理想的选择，因为它除与胰蛋白酶作用外还和激肽释放酶、胰凝乳蛋白酶有亲和作用。

(4) 配基与载体的结合　载体上的功能基团是不活泼的，它首先要经过活化，再将配基连接到活化基团上，才能成为亲和吸附剂。

载体活化后就可与配基进行连接。对于大分子的配基如蛋白质可以直接偶联到载体上。小分子的配基必须在配基和载体间引入一个若干碳原子的“手臂”，然后再与配基偶联。接上一个适当长度的“手臂”的目的是为了降低空间位阻，有效地提高特异性结合的能力，但“手臂”不可过长，否则会降低亲和效率。常用的“手臂”大都是二胺类化合物 $NH_2(CH_2)_xNH_2$，式中 x 可为 2～12。

(5) 亲和吸附　亲和层析为了达到一个良好的分离效果，在上柱时，亲和柱所用的平衡缓冲液的组成、pH 和离子强度都应选择最有利于配基与目的物形成亲和络合物的条件。

亲和吸附的具体条件没有具体的模式，正式分离前必须进行预备实验摸索出最合适的条件。一般选取中性 pH 作为吸附条件，上柱流速尽可能缓慢，流速控制在 1.5ml/min，温度尽量在低温条件下进行，一般以 4℃为宜，以防止生物大分子因受热变性而失活。

(6) 洗脱　当目的蛋白与配基结合后，再经大量的平衡缓冲液洗涤后，就可将目的蛋白洗脱下来并进行收集。洗脱所选取的条件应该能减弱亲和对象与吸附剂之间的相互作用，使它们完全解离。

洗脱时一般是改变缓冲液的 pH 或离子强度，也可以两者同时改变。洗脱蛋白质大多数用 0.1mol/L 的乙酸或 0.01mol/L 的盐酸，有时也可使用 0.1mol/L 的氢氧化钠溶液洗脱。在洗脱缓冲液中加入乙二醇、盐酸胍等添加剂有利于目的蛋白质的洗脱，但加入的浓度应该根据实验确定。总体来说，须注意所使用的洗脱条件不应使目的物失去活性，有时也可以用相同的可溶性配基或配基类似物对目的物进行洗脱。可溶性配基与载体上连接的配基竞争目的蛋白，从而将其洗脱下来，但这种洗脱方法所得蛋白质溶液含有可溶性洗脱剂，还要用透析和凝胶过滤法除去。同时蛋白质溶液还比较稀，须进一步浓缩。

(7) 再生　欲分离的目的物洗脱下来后，可以使用大量的洗脱液洗涤亲和柱，再用平衡液对亲和柱充分平衡，经过这样再生处理的亲和柱又可以重新使用。暂时不用的亲和柱可以存放在防菌污染的冰箱中或低于4℃的冷室中保存。

3. 疏水作用层析法

疏水作用层析又简称疏水层析，是利用样品中各组分具有不同的疏水作用的性质进行分离的方法。这类方法较适合分离纯化盐析后或高盐洗脱下来的物质，尤其是蛋白质的分离。

(1) 基本原理　一般球形蛋白质的疏水残基大多数位于蛋白质的内部，亲水残基位于外部，这使大多数的蛋白质具有一定的可溶性，也保证了大多数球形蛋白质和膜蛋白质的稳定性。进行疏水层析时，分布于蛋白质表面的疏水性残基或经局部变性暴露于蛋白质表面的疏水残基在高盐浓度下，会与疏水的固定相发生作用而与之结合在一起。然后用流动相洗脱，洗脱时逐渐降低流动相的离子强度，蛋白质分子按其疏水性的大小被依次洗脱出来，疏水性小的先流出，疏水性大的后流出，从而将目的物分离。

(2) 影响疏水作用的因素

① 配基的疏水性。配基的疏水性直接影响吸附剂与样品中各组分作用的强弱，如苯基-Sepharose CL-4B 的疏水性比辛基-Sepharose CL-4B 要弱，它与目的物的结合力也就要比辛基-Sepharose CL-4B 弱。对于一个不确定的蛋白质，苯基配体一般是最佳选择，而辛基配体与强疏水性蛋白质作用强，不易洗脱，因此辛基配体树脂一般用于疏水性较弱的蛋白质的分离。

② 缓冲液的离子强度。缓冲液的离子强度越大，则洗脱能力越强，选择性越好，越易形成尖锐峰形。在洗脱剂中添加一些非离子型的洗涤剂或一些多元醇，特别是乙二醇，能降低疏水吸附的强度，有利于层析的展开与洗脱。

③ 温度。温度会影响蛋白质与固定相的结合强度，例如当温度由20℃降至4℃时，结合强度会降低20%～30%，因此降低温度有利于洗脱。

④ pH。根据疏水作用的机制，在吸附时以中性pH缓冲液为宜，而洗脱时，适当地降低洗脱剂的pH能降低疏水吸附的强度，有利于层析的展开与洗脱。

4. 离子交换层析法

离子交换层析法是利用离子交换原理和液相层析技术结合起来分离溶液中阳离子或阴离子的一种分离方法。它具有高选择性、高载量、较高的回收率等特点，并可以对样品进行浓缩，可以用于纯化的各个阶段。

(1) 基本原理　离子交换层析法以液体作为流动相，以人工合成的离子交换树脂作为固定相，其分离原理是树脂上活性离子与流动相中具有相同电荷的离子及待分离组分的离子进行可逆交换，并依靠静电力的作用结合到树脂上，不同的样品离子与树脂上活性基团的作用力大小不同，电荷密度大的离子与交换剂的作用力大，再采用盐浓度梯度或者更换缓冲液的pH值进行洗脱，就可以根据组分离子对树脂亲和力的差异将不同的离子相互分离。蛋白质、多肽均属于两性电解质，在缓冲液pH小于其等电点时带净正电荷，而在缓冲液pH大于其等电点时带静负电荷，因此可以利用离子交换层析对其进行分离纯化。

(2) 固定相　离子交换层析常用的固定相为离子交换树脂。离子交换树脂是一种具有网状立体结构的固态高分子化合物，它具有离子交换能力，不溶于酸、碱和有机溶剂，化学性质稳定。离子交换树脂由两部分组成，一部分是不可移动的作为固定相的高分子骨架，其上连有正离子或负离子基团，这些基团称作活性基团。另一部分是和活性基团结合的，可以移动的离子，称作活性离子或交换离子，它们可以在树脂骨架中自由进出，从而实现离子交换。如果活性基释放的是阳离子，它就可以与溶液中的带正电荷的物质相交换，那么这种离子交换树脂就称为阳离子交换树脂，相反，活性离子是阴离子，则称为阴离子交换树脂。

离子交换树脂按活性基团的种类可以分为含酸性基团的阳离子交换树脂和含碱性基团的阴离子交换树脂。由于酸性和碱性活性基团的电离程度强弱不同，又可分为强酸性和弱酸性阳离子交换树脂及强碱性和弱碱性阴离子交换树脂。

(3) 流动相　离子交换层析的流动相最常使用水缓冲溶液，有时也使用有机溶剂如甲醇，或乙醇同水缓冲溶液混合使用，以提供特殊的选择性，并改善样品的溶解度。

(4) 工艺条件的选择

① 交换时溶液的 pH。交换时 pH 的选择对强酸、强碱树脂来说，任何 pH 下都可进行交换反应，对弱酸、弱碱树脂则应分别在偏碱性、偏酸性或中性溶液中进行。同时，选择的 pH 能够使生物活性物质离子化并保证在此 pH 范围内生物活性物质的稳定。

② 洗涤剂的选择。经交换的树脂要选择合适的洗涤剂来洗涤，一般选用的洗涤剂主要有水、稀酸、盐等。所选用的洗涤剂应能将杂质从树脂上洗脱下来，而不会使有效组分洗脱下来或与有效组分发生化学反应。

③ 洗脱条件的选择。通过改变溶液条件有选择性地降低组分离子与离子交换树脂之间的亲和力，可以将吸附在离子交换树脂上的目的物洗脱下来。主要有两种方式：改变 pH 和升高盐离子浓度。不同的蛋白质的洗脱条件不同，我们可以通过 pH 梯度或盐离子浓度梯度洗脱摸索出最佳的洗脱条件。

5. 重组蛋白纯化策略

纯化蛋白时，应该预先进行周密的设计，充分了解目的蛋白的性质、明确纯化的目标（活性、纯度、规模、经济性等）以及合理运用纯化策略，这样就会达到事半功倍的效果。

(1) 充分了解目的蛋白　在设计分离纯化方法之前要充分了解目的蛋白质的物理化学性质及其在细胞中的存在部位。如目的蛋白质的等电点、分子量、稳定性等，目的蛋白是存在于细胞内还是分泌到细胞外，是否存在于细胞器内等，这些都要事先了解，然后根据这些性质来选择合适的分离方法。

(2) 充分明确纯化目标　纯化蛋白之前，要明确对纯化蛋白的目标要求；如目的蛋白的活性、纯度、蛋白量等。对分离纯化工艺的要求，如重复性、是否放大、经济性等。

(3) 层析技术的运用　根据蛋白质不同性质，以及与杂蛋白的差异，选择不同的层析技术（表 2-4）。

表 2-4　层析技术的选择

蛋白质的性质	方　法	蛋白质的性质	方　法
电荷(等电点)	离子交换(IEX)	疏水性	疏水(HIC)
分子量	凝胶过滤(GF)	特异性结合	亲和(AC)

(4) 纯化策略

① 纯化三步曲。纯化问题所涉及的具体步骤最终取决于样品的性质，但都可共同参考以下三个阶段。

捕获阶段：澄清、浓缩和稳定目标蛋白。

粗纯阶段：除去大多数大量杂质，如其他蛋白、核酸、内毒素和病毒等。

精制阶段：除去残余的少量杂质和必须去除的杂质。

在三阶段纯化策略中每一种方法的适用性，见表 2-5。

表 2-5　层析技术的适用性

技术	主要特点	捕获	中度纯化	精制	样品起始状态	样品最终状态
IEX	高分辨率 高容量 高速度	★★★	★★★	★★★	低离子强度 样品体积不限	高离子强度或 pH 改变 样品浓缩
HIC	分辨率好 容量好 高速度	★★	★★★	★	高离子强度 样品体积不限	低离子强度 样品浓缩
AC	高分辨率 高容量 高速度	★★★	★★★	★★	结合条件特殊 样品体积不限	洗脱条件特殊 样品浓缩
GF	高分辨率 （使用 Superdex）		★	★★★	样品体积（总柱体积的 5%）和流速范围有限制	缓冲液更换（如果需要） 样品稀释

注：★表示该种层析技术在纯化各阶段使用的频率。

② 精细纯化步骤。纯化过程中，步骤越少，损失的越少，收率越高。尽量缩短分离纯化的时间，以防止因长时间操作而影响产品的活性。

③ 合理衔接层析技术。纯化时，可以将分离机理互补的技术进行组合，交替运用不同的层析方法，如离子交换（IEX）和疏水层析（HIC）交替进行。因为离子交换（IEX）是低盐结合高盐洗脱，而疏水层析（HIC）是高盐结合低盐洗脱，它们恰好互补，其衔接不需要通过脱盐或浓缩就可以进行，充分地提高了纯化效率。

通常重组蛋白分离纯化时，所设计的合理纯化路线示意见表 2-6。

表 2-6　纯化路线设计

纯化阶段	合理衔接层析技术				
捕获	AC	AC	AC	IEX	HIC
中度纯化			IEX	HIC	IEX
精细纯化		GF	GF	GF	GF

④ 线性放大。如果研制生物制品，要产业化时，就需要经历小试、中试、投产三个阶段，所以在下游生物制品纯化时，就要考虑到线性放大。放大过程中，要注意固定以下条件：填料、缓冲液、线性流速、样品浓度、样品体积和柱床体积比例。适当放大：柱直径，体积流速，上样体积。

三、包涵体的分离纯化

重组蛋白通常在胞内表达，但一些蛋白也可分泌到细胞周质或分泌到培养基中。虽然蛋白的分泌有利于其折叠、溶解和二硫键的形成，但一般在细胞内表达的蛋白产量很高。然而在细胞内聚集的重组蛋白通常以包涵体形式存在，形成一些缺乏生物学活性、错误折叠的不溶聚合物。

变性的重组蛋白是包涵体的主要成分，因此离心对包涵体进行初始分离是有效的纯化步骤，天然重组蛋白通过复性从包涵体中回收得到。尽管分子量小的蛋白可以直接复性，但是很多情况下，对于那些不含有二硫键的蛋白而言，直接复性仍然是很困难的，复性的最佳条件因蛋白不同而异。表 2-7 对从包涵体中纯化蛋白的优、缺点进行了总结。

表 2-7 包涵体的优缺点

优点	缺点
高表达水平可以降低发酵成本 可以分离到高纯度，并直接用作抗原 通常不能被蛋白酶水解 允许一些毒性蛋白的表达	复性蛋白的步骤复杂且不能预测

包涵体纯化的特殊之处在于包涵体分离、溶解以及复性，下面将对这三方面进行详细介绍。

（一）包涵体分离

破碎细胞后，通过离心来分离包涵体。这是一种很有效的纯化步骤，因为目的蛋白一般是包涵体的主要成分，而在离心时DNA以及细胞壁碎片可以和包涵体一起被沉降下来，产生细胞碎片的大小取决于破碎细胞所采用的方法，经常使用的是高压匀浆以及超声破碎。高压匀浆（在20000 psi[1]下用French press进行3轮破碎）能够减小细胞碎片，因此在离心时可以与包涵体立即分离。细胞破碎后，用DNase（如10～20μg/ml）会降低DNA污染，而加入去垢剂（如1%Triton X-100）能够减少与包涵体相连的膜物质。

（二）溶解

包涵体溶解通常使用的变性剂是盐酸胍和尿素，盐酸胍和尿素能破坏离子间相互作用，解除维系蛋白质稳定性的非共价键，引起蛋白质的变性。溶解包涵体所用的缓冲液一般为pH8.0、50mmol/L Tris-HCl，溶解温度和时间因蛋白不同而异，如果蛋白含有二硫键则可在变性液中加入少量的还原剂（如1～10mmol/L DDT）。

（三）复性

溶解后，蛋白必须经过正确复性才有活性。那么，就要除去变性剂使得蛋白折叠以及形成正确的分子内交联，复性是包涵体纯化流程中最关键的一步。复性经常从蛋白去折叠开始，而以形成天然蛋白质结束，其中形成聚集体是竞争性步骤。

复性成功的秘诀在于促进主要途径而抑制导致聚集体形成的途径。在实验中怎样才能实现并不是十分清楚，因此一个特定蛋白所适合的复性条件必须在实验中确立。通常，要保证复性成功要仔细优化大量参数，如蛋白浓度、温度、反应时间、二硫化物交换试剂（如氧化性＋还原性谷胱甘肽）、缓冲液添加剂［如尿素、盐酸胍（抑制聚集体形成）或者精氨酸、甘油、盐（提高折叠效率）］。

1. 带有二硫键蛋白的复性

如果蛋白中存在两个以上的半胱氨酸，那么不可能立即形成正确的二硫键。随着半胱氨酸数目增加，二硫键的可能组合数也在增加，如果二硫键是正确折叠所必须的话，应该在溶解包涵体时加入少量还原剂（如1～10mmol/L DDT），这种还原剂能够被复性用的二硫化物置换试剂所取代，加入二硫化物置换试剂（如氧化型＋还原型谷胱甘肽或者巯基乙胺＋光胺）是为了提供氧化还原作用力。这些试剂同半胱氨酸形成各种二硫化物中间体，这些二硫键的形成或断裂反应是可逆的，直到最有利的蛋白二硫键形成，这种平衡才会被破坏，这个过程被称作氧化型折叠，氧化型折叠的产率很大程度上依赖于氧化还原试剂的浓度以及pH。

2. 复性方法

包涵体复性方法有很多种，包括透析、稀释和利用层析方法复性。表2-8比较了不同的

[1] 1psi＝6894.76Pa，全书余同。

复性技术。

表 2-8　不同复性技术的优缺点

复性技术	优　点	缺　点
透析	简单	慢，使用大量的缓冲液
稀释	简单	慢，蛋白浓度会稀释到很低浓度
凝胶过滤	在一步操作中直接进行自动化复性并纯化	样品体积受限
亲和层析	直接进行自动化复性并纯化 对样品体积没有要求	需要带有标签(如 His)
离子交换层析	快速并且简单 直接进行自动化复性并纯化	应该避免使用与离子交换相反电荷的添加剂

本小节重点阐述利用层析技术来进行复性，有时也称作柱上复性。下面是对几种柱上复性简要的叙述。

3. 利用凝胶过滤复性

凝胶过滤复性是利用一种树脂通过“cage-like”效应来抑制聚集的特点。另外，通过凝胶过滤不断地除去复性过程中连续产生的聚集体也可能提高复性率，原因在于：即便是少量聚集体的存在也能加速进一步的聚集。从理论上讲，凝胶过滤复性比简单稀释或者透析更能提高复性产率。

目前采用了两种不同的实验方法。一种是用复性缓冲液来平衡柱子，然后把含有溶解状态下的包涵体样品上到柱子中。在通过柱子的过程中，溶解缓冲液的组分会滞留在柱上，因此蛋白被转移到一个无变性剂的环境中。另一种方法是用溶解缓冲液来平衡柱子，或者在上样前把柱子用以梯度性降低比例的溶解缓冲液和复性缓冲液的混合物来平衡柱子，然后用复性缓冲液来洗脱蛋白。第三种方法是缓慢性地将蛋白转换到一个无变性剂的环境中，很多实验证明这种做法是可取的。

4. 利用亲和层析对带有组氨酸标签的蛋白进行复性

在一种吸附介质（如 IMAC）上进行复性，变性蛋白会可逆地固定在其上，这种固定在接下来除去变性剂后会有利于防止聚集体形成。这种技术的另一个优点是：只要在介质的结合载量范围内，对于样品的体积没有要求。

一般带有大亲和标签或大蛋白亲和配体的亲和体系不适于柱上复性。在这种情况下，标签和亲和配体之间的结合经常依赖于标签、配体或者两者的正确构象。在变性条件下，它们之间就不会相互结合。

使用带有组氨酸标签的蛋白是一种简单而有效的纯化方法并且使柱上复性法成为可能。高浓度变性剂有利于组氨酸标签结合到螯合的二价金属离子上，因此组氨酸标签的蛋白可被变性液溶解并结合到 Ni 柱上。在蛋白从柱子上洗脱下来前将杂蛋白去除并将蛋白转换到非变性缓冲液中，以不断上升的咪唑浓度梯度将蛋白洗脱下来。一旦复性，蛋白即可利用其他方法如凝胶过滤得到进一步纯化以除去聚集体来满足更高的纯度要求。

5. 使用离子交换层析进行复性

与亲和层析相同，用离子交换层析复性需要变性蛋白可逆性地结合在树脂上，这种结合在接下来除去变性剂后有利于防止聚集体形成，对于带有组氨酸标签的蛋白而言，吸附到 IMAC 介质上的条件基本相同，但是吸附到离子交换树脂上的条件将因目的蛋白的电荷性质而定。阳离子交换树脂（如 SP Sepharose）和阴离子交换树脂（如 Q Sepharose）已成功用于复性，与离子变换树脂结合通常需要低离子强度。低 pH 能够促进与阳离子交换树脂结合，而高 pH 则能够促进与阴离子交换树脂结合，复性的蛋白都可以通过改变盐浓度梯度来进行洗脱。复性完成后，蛋白即可用其他层析方法如凝胶过滤得到进一步纯化以除去聚集体来满足更高的纯度要求。

四、抗体的分离纯化

抗体是一种特殊的蛋白质分子，被用作体外诊断试剂、治疗疾病的药物、免疫亲和层析的配基等，在生命科学研究、生物技术及医学领域中有着广泛的应用。尤其是抗体作为各种免疫分析的核心试剂，对免疫分析结果的灵敏度、特异性起着至关重要的作用。不论是多克隆抗体、单克隆抗体还是基因工程抗体，也不论用何种方法生产抗体，都需要在后期对抗体进行分离和纯化，所以根据目标抗体，选择合适的分离纯化方式是十分重要的。

（一）抗体分离纯化的方法

1. 不同亲和层析介质的吸附技术

（1）Protein A 亲和层析介质与抗体的结合　现今，约70%～80%的抗体纯化使用 Protein A、Protein G 亲和层析。蛋白 A（Protein A）来源于金黄色葡萄球菌的一个株系，它含有5个可以和抗体 IgG 分子的 Fc 段特异性结合的结构域。蛋白 A 作为亲和配基被偶联到琼脂糖基质上，可以特异性地和样品中的抗体分子结合，而使其他杂蛋白流穿，具有极高的选择性，一步亲和层析就可达到超过95%的纯度。1个蛋白 A 分子至少可以结合2个 IgG，蛋白 A 也可以结合另一些免疫球蛋白，如用于某些种属的 IgA、IgM 的纯化。

（2）Protein G 亲和层析介质与抗体的结合　蛋白 G（Protein G）是一种源自链球菌 G 族的细胞表面蛋白，为三型 Fc 受体。其通过类似于蛋白 A 的非免疫机制与抗体的 Fc 段结合，像蛋白 A 一样，蛋白 G 可以与 IgG 的 Fc 区域特异性结合，不同的是，Protein G 可以更广泛、更强地结合多类型的 IgG，同时与血清蛋白结合水平更低，所得抗体纯度更高，配基脱落也相对更低。此外，蛋白 G 还可以和某些抗体的 Fab 和 F（ab′)$_2$ 段结合。

2. 离子交换层析和疏水层析纯化抗体

层析技术是抗体分离纯化的核心技术，一般采用经典的三步纯化策略：粗纯、中间纯化和精细纯化。其中，粗纯的主要目的是捕获、浓缩和稳定样品；粗纯一般使用蛋白 A 或蛋白 G 亲和层析，并且一步即可达到95%以上的纯度；中间纯化和精细纯化去除特定的杂质，如 HCP（宿主蛋白）、DNA、聚集体和变体等，常用的层析技术有离子交换、疏水层析等，从而达到最终治疗用抗体所需的纯度。

3. 凝胶过滤纯化抗体

应用凝胶过滤纯化抗体时，将含有抗体的样品通过装有多孔性介质填料的层析柱中，收集流出的抗体组分。当样品从层析柱的顶端向下运动时，大的抗体分子不能进入凝胶颗粒而迅速洗脱，小的抗体分子能够进入凝胶颗粒，其在凝胶柱中的迁移被延缓。因此，抗体分子从凝胶过滤柱洗脱的先后顺序一般是按照分子量的大小由高到低。

（二）根据单克隆抗体的特性而制定的纯化策略

由于每种单克隆抗体的分子量、等电点、电荷数、疏水性、糖基化程度等生化性质各不相同。故纯化单克隆抗体之前，既要了解它们的共同性质，又要了解它们各自的性质，从而制订相应的纯化方法。表2-9描述了根据单克隆抗体的性质设计的纯化策略。

（三）针对不同抗体和其宿主的特性制订纯化策略

抗体或者抗体片段通常是从天然或重组体系中提取的，来源的选择会影响到样品处理和纯化的步骤，因为不同来源的杂质和需要的目标分子纯度是不同的，然而，通常情况下，会选择一个与目标分子高度亲和的柱子并能够一步得到高纯度的样品，且尽可能地减少污染。表2-10是针对不同宿主生产抗体而设计的纯化策略。

表 2-9 单抗的基本性质和纯化策略

生化性质	单抗特性	纯化策略
分子量	IgG 约 146～170kDa(重链 50kDa，轻链 25kDa)；IgM 约 900kDa(五聚体)	单抗样品纯化一般可选择超滤膜，并且凝胶过滤能有效去除抗体聚集体。选择超滤膜和分子筛介质时除了考虑分子量，还须考虑单抗不同亚型的空间结构和形状，如人 IgG_3 较细长，需要选分子量较小的超滤膜。可以使用更大孔径(50～100kDa)超滤膜对抗体进行浓缩并且收率极高，在浓缩单抗的同时，可以有效地去除大量蛋白酶(约为 60～70kDa)和 BSA 等杂质，这样可有效避免纯化过程中蛋白酶对抗体的破坏，使终产品更均一、活性更好
等电点	从 4.5～9.5 不等，大部分超过 6.0	大多数 IgG 的等电点高于一般血清蛋白，建议用阳离子交换层析捕获并浓缩抗体或使用流穿模式的阴离子交换层析除去大部分杂蛋白、DNA 和内毒素(单抗流穿)
疏水性	大多数 IgG 疏水性较强	大多数 IgG 可以在 0.5～1.0mol/L 硫酸铵下结合疏水介质，让大部分杂蛋白流穿。单抗在硫酸铵 30%～50%时会沉淀，可重溶后直接上疏水层析
糖基化	IgG 含 2%～3%糖基，IgM 含 12%糖基	主要在重链的 Fc 区产生 *N*-link 的糖基化。注意：抗体糖基化不均一，所带电荷也不同，等电聚焦电泳呈多条带，这会影响离子交换层析效果
pH 稳定性	稳定性较好	IgG 在水溶液或一般的缓冲液中都比较稳定。但应避免较极端的 pH，如低 pH 会促使蛋白聚集；pH＞8.5，脱酰胺酶可能降解单抗
多聚体、复合物的形成	没有保护剂的情况下 IgG 浓度高于 2mg/ml 容易形成二聚体、多聚体	pH、盐浓度、buffer 种类、温度等都会影响抗体的聚集动力学。如 pH＜3，抗体会发生不可逆聚集；盐浓度过高会加速疏水聚集；碱性单抗在多价阴离子缓冲液中易形成稳定的离子复合物，导致抗体之间的聚合；在 0.3～1.0mol/L NaCl 中，单抗与核酸可形成可逆的复合物，离子交换层析纯化时须留意
溶解度	大多数 IgG 在中性偏碱和低电导的缓冲液中是稳定可溶的	有些单抗在温度低于 37℃时溶解度会降低，易结晶，纯化过程避免冷室操作

表 2-10 不同宿主生产抗体的纯化策略

抗体来源	优/缺点	主要相关杂质	纯化策略
鼠/兔等动物	直接免疫动物，方法成熟，产量可达 1～15 g/L。单抗亲和力高，但生产周期长，难以大量生产	动物腹水中各种生物大分子、脂类	由于 HAMA 反应，鼠源单抗大多仅用于诊断试剂，规模较小，产品纯度要求较低(电泳纯 90%～95%)。Protein A 或 G 亲和层析配合凝胶过滤一般已可以达到所需纯度
杂交瘤细胞	5%～10%小牛血清培养基表达量为 10 g/L，但纯化困难，并有动物源污染风险。无血清培养基表达量可达 1～4 g/L	培养基内的杂蛋白，如血清白蛋白、转铁蛋白、酶、小牛 IgG、脂类以及宿主蛋白和 DNA	用于诊断试剂和治疗性单抗，后者纯度要求较高(95%～99%)。需要多步层析去除宿主杂质。转铁蛋白、牛 IgG 与目标抗体性质接近，污染问题十分显著。一般可通过优化疏水层析和离子交换层析去除。若白蛋白的量较多，可先用蛋白 A、蛋白 G 等亲和层析法直接捕获抗体
CHO/NS0 等哺乳动物细胞	利用基因工程技术将抗体人源化。目前上万升发酵罐的单抗表达量可达 1～10 g/L	宿主、培养基内的杂蛋白、核酸、脂类等	主要为治疗性单抗。临床剂量大(数十至几百毫克/剂)，批产量达千克级，纯度要求极高(＞99%)。约 80%的下游工艺用 Protein A 亲和层析进行快速捕获，再配合离子交换、疏水层析等进行精纯，以达到治疗用要求
E. coli	利用基因工程技术表达人源化小分子抗体(Fab，ScFv)、特殊抗体及抗体融合蛋白。相比动物细胞，生产周期短，成本较低，但与相应抗原结合靶点减少	宿主杂蛋白、核酸、脂类、内毒素等	对于 *E. coli* 表达的蛋白，可以使用中空纤维柱结合层析进行纯化。包涵体可考虑先用凝胶过滤纯化，再进行柱上复性，提高回收率。也可用中空纤维柱来梯度复性，不但容易放大，而且效率更高

续表

抗体来源	优/缺点	主要相关杂质	纯化策略
酵母	表达量高，培养规模容易放大，相比动物细胞成本低；糖基化仍然存在问题影响比活，难以表达全长抗体	宿主细胞蛋白及培养基中蛋白	用中空纤维柱做样品的澄清，之后用离子交换层析结合疏水层析进行纯化
转基因动物	可表达全长抗体，能正确糖基化；但转基因较困难，表达不稳定	动物蛋白及宿主抗体	转基因动物分泌表达如动物乳中，可采用超滤技术进行分级分离，从而降低纯化难度，然后用高分辨率的疏水层析和离子交换层析分离宿主抗体
转基因植物	降低了动物细胞污染的可能性，能够大规模低成本生产；破碎细胞及分离纯化难度加大	色素、植物细胞杂蛋白等	用亲和层析纯化植物表达抗体效果比较好，会有少量色素吸附在亲和树脂上，但可用凝胶过滤除去

以上介绍的几种方法和策略是目前对抗体进行纯化较成熟而且常用的，根据不同的目标和条件，可以采用比较适宜的方法对所要制备的抗体进行纯化。随着抗体技术在生物学领域应用的不断延伸，特别是对于一些物种未知抗体的需求越来越迫切，抗体的制备和纯化方法也将得到提高与改进，这对抗体技术的发展和应用是一个很大的推进。大量的制备抗体变得很方便，并且会有更多的抗体应用于科学研究中，促进生命科学的发展。

第四节　转染技术

在完成基因克隆后，大多数的研究人员希望重新把这个基因的自然体和突变体导入各种细胞来分析它的功能特点，这个过程称之为转染。这么做的目的有很多，可以通过导入某个基因不同的突变体以及改变表达条件来确定影响这个基因表达的相关因素。也可以通过观察高效表达该基因或该基因突变体细胞的表型得到这个基因对细胞生长的作用。过表达某基因的细胞系可以用来大量生产该基因编码的蛋白，有利于大量提纯该蛋白来检测它的生化性质或进行药物加工。以上所有目的的完成都取决于能否将基因高效地导入宿主细胞中。在这一章节，将系统阐述这方面的相关理论及技术。

在成功进入细胞后，外源基因有两种表达方式——瞬时表达和稳定表达。在瞬时表达中，外源基因的转录或复制及表达一般可以在该基因转入细胞后的1～4天内，通过收获细胞得以分析。有些实验中，研究人员希望外源基因能够整合到宿主的染色体中，从而得到稳定表达该基因的细胞系。本节所介绍的转染方法都可以用来做基因的瞬时表达，其中磷酸钙转染法、电穿孔法和脂质体转染法也可以用来做基因的稳定表达。电穿孔法转染悬浮细胞效率较高，磷酸钙转染法和脂质体转染法则更适用于贴壁细胞。DEAE-葡聚糖转染法不适用于做稳定转染，但它在做瞬时转染时的重复性要好于磷酸钙转染。电转染虽然也拥有良好的重复性，但是它需要的细胞数要远多于化学转染法。

不管采用何种转染方法，在正式实验之前，都要优化实验条件以求达到最大转化率。在摸索试验中，已知功能且易于检测的报告基因是摸索实验条件的有力工具，本节也将对此做一简单介绍。

一、转染方法

（一）磷酸钙转染法

磷酸钙沉淀法是基于磷酸钙-DNA复合物的一种将DNA导入真核细胞的转染方法。磷酸钙被认为有利于促进外源DNA与靶细胞表面的结合，磷酸钙-DNA复合物黏附到细胞膜并通过胞饮作用进入靶细胞，被转染的DNA可以整合到靶细胞的染色体中从而产生有不同基因型和表型的稳定克隆。这种方法首先由 Graham 和 Vander Ebb 使用，后由 Wigler 修改完善。可广泛用于转染许多不同类型的细胞，不但适用于短暂表达，也可生成稳定的转化产物，目前很多实验室仍然在使用这一技术。

1. 磷酸钙转染法的基本操作过程

① 首先将待转染的外源 DNA 同磷酸钙混合制成磷酸钙-DNA 溶液。

② 在不断搅拌过程中，逐滴缓缓地加入到 Hepes 溶液中去，室温静置 20min，直到出现细小的沉淀。

③ 用吸管仔细转移共沉淀物，使之黏附到培养的哺乳动物单层细胞表面，进而会迅速地被细胞所捕获。

保温几小时后，将细胞洗净，并更换新鲜的培养液，继续培养至最终实现外源 DNA 的高水平表达。以培养细胞的不同类型而异，平均每个培养皿中约有 10%的细胞捕获了外源转染 DNA。据报道，添加甘油或 DMSO（二甲基亚砜）会增加某些类型细胞吸收外源 DNA 的数量。

2. 影响磷酸钙转染效率的主要因素

影响磷酸钙转染效率的主要因素有：DNA-磷酸钙共沉淀物中 DNA 的数量；复合物与细胞接触的保温时间；以及甘油或 DMSO 等促进因子作用的持续时间等。一般说来，在磷酸钙转染实验中要使用高浓度的 DNA（10～50μg/ml）。复合物 DNA 的总浓度的变动，会显著地影响细胞捕获 DNA 的效率。据推测，这很可能是因为 DNA 总量影响了磷酸钙沉淀物的性质，从而改变了可被细胞捕获的外源 DNA 的比例。

DNA 磷酸钙复合物同细胞接触的最适保温时间，因细胞类型不同而异。某些类型的细胞，如 HeLa 细胞，保温 16h 后就能被有效地转染，而另外一些细胞在这样长的保温时间内，仍不能被有效转染。

已发现有许多种化学“促进因子”，都会影响转染 DNA 在哺乳动物受体细胞中的表达效率，促进因子通常是在 DNA-磷酸钙复合物被细胞吸收 4～8h 之后再加入，有些促进因子如 DMSO 可十分明显地提高外源 DNA 在幼年仓鼠肾细胞（baby hamster kidney cell，BHK）和小鼠白血病细胞中的表达水平。实验中使用的促进因子的最有效浓度、最适的持续作用时间以及在细胞转染之后加入的最佳时期，对于每种促进因子和每种细胞系而言，都必须重新测定。

（二）DEAE-葡聚糖转染技术

二乙氨乙基葡聚糖（diethyl-aminoethyl-dextran），简称 DEAE-葡聚糖，是一种高分子量的多聚阳离子试剂，能促进哺乳动物细胞捕获外源的 DNA，实现瞬时的有效表达。这种转染技术最初是设计用来分析脊髓灰质炎病毒 RNA 的感染性，其后经过改良又被用来分析 SV40 及多瘤病毒 DNA 的感染性。而且到目前为止，就这些病毒而言，DEAE-葡聚糖转染技术仍然是十分有效的。

1. DEAE-葡聚糖转染的一般程序

DEAE-葡聚糖转染主要有两种不同的方式。一种方式是先使病毒的 DNA 直接同 DEAE-葡聚糖混合，形成了 DNA/DEAE-葡聚糖复合物后，再用来处理受体细胞；另一种是受体细胞先用 DEAE-葡聚糖溶液做预处理，然后再与转染的 DNA 接触。在这两种转染方式中，受体细胞在用 DNA 或 DNA/DEAE 葡聚糖复合物处理前，都要先用等渗溶液漂洗，除去培养液中的血清成分。

依据受体细胞的不同特性和所采用的实验方式，加入的 DEAE-葡聚糖溶液的浓度范围变动在100～1000μg/ml之间。一般在低浓度（200μg/ml）和较长的持续处理时间（8h或16h）的条件下，哺乳动物细胞捕获外源DNA的效率比较高。若在DEAE-葡聚糖处理之后，再加入DMSO等促进因子，还可以进一步提高效率。

2. DEAE-葡聚糖转染的可能机理及影响因素

关于DEAE-葡聚糖为什么能够促使哺乳动物细胞捕获外源DNA的分子机理，迄今仍不十分清楚。曾经提出过几种较为合理的解释：一种认为DEAE葡聚糖同DNA结合成复合物，可以保护DNA免受核酸酶的降解作用；另一种则认为DEAE-葡聚糖可以同细胞膜发生作用，从而使DNA能够容易地穿过细胞表面进入细胞内部。

有许多因素都会影响DEAE-葡聚糖的转染效率，其中以细胞的数量、DNA的浓度和DEAE-葡聚糖的浓度最为重要。大体说来，按每个直径10cm的培养皿中加入1～10μg的转染DNA，并使用每毫升培养基含100～400μg DEAE-葡聚糖的溶液，对于绝大多数类型的细胞，都能得到很好的转染效率。由于DEAE-葡聚糖对有些细胞具有毒性，因此用低浓度溶液做短时间的接触反应可能较为合适。

3. DEAE-葡聚糖转染法的评价

DEAE-葡聚糖转染技术具有方法简单、重复性高、特别适用于研究基因瞬时表达（transient expression）实验，以及其转染效率高于磷酸钙法等优点。例如用SV40 DNA/DEAE-葡聚糖转染猿猴细胞，感染率可高达25%，而SV40 DNA-磷酸钙法则最多只能达15%。然而，这个方法不适于稳定转染。

所谓基因的瞬时表达，是指在DNA进入细胞后迅速发生的反应，因此可作为一种有用的基因分析系统。这类的基因瞬时表达实验之所以能够成功地用于研究基因的转录，原因在于高水平的瞬时表达能合成出足够数量的基因产物，供分析研究使用。待研究的目的基因很可能并不具备强启动子，所以使尽可能多的细胞都表达目的基因，使基因的拷贝数尽可能地丰富是十分重要的。而DEAE-葡聚糖转染的细胞往往可以获得高水平的表达，故此法常用于瞬时表达。

（三）电穿孔DNA转移技术

电穿孔（electroporation）是指在高压电脉冲的作用下使细胞膜上出现微小的孔洞，从而导致不同细胞之间的原生质膜发生融合作用的细胞生物学过程。后来又发现，电穿孔也可以促使细胞吸收外界环境中的DNA分子。1982年T. K. Wang和E. Neumann首次成功地应用此项技术，把外源DNA导入小鼠的成纤维细胞；紧接着的大量实验证明，几乎所有类型的细胞，包括植物的原生质体、动物的原代细胞，以及不能用其他方法（诸如磷酸钙或DEAE-葡聚糖法）转染的细胞，都可以成功地使用电穿孔技术进行基因转移。而且，此项技术还具有操作简便、基因转移效率高等优点，因此在基因工程和细胞工程研究工作中受到了普遍的重视。

1. 基本原理

电穿孔DNA转移技术的基本原理是利用细胞膜在高压电场的作用下，发生临时性破裂所形成的微孔，这些孔洞足以使大分子从外界进入细胞内部，或是反向流出细胞。细胞膜上微孔的关闭是一种天然过程，在0℃下，这种过程会被延缓进行。

在微孔开启期间，细胞外环境中的核酸分子便会穿孔而入，并最终进到细胞核内部。具有游离末端的线性DNA分子，易于发生重组，因而更容易整合到寄主染色体，形成永久性的转化子。超螺旋的DNA比较容易被包装进染色质，因此一般说来它对于瞬时基因表达的实验更为有效。

2. 操作程序

将盛有细胞和 DNA 混合液的样品池置于电脉冲仪的正负电极之间，在 0℃下加高压（2.0～4.0kV）电击。电压、电容设定值和电击次数随细胞类型而异。将处理后的细胞转移到新鲜培养基中生长 2 天，再行筛选。

3. 影响因素

由于电穿孔转染技术是一种物理性质的技术，因此它受 DNA 浓度影响远小于前面两个技术。一般说来，每 10^7 细胞所用 DNA 总量在 1～40μg 之间，其中瞬时转染的 DNA 用量在 10～40μg，而稳定转染只需要 1～10μg 就可以得到很好的转染效果，而且 DNA 浓度同被细胞捕获的 DNA 数量之间存在着正比的线性关系。

在电穿孔转染试验中需要优化的因素是脉冲的最大电压和脉冲持续的时间。一般造成 20%～60%细胞死亡在电穿孔实验中都属于正常范围，如果超过这一范围应考虑降低波长。

（四）脂质体转染法

脂质体（liposomes）是一种人造的脂质小泡（lipid vesicles），外周是脂双层，内部是水腔，用它作载体可以把外源 DNA 导入培养的哺乳动物细胞，这种由脂质体介导的使外源 DNA 导入细胞的方法，叫做脂质体载体法，又叫做脂质转染法。

1. 脂质体的制备

制备脂质体的方法主要有两种：一种是将适宜的脂质悬浮在液体介质中，然后振荡使之形成大小相当一致的脂质体；另一种是用小型的注射针头，将脂质注射到酒精水溶液中，并快速混匀。目前大多数商品化的脂质体转染试剂都采用第一种方法。

目前的商业化脂质体均为阳离子脂类与中性脂类的复合体，如 FuGENE 6、Lipofectin 等，中性脂类多为二油酰磷脂乙醇胺（DOPE），其中阳离子脂类起主要作用，通过静电作用与 DNA 形成 DNA-脂复合体，并引导 DNA 进入细胞，DOPE 起辅助作用，主要在胞内促进 DNA 的释放，称为辅助脂类。

2. 脂质转染机制

目前所用的脂质体主要为阳离子脂质体，因此本文主要介绍阳离子脂质体的转染机制。阳离子脂质体分子主要由三部分构成：阳离子头部、连接键和疏水烃尾。带正电的阳离子脂质体分子头部与带负电的 DNA 的磷酸根之间存在静电引力，是阳离子脂质体/DNA 复合物形成的主要作用力。连接键是脂质体分子的重要组成部分，直接影响脂质体分子的化学稳定性及生物降解性，是转染效率高低以及细胞毒性大小的重要影响因素。疏水尾部大致有两种：一种是两条脂肪链，另一种是胆固醇，它们对形成稳定的双分子层十分重要。

辅助脂质体 DOPE 含乙酰胺头部，在溶液中形成六角形引起脂质高度弯曲，对脂双层具有去稳定作用，在 DNA-脂复合体的内吞和 DNA 从包涵体的释放两个关键步骤中起作用。

阳离子脂质体介导基因转移的主要过程如下：首先，阳离子脂质体与带负电的 DNA 分子通过静电作用形成稳定的阳离子脂质体/DNA 复合物-lipoplexes，由于阳离子脂质体过剩，复合物带正电；然后，带正电的复合物由于静电作用吸附于带负电的细胞膜表面，然后通过与细胞膜融合或胞吞作用进入细胞；最后，阳离子脂质体/DNA 复合物在细胞内发生分离，基因进一步被传递到细胞核内，并在细胞核内转录和翻译，最终产生目的基因编码的蛋白质。

3. 脂质体载体法的优越性

脂质体载体法的转染效率相对低于其他方法，但这并不妨碍它在哺乳动物基因转移中的实用价值，因为它具有许多优点。例如，制备程序比较简单，可以通过多聚碳酸酯滤膜

(polyearbonate filter) 消毒灭菌，用它包装的 DNA 在 4℃下可长期保存不失活性，以及毒性低、包装容量大、可保护 DNA 免受核酸酶的降解作用等。

目前市场上有许多商品化的脂质体转染试剂盒，大大简化了研究人员的操作时间。表 2-11 列出的是目前比较成熟的几种商品化脂质体。

表 2-11 商业化脂质体

供应商	试 剂	用 途
Invitrogen	PerFect Lipid	适用于多种细胞
	Transfection Kit(8 lipids)	
	lipofectAmine 2000	可快速转染大多数细胞
	lipofectAmine plus	用于难于转染的贴壁细胞
	lipofectAmine	可转染大多数细胞
	lipofectin	主要用于肝细胞和内皮细胞以及寡聚核苷酸的转染
	DMRIE-C	悬浮细胞和 RNA 转染
	Cell Fectin	昆虫细胞
Promega	Transfection Trio	可转染大多数细胞
	Tfx Transfection Trio	用于分化细胞
Qiagen Roche/BMB	Effectene	可转染大多数细胞
	DOTAR	可转染大多数细胞
	DOSPER	可转染大多数细胞
	FuGENE 6	可转染大多数细胞

除了以上所述之外，脂质体法如同显微注射法和电穿孔法一样，也可以用来将外源的蛋白质导入受体细胞，为在活细胞内研究蛋白质的功能提供有用的途径。运用这样的技术，不仅可以将纯化的蛋白质直接导入活细胞，以分析其在天然环境条件下的功能效应，而且还可以将蛋白质的抗体导入活细胞，来阻断相应蛋白质（抗原）的功能。

（五）其他转染方法

在科研工作中，除了上述四种常用技术外，还有其他几种转染方法，如显微注射法、病毒转染法等。

1. 显微注射法

显微注射法分为两种，一种是直接将目的基因通过注射器导入受体细胞中，还有一种是将目的 DNA 分布在细胞周围，让它通过穿刺形成的孔洞或跟随穿刺的针头进入细胞。无论是哪种方法，显微注射法的转化率都比其他转染方法要高，但这种方法对技术要求高，操作繁琐，而且转化细胞的数量有限，因此大多数实验室都不采用此种方法。

2. DNA 压缩法

许多阳离子化合物被用于以静电作用压缩 DNA 至小颗粒（10～30nm），这样有助于防止 DNA 降解以及有利于它通过内吞作用被细胞摄入。最常用的多聚物是异源多聚赖氨酸、一定长度的寡肽、多聚乙醇亚胺（PEI）。有大量报道称，在实验中，无限增殖化的细胞系能被以上所有多聚物产物有效转染，但仅有一两种多聚物在原代细胞的体外实验中有效。

3. 病毒转染法

病毒转染是基因工程尤其是动物基因工程研究领域中一项非常重要的技术手段，相对于上述几种转染技术来说，它的优势在于以下几点。

① 病毒（多指动物病毒）含有可以在真核细胞内起作用的启动子、顺式作用元件等，可以在细胞内引发外源基因表达和自身复制及增殖。

② 有些病毒例如逆转录病毒可以将外源基因整合到宿主的染色体 DNA 中。

③ 由于病毒的外壳可以识别受体细胞膜表面的接收器，因此它可以高效地将外源基因导入细胞。

目前较为常用的病毒载体有SV40、逆转录病毒及腺病毒。已经有很多试验证明这种方法的高效性和安全性。而且市场上已经有商品化的病毒载体，节省了以往构建载体的时间，因此病毒转染将成为一项常规技术运用在更多的科研工作中。

目前，关于转染方法改进及新方法的发现的文章层出不穷，但是对转染技术的选择要充分考虑自己试验的目的、所在实验室的条件、经验等。

二、优化转染条件

当我们开始转染实验时，第一步也是最重要的一步就是优化条件。每种哺乳细胞都有它自己的生物学特点。因此，即使在特征上相似的细胞，各自的最佳转染条件也各不相同。研究人员常常需要对大量细胞系进行筛选以找到对效应分子有着最适应答的细胞。因此，一个可以直观、系统地检测转染效率的技术是非常有用的。瞬时表达技术正是用于这个目的。一个已知功能的融合基因在各种条件下转入细胞，然后通过检测该基因编码的蛋白来判断其转染效率。人生长激素（human growth hormone，hGH）检测系统就是常用的转染效率检测系统之一，因为该基因产物收获和检测都非常简单。当然，任何一种报告基因都可以用来优化转染条件。

获得高效转染结果应注意的几个因素。

（1）细胞　细胞是转染过程中的一个关键元素，是影响结果一致性和质量的最重要的变量。目前已经证明细胞数量、传代次数、生长周期都会对转染效率有非常大的影响，因此要想得到高效转染一般建议宿主细胞传代不宜过多，一般以3～6代效果最好，接种量以达到培养容器面积的50%～80%为佳，以保证转染时细胞处于良好的生长状态。

在细胞不同的生长周期做转染结果也有不同，于建宁等用MFFC细胞做过相关实验，认为细胞处于G_2/M时期转染效率最好。因此，在转染细胞时可以通过一些方法例如细胞饥饿等，尽量使大部分的细胞处于G_2/M时期，以提高转染效率。

（2）pH值　这里的pH值指细胞内的pH值，一般认为当外源核酸进入细胞后，容易被胞内溶酶体降解，因此适当提高胞内pH值有助于提高转染效率。现在常用来达到这一目的的试剂有氯喹和咪唑。由于改变胞内pH容易导致细胞死亡，因此找到适当的浓度是十分必要的。

（3）载体　做转染之前应对要转染的载体进行检查。确定该载体是否适合于所用的细胞系。在对细胞系的参数进行测定时，应选用一种具有已知功能的对照载体。转染效率也受到质粒制备物的超螺旋结构和舒展结构之间比例、双螺旋中断、核酸酶的降解以及来自于储存和处理过程中的物理压力的影响，而且制备产物中残余的污染物（如CsCl，内毒素）可能会影响转染效率。因此载体的提取方法也在很大程度上决定了转染的效率。

三、报告基因

在细胞生理学研究中，报告基因已成为广泛应用于测量实验条件影响效果的方便工具，其应用范围很广，包括分析基因转录和调控、受体功能和细胞内信号转导途径、蛋白质折叠和代谢、病原体与宿主细胞的相互作用、基因功能的RNAi抑制等。报告基因的概念基础很简单：将易于观察的参数与基因表达联系起来。本节将选取几个常用的报告基因向大家做简要介绍。

（一）荧光蛋白

1992年，绿色荧光蛋白（green fluorescent protein，GFP）基因的cDNA被成功地从水

母中克隆，GFP是一个含238个氨基酸的蛋白多肽，其分子量约为27kDa。GFP是一种稳定的、可溶性蛋白，能持续地发出绿色荧光，对光稳定，能耐受剧烈条件，如用强酸或强碱处理，一旦恢复中性pH值，荧光即可恢复。它对细胞无毒性，经乙醇或甲醛固定后很稳定，其荧光不易消失，可以较长时间保存。同时，它是目前唯一能在活体细胞中观察的报告基因。GFP作为一种新型报告蛋白用于细胞基因表达和蛋白定位的检测，能克服以往采用LacZ和特殊荧光染料的不足，如前者在新鲜组织中难以检测且产生较高的显色背景，后者荧光易消失、维持时间短，而GFP无需试剂检测能自身催化形成发色结构并在蓝光激发下发出绿色荧光，直观明亮。通过它，人们可望获得对活细胞进行更为系统全面的研究，且更能接近细胞的自然真实情况，它将彻底改变过去的研究方法，在分子生物学的研究中有广泛的应用前景。GFP分子潜在的应用价值逐渐被人们所认识。更多的研究证明，GFP能在多种生物体内如细菌、黏菌、植物和哺乳动物中产生绿色荧光。

GFP荧光稳定性很好。在体外，GFP对热、碱性、pH、清洁剂、促溶剂、有机溶剂和多数酶类（蛋白酶除外）有着惊人的抗性。当GFP经高温、极端pH环境或盐酸胍（guanidinium choride）变性后，荧光将完全消失，但复性后可部分恢复。但是GFP色基的形成是温度敏感的。在酵母中，当细胞在15℃生长时，GFP荧光值为最大；当培养温度升至37℃时荧光强度将下降。有研究表明24℃或30℃生长的*E. coli*比37℃生长时的GFP荧光更强。同样，培养在30～33℃的哺乳动物细胞所表达的GFP比37℃时发出更强的荧光。目前科研人员通过密码子突变获得的加强型GFP增加了蛋白质折叠和色基构型的效率，使荧光的稳定性大大挺高。

继绿色荧光蛋白（GFP）之后，经突变GFP基因不同序列又获得了蓝色荧光蛋白（BFP）、紫色荧光蛋白（CFP）、黄色荧光蛋白（YFP）、红色荧光蛋白（mRFP）等。为科研工作提供了更多有利的工具。最近科研人员又利用GFP的突变体获得计时器蛋白（timer protein）drFP583，它在初合成时产生绿色荧光，但数小时后会转换成红色荧光，使用这种荧光蛋白作嵌合分子标记目的蛋白即可以使人们区分出细胞内蛋白的年龄是新合成的，还是原有的，而且根据绿色荧光和红色荧光的比率，计算出新合成蛋白的数量。

（二）荧光素酶

荧光素酶（luciferase）是生物体内催化荧光素（luciferin）或脂肪醛（firefly aldehyde）氧化发光的一类酶的总称。它来自自然界能够发光的生物。根据来源，荧光素酶可分为萤火虫荧光素酶（firefly luciferase，FL）和细菌荧光素酶（bacterial luciferase，BL）。从不同地区的萤火虫提取FL和从不同细菌中提取的BL分子量大小不同，FL的范围在60～64之间，BL的范围在77～79之间。

两者的发光机理也有所不同，细菌荧光素酶以脂肪醛为底物，在还原型黄素单核苷酸及氧的作用下是在脂肪醛氧化成脂肪酸的同时发出光子，产生490nm的荧光。萤火虫荧光素酶在Mg^{2+}、ATP、O_2的参与下催化荧光素氧化脱羧，产生激活态的氧化荧光素，并放出光子，产生550～580nm的荧光。

荧光素酶是酶性报告基因，可以利用其与特定目的基因的连锁或共转移，建立一种非放射性目的基因检测体系。由于现代检测仪器可以检测到10^{-19}的荧光素酶，灵敏度很高，所以可以通过测定荧光素酶基因的表达，监测各种启动子的活性。

（三）β-半乳糖苷酶基因（lacZ）

*E. coli*产生的β-半乳糖苷酶能够催化乳糖水解为单糖。它可以用X-gal等显色底物加以检测。它能够广泛应用于原核细胞、真核细胞、组织剖面及胚胎的检测，只要将含有β-半乳糖苷酶基因的宿主放于X-gal底物中，就能观察到相对与背景而言十分明显的蓝色，因此又

称它为蓝白筛选。

第五节 融合标签

近年来，随着重组蛋白应用范围的增加，使得融合标签（fusion tag）技术也得到了飞速发展。融合标签技术是20世纪末兴起的一种基于报告基因的重组DNA技术，其主要过程是利用重组DNA技术在编码靶蛋白基因的3′端或5′端融合编码某种标签的基因，通过适宜的宿主来表达重组蛋白，表达的重组蛋白可以通过其融合的标签与包被在固相基质上的特异配基结合而使重组蛋白得以纯化。迄今为止，已有很多种融合标签被广泛应用在重组蛋白的表达中，其大小从几个氨基酸到整个蛋白质，相互作用类型包括了酶与底物、聚组氨酸与金属离子、抗原与抗体等。表2-12中列举了常用的融合标签系统。融合标签技术最初的目的是为了使重组蛋白的分离与纯化更加简便，但在近几年，随着一些新的融合标签系统的发展，融合标签的应用范围也日渐多样化，它的功能包括重组蛋白的纯化、目的蛋白的检测和定向固定、体内生物事件的可视化、提高重组蛋白的产量、增强重组蛋白的可溶性及稳定性等。

一、融合标签的特征及分类

融合标签是一个广义的概念，根据其分子量的大小分为两大类：大的蛋白质标签和小的多肽类标签。在一般情况下，多肽类融合标签较蛋白标签更为常用，因为多肽类标签相对较小，对融合蛋白结构影响很小，不需要从融合蛋白中切除，但是由于固定其蛋白质配基的树脂成本较高且结合效率低，使多肽类标签的应用受到了一定限制。相反，虽然大分子的蛋白质标签对目的蛋白的结构有一定影响，且会消耗表达宿主的代谢能量，但其纯化基质多是小的配基分子，成本较低，这是蛋白质标签得以应用和发展的一个主要原因。

作为一种分离纯化的标志，融合标签必须具有以下特征：①一步式吸附纯化；②对目标蛋白的三级结构和生物活性的影响最小；③具有特异性且容易切除，以得到原始的目的蛋白；④在纯化过程中能简单且正确地检验重组蛋白，具有广泛的适用性。

二、融合标签各论

（一）聚组氨酸标签（polyhistidine-tag，His-tag）

His作为融合标签首次应用于1987年，常用的是由6个组氨酸组成的His标签。带有His的重组蛋白可以用固定化金属离子亲和层析（IMAC）来进行分离和纯化，固定化金属离子亲和层析是以固定在基质上的过渡金属离子和特殊的氨基酸侧链之间的交感作用为基础的，组氨酸与金属离子有强相互作用是因为组氨酸咪唑环上的电子供体可与固定化的过渡金属形成配位键。1987年，Hochuli发明了应用于金属螯合亲和层析的NTA吸附剂，NTA树脂具有与六价金属离子相配的四配位体，在与树脂结合后金属离子仍然剩余两个效价，可与生物高分子结合，因此可用于蛋白的亲和纯化。与基质结合后，可以通过改变柱内洗脱液的pH值而将带有His序列的融合蛋白洗脱下来，His既可连接于重组蛋白的羧基端，也可以连接于重组蛋白的氨基端，目前，His已在多种表达系统中被成功应用，包括细菌、酵母、哺乳动物细胞及昆虫杆状病毒表达系统，其纯化效率可以达到95%，目前在蛋白质数据库中已有超过100种的带有His标签的蛋白。

（二）聚精氨酸标签（polyarginine-tag，Arg-tag）

Arg标签于1984年被首次应用于重组蛋白的纯化。Arg标签含有5～6个精氨酸。它已被成功地用作细菌表达重组蛋白的羧基端标签，合成重组蛋白的纯度可达到95%。

表2-12 常用的融合标签系统

标签种类	大小	配 体	洗 脱 方 法	功 能
聚组氨酸标签	6 aa①	Ni^{2+}-NTA	低 pH，100～250mmol/L 咪唑，10mmol/L EDTA	纯化，固定化
聚精氨酸标签	5～15 aa	阴离子树脂	高盐浓度	纯化，固定化，检测
FLAG 标签	8 aa	单克隆抗体 M1	EDTA/低 pH	纯化
Strep 标签	8 aa	链霉菌素	生物素类似物	纯化，固定化，检测
链菌素结合肽	38 aa	链霉菌素	生物素类似物与内蛋白融合：30～50mmol/L 二硫苏糖醇	纯化
c-myc 标签	11 aa	单克隆抗体	低 pH，3mol/L 硫氰酸胍	检测
S-标签	15 aa	S-蛋白	0.2mol/L 柠檬酸盐，pH2，3mol/L 氯化镁	固定化
钙调蛋白结合肽	26 aa	钙调蛋白	2mmol/L EDTA，中性条件	纯化，检测
纤维素结合域	27～189 aa	纤维素	家族Ⅰ：盐酸胍或尿素（浓度大于4mol/L） 家族Ⅱ/Ⅲ：乙二醇	纯化，分泌
壳蛋白结合域	51 aa	壳多糖	1%SDS 或 6mol/L 盐酸胍	纯化
谷胱甘肽转移酶	26kDa	谷胱甘肽	5～10mmol/L 还原型谷胱甘肽	纯化，有效起始翻译
麦芽糖结合蛋白	40kDa	直链淀粉	麦芽糖	纯化，有效起始翻译，增加可溶性
小泛素相关修饰物	～12kDa	非纯化标签	—	增加表达及可溶性
抗转录终止因子	54.8kDa	非纯化标签	—	有效起始翻译，增加可溶性
氧硫还蛋白	14.3kDa	非纯化标签	—	有效起始翻译，增加可溶性

① aa代表氨基酸。

在5′端带有5个精氨酸标记的融合蛋白可以用阳离子交换树脂纯化。结合之后，被标记的蛋白可在碱性条件下被一组呈浓度梯度的氯化钠溶液洗脱下来。多聚精氨酸可以影响疏水蛋白羧基端的三级结构，因此羧基端的精氨酸残基一般常用羧肽酶B切除。聚精氨酸标签一般不单独用于蛋白表达纯化，常与另一个标签结合后共同使用。另外，精氨酸标签还可以应用于蛋白的固定化和配体交互作用的研究，而且一端带有6个精氨酸标记的GFP可被特异地结合在小颗粒的表面上，这一功能主要应用于电子隧道扫描显微镜。

（三）FLAG 标签（FLAG-tag）

FLAG 标签由8个氨基酸组成，FLAG 这一融合标签系统是利用一个亲水的短肽与目的蛋白融合来进行重组蛋白的分离和纯化。关于 FLAG 与目的蛋白结合是钙依赖还是非钙依赖的，一直存在争论，由 BIACORE 分析评估的关于 FLAG-GFP 的动力学研究表明：在 Ca^{2+} 离子存在或缺失的条件下，FLAG 的结合效率是一致的。FLAG 可结合在蛋白的羧基端或氨基端。由于这一系统的纯化条件是非变性的，所以一般多应用于有活性的蛋白的纯化。融合蛋白可被含有螯合剂（如 EDTA）或低 pH 的缓冲液洗脱。融合了 FLAG 标签的融合蛋白的纯化效率一般可达到90%，一般来说小的多肽类标签可以被特异性的单克隆抗体检测，但含有单克隆抗体的纯化基质不够稳定，所以为增加 FLAG 的检出率，在其基础上发明了3倍 FLAG 系统，这种三个纵向排列的 FLAG 的抗原表位是亲水的，长度为22个氨基酸，应用3倍 FLAG 可以检测出表达量为10fmol 的融合蛋白。FLAG 可被对肽序列5′羧基端具有特异性的肠肽酶切除。这一融合标签系统可用于在多种细胞中表达的重组蛋白，包括细菌、酵母和哺乳动物细胞等表达系统。

（四）Strep 标签（Strep-tag）

Strep Tag 系统是通过筛选噬菌体随机肽库而得到的短肽（含9个氨基酸残基），是一种用于纯化融合蛋白的工具。将其进行目标蛋白的*C*端融合可以模拟生物素和链霉抗生物素蛋白特异性相互作用，使用亚胺生物素洗脱。这一系统不能进行*N*端融合，而且变性剂会影响亲和相互作用。后来发展的8氨基酸Strep tag Ⅱ标签，与Strep Tag相似，本身并不能生物素化，但却可以模拟生物素的功能和链霉抗生物素蛋白变体Strep-Tactin特异性的相互作用，可加在蛋白的*N*端和*C*端，使用便宜的脱硫生物素进行洗脱，而且Strep tag Ⅱ和Strep-Tactin相互作用不受变性剂的影响，可在变性条件下纯化。纯化条件是用6mol/L的尿素溶液，它破坏了Strep标签和Strep-Tactin之间的交互作用，使之解离下来。重组了Strep标签的融合蛋白可在细菌、酵母、哺乳动物细胞、植物和杆状病毒感染的昆虫细胞中表达。

（五）链菌素结合肽（SBP-tag）

SBP是一种新的抗生物素蛋白链菌素结合多肽，全长38个氨基酸，标签的解离常量是2.5nmol/L。SBP标记的蛋白可以被固相抗生物素蛋白链菌素纯化，且结合后的洗脱条件很温和，使用2mmol/L生物素就可以进行洗脱。羧基端带有的SBP标记的蛋白已经在细菌中表达而且已经成功地被纯化。关于SBP未来的应用方向我们所知道的还很少，目前猜测它可能在蛋白固定化技术上有更加广泛的应用。

（六）c-myc标签（c-myc-tag）

鼠抗c-myc抗体是在1985年首次制备成功的，其一经发现就作为细胞生物学和蛋白质工程中的一种免疫化学试剂而得到广泛的应用，这一抗体的11个氨基酸的抗原表位可在不同的环境下表达。c-myc标签已成功应用在蛋白质印迹（Western-blot）、免疫沉淀（immunoprecipitation）和流式细胞技术（flow cytometry）中，因此它成为监测重组蛋白在细菌、酵母、昆虫细胞和哺乳动物细胞中的表达的一个非常有用的工具。c-myc既可以结合在目的蛋白的氨基端，也可以结合于羧基端。带有c-myc标签的融合蛋白可通过单克隆抗体结合到二甲基亚砜活化的琼脂糖上，进行蛋白的纯化。洗脱条件是生理条件下的低pH洗脱，但是pH过低会影响蛋白的活性，这是此标签系统广泛应用的一个限制性条件。c-myc标签多应用于蛋白的检测，很少用于蛋白的分离纯化。

（七）S标签（S-tag）

S标签系统是建立在15个氨基酸的S标签和103个氨基酸的S蛋白之间的相互作用的基础上。S蛋白/S标签复合物的解离常数为0.1μmol/L，这一常数受pH、温度和离子强度影响。S标签的快速检测是基于RNA结合蛋白与核糖核酸的复合物活性改造的基础上的。与S标签融合的重组蛋白可以结合在固定有S蛋白的基质上，从而使融合蛋白与其他的杂蛋白分离。S蛋白与S标签结合紧密，洗脱条件非常严格，可用pH=2的缓冲液洗脱，但一般情况下建议使用相应的蛋白酶来分解标签以便得到有生物活性的蛋白。此系统对于纯化由细菌、哺乳动物细胞和杆状病毒感染的昆虫细胞表达的重组蛋白应用较多。

（八）钙调蛋白结合肽

钙调蛋白结合肽（calmodulin-binding peptide，CBP）首次用于提纯融合蛋白是在1992年。它含有26个氨基酸残基，来源于骨骼肌肌球蛋白轻链激酶的羧基端，在有Ca^{2+}存在的条件下，能与钙调蛋白紧密结合，这种紧密的结合需要严格的洗脱条件来洗脱以保证洗脱下来的融合蛋白中掺有较少的杂蛋白。若在第一步洗脱中融合蛋白没有被完全洗脱下来，还可以用乙二醇双（2-氨基乙醚）四乙酸（EGTA）和1mol/L NaCl来进行二次洗脱。用此系统纯化融合的重组蛋白其回收率可达到80%～90%，而且将除垢剂的量减少到0.1%也不会影响蛋白的回收率。CBP融合标签系统对纯化大肠杆菌中表达的重组蛋白有很高的特异性，但一般不用于真核生物中表达蛋白的纯化，因为大肠杆菌中没有与钙调蛋白相互作用的内源性蛋白，而在真核生物中有很多与之作用的内源性蛋白从而会影响蛋白的纯度。

（九）纤维素结合域

纤维素结合域（cellulose-binding domain，CBDs）的大小在4～20kDa之间，它们可以融合在目的蛋白的不同位置如氨基端、羧基端或目的蛋白的内部。氢键的形成和范德华力相互作用是CBDs与纤维素结合的主要驱动力，一些CBDs与纤维素的结合是不可逆的，因此可应用于活性酶的固定化，而另外一些结合是可逆的，对于分离和纯化重组蛋白更加有用。CBDs家族I的成员可与微晶纤维素可逆结合，是亲和色谱中一种应用广泛的融合标签。纤维素的优点在于它是惰性材料，而且非特异性和亲和力较低，在许多种不同的结构形式中都是有效的，且允许用于药物的制造和供人类应用的重组蛋白的生产。CBDs在一个广泛的pH范围内（pH3.5～9.5）可与纤维素结合。CBDs标签的亲和力非常强，固定化的融合蛋白只有在含有尿素或盐酸胍的缓冲液中才能被洗脱下来。由于洗脱所应用的是变性的缓冲液，所以目的蛋白在洗脱后必须进行重折叠才能恢复蛋白的天然构象和生物学活性。CBDs重组杂合体已经应用在细菌、酵母、哺乳动物细胞和杆状病毒感染的昆虫细胞中表达蛋白的分离和纯化过程中。

（十）几丁质结合域

几丁质结合域（chitin-binding domain）来源于环状芽孢杆菌，包含51个氨基酸。其作为融合标签，表达的融合蛋白可以用几丁质亲和层析纯化，利用内含肽（intein）的特异性原位剪切直接获得目标蛋白。这一系统包括以下几类：①巯基诱导的*N*端剪切系统（相对内含肽来讲），使用的内含肽来源于酿酒酵母（*Saccharomyces cerevisiae*）VMA1基因，将最后一个氨基酸进行了N454A突变，使内含肽的*C*端不能被剪切，在巯基的诱导下，内含肽的*N*端发生重排、裂解、水解，就得到目标蛋白，由于细菌表达，目标蛋白*N*端有甲硫氨酸，*C*端不引入额外的氨基酸残基；②巯基诱导的*C*端剪切系统，同样使用来源于酿酒酵母VMA1基因的内含肽，内含肽*C*端的剪切依赖于其*N*端剪切位点的巯基诱导裂解，几丁质结合肽序列插入到内含肽的核酸内切酶结构域，*N*端为半胱氨酸的蛋白不能使用这一系统剪切；③pH诱导的*C*端剪切系统，内含肽来源于一种蓝细菌的dnaB基因，有429个氨基酸残基，*N*端的半胱氨酸残基被丙氨酸残基取代，使内含肽不具有*N*端的裂解活性，而保留*C*末端pH诱导剪切的特性，当pH在6.0～7.5，剪切能有效进行，pH<5.5或pH>8.0剪切可被有效地阻止，内含肽的*N*端融合几丁质结合肽，*C*端融合目标序列，在pH8.5纯化融合蛋白，pH在6.0～7.0、4～25℃条件下剪切；④可用于蛋白质环化的双内含肽系统，目的蛋白处于两个内含肽之间，先通过pH诱导目标蛋白*N*端内含肽被剪切，再用巯基诱导*C*端内含肽被剪切，剪切后产生*N*端为半胱氨酸残基和*C*端为硫脂键的蛋白，通过自发的缩合可形成环化蛋白。与传统的亲和融合系统相比，这一系统的最大优点在于不需要使用蛋白酶来去除融合标签（图2-17）。

（十一）谷胱甘肽转移酶标签

应用谷胱甘肽转移酶标签（glutathione *S*-transferase-tag，GST）与目的蛋白融合的方法来纯化蛋白最早应用是在1988年。GST的分子量约为26kDa，融合蛋白可以用固相谷胱甘肽亲和层析的方法，从未加工的溶菌物中纯化出蛋白。结合的融合蛋白用10mmol/L谷胱甘肽在非变性的条件下洗脱。多数情况下，应用此方法的蛋白是水溶性的并且会形成蛋白二聚体。GST很容易被酶或免疫测定检测。GST可以帮助保护重组蛋白不受胞内的蛋白酶降解，而且还起到稳定重组蛋白的作用。在一些实例中GST融合蛋白是完全或部分可溶的。目前对于是什么因素导致的重组蛋白不可溶还不很清楚，但在一些情况下GST融合蛋白的不溶性与疏水区有关。另外，不溶性的融合蛋白包含许多带电残基或其分子量大于100kDa。

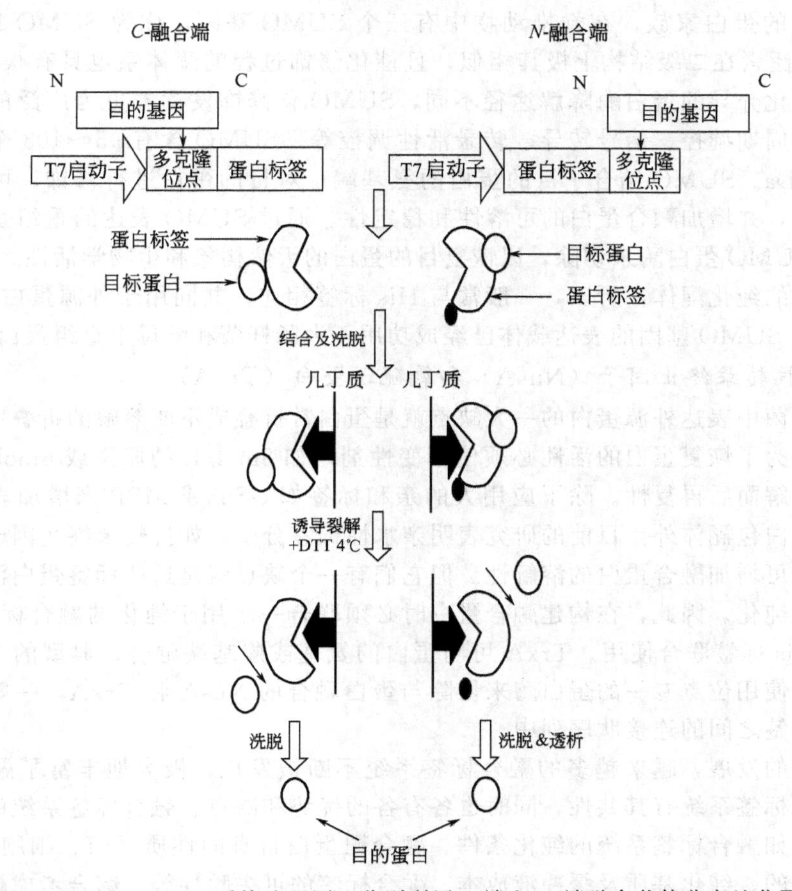

图 2-17　IMPACT-CN 系统流程图：分别利用 C 端和 N 端融合载体分离纯化蛋白

在一些例子中，不溶的融合蛋白可溶于 1% Triton X-100、1% Tween-20、10mDa DTT、0.03%SDS 或 1.5%十二烷基肌氨酸钠缓冲液中，而且可用亲和色谱法纯化融合蛋白。去除 GST 标签建议使用位点专一的蛋白酶，如凝血酶或凝血因子 Xa。GST 可以融合在蛋白的 *N* 末端或 *C* 末端，并且已经在细菌、酵母、哺乳动物细胞和杆状病毒感染的昆虫细胞中使用。

（十二）麦芽糖结合蛋白

麦芽糖结合蛋白（maltose-binding protein，MBP）大小 40kDa，属于蛋白质标签，是由 *E. coli* K12 的 malE 基因编码的。关于与 MBP 融合可促进外源蛋白的表达和纯化首次应用是在 1988 年。融合蛋白可以结合在交联的直链淀粉上，用亲和色谱来纯化重组蛋白；为增加 MBP 标记蛋白与淀粉树脂之间结合的紧密程度，可在 MBP 与蛋白之间加上一段可编码 10 个天冬酰胺的间隔序列，结合的融合蛋白可被含有 10mmol/L 麦芽糖的缓冲液洗脱下来。一些融合蛋白在 0.2%Triton X-100 或 0.25%Tween 20 的条件下不能与色谱柱有效结合，但其他的融合物不受影响。常用的缓冲液为无变性剂的 1mol/L 的盐溶液，pH7.0～8.5 之间。MBP 可增加过表达的融合蛋白，特别是真核蛋白在细菌中的溶解度，MBP 可融合在细菌表达蛋白的羧基端或氨基端，但在氨基端结合，MBP 会降低蛋白的翻译效率。MBP 可用免疫测定法检测，MBP 的切除必须使用位点专一的蛋白酶。MBP 系统常与一个分子量小的融合标签结合，共同应用于重组蛋白的纯化。

（十三）小泛素相关修饰物

小泛素相关修饰物（small ubiquitin-related modifier，SUMO）是广泛存在于真核生物

中的高度保守的蛋白家族，在脊椎动物中有三个 SUMO 基因，称为 SUMO-1、SUMO-2、SUMO-3，与泛素在二级结构上极其相似，且催化修饰过程的酶体系也具有很高的同源性。然而，与泛素化介导的蛋白酶降解途径不同，SUMO 化修饰发挥着更为广泛的功能，如核质转运、细胞周期调控、信号转导、转录活性调控等。SUMO 含有 95～103 个氨基酸，分子量约为 12kDa。SUMO 结合于目的蛋白的氨基端，对目的蛋白进行修饰，可以提高重组蛋白的表达量，并增加融合蛋白的可溶性和稳定性。通过 SUMO 表达的重组蛋白经初步分离后，要用 SUMO 蛋白酶来切除，以恢复目的蛋白的天然构象和生物学活性。因 SUMO 没有与之相结合的纯化配体，所以，一般常与 His 标签相连，共同用于外源蛋白的表达纯化，目前带有编码 SUMO 基因的表达载体已经成功用于大肠杆菌和酵母中重组蛋白的表达。

（十四）抗转录终止因子（NusA）和氧硫还蛋白（TrxA）

在大肠杆菌中表达外源蛋白的一大缺点就是蛋白常折叠成不能溶解的折叠中间态，如包涵体等形式，为了恢复蛋白的活性必须使用变性剂，如 8mol/L 的尿素或 6mol/L 的盐酸胍使目的蛋白溶解而后再复性。除了应用大的亲和标签如 GST 或 MBP 来增加表达蛋白的可溶性、消除蛋白包涵体外，目前的研究表明亲水性标签分子，如抗转录终止因子、大肠杆菌氧硫还蛋白也可增加融合蛋白的溶解性。但它们有一个缺点就是这些标签蛋白没有特殊的亲和基质可用来纯化。因此，在构建融合蛋白时必须联合一个用于纯化的融合标签共同表达，NusA 常与 His 标签联合使用。TrxA 可与蛋白的氨基或羧基端融合，典型的 TrxA 序列位于氨基端。常使用位点专一的蛋白酶来切除与蛋白融合的 NusA 和 TrxA，一般切割位点设计在蛋白与标签之间的连接肽序列中。

随着技术的发展，越来越多的融合标签系统不断被发现，极大地丰富了融合标签的功能。不同融合标签系统有其共性，同时也各有各的优势和缺点。融合标签系统的选择受到很多因素制约，如融合标签系统的纯化条件、融合靶蛋白自身的性质（p*I*、细胞定位等）、研究者的研究目的、纯化基质及缓冲液成本、融合标签的可去除性等。综合考虑融合标签的各种制约因素，没有哪一种标签可以满足所有应用的需要。因而，两种甚至多种不同功能融合标签的组合使用将成为未来融合标签技术的发展趋势。

第六节　已投入市场的基因工程药物

一、治疗用激素

激素是机体产生的一种最重要的调节分子，其最初定义是机体的特定腺体合成并释放的一种物质，通过与敏感细胞内或细胞表面的受体相互作用而使靶细胞发生变化。现今已有数种激素制剂作为治疗药物应用于临床，帮助了许多被疾病困扰的人们。在以后的许多年里激素治疗仍将会是临床医药治疗的重要手段。

现知的所有用于治疗的激素都是内分泌激素，以下将一些较重要的治疗激素举例介绍。

（一）与血糖调节有关的激素

1. 胰岛素（Insulin）

（1）胰岛素的结构及其生物学功能　胰岛素是由郎格汉斯胰岛 β 细胞产生的多肽激素。1922 年由英国的班廷（Banting）和贝斯特（Best）所发现，为一种能降低血糖的物质。1926 年获得结晶的胰岛素。1954 年阐明胰岛素的氨基酸组成。到 20 世纪 60 年代中期，已进行人工合成。我国于 1965 年首次用化学方法合成了具有生物活性的结晶牛胰岛素。

人胰岛素是含有 51 个氨基酸的小分子蛋白质，相对分子质量为 6000，等电点为

pH5.6。在酸性环境（pH2.5～3.5）较稳定，在碱性溶液中易被破坏，可形成锌、钴等胰岛素结晶。又由于其分子中酸性氨基酸较多，可与碱性蛋白如鱼精蛋白等结合，形成分子量大、溶解量低的鱼精蛋白锌胰岛素。此种制剂注入皮下或肌内吸收较慢，作用时间长，为长效胰岛素。从胰岛分泌的胰岛素，经门脉进入肝脏，40%～50%在肝内分解，其余进入体循环分布于全身。从静脉注射胰岛素，90%在20min内从血液中消失，绝大部分被组织吸收或被肝脏灭活。

人胰岛素分子有靠两个二硫键结合的A链（21个氨基酸）与B链（30个氨基酸），如果二硫键被打开则失去活性。β细胞先合成一个大分子的前胰岛素原，以后加工成八十六肽的胰岛素原，再经水解成为胰岛素与连接肽（C肽）。胰岛素与C肽共同释入血中，也有少量的胰岛素原进入血液，但其生物活性只有胰岛素的3%～5%，而C肽无胰岛素活性。由于C肽是在胰岛素合成过程中产生的，其数量与胰岛素的分泌量呈平行关系，因此测定血中C肽含量可反映β细胞的分泌功能。正常人在空腹状态下血清胰岛素浓度为35～145pmol/L。胰岛素在血中的半衰期只有5min，主要在肝内灭活，肌肉与肾等组织也能使胰岛素失活。

近年的研究表明，几乎体内所有细胞的膜上都有胰岛素受体。胰岛素受体已纯化成功，并阐明了其化学结构。胰岛素受体是由两个α亚单位和两个β亚单位构成的四聚体，α亚单位由719个氨基酸组成，完全裸露在细胞膜外，是受体结合胰岛素的主要部位。α与α亚单位、α与β亚单位之间靠二硫键结合。β亚单位由620个氨基酸残基组成，分为三个结构域：*N*端的194个氨基酸残基伸出膜外；中间是含有23个氨基酸残基的跨膜结构域；*C*端伸向膜内侧为蛋白激酶结构域。胰岛素受体本身具有酪氨酸蛋白激酶活性，胰岛素与受体结合可激活该酶，使受体内的酪氨酸残基发生磷酸化，这对跨膜信息传递、调节细胞的功能起着十分重要的作用。关于胰岛素与受体结合启动的一系列反应，相当复杂，尚不十分清楚。

① 胰岛素的生理作用主要是促进合成代谢、调节血糖稳定，主要靶器官为肝脏、脂肪组织、骨骼肌。

a. 对糖代谢的调节。血糖浓度是生理条件下对胰岛素分泌最为重要的调节因素。当血糖升高时，胰岛素分泌可使肝脏、肌肉和脂肪组织加速摄取、贮存和利用葡萄糖，以使血糖水平下降。

b. 对脂肪代谢的调节。胰岛素对脂肪合成和贮存起重要作用，在肝脏中加速葡萄糖合成脂肪酸，贮存于脂肪细胞，脂肪本身在胰岛素作用下也可合成少量脂肪酸，促进葡萄糖进入脂肪细胞，使其转化成*α*-磷酸甘油，并与脂肪酸形成甘油三酯贮存于脂肪细胞中。同时，胰岛素还抑制脂肪酶的活性，减少脂肪的分解。

c. 对蛋白质代谢的调节。胰岛素对蛋白质合成和贮存起主要作用。它能促进氨基酸转运入细胞内，并作用于核糖体，增加核糖核酸和脱氧核糖核酸生成，从而进一步增加蛋白质合成，抑制蛋白质分解。

② 胰岛素分泌的调节

a. 血糖的作用。血糖浓度是调节胰岛素分泌的最重要因素，当血糖浓度升高时，胰岛素分泌明显增加，从而促进血糖降低。

b. 氨基酸和脂肪酸的作用。许多氨基酸都有刺激胰岛素分泌的作用，其中以精氨酸和赖氨酸的作用最强。

c. 激素的作用。影响胰岛素分泌的激素主要有：i. 胃肠激素，如胃泌素、促胰液素、胆囊收缩素和抑胃肽，都有促胰岛素分泌的作用，但前三者是在药理剂量时才有促胰岛素分泌作用，只有抑胃肽（GIP）或称依赖葡萄糖的促胰岛素多肽（glucose-dependent insulinstimulating polypeptide）才可能对胰岛素的分泌起调节作用。ⅱ. 生长素、皮质醇、甲状腺激素以及胰高血糖素可通过升高血糖浓度而间接刺激胰岛素分泌，因此长期大剂量应用这些激素，有可能使β细胞衰竭而导致糖尿病。ⅲ. 胰岛D细胞分泌的生长抑素至少可通过旁分泌作用抑制胰岛素和胰高血糖素的分泌，而胰高血糖素也可直接刺激β细胞分泌胰岛素。

d. 神经调节。胰岛细胞受迷走神经与交感神经支配。刺激迷走神经，可通过乙酰胆碱作用于M受体（毒蕈碱型胆碱受体，鸟核苷酸结合调节蛋白即G蛋白偶联的超级家族受体），直接促进胰岛素的分泌；迷走神经还可通过刺激胃肠激素的释放，间接促进胰岛素的分泌。交感神经兴奋时，则通过去甲肾上腺素作用于α_2受体（肾上腺素受体，G蛋白偶联受体），抑制胰岛素的分泌。

（2）胰岛素类药物

①（重组）人胰岛素（recombinant human insulin）。商品名为Humulin、Novolin、Velosulin BR，分别于1982年10月22日（Humulin）、1996年2月1日（Novolin）、1999年7月1日（Velosulin）批准。

重组人胰岛素在结构上与人体内胰腺分泌的胰岛素一致，胰岛素制品的差异在于其浓度、作用的起始和时间长短、纯度以及来源。胰岛素制品分为速效、中效及长效制品。速效制品包括普通、含锌结晶品及含锌快速胰岛素（Semilente），平均起效时间为0.5～1h，有效作用时间约5～8h或12～16h。中效制品起效时间为1.5～3h，有效作用时间为22～48h。长效制品平均起效时间为4～6h，有效作用时间超过36h。

Humulin通过基因工程在*E. coli*中插入人的胰岛素基因，在实验室中生产。而Novolin则通过重组DNA技术在酵母*Saccharomyces cerevisiae*中生产，此药用于Ⅰ型糖尿病病人和口服治疗不明显的Ⅱ型糖尿病病人。

胰岛素不足导致通过细胞膜转运葡萄糖的速率下降，出现高血糖症；酶系统催化葡萄糖转化成糖原速率下降，而蛋白质转化为糖的速率异常提高。内源性胰岛素或注射的胰岛素刺激糖代谢并且协助葡萄糖运送到心肌、骨骼肌和脂肪组织并将葡萄糖转化为糖原。胰岛素作用时间的开始、峰效应和滞留时间主要决定于胰岛素产品本身以及给药的部位。Ⅰ型糖尿病病人接受胰岛素的治疗才能生存。大多数Ⅱ型糖尿病病人不需要立即用胰岛素治疗。静脉胰岛素给药用于治疗有酮酸症的糖尿病患者，能够使血糖的浓度和糖基化血红蛋白的浓度接近正常水平，降低Ⅰ型糖尿病患者的微脉管并发症。通过可移植的胰岛素泵投递胰岛素能很好地控制血糖，很少有严重的低血糖症的发生。

② 重组人胰岛素类似物（insulin lispro）。商品名为Humalog，于2000年4月4日批准。

Humalog（insulin lispro，来自rDNA）为速效人胰岛素类似物。Humalog是将人胰岛素B链的第28和第29位的Lys（B28）和Pro（B29）互换而得到的类似物，分子量为5.8kDa。Humalog系在实验室通过基因工程转入insulin lispro基因的大肠杆菌中生产。

Humalog用于治疗糖尿病，控制高血糖症，比人胰岛素作用快、滞留时间短。当用作用餐时段的胰岛素时，Humalog应该在饭前15min使用；普通胰岛素最好在餐前30～60min使用。

insulin lipsro不同于人胰岛素，它的β链第28、第29位的脯氨酸和赖氨酸发生了转换。这些变化导致胰岛素间的自我聚合性降低，因此皮下注射吸收快。与正常的人胰岛素相比，效应峰出现早，滞留时间短，持续时间长。insulin lipsro经皮下注射后能够很快被吸收，它的生物利用度和通常的人胰岛素差不多。在动物体内的研究表明，insulin lipsro的代谢同人体正常的胰岛素一样。皮质内固醇、异烟肼、某些降低脂肪的药物、雌激素、口服避孕药、吩噻嗪和甲状腺素的替代治疗带来的高血糖会引起胰岛素需要量的增加。

③ 甘精胰岛素（insulin glargine）。商标名 Lantus，于 2000 年 4 月 1 日批准。

insulin glargine 是重组人胰岛素类似物，作用时间长达 24h。它利用重组 DNA 技术，以实验室的大肠杆菌菌株为产生菌。它与人的胰岛素的不同之处在于 A 链第 21 位上的氨基酸以甘氨酸（Gly）替代丙氨酸（Ala），并且在 B 链的 C 末端加上两个精氨酸。它的分子量大约 6.1kDa。此药适用于Ⅰ型糖尿病的成人和儿童以及需长效胰岛素以控制高血糖的Ⅱ型糖尿病患者的治疗。

包括 insulin glargine 在内，胰岛素的主要作用是调节葡萄糖的代谢。在生理 pH 条件下，insulin glargine与天然胰岛素相比，溶解性略差。在 Lantus注射溶液中，它是全溶的。当皮下注射到组织后，有一定的、超过 24h 的、稳定的浓度/时间值，并且没有明显的峰值。insulin glargine 的特点是皮下注射后吸收慢，胰岛素血浆浓度值平缓，吸收模式与在皮下注射是相似的。因研究表明，人胰岛素加快了肾衰竭病人的胰岛素循环的水平，因此小心监控葡萄糖水平，调整胰岛素用量，对于肾功能不足的病人很有必要。很多物质影响葡萄糖的代谢，胰岛素的剂量需及时调整和密切监控。insulin glargine 的效果与人 NPH（中性作用胰岛素，Humulin 中的一种，Isophane）悬浮液治疗Ⅰ型糖尿病效果相同，一些病人会在夜间出现低血糖。

④ 门冬胰岛素（insulin aspart）。商品名 Novolog（制造商：新泽西 普林斯顿，Novo Nordisk），于 2000 年 7 月 1 日批准。

insulin aspart（来自 rDNA）是速效人胰岛素类似物。insulin aspart 通过重组 DNA 技术在 *Saccharo-myces cerevisiae*（baker 酵母）中生产，分子量为 5.8 kDa。

insulin aspart 主要用于调节葡萄糖的代谢。在人体，该胰岛素类似物的皮下注射与普通胰岛素相比，作用起效快、时间短。insulin aspart 在 B28 位上以天冬氨酸替代脯氨酸，降低了该分子像通常胰岛素那样形成六聚体的能力。Novolog 与普通胰岛素相比，两者吸收基本相同。研究表明，Novolog 在血清中达到峰值的时间比普通胰岛素快 2 倍。在临床试验中，Ⅰ型糖尿病患者，Novolog 与普通胰岛素都是皮下注射给药，剂量为 0.15U/kg。Ⅱ型糖尿病患者 insulin aspart 的临床动力学特征没有建立。对于健康男性，Novolog 血清中不同时间的浓度及峰浓度和普通胰岛素相比有显著差异。对健康人的临床研究表明，Novolog 与普通人胰岛素的差异不依赖给药位点。Novolog 与血浆蛋白的亲和力比普通人胰岛素低 10%或相近。在健康男性中，皮下注射 Novolog 比普通人胰岛素的清除速率快，平均半衰期为 81min，而普通人胰岛素为 141min。以糖基化血红蛋白来测定时，高血糖患者接近正常血糖的程度。

2. 胰高血糖素

（1）胰高血糖素的生物学效应　人胰高血糖素是由 29 个氨基酸组成的直链多肽，相对分子质量为 3485，它也是由一个大分子的前体裂解而来。胰高血糖素在血清中的浓度为50～100ng/L，在血浆中的半衰期为 5～10min，主要在肝灭活，肾也有降解作用。

与胰岛素的作用相反，胰高血糖素是一种促进分解代谢的激素。胰高血糖素具有很强的促进糖原分解和糖异生作用，使血糖明显升高，1mol/L 的激素可使 3×10^{6} mol/L 的葡萄糖迅速从糖原分解出来。胰高血糖素通过 cAMP-PK 系统，激活肝细胞的磷酸化酶，加速糖原分解。糖异生增强是因为激素加速氨基酸进入肝细胞，并激活糖异生过程有关的酶系。胰高血糖素还可激活脂肪酶，促进脂肪分解，同时又能加强脂肪酸氧化，使酮体生成增多。胰高血糖素产生上述代谢效应的靶器官是肝，切除肝或阻断肝血流，这些作用便消失。

另外，胰高血糖素可促进胰岛素和胰岛生长抑素的分泌。药理剂量的胰高血糖素可使心肌细胞内 cAMP 含量增加，心肌收缩增强。

影响胰高血糖素分泌的因素很多，血糖浓度是重要的因素。血糖降低时，胰高血糖素分泌增加；血糖升高时，则胰高血糖素分泌减少。氨基酸的作用与葡萄糖相反，能促进胰高血糖素的分泌。蛋白餐或静脉注入各种氨基酸均可使胰高血糖素分泌增多。血中氨基酸增多一方面促进胰岛素释放，可使血糖降低；另一方面还能同时刺激胰高血糖素分泌，这对防止低血糖有一定的生理意义。

胰岛素与胰高血糖素是一对作用相反的激素，它们都与血糖水平之间构成负反馈调节环路。因此，当机体处于不同的功能状态时，血中胰岛素与胰高血糖素的摩尔比值（I/G）也是不同的。一般在隔夜空腹条件下，I/G 比值为 2.3，但当饥饿或长时间运动时，比例可降至 0.5 以下。比例变小是由于胰岛素分泌减少与胰高血糖素分泌增多所致，这有利于糖原分解和糖异生，维持血糖水平，适应心、脑对葡萄糖的需要，并有利于脂肪分解，增强脂肪酸氧化供能。相反，在摄食或糖负荷后，比值可升至 10 以上，这是由于胰岛素分泌增加而胰高血糖素分泌减少所致。在这种情况下，胰岛素的作用占优势。

（2）已投放市场的药物　胰高血糖素 Glucagon，商品名 GlucaGen、Glucagon，于 1998 年 6 月 22 日批准。

Glucagon（来自 rDNA）是与人胰高血糖素一样的多肽激素。胰高血糖素在胰腺中生成，由 29 个氨基酸组成（M_w=3.5kDa）。它可以升高血糖和舒张胃肠道的平滑肌。Glucagon（Eli Lilly）由转入胰高血糖素基因的特异的无病原体的大肠杆菌合成，GlucaGen 是厂家在酵母中由重组载体表达纯化而获得。

胰高血糖素（来自 rDNA）用于治疗由胰岛素治疗糖尿病病人引发的严重低血糖反应。胰高血糖素由胰脏的朗格汉斯岛的 a 细胞分泌，在肝脏中，糖异生和肝糖原分解的激活都会导致血糖的升高，Glucagon 在肝中只作用于糖原，将糖原转化为葡萄糖。胰高血糖素通常用于静脉注射或皮下给药，注射后 15min 内，低血糖症的病人可恢复；肌内注射后，血糖平均峰值达 1.38g/L，峰值在给药后 26min 出现。Micromedex 指出 Glucagon（来自 rDNA）可作为降低胃肠平滑肌的紧张性，治疗过敏、胃肠疼痛、β-肾上腺素阻断剂过量、食管阻塞及胃镜检查前的用药。

3. 胰高血糖素样肽

随着对糖尿病基础理论研究的深入，人们发现目前的药理研究和治疗方法尚不能涵盖该疾病所涉及的所有代谢性缺陷。保护胰岛 β 细胞功能和积极控制血糖的重要性越来越得到广大医学家的重视，现有的治疗方法存在不同的缺陷和弊端，新的药物作用靶点正在不断开发。正常人口服葡萄糖引起的胰岛素分泌反应要远远强于静脉注射者，这种口服葡萄糖后引起胰岛素分泌增加的效应主要是由于胃肠内分泌细胞产生的肽类物质的作用，这些肽类物质称为肠促胰岛素。胰高血糖素样肽-1（glucagon-like peptide 1，GLP-1）是一种肠促胰岛素，近年来成为糖尿病治疗领域的研究热点，受到广泛关注。

（1）胰高血糖素样肽-1 的结构和代谢　GLP-1 来源于胰高血糖素原（proglucagon，PG），后者包含有两种胰高血糖素样肽，即 GLP-1 和 GLP-2。胰高血糖素原分子中含有 160 个氨基酸，哺乳动物的胰高血糖素原基因转录的胰高血糖素原 RNA 在脑、胰腺和肠内的翻译过程各自不同。胰高血糖素原分子在肠和胰腺中被不同的酶加工成作用不同的激素，胰腺中主要的胰高血糖素原片段占 71%，GLP-1（1～36）NH_2 占 24%、GLP-1（1～37）NH_2 占 5%，而在肠中 GLP-1（1～36）NH_2 占 80%，GLP-1（1～37）NH_2 占 20%。尽管在胰岛细胞控制胰高血糖素原基因表达的因素方面已经取得一些进展，但是在肠的内分泌细胞生物合成 GLP-1 的控制方面还了解不多，肠内特定的胰高血糖素原基因增强子、胰高血糖素原启动子转录因子大部分还不明确。GLP-1 主要由末端空肠、回肠和结肠的 Langerhans 细胞分泌，是胰高血糖素原基因翻译后的加工产物，酶解去掉 *N* 端的 6 肽和 *C* 端酰胺化后即生成，包括 GLP-1（7～37）NH_2 和 GLP-1（7～36）NH_2 两种形式。GLP-1（7～36）NH_2 是人体内的 GLP-1 的自然存在形式，促进胰岛素分泌作用在 GLP-1 肽中最强。GLP-1 受体（GLP-1R）是一个与 G 蛋白偶联的 7 个跨膜结构，以 cAMP 为主要第二信使。它属于 G 蛋白偶联受体 B 家族（分泌素家族）中的胰高血糖素受体亚家族，该家族最明显的特征是相对较长的胞外 *N* 端序列，通过 3 个二硫键形成一个球状结构域。证据表明：鼠、猪和人肠道各段都可见 GLP-1R 细胞，不同种属间分布密度不同，分布规律相同，即从小肠和大肠的近端向远端细胞逐渐增大。GLP-1 在体内的表达和活性受到严密的调控，当 *N* 端第二位丙氨酸被二肽基肽酶水解后，形成无活性的 GLP-1（9～36）NH_2，成为 GLP-1R 的体内天然拮抗剂。GLP-1 在体内的半衰期不足 5min，其新陈代谢的速率为 12～13min。在生理状态下，完整的 GLP-1 主要是通过肾脏排泄，由肾外组织协助排除。

（2）胰高血糖素样肽-1 的生理效应　GLP-1 能够促进胰岛素分泌，其促进胰岛素分泌的机制与腺苷酸环化酶（adenylate cyclase）激活和磷脂酶 C（phospholipase C）途径有关，也与升高胰岛细胞内 Ca^{2+} 浓度有关。GLP-1 与胰岛 β 细胞细胞膜上的受体结合，通过增加细胞内 cAMP，使 K^+-ATP 酶磷酸化，导致 K^+ 通道关闭，细胞膜去极化，Ca^{2+} 通道开放，Ca^{2+} 内流，刺激胰岛素从细胞排出，从而促进胰岛素分泌。同时，这种作用又是全方位的，影响前胰岛素基因的转录、翻译及剪切等各个功能环节。

此外，GLP-1 也能够上调 β 细胞中与糖代谢密切相关的基因（如葡萄糖激酶和葡萄糖转运蛋白-2）。GLP-1 也能够刺激胰岛 β 细胞增生，抑制其凋亡。

GLP-1 在神经组织也有影响。GLP 免疫反应广泛分布在脑的许多地带，GLP-1R 在下丘脑、脑干及小脑中均有表达。在离体实验中，GLP-1 可促进神经元细胞的分化，其功能类似神经生长因子，但相关的信号通道仍有待了解。在人体，无论是正常人还是糖尿病患者，应用 GLP-1 均可使其产生短暂的饱胀感觉和食欲下降。丘脑与饮食控制有关，该区域又有 GLP-1R 表达，推测外周的 GLP-1 可能通过信号传递间接影响中枢神经而产生饱胀感觉，减少食欲。

（二）其他类激素

1. 生长激素

生长激素（growth factor，GH）是由脑垂体前叶嗜酸性细胞分泌的一种单一肽链的蛋白质激素，其分泌受下丘脑的生长激素释放激素及生长抑素的调节，是一种具有广泛生理功能的生长调节素。

（1）生长激素的结构　人生长激素（hGH）的主要形式是含 191 个氨基酸的单一多肽链构成的球形蛋白。在 55～165 及 182～189 氨基酸之间有两个分子内的二硫键，不含糖基。机体内的 GH 不是单一的分子形式，在人的垂体和体液中含有 100 种以上的 hGH 分子形式。造成 hGH 分子的多样性（multiplicity）或非均一性（hetarogeneity）的因素是多方面的，包括转录后前 mRNA 不同的剪切方式，翻译后多种加工方式（如酰胺化、脱胺、分子断裂等），蛋白质与蛋白质的相互作用（如分子间同源或异源聚合、形成二聚体及寡聚体）。

（2）生长激素的生理功能　hGH 的基本功能是刺激所有机体组织的发育，增加体细胞的大小与数目；各器官在 GH 影响下均变大，骨骼增长导致人体增高。GH 这种促进细胞增殖作用的基础是促进合成代谢。GH 具有广泛的生理功能，它影响几乎所有的组织类型，其作用靶组织包括骨、软骨、脂肪组织、免疫系统和生殖系统，甚至对脑组织和造血系统也有作用。GH 的功能可分为三类：代谢效应、增殖效应、分化效应。

GH 的上述生理功能主要通过两种方式起作用。

① 经由 IGFs 等生长介素（Somatomedin，SM）介导假说，该假说认为 GH 刺激肝细胞释放 IGFs，再经 IGFs 作用于靶细胞促进细胞的增殖和生长。此外，发现 GH 还能够刺激肌细胞分泌 SM。

② 直接作用假说，GH 促进软骨代谢作用需经由 SM 介导，但促进骨骼延伸和生长的作用则不需要 IGFs 的参与，而是通过 GH 直接刺激骺软骨细胞的生长来实现的；GH 对脂肪组织的促成熟分化作用、对免疫系统以及造血细胞的促增殖发育作用可能主要是通过后一种途径起作用的。

2. 已经投入市场的主要药物

（1）人蛋氨生长素（Somatrem） 商品名 Protropin（制造商 加利福尼亚，南旧金山，Genentech 公司），于 1985 年 10 月 17 日批准。

Somatrem 是由 DNA 技术生产的多肽激素。它有 191 个氨基酸残基（来自人垂体分泌的生长激素序列），加上 *N* 末端的一个额外的甲硫氨酸，分子量为 22kDa。Somatrem 在带有人生长激素基因的大肠杆菌中生产，用于治疗生长激素分泌不足的儿童。

在身体生长旺盛时生长激素分泌不足会导致侏儒症。Somatropin 是与天然生长激素的氨基酸序列相同的 GH。人垂体分泌的生长激素缩写为 hGH 或 pit-hGH。重组生产的 Somatropin 命名为重组 GH 或 rGH。Somatrem 指的是重组 GH 甲硫氨酸衍生物。过量的糖皮质激素治疗可能抑制人生长激素对生长的促进效果。Protropin 对促进生长激素分泌不足的儿童的生长有效果。副作用是导致抗生长激素抗体的产生。根据 Micromedex，有 Turner 综合征的青年（或儿童），用 Protropin 治疗有效。对于生长迟缓（继发于肾衰竭）的儿童，生长激素的作用持续时间还没有充分定论。

（2）重组生长激素 Somatropin（Recombinant） 商品名 Humatrope、Genotropin、Norditropin、Nutropin、Saizen、Serostim。

Somatropin（来自 rDNA）是重组 DNA 来源的多肽激素。由 191 个氨基酸残基组成，分子量约为 22kDa，其氨基酸序列与垂体分泌的生长激素一样。

Humatrope 和 Nutropin 用于内源性生长激素分泌不足而引起生长停滞的儿童患者以及骨骺未闭、患 Turner 综合征引起身材矮小的病人的长期治疗。它们用作生长激素缺乏的成人内源性生长激素的替代品。Genotropin 用于内源性生长激素分泌不足而引起生长停滞的儿童患者或 Prade-Willi 综合征（PWS）的长期治疗。

Somatropin（来自 rDNA）能刺激正常的内源性生长激素分泌不足的儿童患者的生长。临床表明，包含 Somatropin 的药物与正常成人脑垂体分泌的生长激素有相同的治疗作用。其对生长激素缺乏（GHD）的儿童和 Prader-willi 综合征病人的治疗是刺激身体生长并使 IGF-1 浓度恢复到正常。对 GHD 成人的治疗是能减少体脂含量，增加肌肉含量，引起有益的脂肪代谢的转变，使 IGF-1 的浓度恢复正常。治疗慢性肾功能不足，增强生长速率和 IGF-1 的水平同垂体分泌的 hGH 作用类似。治疗 AIDS（获得性免疫缺乏综合征）引起的消瘦，增强机体肌肉质量（LBM）、降低脂肪，显著增加体重。Humatrope 皮下给药的生物利用度为 75%。肌内给药的生物利用度略低。Somatropin 静脉给药的半衰期为 0.36h，而皮下和肌内给药的半衰期分别为 3.8h 和 4.9h。该药皮下注射吸收比较慢，是限速步骤。Somatropin 在肝和肾脏中代谢。过量的糖皮质激素会抑制 Somatropin 的理想效应。使用糖皮质激素，要关注剂量和反应，以防止肾上腺供给不足或抑制生长效果。数据表明，GH 的治疗使人体内细胞色素 P450（CYP450）介导的安替比林清除率提高。

与安慰剂相比，Somatropin 治疗的成人，肌肉比例上升和脂肪下降。在生长激素缺乏的儿童身上效果一样。在研究中，接受治疗的 Turner 综合征患者能达到正常成人的高度，明显高于该病患者的平均高度。接受 Genotropin 治疗的 Prader-Willi 综合征患者在治疗的第一年生长速度明显提高。

二、干扰素

（一）概述

干扰素（interferon，IFN）是多功能细胞因子家族中的一员，具有蛋白质的性质并含有一个家族的不同蛋白质，其中许多在氨基酸序列和三维空间结构上都有结构相关性。IFN 除了抗病毒活性外，还有免疫调节和抗增殖特性。1981 年重组 DNA 技术的成功使干扰素被大规模地用于各种临床试验。FDA 批准将干扰素用于治疗 14 种以上的恶性肿瘤包括转移性黑色素瘤、AIDS 相关的卡波西肉瘤、毛细胞白血病和像乙型肝炎、丙型肝炎这样的病毒性疾病的辅助治疗。IFN-α 是这些生物活性蛋白中第一个在细菌中被克隆和表达的，成为美国 FDA 批准用于治疗肿瘤的由重组 DNA 技术生产的第一个生物治疗剂。

哺乳动物 IFN 大致分为两大结构不关联的类别。Ⅰ型 IFN 包括普遍存在的 IFN-α、IFN-β 和 IFN-ω 亚类以及种族限制的 IFN-τ。Ⅱ型 IFN 仅有 IFN-γ。Ⅰ型和Ⅱ型 IFN 在一级氨基酸序列、进化关系、受体交叉反应、产生部位和可诱导性上均不同。

1. Ⅰ型干扰素

Ⅰ型 IFN 基因从普通原始祖细胞进化而来，排列在人第 9 号染色体的短臂上。IFN-α 与 IFN-β 序列比较证明它们的编码核苷酸有 45%同源，随之翻译的氨基酸有 29%同源。

（1）IFN-α 家族　IFN-α 家族包含 14 个人类基因。这些基因一般编码 165 个或 166 个氨基酸组成的成熟多肽，在氨基酸序列上有 15%～25%的差异。有 1～2 个氨基酸的小差异应归因于多态性的等位基因。13 个不同的蛋白质由这 14 个基因表达，每一种都具有不同侧重的抗病毒和抗增殖活性。

（2）IFN-β　人 IFN-β 是由大多数体细胞包括成纤维细胞和上皮细胞表达的主要的亚型。人 IFN-β 基因是单拷贝基因。天然的 IFN-β 是由 166 个氨基酸组成的蛋白质，在其第 80 位氨基酸残基有 *N* 连接的单糖基化。一种重组的 IFN-β，IFN-β1a（Rebif，Serono 和 Avonex：Biogen）产自于中国仓鼠卵巢（CHO）细胞，一种由细菌产生的用 Ser 取代了第 17 位的 Cys 的合成突变体是 IFN-β1b（Betaseron：Berlex）。IFN-β1a 和 IFN-β1b 都被美国 FDA 批准用于治疗多发性硬化症（MS）并且生物活性相当。尽管 IFN-α 和 IFN-β 有大约 30%氨基酸的同源性，但 IFN-α 与 IFN-β 的抗血清不发生交叉反应。有趣的是两者都竞争相同的细胞受体。体内研究证实与 IFN-α 相比，对不同的非造血细胞系和成纤维细胞有更强的抗增殖效果。然而，对淋巴衍生（Daudi）细胞系或其他淋巴祖细胞，IFN-α 具有更强的抗增殖效果。临床上，IFN-α 治疗 MS 患者无效。

（3）IFN-ω，IFN-τ 和 IFN-κ　IFN-ω 基因在反刍动物被复制成高拷贝数。和 IFN-α 不同，IFN-ω 蛋白质有 172 个氨基酸，它能在体外激发与其他Ⅰ型 IFN 相似的生物学效应。成熟的 IFN-τ 蛋白也是由 172 个氨基酸组成，它与普通的Ⅰ型受体相互作用。重组的绵羊 IFN-τ 对治疗多发性硬化症和 AIDS 病毒感染有效。IFN-κ 基因定位在 9 号染色体上，其蛋白含有 207 个氨基酸。它在病毒感染、与双链 RNA、IFN-γ 或 IFN-β 接触时在角化细胞中被诱导产生。

2. Ⅱ型 IFN——IFN-γ

Ⅱ型 IFN 基因与Ⅰ型 IFN 基因不同，IFN-γ 是更典型的真核基因，其中含有 4 个外显子和3个内含子（IFN-α和IFN-β在它们相应基因转录过程中没有内含子）。其基因定位在12号染色体上。成熟蛋白质含有143个氨基酸，有糖基化，与Ⅰ型IFN有非常少的同源性。IFN-γ诱导巨噬细胞表达细胞因子（IL-12，TNF-α）、MHCⅠ类和MHCⅡ类分子和Fc受体，从而调节宿主防御系统。

（二）干扰素的作用机理

对IFN的细胞反应需要少量刺激分子与高亲和力、多聚的、表现类型专一性的细胞表面受体相互作用。由此，虽然IFN-β的结合有更高亲和力，但IFN-α和IFN-β共同分享和竞争相同受体。一种或多种种族专一的蛋白组分与IFN受体协同发挥作用构成种族限制和介导生物效应。为了产生细胞应答，IFN-α和IFN-β受体需要两个亚基，命名为IFNAR1和IFNAR2。而IFN-γ结合到不同的受体复合物上，也含有两个亚基，分别为IFNGR1和IF-NGR2。信号通过膜转移到介导不同反应的细胞质受体活性域。IFN-β与异二聚体受体以不同于IFN-α的方式相互作用。尽管IFN-β结合和激活相同受体，但它激活特定部分的基因。随着IFN-α或IFN-β结合到受体上，一种特殊的酪氨酸激酶，Tyk-2以及JAK1和JAK2被磷酸化。这些激活的酪氨酸激酶调节信号转导多肽以及诱导形成含有STAT1α（信号转导物和转录激活物）或STAT1β和p48（IRF-9）的蛋白亚基复合物（IsGF3）。磷酸化的IsGF3复合物转位到核中，在核中它与DNA的干扰素刺激应答元件（IsRE）结合，引起IFN特异基因转录。

（三）抗肿瘤作用

IFN是多效性的细胞调节物。推测其抗肿瘤作用是直接作用于肿瘤细胞的功能性区域或抗原成分，或间接作用于调节与肿瘤细胞相互作用的免疫效应细胞群体。IFN调控基因表达、调节细胞表面蛋白质表达、激活调节细胞生长的酶。在细胞基础上，这些效应转化成许多细胞类型的分化状态、增殖速度、凋亡、功能活性的改变。IFN生物效应在给药后24～48h达到峰值。达到峰效应的时间与血清IFN峰浓度的时间不一致。

肿瘤细胞非调节生长的先决条件是在正常细胞周期进行控制点的一种或多种蛋白的获得性缺陷。IFN-α和IFN-β能影响细胞周期的所有阶段。细胞周期的累积延长会导致抑制细胞生长，增大细胞尺寸，并发生凋亡。

IFN能使所有类型的能消除肿瘤靶细胞的免疫效应细胞的作用效果有所增强。已经证实IFN无论在体内或体外都能增强NK细胞活性和单核细胞功能。IFN介导的抗肿瘤作用的另一个方面是抑制血管生成。系统地服用IFN-α会在IFN敏感细胞中直接调节血管生成蛋白bFGF的表达，以降低肿瘤细胞的生长。临床上，IFN-α已被成功用于诱导抑制巨大血管瘤。

（四）已经投入市场的主要药物

1. 干扰素α con-1（IFN-α con-1）

商品名Infergen（制造商 Amgen Inc. Thousand Oaks，CA），于1997年10月6日批准。

IFN-α con-1是一种重组的非天然的Ⅰ型干扰素。IFN-α con-1的166个氨基酸（19.4kDa）序列是通过若干天然IFN-α亚型的序列，将各个相应位置最常出现的氨基酸组合设计而成。额外改变了4个氨基酸以促进分子构建，其相应的DNA序列采用化学合成法构建。IFN-α con-1由大肠杆菌生产，这种大肠杆菌因已经插入了编码IFN-α con-1的基因序列而发生了遗传改变。

Infergen适合用于治疗HCV血清抗体和HCV RNA阳性的代偿期慢性丙型肝炎病毒感

染的成年患者。对某些慢性 HCV 感染的患者，Infergen 使血清丙氨酸转氨酶（ALT）正常化，降低血清 HCV 浓度到不可测得的量（<100 拷贝/ml），改进肝组织学状态。

干扰素是一个天然出现的蛋白质家族，它是由细胞应答病毒感染或各种合成的、生物诱导剂而产生和分泌的。Ⅰ型干扰素是包括 25 个以上的 IFN-α、IFN-β 以及 IFN-ω 的家族。所有Ⅰ型干扰素享有共同的生物学活性，这些生物活性由干扰素结合到细胞表面受体上所产生。Ⅰ型干扰素诱发抗病毒、抗增殖和免疫调节作用等生物效应。Infergen 的抗病毒、抗增殖、NK 细胞激活和基因诱导活性与其他重组 IFN-α 在体外进行过比较，证明有相似的活性范围。Infergen 在体外治疗 HCV 感染时，表现出与 IFN-α2a（Roferon）和 IFN-α2b（Intron）相比至少高 5 倍的专一活性。

Infergen 的治疗效果取决于治疗结束时（24 周）血清丙氨酸氨基转移酶浓度的测定和慢性 HCV 感染成年患者治疗结束后 24 周的观察。血清 HCV RNA 也需用 RT-PCR 进行测定。在 24 周治疗结束时，用 Infergen 治疗的患者有 39%ALT 正常化，而用 IFN-α2b（IntronA）治疗者为 35%。

2. 干扰素 α2a（IFN-α2a）

商品名 Roferon-A，于 1998 年 11 月 21 日批准。

Roferon-A（重组 IFN-α2a）是借助重组 DNA 技术，利用含有编码人天然 IFN-α 蛋白的 DNA 的遗传工程大肠杆菌生产的。IFN-α2a 重组体是一种高度纯化的含有 165 个氨基酸的蛋白质，其分子量约为 19kDa。适用于治疗慢性丙型肝炎、毛细胞白血病、AIDS 相关的卡波西肉瘤和费城染色体阳性的慢性髓性白血病（CML）患者。

重组 IFN-α2a 和其他任何干扰素发挥抗肿瘤或抗病毒活性的机理尚不完全了解。然而，其对肿瘤细胞的直接抗增殖作用、病毒复制的抑制和宿主免疫反应的调节在抗肿瘤、抗病毒中起重要作用。据报道，Roferon-A 静脉给药后的平均消除半衰期约为 5h。肌内注射后健康受试者与肿瘤患者的药代动力学参数相似。剂量提高到 198MIU 时血清中的剂量比例升高。肌内注射后 IFN-α2a 的生物利用度是 80%～83%。IFN-α2a 的总身体清除率的范围是 2.14～3.62ml/（min·kg）。与其他 IFN-α 一样，IFN-α2a 在肾脏（肾小管重吸收期间）被内源性蛋白水解酶降解，少量在肝脏代谢。

IFN-α 可以通过降低肝微粒体 P450 类细胞色素酶活性而影响氧化代谢过程。有报道 Roferon-A 会降低茶碱的清除率，当 Roferon-A 与其他潜在骨髓抑制剂组合治疗时应引起注意。干扰素会提高预先给予的或同时服用的药物的神经毒性、血液毒性、心脏毒性作用。Roferon-A 与 IL-2 联合使用会有潜在的肾衰竭危险。研究表明：Roferon-A 能使血清转氨酶正常化，改善肝脏组织学，降低慢性丙型肝炎病毒（HCV）感染患者的病毒载量。Roferon-A 配合间歇性的化疗与单独化疗相比能延长总的生存率和延缓患者疾病的发展。其他的 IFN-α 似乎有相似的疗效，在某些场合可以用来替换 Roferon-A。特别是，IFN-α2b（Intron）被认为在治疗慢性丙型肝炎、卡波西肉瘤和毛细胞白血病时与 IFN-α2a 有相同的作用。

IFN-α2a 已经被指定为专用产品用于治疗慢性髓性白血病、AIDS 相关的卡波西肉瘤、肾细胞癌、转移性恶性黑色素瘤和食管结肠直肠肿瘤。

3. 干扰素 α2b（IFN-α2b）

商品名 Intron A（制造商 Schering Division Of Schering-Plough，Kenilworth，NJ），于 1997 年 11 月 16 日批准。

Intron A（重组 IFN-α2b）是一种重组的水溶性蛋白质，分子量为 19.3kDa。它是从大肠杆菌的细菌发酵液中所得，这种菌株带有含人白细胞 IFN-α2b 基因的基因重组质粒。可用于治疗毛细胞白血病、恶性黑色素瘤、非霍奇金淋巴瘤（NHL）、AIDS相关的卡波西肉瘤、慢性丙型肝炎、皮肤病、尖锐湿疣。

重组IFN-α2b与重组IFN-α2a在纯克隆的单个干扰素亚型上极为相似，它们的序列中仅有两个氨基酸的差异。IFN-α2b在肌内注射或皮下注射后的消除半衰期为2～3h。IFN-α2b在肾脏（肾小管重吸收期间）被内源性蛋白水解酶降解，少量在肝脏代谢。当Intron A与其他潜在骨髓抑制剂如齐多呋定联合用药时，应当谨慎。IFN-α与茶碱共同使用时降低茶碱清除率，引起血清茶碱水平提高100%。在治疗过程中，需要红细胞或血小板输入的毛细胞白血病患者、严重感染的患者的百分比显著降低。对恶性黑色素瘤患者，能明显提高无复发期和总生存率。接受Intron A与化疗组合治疗的患者比单独化疗的患者病情不发展的生存期显著延长。治疗尖锐湿疣明显比安慰剂更有效。Intron A能使慢性丙型肝炎患者血清丙氨酸转氨酶正常化，肝坏死和变性降低。IFN-α2b已被指定为专用产品用于治疗卡波西肉瘤。

4. 干扰素β1a（IFN-β1a）

商品名Avonex（制造商Biogen，Inc.，Cambridge，MA），于1996年5月17日批准。

IFN-β1a由已引入了人干扰素β基因的中国仓鼠卵巢（CHO）细胞产生。由其产生的重组蛋白的氨基酸序列与天然IFN-β一致。IFN-β1a是单链的糖基化多肽，有166个氨基酸残基，分子量约为22.5kDa。可用于治疗间歇复发性的多发性硬化症以减缓身体残障的加速发展，降低临床恶化的频率。

Avonex可用于治疗间歇复发性的多发性硬化症（MS）。MS是一种中枢神经系统（CNS）的慢性炎症疾病，它会损伤髓磷脂。2/3～3/4的患者是女性，临床患者的年龄通常在20～40岁之间。在FDA批准的Ⅲ期临床试验完成后，Biogen又研发了一种新的CHO细胞系，它带有干扰素β基因并且产生一种称为BG9216的产品。这些CHO细胞适合混悬培养。另一个IFN-β1a细胞系，产自于该细胞系的产品名为BG9418。BG9418已经被鉴定并与BG9015进行了分析比较，生物学、生物化学和生物物理学分析显示，两个分子相当，分子的生物活性相似。研究表明，它们在血液中的清除模式是相等的。确定BG9015和BG9418相当，由BG9015产生的临床数据可以支持BG9418分子获得批准。肌内注射Avonex后，IFN-β1a血清水平在3～15h达到峰值，然后以一个速率常数下降，清除半衰期为10h。IFN-β1a静脉注射后的最终半衰期估计在3～4h。因为在注射点吸收的延长，肌内注射后IFN-β1α的血清水平可以维持一段时间。其他干扰素已经发现会降低P450介导的药物代谢。从Avonex治疗的恒河猴体内分离的肝微粒显示，对肝P450酶代谢活性没有影响。Avonex与IFN-β1b（Betaseron）在治疗多发性硬化症方面相比有显著的优点。它每周使用一次而不是隔天使用，也不会出现在某些研究中IFN-β1b引起的高发性注射位点皮肤坏死。在降低身体残障症状、降低恶化频率、延长恶化间歇的稳定实践方面，与IFN-β1b等效。

5. 干扰素β1b（IFN-β1b）

商品名Betaseron，于1993年7月23日批准。

IFN-β1b是由重组DNA技术生产的蛋白质产品。它由转入了含有人干扰素βser17基因的重组质粒的大肠杆菌发酵生产。从人成纤维细胞中获得天然基因，并用Ser取代第17位的Cys。IFN-β1b有165个氨基酸，分子量约为18.5kDa，分子中没有天然干扰素中的糖链。天然IFN-β是一种由动物和人细胞最初应答病毒刺激而产生的糖蛋白。它含有166个氨基酸残基，分子量约20kDa。可用于治疗间歇复发性的多发性硬化症的可走动患者，降低临床恶化频率。

间歇复发性的多发性硬化症的特征是神经功能紊乱周期性地发作。Betaseron对多发性硬化症作用的机理仍不非常清楚。已知的是，IFN-β1b 生物活性的改变是通过与人体细胞表面特殊受体相互作用介导的。IFN-β1b 结合到这些受体上，引起大量干扰素诱导的、作为IFN-β1b 生物活性介导物的基因产物的表达。皮下注射 IFN-β1b 的生物利用率是 50%。接受单次静脉注射 Betaseron 的患者，剂量直到 2.0mg 时，IFN-β1b 血清浓度按剂量比例提高。每周静脉注射 3 次连续 2 周，患者血清中没有引起 IFN-β1b 累积。研究证明患者的年度恶化速率降低 31%。在 2 年期间，Betaseron 治疗组有 25 次 MS 相关的住院，而对照组则有48 次住院。Betaseron 能有效用于减缓间歇复发性 MS 患者的症状恶化。IFN-β1b 已证明能通过延滞持续性神经退化而对第二期行进性 MS 患者有治疗作用。对治疗卡波西肉瘤和恶性神经胶质瘤也有效。IFN-β1b 被指定为用于治疗多发性硬化症的专用产品。然而，其市场的专用属性随着 Avonex 的批准而缩减。

三、造血因子和凝血因子

（一）造血因子

循环系统中的细胞向组织输送氧和营养，去除废物和病原体，及时地补充恢复宿主体液和细胞的防御体系。血液学涉及循环系统中血细胞（例如红细胞、白细胞和血小板）和蛋白质的研究。重组 DNA 技术的进展使科学家们能够克隆和生产生长因子和凝血因子用于治疗血液病，已知很多蛋白质能够对各类血液前体细胞的生长和分化起作用，刺激血液前体细胞分化成许多不同类型的白细胞。

血细胞的发生主要始于早期妊娠胚胎的脾脏和肝脏。到 7 个月时，胚胎的骨髓成为血细胞形成的主要部位。童年时，中轴骨骼的骨髓以及末端骨的骨髓是造血的主要场所。随着年龄的增长，外周造血逐渐减弱。所有的造血细胞都衍生自共同的前体造血干细胞。尽管干细胞只占骨髓的 0.05%，但这个数量却通过自我更新系统始终维持。多能干细胞经不可逆转的分化变为子代细胞，该子代细胞被定型于独特的造血细胞类世系。

采用重组的血细胞生长因子包括促红细胞生成素（EPO）、促血小板生成素（TPO）、粒细胞集落刺激因子（G-CSF）和巨噬细胞集落刺激因子（M-CSF）的研究已经表明，许多蛋白在细胞分化的后期阶段表现出世系专一的作用。集落刺激因子是因为它们具有刺激靶细胞在培养基中分化和生长成细胞集落的能力而得名。

各种血细胞的生长和更新（或消除）的速率有很大差别。某些血细胞如红细胞和血小板具有较长的生存期，使它们能用于输血治疗。

1. 红细胞生成素

（1）红细胞生成素概述　红细胞生成素（EPO），又称促红细胞生成素或红细胞生长刺激因子（erythropoietic stimulating factor，ESF），是调节红系祖细胞、红细胞生成的主要激素。1971 年，研究人员从贫血羊血浆中纯化出羊 EPO。1977 年，Miyake 从再生障碍性贫血病人的尿液中分离获得人 EPO 纯品，但含量甚微。1983 年，Lin 等成功地克隆了人EPO 基因并在 COS 细胞或 CHO 细胞中获得表达，从此可大量生产重组人 EPO，提供基础和临床应用研究。目前重组人 EPO 已作为肾性贫血的治疗药物，得以广泛应用。

编码人 EPO 的基因全长约 2.1kb，位于人染色体 7q11～22 上，由 5 个外显子和 4 个内含子组成。外显子 1 编码 5′端非翻译区和信号肽的前 4 个氨基酸，外显子 2、3、4 分别编码49 个、29 个、60 个氨基酸，外显子 5 编码 51 个氨基酸和 3′端非翻译区。EPO 的 mRNA 约长 1.6kb，编码 193 个氨基酸的前体蛋白，其中 27 个是信号肽，翻译后 Arg166 被除去，成熟 EPO 是由 165 个氨基酸组成的高糖基化蛋白质，EPO 含有 2 个活性必需的链内二硫键（cys7-cys161，cys29-cys33），未糖基化 EPO 的等电点（p*I*）为 9.2，不同糖基化使 EPO 的

pI为4～5。EPO结合受体的区域在C末端。

EPO具有一定的酸稳定性和热稳定性。耐有机溶剂，如丙醇、乙腈、乙醇、6mol/L盐酸胍、8mol/L尿素。但对蛋白水解酶敏感，硫氨基的烷化作用、氨基取代作用、碘化作用均可使EPO失去活性。去除9～21、48～64、83～98和142～168氨基酸残基，也可使EPO完全失去生物学活性，说明这些部位的完整性对于维持EPO的生物学活性是必需的。

人类胎儿和新生牛，肝脏是产生EPO的主要器官。成年期，EPO主要产生于肾脏（肾皮质、肾小管周围的毛细血管内皮细胞或肾小管细胞），约占成人EPO的90%，但肝脏仍保留产生EPO的能力（肾外性EPO）。机体缺氧和贫血能诱导产生EPO，钴盐、锰盐、锂盐、雄激素也能诱导EPO产生。

（2）已经投入市场的主要药物　促红细胞生成素-α（Epoetin-α），商品名：Epogen，Procrit，于1989年6月批准。

促红细胞生成素是一种糖蛋白，正常情况下由肾脏产生，能刺激产生血红细胞。Epoetin-α通过重组DNA技术由插入了人促红细胞生成素基因的哺乳动物细胞产生；其氨基酸顺序与内源性人促红细胞生成素一致。Epoetin-α含有165个氨基酸。分子被高度糖基化，分子量为30.4kDa。

Epogen和Procrit用于治疗因慢性肾功能衰竭引起的成年和儿童贫血症；治疗由叠氮胸苷处理HIV感染所致的贫血；治疗非骨髓恶性肿瘤病人因化疗引起的贫血症等。

EPO是骨髓红细胞系统组织产生的红细胞的促进剂。EPO作为生长因子刺激红祖细胞和早期的前体细胞有丝分裂。慢性肾衰竭病人经常出现肾功能紊乱后遗症，包括贫血。皮下注射的生物利用度相当于静脉滴注的22%～31%。服用Epoetin-α后的第一反应是在10天内提高网状细胞数量，随后，通常在2～6个星期内，提高红细胞计数、血色素和红细胞压积。可为不能进行输血疗法的患者进行治疗，还可治疗因镰刀状细胞、类风湿性关节炎和早熟引起的贫血。

2. 集落刺激生长因子

（1）概述　1966年，Braday等人在进行造血细胞体外半固体培养时，发现一类蛋白质可刺激造血细胞集落形成，从而发现一组特异性的造血生长因子。用集落培养方法发现的造血细胞生长因子称为集落刺激因子（CSFs）。不同的CSF刺激由不同的细胞系组成的细胞集落的生成。根据它们的作用特点和范围，分别称为：

① 粒细胞集落刺激因子（G-CSF），刺激造血细胞形成粒细胞集落；

② 粒细胞-巨噬细胞集落刺激因子（GM-CSF），刺激造血细胞形成粒细胞和巨噬细胞的混合集落；

③ 巨噬细胞集落刺激因子（M-CSF），刺激造血细胞形成巨噬细胞集落；

④ 多能集落刺激因子（multi-CSF）或称白细胞介素-3（IL-3），刺激造血细胞形成粒细胞、巨核细胞、和红细胞的混合集落；

⑤ 红细胞生成素（EPO），刺激红细胞集落形成；

⑥ 血小板生成素（TPO），刺激巨核细胞的增殖和血小板的形成；

⑦ 干细胞因子（SCF），刺激干细胞集落形成。

白细胞减少症和粒细胞减少症也被称为嗜中性白细胞减少症。其致病原因最常见的是感染和免疫失调。服用重组的粒细胞集落刺激因子（G-CSF，filgrastim）能纠正嗜中性白细胞减少症和降低具有各种原因的严重嗜中性白细胞减少症感染患者的感染发病率。粒细胞-巨噬细胞集落刺激因子（GM-CSF，sargramostim）也被成功用于嗜中性白细胞减少病人。

在早期化疗过程中，使用集落刺激因子能降低发热性嗜中性白细胞减少症发病的可能性。当出现严重症状后，首选的治疗方案是降低化疗剂量而不是服用集落刺激因子。

(2) 已经投入市场的主要药物

① 非格司亭（Filgrastim）。商品名：Neupogen，于1991年2月20日批准。

Filgrastim（G-CSF），也被称为重组的甲硫氨酸化的人粒细胞集落刺激因子，是175个氨基酸组成的蛋白质，由重组DNA技术生产。Filgrastim由插入了人粒细胞集落刺激因子基因的大肠杆菌产生，其分子量为18.8kDa。

Filgrastim适用于缓解因骨髓移植引起的嗜中性白细胞减少症和严重的慢性嗜中性白细胞减少症。它也用于在外周血祖细胞浓集前将其活化。在骨髓破坏性化疗后，植入大量祖细胞能加快嫁接进程，从而减少支持性护理的需要。

集落刺激因子是糖蛋白，它通过与特殊细胞表面受体结合而对造血细胞起作用。这些糖蛋白由淋巴细胞和单核细胞产生，能够刺激分化的造血细胞系的祖细胞形成可识别的成熟血细胞克隆。Filgrastim专一性地促进嗜中性粒细胞的增殖和成熟。

Neupogen给药会引起循环系统嗜中性粒细胞数量呈剂量依赖性提高，Neupogen治疗会使临床学和统计学上感染的发生率显著降低。依据Micromedex，Neupogen能有效降低进行骨髓抑制性化疗肿瘤患者发热性嗜中性白细胞减少症的发生率；有效降低施行骨髓破坏性化疗，再进行骨髓移植的肿瘤病人嗜中性白细胞减少症的持续时间；能有效地降低严重慢性嗜中性白细胞减少症患者的嗜中性白细胞减少并发症。Neupogen亦可有效保护因感染HIV病毒和因药物诱导产生粒性白细胞减少症的病人而降低其发病机会。局部使用Filgrastim还可降低由于大剂量化疗而致的口腔黏膜炎得病率。

② 沙格司亭（Sargramostim）。商品名：Leukine，于1991年3月5日批准。

Sargramostim（GM-CSF）是一种重组的人粒细胞-巨噬细胞集落刺激因子，是能优先刺激粒细胞巨噬细胞前体细胞的造血生长因子。由酵母 *Saccharomyces cerevisiae* 生产。Sargramostim是由127个氨基酸构成的糖蛋白，有三种原始分子形式，分子量分别为19.5kDa、16.8kDa和15.5kDa。氨基酸序列不同于天然形式的GM-CSF，第23位被亮氨酸取代，糖基化部分也不同于天然产物。

Leukine可用于：a. 急性髓性白血病化疗后缩短嗜中性粒细胞恢复的时间和降低严重的和危及生命的感染发生率；b. 在外周血祖细胞移植后，活化造血祖细胞进入外周血以提高聚集细胞的再植能力和加速骨髓的重建；c. 在非霍奇金淋巴瘤、急性成淋巴细胞白血病或霍奇金淋巴瘤患者自体骨髓移植后加速骨髓重建；d. 加速异体骨髓移植患者的骨髓重建；e 延长自体或异体骨髓移植后移植失败或嫁接迟滞患者的生存时间。

GM-CSF是与造血因子的发育和功能活化有关的造血生长因子之一。这些糖蛋白生理上由淋巴细胞和单核细胞产生，能够刺激趋化的造血细胞系的祖细胞形成可识别的成熟血细胞克隆。GM-CSF促进单核细胞巨噬细胞的增殖和活化，诱导这些细胞产生细胞因子包括肿瘤坏死因子和白介素-1，GM-CSF的生物活性具有类别专一性。在体外，将人骨髓细胞与Leukine相接触会导致造血祖细胞增殖和形成纯的粒细胞、纯的巨噬细胞和混合的粒细胞-巨噬细胞克隆。静脉给药后Sargramostim的消除半衰期约60min，皮下给药后的表观半衰期是2～3h。用Sargramostim治疗的病人慎用锂。用集落刺激因子（Sargramostim或Filgrastim）与长春新碱同时治疗淋巴瘤病人比单独用长春新碱治疗会更显著地出现严重的非典型的外周神经疾病。Leuktine对治疗急性髓性白血病成年患者是安全有效的，可以缩短嗜中性白细胞减少症的病程，降低化疗相关致死率和其他致死率。单独使用或骨髓破坏性化疗后使用Leukine可以提高循环的外周血祖细胞的数量。Leukine能有效地使AIDS病人和白细胞减少症患者产生出增量的正常功能的嗜中性粒细胞、嗜酸粒细胞和单核细胞；用于辅助治疗Ⅲ期或Ⅳ期恶性黑色素瘤时，可延长患者的生存期。

（二）凝血因子

1. 凝血因子概述

止血是在血管受损部位形成血块的过程。当血管壁破损时，必须迅速地、局部化地调节产生止血反应。当这些过程的特殊因素消失或紊乱时，非正常出血或非生理性血栓症倾向也会出现。止血开始于形成血小板栓，随后活化血液凝集的级联反应并扩大凝块。凝血级联反应中主要多组分复合物之一包括：活化的Ⅷ因子（因子Ⅷa）、钙、作为辅因子的磷脂和作为底物的因子Ⅹ。因子Ⅸa既可以通过因子Ⅹa活化的内在途径也可以通过组织因子/因子Ⅶa复合物产生。

起初合成的因子Ⅷ是由2351个氨基酸组成的单链多肽，合成后由蛋白水解酶切去19个氨基酸的信号肽，血液循环中的血浆因子Ⅷ形成异质二聚体。因子Ⅷ在血浆中以与von Willebrand因子非共价结合形成的复合体循环。必须由凝血酶或因子Ⅹa在Arg372、Arg1689处切断血浆Ⅷ因子来活化因子Ⅷ。因子Ⅷ的生理作用是加速因子Ⅹ被因子Ⅸa裂解。推测因子Ⅷa起加强因子Ⅸa和因子Ⅹ共聚的催化模块的稳定化作用。

血友病患者通常与遗传性的出血紊乱有关。遗传性的出血紊乱包括凝血因子异常以及血小板功能异常。血友病一词通常是指下列两种紊乱：①因子Ⅷ缺乏或A型血友病；②因子Ⅸ缺乏或B型血友病。临床实验已经证明重组人因子Ⅷ浓缩物（商品名为Kogenate）极其有效。这些重组人因子Ⅷ是从含质粒的而非病毒DNA转染的仓鼠细胞的细胞培养液中纯化而得，因而它不会表达病毒的序列。加入的稳定剂人血清白蛋白是人病毒污染的唯一可能来源，更新的重组因子Ⅸ是用基因工程法将人因子Ⅸ基因插入到中国仓鼠卵巢细胞中，已被证明在治疗B型血友病时是安全有效的。

综上，目前已被批准的最重要的血液制品是促红细胞生成素。它已经极大地改进了肾衰竭病人的治疗并且改善了肿瘤病人化疗引起的贫血。重组凝血因子产品纯度更高，病毒污染低。集落刺激因子能降低化疗的肿瘤病人引发嗜中性白细胞减少症的危险。

2. 已经投入市场的主要药物

① 凝血因子Ⅸ。商品名BeneFix（制造商Genetics Institute，Inc.，Andover，MA），于1997年2月11日批准。

凝血因子Ⅸ（重组产品）是一种DNA衍生的血液凝集因子。这种纯化的重组产品可以免除血浆带来的人类病毒转染的危险。它由表达人因子Ⅸ基因的中国仓鼠卵巢细胞产生，是一种糖蛋白，分子量为55kDa，由415个氨基酸组成的单链。凝血因子Ⅸ（重组产品）的氨基酸序列与血浆提取的因子Ⅸ的Ala148等位基因的序列相一致，并且在结构和功能特性上与内源性因子Ⅸ相似。

BeneFix用于控制和防止B型血友病患者出血发生，包括B型血友病患者进行手术时创面周围的护理。

活化的因子Ⅸ与活化的因子Ⅷ联合激活因子Ⅹ，最终导致凝血酶原转变为凝血酶。然后，凝血酶转变纤维蛋白原为纤维蛋白并形成血凝块。因子Ⅸ是B型血友病患者和获得性因子Ⅸ缺陷症患者缺乏的特殊血液凝集因子。使用凝血因子Ⅸ（重组产品）可以提高血浆因子Ⅸ水平和可以暂时性纠正这些患者的凝血缺陷。临床与研究显示BeneFix的消除半衰期与血浆提取的因子Ⅸ没有明显差别。BeneFix能将血液中因子Ⅸ活性提高到理想的水平并使出血停止。

② 凝血因子Ⅶa。商品名NovoSeven（制造商Novo Nordjsk A，Princeton，NJ；Novo Alle，Bagsvaerd，Denmark），于1999年3月25日批准。

凝血因子Ⅶa（重组）是一种维生素依赖的糖蛋白，含有406个氨基酸残基，分子量为50kDa，其结构相似于人血浆凝血因子Ⅶa。人因子Ⅶ基因被克隆并在中国仓鼠肾细胞表达。重组的因子Ⅶ以单链形式分泌到培养基质中，然后以自我催化的方式裂解成活性的双链形式即重组的凝血因子Ⅶa。

NovoSeven用于体内具有因子Ⅸ或因子Ⅷ抑制剂的A型或B型血友病患者出血病症的治疗。

当凝血因子Ⅶa与组织因子复合时，它能激活凝血因子Ⅹ转变为因子Ⅹa，凝血因子Ⅸ转变为凝血因子Ⅸa。因子Ⅹa与其他因子复合又能使凝血酶原转变为凝血酶，导致纤维蛋白原变为纤维蛋白而形成血栓，由此引起局部止血。重组因子Ⅶ单一剂量的药代动力学表明15名A型或B型血友病受试者呈剂量均衡性。避免同时使用活化的和非活化的凝血酶原复合物的浓缩物。NovoSeven对与治疗和保护体内具有因子Ⅷ和因子Ⅸ抑制剂的A型或B型血友病患者的出血病症是有效的。使用要限于治疗中到高度抑制剂滴度患者。重组凝血因子Ⅶa的其他应用包括慢性出血患者和血小板缺乏患者在家中的早期干预。NovoSeven可以有效用于急性出血或手术止血，也可暂时纠正硬化引起的凝血患者提高的凝血酶原时间。

③ 抗血友病因子（因子Ⅷ）。商品名ReFacto、Recombinate，分别于2000年3月6日（ReFacto）、1998年8月1日（Recombinate）批准。

ReFacto中的活性成分是抗血友病因子（重组体），系1438个氨基酸残基组成的糖蛋白，分子量约为170kDa，由基因重组的中国仓鼠卵巢（CHO）细胞产生。该CHO细胞系将缺失了B区域的因子Ⅷ重组体分泌到含有人血清白蛋白和重组胰岛素但不含有任何动物蛋白的培养基中。Recombinate（浓缩的重组抗血友病因子）也是由基因重组的CHO细胞系合成。

ReFacto可用于控制和预防A型血友病患者出血病症和手术时预防，也可用于短期日常预防以降低自发性出血事件的发生频率。Recombinate用于预防和控制A型血友病患者出血病症和A型血友病患者手术创面的护理。

因子Ⅷ是A型血友病患者体内缺少的特殊凝血因子。使用抗血友病因子（重组体）能提高血浆因子Ⅷ活性水平，能暂时纠正这些病人体内凝血缺陷。活性的因子Ⅷ能作为活化的因子Ⅸ的辅助因子加速因子Ⅹ转变为活性的因子Ⅹ。活性的因子Ⅹ能使凝血酶原转变为凝血酶。凝血酶然后转化纤维蛋白原为纤维蛋白并形成血块。在研究中，ReFacto的循环平均半衰期为（14.5±5.3）h（范围7.6～27.7h），这与血浆的抗血友病因子（人的）没有显著性差异，血浆的抗血友病因子的平均半衰期为（13.7±3.4）h（范围8.8～23.7h）。抗血友病因子可用于医治出血病症或A型血友病患者手术创面的处理。提倡预防性地使用来防止和降低出血事件的发生。重组的因子Ⅷ血载病毒转染的危险最低。

四、白细胞介素

（一）概述

白细胞介素（Interleukin，IL）是一类免疫调节因子。这个名称是1979年在第二届国际淋巴因子研讨会上提出的，意指出各种白细胞产生的、介导细胞之间相互作用的细胞因子。1972年发现了这个家族的第1个成员IL-1，它介导淋巴细胞的增殖反应。1983年发现IL-2，它在免疫系统中发挥核心调节作用。目前，人白细胞介素家族至少已确定有30多个成员。这些多肽调节因子大多为糖基化（IL-1除外），分子量在15～30kDa范围。有一些白介素分子质量较高，比如高度糖基化的IL-9分子量为40kDa。

大多数白介素可以由许多不同类型的细胞产生，IL-2、IL-9和IL-13只能由T淋巴细胞产生。大多数能合成某种白介素的细胞都能够合成几种白介素，而且许多产生白介素的主力细胞都是非免疫系统细胞。白介素合成的调节相当复杂，目前只是部分了解。

几乎所有的白介素都是可溶性分子，它们通过与靶细胞表面的特异受体结合引发生物学反应。大多数白介素显示旁分泌活性（即靶细胞紧邻其生成细胞），也有一些具有自分泌活性（IL-2 能刺激其产生细胞的生长和分化）。其他的白介素则更多地显示出系统内分泌效应。

大多数白介素引发生物效应的信号转导机制现已被大致了解。在许多情况下，受体结合与胞内酪氨酸磷酸化相关联，另一些情况下，特异胞内基质的丝氨酸和苏氨酸残基也发生磷酸化。对于一些白介素来说，受体结合触发可变信号转导事件，包括促进胞内钙离子浓度升高，或诱导磷脂酰乙醇胺（PE）水解释放二酰甘油（DAG）。

白介素诱导的生物效应广泛、多样且复杂。这些细胞因子调节许多生理和病理状态，包括：①正常细胞和恶性细胞的生长；②免疫应答涉及的所有方面；③炎症的调节。

（二）已经投入市场的主要药物

Oprelvekin（重组人白介素-11）

商品名 Neumega（制造商 Genetics Institute，lnc.，Andover，MA），于 1997 年 11 月 25 日批准。

白介素-11 是一种血小板生长因子，它刺激产生造血干细胞和巨核细胞祖细胞，引起血小板生产增加。重组的人 IL-11（rhIL-11）由大肠杆菌合成。其重组蛋白的分子量为 19kDa，非糖基化。因为在氨基端缺少脯氨酸残基，它的分子长度为 177 个氨基酸而不同于天然 IL-11 的 178 个氨基酸。这一结构变化未造成其生物活性发生明显改变。

Neumega 保护严重的血小板减少症和降低具有高度危险的严重血小板减少性非髓性恶性肿瘤患者骨髓抑制化疗后血小板输注的需求。

IL-11 是人生长因子家族（包括人生长激素、G-CSF 和其他生长因子）中的一个成员。它由成纤维细胞以及骨髓基质细胞产生，直接刺激造血干细胞、巨核细胞祖细胞以及淋巴细胞的增殖。它也诱导巨核细胞分化成血小板。响应 IL-11 而产生的血小板具有正常的形态和功能，也具有正常的生命周期。研究表明，皮下给药后吸收是限速步骤，因此，消除速率常数和相关的半衰期取决于吸收的速率。男性静脉给药后，消除半衰期是 1.5h，皮下给药的表观平均消除半衰期为 7h。对接受化疗的肿瘤病人多次皮下给药的研究中，多次剂量给药后 Oprelvekin 未见积聚，清除能力未被削弱。与肾功能正常的对照组相比，患有严重肾脏损伤患者的血清峰值浓度和血浆浓度-时间曲线下的面积值更高。Oprelvekin 广泛地在肾脏中代谢，交替使用 Oprelvekin 和 Filgrastim（G-CSF），未发现副作用。

五、最新投入市场的药物

（一）重组人活化蛋白 C

Xigris（重组人活化蛋白 C）是利用基因工程生产的人活化蛋白 C 分子，是由礼莱公司开发的一种活性 C 蛋白，于 2001 年在美国获得批准，2002 年在欧洲获得批准。

活化蛋白 C 是人体本身存在的蛋白质，其作用是帮助维持脓毒症过程中体内凝血反应和纤溶抑制等反应的平衡。此外，严重脓毒症病人用 Xigris 治疗后，反映体内炎症水平的白细胞介素-6（IL-6）的水平降低速度加快，表明体内的炎症反应减弱。败血病是由严重微生物感染引起的全身性炎症反应，在外伤和烧伤患者中常见。机体的免疫系统被感染破坏，在严重病例中，可导致一个或多个如肺、肾、心和肝脏等重要器官的衰竭。全世界每年有 200 万人受到败血病或严重败血病的折磨。而且，人口老龄化和免疫功能减弱，以及危重患者的增多使这种状况还在不断恶化。在美国，败血病已成为常见的死亡原因。但是，使用Xigris只能轻度地改善患者的病情，在一项研究中该药能减少6.1%的绝对死亡率。

（二）重组人B型利钠肽

Natrecor（Nesiritide），2001年8月FDA批准Scios公司的Natrecor（Nesiritide）用于急性充血性心力衰竭。Nesiritide是重组人B型利钠肽（hBNP）。人类的BNP与血管平滑肌细胞及内皮细胞上的鸟苷酸环化酶受体结合，导致细胞内第2信使——环磷酸鸟苷（cGMP）的浓度升高，环磷酸鸟苷具有舒张平滑肌细胞、扩张动静脉血管的作用。在体外试验中，Nesiritide具有舒张处理动、静脉组织的作用。在人体试验中观察到Nesiritide引起心衰患者的肺毛细血管楔压和收缩压降低，这种作用呈剂量依赖型。人体分泌的另一种相似激素是心房利钠肽，这种激素可以增加血管的渗透性，从而降低血管容量。Nesiritide对血管渗透性的影响尚未研究。

参考文献

[1] 吴乃虎．基因工程原理．第2版．北京：科学出版社，2001.

[2] J. 萨姆布鲁克，D. W. 拉塞尔著．分子克隆实验指南．黄培堂译．第3版．北京：科学出版社，2002.

[3] 吴乃虎，陈关君，张树庸．基因操作原理．北京：中国科学技出版社，2002.

[4] F. 奥斯伯，R. 布伦特．精编分子生物学试验指南．北京：科学出版社，1999.

[5] 陈来同．生化工艺学．北京：科学出版社，2004.

[6] 俞俊棠等．生物工艺学．北京：化学工业出版社，2003.

[7] 顾觉奋．分离纯化工艺原理．北京：中国医药科技出版社，2002.

[8] 李元主编．基因工程药物．北京：化学工业出版社，2002.

[9] 通用电气（中国）医疗集团．抗体纯化手册.

[10] 通用电气（中国）医疗集团．富有挑战性蛋白的纯化方法与原理.

[11] Frederick M，Ausubel，Roger Brent. Current Protocols In Molecular Biology，VJoshi P. Genetic Enginering and Its Application. India：Agrobios Reserverd，2000.

[12] Robert J B. Genetic Analysis and Priciples. New York：Addison Wesley Longman，1999.

[13] Marray P. Deutscher. Guide to Protein Purification. London：Academic Press Limited，1990.

[14] 李永进，陈媛媛，毕利军．融合标签技术及其应用．生物工程学报，2006，22（4）：523-527.

[15] 张林忠．基因工程药物中包涵体复性的研究进展．海峡药学，2006，18（4）：11-13.

[16] 梁丹涛，尹隽，钟江．昆虫杆状病毒可调控表达系统的初步研究．复旦学报（自然科学版），2006，45（6）：800-803.

[17] 李志龙，张富春．巴斯德毕赤酵母表达系统研究进展．生物技术通报，2006，6：9-13.

[18] 鲁桂芳，徐领城．我院2003年-2005年基因工程药物临床利用分析．中国医院用药评价与分析，2006，6（6）：342-345.

[19] 侯庆华，侯英奇，梁念慈．杆状病毒表达系统的应用及展望．广东医学院学报，2006，24（6）：628-630.

[20] 马三梅，王永飞．绿色荧光蛋白和荧光素酶．生物学教学，2005，30（12）.

[21] 饶春明，丁丽霞．我国基因工程药物质量标准研究（上）．中国药师，2005，8（6）：456-458.

[22] 饶春明，丁丽霞．我国基因工程药物质量标准研究（下）．中国药师，2005，8（6）：459-462.

[23] 孔燕，杨克恭，陈松森．SUMO：一种新发现的翻译后修饰蛋白．生命的化学，2004，24（4）.

[24] 陈有梅．我国基因工程药物研究现状与对策．精细与专用化学品，2004，12（2）：1-3.

[25] 张国强，刘志刚，俞炜源．哺乳动物细胞高效表达系统研究进展．生物技术通讯，2005 ；56-59.

[26] 胡晋红，张立超．基因工程药物的治疗进展．国外医药——合成药生化药．制剂分册，2001，22（6）：346-349.

[27] 苗景赟，孙文改．抗体生产纯化·通用电气（中国）医疗集团.

第三章 抗体工程制药

第一节 抗 体

一、抗原、抗体的概念及抗原抗体的关系

（一）抗原

凡是能刺激机体产生抗体（antibody），并能与抗体发生特异性结合的物质称为抗原（antigen）。物质所具有的这种特性称为抗原性（antigenicity）。

（二）抗体

B细胞与进入机体的抗原结合后，增殖分化为浆细胞，由浆细胞合成并分泌的一类能与相应抗原特异性结合的含有糖基的球蛋白称为抗体。

1964年世界卫生组织召开会议，将具有抗体活性及化学结构，并与抗体相似的球蛋白统称为免疫球蛋白（immunoglobulin，Ig）。因此，抗体可以理解为能与相应抗原特异性结合的具有免疫功能的球蛋白。抗体都是免疫球蛋白，但免疫球蛋白不一定都是抗体。

免疫球蛋白除主要分布于体液中之外，还可存在于B细胞膜上。所以根据抗体存在的环境，可将抗体分为分泌型抗体（secreted antibody，sIg）和膜结合型抗体（membrane-bound antibody，mIg）。

与其他造血细胞相似，B淋巴细胞的祖细胞存在于胎肝（胚胎小鼠14天或胎儿8～9周）的造血细胞岛（islands of haemopoietic cells）中，此后B淋巴细胞的产生和分化场所逐渐被骨髓所代替。B淋巴细胞（B lymphocytes）简称B细胞，是淋巴干细胞在鸟类法氏囊和哺乳类动物的骨髓中分化成熟而来，成熟的B细胞主要定居于淋巴结皮质浅层的淋巴小结和脾脏的红髓和白髓的淋巴小结内。B细胞在抗原刺激下可分化为浆细胞，合成和分泌免疫球蛋白主要执行机体的体液免疫（humoral immunity）。

哺乳类动物B细胞的分化过程主要可分为前B细胞、不成熟B细胞、成熟B细胞、活化B细胞和浆细胞五个阶段。其中前B细胞和不成熟B细胞的分化是抗原非依赖的，其分化过程在骨髓中进行。抗原依赖阶段是指成熟B细胞在抗原刺激后活化，并继续分化为合成和分泌抗体的浆细胞，这个阶段的分化主要是在外周免疫器官中进行的。

（三）抗原与抗体的关系

抗原是引起机体产生免疫反应的主要外因，决定免疫反应的特异性，机体与抗原物质的斗争过程是机体排除异体物质的保护性反应。没有抗原的刺激，机体不能产生抗体；没有抗原，也无法检测抗体的存在；同样利用抗体也可以检测抗原物质。

二、抗体的分子结构、功能及其酶解片段

（一）抗体的基本结构

免疫球蛋白分子是由两条相同的重链（heavy chain，H链）和两条相同的轻链（light chain，L链）通过链间二硫键连接而成的四肽链结构。X射线晶体结构分析发现，IgG分子由3个相同大小的节段组成，其中位于上端的两个臂由易弯曲的铰链区（hinge region）连

接到主干上形成一个“Y”形分子，称为Ig分子的单体，是构成免疫球蛋白分子的基本单位（图3-1）。

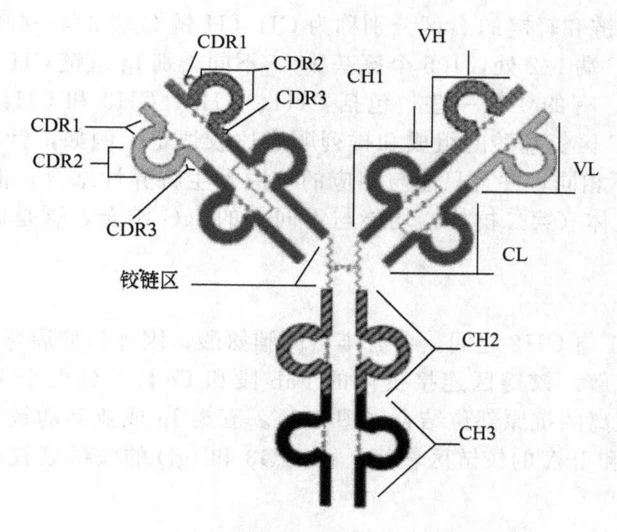

图3-1 免疫球蛋白的基本结构

1. 重链和轻链

免疫球蛋白重链的分子量约为55～75kDa，由450～550个氨基酸残基组成，含糖量不同，有4～5个链内二硫键。免疫球蛋白重链恒定区由于氨基酸的组成和排列顺序不同，故其抗原性也不同。

免疫球蛋白轻链的分子量约25kDa，由约210个氨基酸残基构成，通常不含碳水化合物，有两个由链内二硫键组成的环肽。轻链可分为两型，即κ（kappa）型和λ（lambda）型，一个天然Ig分子上两条轻链的类型总是相同的。五类Ig中每类Ig都可以有κ链或λ链，两型轻链的功能无差异。根据λ链恒定区个别氨基酸的差异，又可分为λ1、λ2、λ3和λ4四个亚型。

2. 可变区和恒定区

通过分析不同免疫球蛋白重链和轻链的氨基酸序列发现，重链和轻链靠近*N*端的约110个氨基酸的序列变化很大，称为可变区（variable region，V区）。L链的可变区位于L链*N*端1/2处（VL），约由108～111个氨基酸残基组成；H链的可变区位于H链*N*端1/5～1/4处（VH），约由118个氨基酸残基组成，V区有一个由65～75个氨基酸残基组成的肽环。而靠近*C*端的其余氨基酸序列相对稳定，称为恒定区（constant region，C区）。

（1）可变区（包括高变区和骨架区） 重链和轻链的V区分别称为VH和VL。比较许多不同抗体V区的氨基酸序列发现，VH和VL各有三个区域的氨基酸组成和排列顺序特别易变化，这些区域称为高变区（hypervariable region，HVR），分别用HVR1、HVR2和HVR3表示，一般HVR3变化程度更高。VL的三个高变区分别位于28～35位、49～56位和91～98位氨基酸；VH的三个高变区分别位于29～31位、49～58位和95～102位氨基酸。高变区之外区域的氨基酸组成和排列顺序相对不易变化，称为骨架区（framework region，FR），VH和VL各有四个骨架区，分别用FR1、FR2、FR3和FR4表示。VH和VL的三个高变区共同组成Ig的抗原结合部位（antigen-binding site），该部位形成一个与抗原决定簇互补的表面，故高变区又被称为互补性决定区（complementarity-determining region，CDR），分别用CDR1、CDR2和CDR3表示。不同的抗体其CDR序列不相同，并因此决定抗体的特异性，其中CDR3具有更高的高变程度，H链在与抗原结合中起非常重要的作用。

(2) 恒定区　重链和轻链的C区分别称为CH（H链C端3/4～4/5处，331～431个氨基酸）和CL（L链C端1/2处，105个氨基酸）。不同类别Ig重链CH长度不一，有的包括CH1、CH2和CH3；有的要长一些，包括CH1、CH2、CH3和CH4。同一种属动物中，同一类别Ig分子其C区氨基酸的组成和排列顺序比较恒定。例如，针对不同抗原的人IgG抗体，它们的V区不相同，并且只能与相应的抗原发生特异性结合，但其C区的抗原性是相同的。抗人IgG抗体（第二抗体）均能与不同人的IgG结合，这是制备第二抗体进行标记的重要基础。

3. 铰链区

铰链区位于CH1与CH2之间，含有丰富的脯氨酸，因此易伸展弯曲，并且易被木瓜蛋白酶、胃蛋白酶等水解。铰链区连接抗体的Fab段和Fc段，使两个Fab段易于移动和弯曲，从而可与不同距离的抗原部位结合（图3-2）。五类Ig或亚类的铰链区不尽相同，例如IgG1、IgG2、IgG4和IgA的铰链区较短，而IgG3和IgD的铰链区较长。IgM和IgE无铰链区。

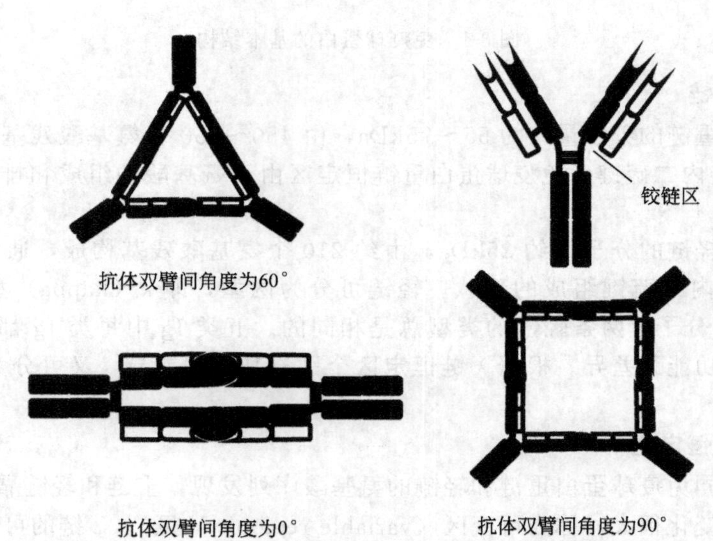

图3-2　抗体的铰链区在与抗原结合中的作用

4. J链和分泌片

(1) J链（joining chain）　J链（joining chain）是一条由浆细胞合成的富含半胱氨酸的多肽链。J链可连接Ig单体形成二聚体、五聚体或多聚体。两个单体IgA由J链连接形成二聚体，五个单体IgM由二硫键相互连接，并通过二硫键与J链连接形成五聚体。IgG、IgD、IgE为单体，无J链（图3-3）。

(2) 分泌片　分泌片（secretory piece，SP）又称为分泌成分（secretory component，SC），是分泌型IgA分子上的一个辅助成分，为一种含糖的肽链，由黏膜上皮细胞合成和分泌，以非共价形式结合到二聚体上，并一起被分泌到黏膜表面。分泌片具有保护分泌型IgA的铰链区免受蛋白水解酶降解的作用，并介导IgA二聚体从黏膜内至黏膜表面的转运。

(二) 免疫球蛋白的抗原性

免疫球蛋白是一群高度不均一的复杂大分子蛋白，除具有各种抗体的生物功能外，其本

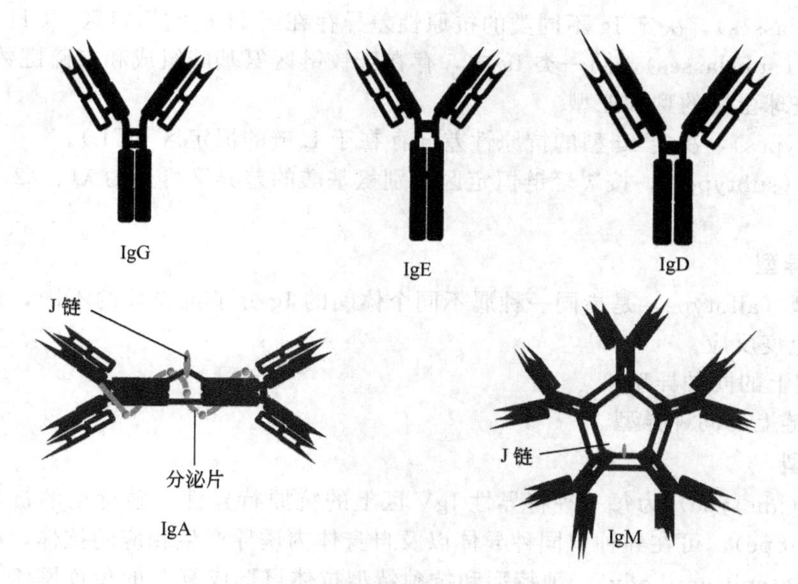

图 3-3　抗体的 J 链和分泌片

身还具有不同的抗原特异性（图 3-4）。

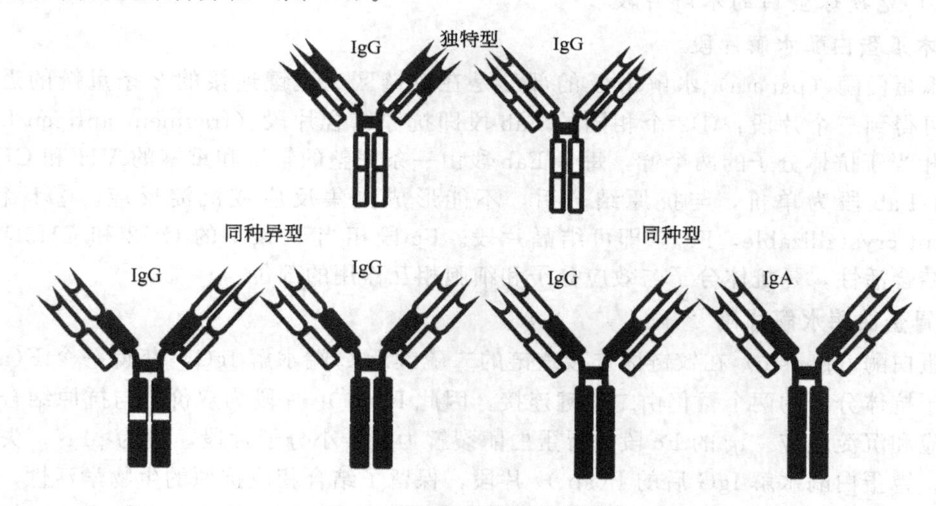

图 3-4　免疫球蛋白的抗原性

1. 同种型

同种型（isotype）指同一种属内所有个体共有的 Ig 抗原特异性的标记，在异种体内可诱导产生相应的抗体，同种型的抗原性主要位于 CH 和 CL 上，据此，可将免疫球蛋白分为五类，即 IgM、IgD、IgG、IgA 和 IgE，其相应的重链分别为 μ 链、δ 链、γ 链、α 链和 ε 链。

不同的同种型具有不同的特征，包括链内二硫键的数目和位置、连接寡糖的数量、功能区（functional domain）的数目以及铰链区的长度等。同一类 Ig 根据其铰链区氨基酸组成和重链二硫键的数目和位置的差别，又可分为不同的亚类。如 IgG 可分为 IgG1～IgG4；IgA 可分为 IgA1 和 IgA2，IgM、IgD 和 IgE 尚未发现有亚类。同种型主要包括 Ig 的类、亚类、型和亚型。

（1）免疫球蛋白的类和亚类

① 类（classes），决定 Ig 不同类的抗原性差异存在于 H 链的恒定区（CH）。

② 亚类（subclasses），同一类 Ig 中，存在于铰链区氨基酸组成和二硫键数目的差异。

（2）免疫球蛋白的型和亚型

① 型（types），决定 Ig 型的抗原性差异存在于 L 链的恒定区（CL）。

② 亚型（subtypes），按 λ 轻链恒定区个别氨基酸的差异又可分为 λ1、λ2、λ3、λ4 四个亚型。

2. 同种异型

同种异型（allotype）是指同一种属不同个体间的 Ig 分子抗原性的不同，在同种异体间免疫可诱导免疫反应。

（1）γ 链上的同种异型。

（2）α2 链上的同种异型。

3. 独特型

独特型（idiotype）为每一种特异性 IgV 区上的抗原特异性。独特型的抗原决定簇称为独特位（idiotope），可在异种、同种异体以及自身体内诱导产生相应的抗体，称为抗独特型抗体（antiidiotypic antibody）。独特型和抗独特型抗体可形成复杂的免疫网络，在机体免疫调节中占有重要地位。

（三）免疫球蛋白的水解片段

1. 木瓜蛋白酶水解片段

木瓜蛋白酶（papain）水解 IgG 的部位是在铰链区二硫键连接的 2 条重链的近 *N* 端，裂解后可得到三个片段：①2 个相同的 Fab 段即抗原结合片段（fragment antigen binding，Fab），相当于抗体分子的两个臂，每个 Fab 段由一条完整的轻链和重链的 VH 和 CH1 功能区组成。Fab 段为单价，与抗原结合后，不能形成凝集反应或沉淀反应。②1 个 Fc 段（fragment crystallizable，Fc），即可结晶片段。Fc 段相当于 IgG 的 CH2 和 CH3 功能区，无抗原结合活性，是抗体分子与效应分子和细胞相互作用的部位。

2. 胃蛋白酶水解片段

胃蛋白酶（pepsin）在铰链区连接重链的二硫键近 *C* 端水解 IgG，获得一个 $F(ab')_2$ 片段，由于抗体分子的两个臂仍由二硫键连接，因此 $F(ab')_2$ 片段为双价，与抗原结合可发生凝集反应和沉淀反应。Ig 的 Fc 段被胃蛋白酶裂解为若干小分子片段，称为 pFc′，失去生物学活性。胃蛋白酶水解 IgG 后的 $F(ab')_2$ 片段，保留了结合相应抗原的生物学活性，又避免了 Fc 段抗原性可能引起的副作用，因而作为生物制品有较大的实际应用价值，例如白喉抗毒素、破伤风抗毒素经胃蛋白酶消化后精制提纯的制品，因去掉了 Fc 段而减缓超敏反应的发生。免疫球蛋白的酶解片段见图 3-5 所示。

（四）免疫球蛋白的功能区

Ig 分子的每条肽链可折叠为几个球形的功能区，或称结构域，这些功能区的功能虽不同，但其结构相似。每个功能区约由 110 个氨基酸组成，其氨基酸的序列具有相似性或同源性。免疫球蛋白的每个功能区的二级结构是由几股多肽链折叠一起形成的两个反向平行的 β 片层（anti-parallel β sheet），例如 CL 的两个 β 片层分别为 4 股与 3 股，VL 为 5 股与 4 股。两个 β 片中心的两个半胱氨酸残基由一个链内二硫键垂直连接，具有稳定功能区的作用，因而形成一个“β 桶状（β barrel）”或“β 三明治（β sandwich）”的结构。免疫球蛋白肽链的这种折叠方式称为免疫球蛋白折叠（immunoglobulin folding）。轻链有 VL 和 CL 两个功能区；IgG、IgA 和 IgD 重链有 VH、CH1、CH2 和 CH3 四个功能区；IgM 和 IgE 重链有五

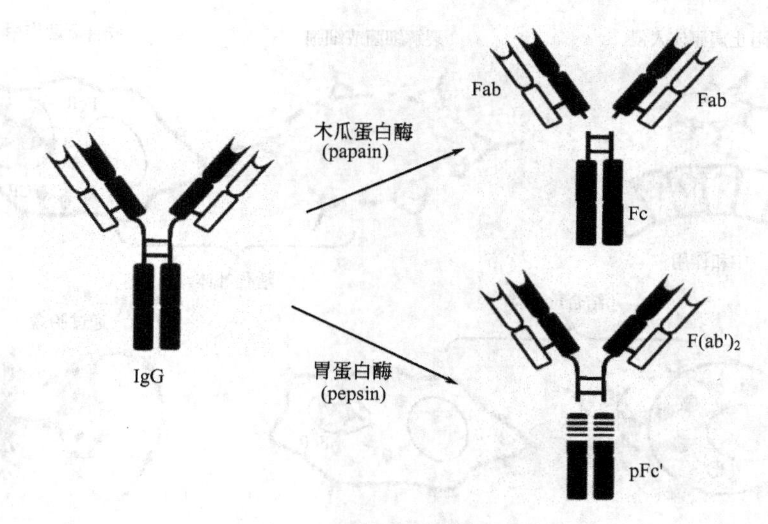

图 3-5 免疫球蛋白的酶解片段

个功能区，比 IgG 多一个 CH4（图 3-6）。

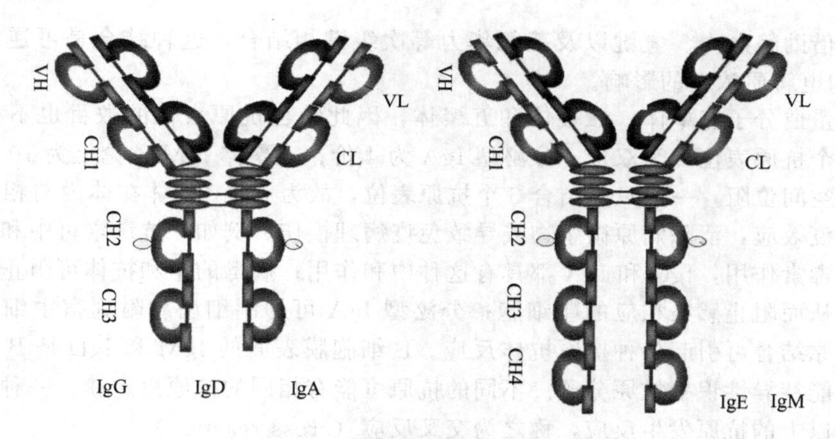

图 3-6 免疫球蛋白的功能区比较

1. 功能区的作用

① VH 和 VL 是结合抗原的部位，其中 HVR（CDR）是 V 区中与抗原表位互补结合的部位。

② CH 和 CL 上具有部分同种异型（allotype）的遗传标志。

③ IgG 的 CH2 和 IgM 的 CH3 具有补体 C1q 结合位点，可启动补体活化经典途径。

④ IgG 可通过胎盘。

⑤ IgG 的 CH3 可与单核细胞、巨噬细胞、中性粒细胞、B 细胞和 NK 细胞表面的 IgG Fc 受体（FcγR）结合，IgE 的 CH2 和 CH3 可与肥大细胞和嗜碱粒细胞的 IgE Fc 受体（FcεR）结合。

2. 免疫球蛋白的分子功能

免疫球蛋白的功能见图 3-7 所示。

（1）识别并特异性结合抗原（recognize and bind antigen specifically） 识别并特异性结合抗原是免疫球蛋白分子的主要功能，这种特异性是由免疫球蛋白 V 区，特别是 HVR（CDR）的空间构型所决定。Ig 的抗原结合点由 L 链和 H 链高变区组成，与相应抗原上的

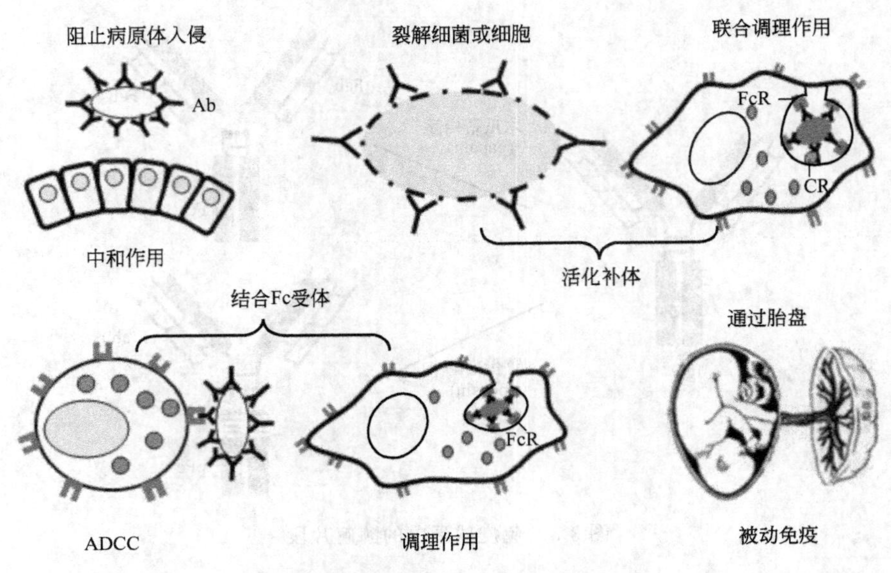

图 3-7 免疫球蛋白的功能

表位互补，借助静电力、氢键以及范德华力等次级键相结合，这种结合是可逆的，并受到pH、温度和电解质浓度的影响。

免疫球蛋白分子有单体、二聚体和五聚体，因此结合抗原表位的数目也不相同。Ig 单体可结合 2 个抗原表位，为双价；分泌型 IgA 为 4 价；五聚体 IgM 理论上为 10 价，但由于立体构型的空间位阻，一般只能结合 5 个抗原表位，故为 5 价。抗体在体内与相应抗原特异结合发挥免疫效应，清除病原微生物或导致免疫病理损伤。例如，抗毒素可中和外毒素，保护细胞免受毒素作用，IgG 和 IgA 都具有这种中和作用；病毒的中和抗体可阻止病毒吸附和穿入细胞，从而阻止感染相应的靶细胞；分泌型 IgA 可抑制细菌黏附到宿主细胞上。抗体在体外与抗原结合可引起各种抗原抗体反应。B 细胞膜表面的 IgM 和 IgD 是 B 细胞识别抗原的受体，能特异性识别抗原分子。不同的抗原可能有相同的抗原决定簇，一种抗体可以与两种或两种以上的抗原发生反应，称之为交叉反应（cross reaction）。

（2）活化补体（activate complement）

① IgM、IgG1、IgG2 和 IgG3 可通过经典途径活化补体。

② 凝聚的 IgA1、IgG4、IgE 等可以通过替代途径活化补体。

（3）结合细胞表面的 Fc 受体（bind Fc receptor on cell surface） 不同细胞表面具有不同 Ig 的 Fc 受体（FcγR，FcεR，FcαR），当 Ig 与相应抗原结合后，由于构型改变，促使 Fc 与相应的细胞结合。IgE 抗体 Fc 段的结构特点，决定其可在游离情况下与细胞受体结合，称为亲细胞抗体（cytophilic antibody）。Ig 的 Fc 段通过与细胞表面的 Fc 受体（FcR）结合，表现各种功能。

① 介导Ⅰ型变态反应。IgE 的 Fc 段可与肥大细胞和嗜碱粒细胞表面的高亲和力 IgE Fc 受体（FcεRI）结合，诱导细胞脱颗粒，释放组胺，合成由细胞质来源的介质，如白三烯、前列腺素、血小板活化因子等引起的Ⅰ型变态反应。

② 调理吞噬作用。调理作用（opsonization）是指抗体、补体等调理素（opsonin）促进吞噬细胞吞噬细菌等颗粒性抗原的作用（图 3-8）。由于补体对热不稳定，故称热不稳定调理素（heat-labile opsonin），抗体又称为热稳定调理素（heat-stable opsonin）。抗体的调理作用是指 IgG 抗体（特别是 IgG1 和 IgG3）的 Fc 段与中性粒细胞、巨噬细胞上的 IgG Fc 受

体结合，从而增强吞噬细胞的吞噬作用，IgA 也具有调理作用。

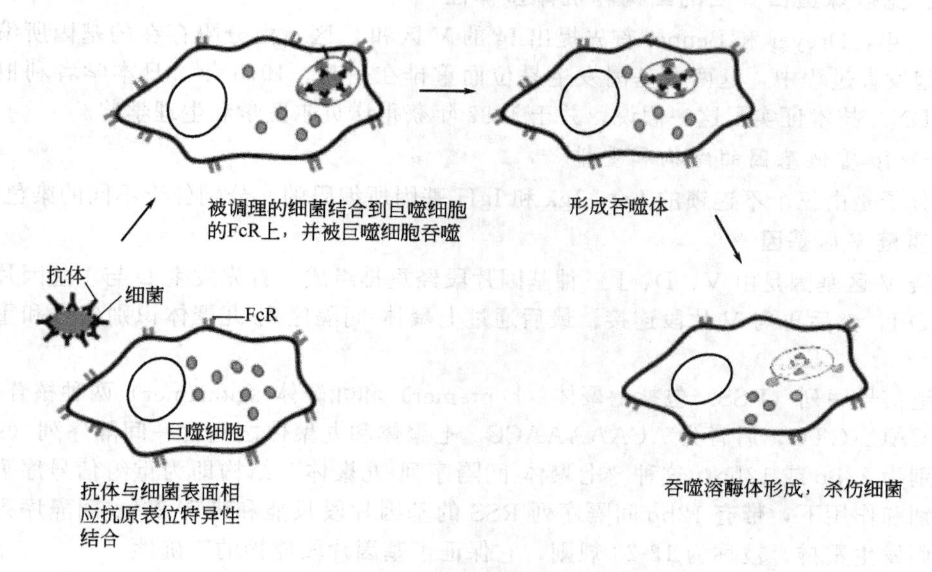

图 3-8　抗体介导的调理作用

③ 发挥抗体依赖的细胞介导细胞毒作用（antibody dependent cell-mediated cytotoxicity，ADCC）。ADCC 作用是指表达 Fc 受体的细胞通过识别抗体的 Fc 段直接杀伤被抗体包被的靶细胞。例如 IgG 抗体与带有相应抗原的靶细胞结合后，表达 FcγR 的 NK 细胞、巨噬细胞和中性粒细胞，可通过与 IgG Fc 段的结合，而直接杀伤被 IgG 抗体包被的靶细胞（图 3-9），NK 细胞是介导 ADCC 的主要细胞。抗体与靶细胞上的抗原结合是特异性的，而表达 FcR 的细胞其杀伤作用是非特异性的。

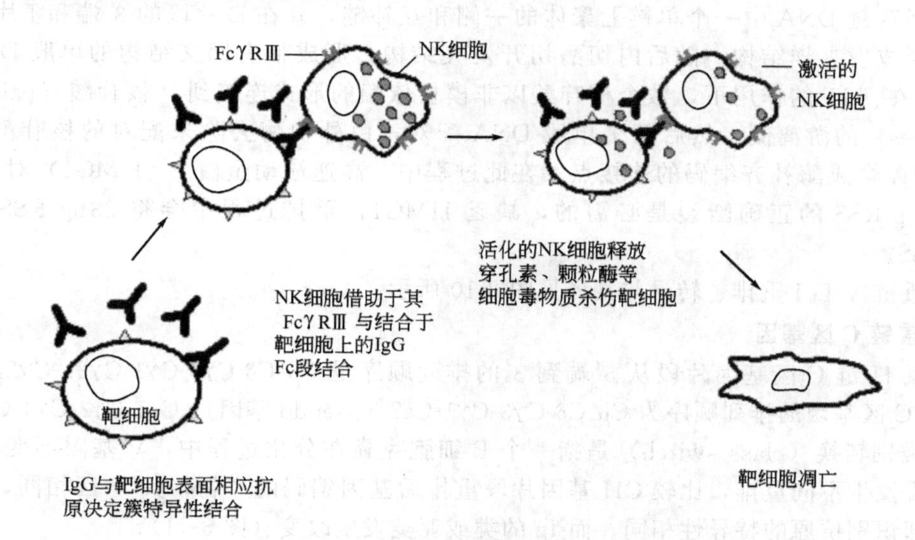

图 3-9　抗体依赖的细胞介导细胞毒作用

（4）通过胎盘　IgG 是唯一可通过胎盘从母体转移给胎儿的 Ig，是一种重要的自然被动免疫，对于新生儿的抗感染有重要作用。胎盘母体一侧的滋养层细胞表达一种特异性 IgG 输送蛋白，称为 FcRn。IgG 可选择性与 FcRn 结合，从而转移到滋养层细胞内，并主动进入胎儿血循环中。

三、免疫球蛋白基因的结构和抗体多样性

1965 年，Dreyer 和 Bennet 首先提出 Ig 的 V 区和 C 区是由分隔存在的基因所编码，在淋巴细胞发育过程中，这两个基因发生易位而重排在一起。1976 年，日本学者利根川进应用重组 DNA 技术证实了这一假说，并于 1987 年获得诺贝尔医学和生理学奖。

（一）Ig 重链基因的结构和重排

Ig 分子是由三个不连锁的 Igκ、Igλ 和 IgH 基因所编码的，分别位于不同的染色体上。

1. 重链 V 区基因

H 链 V 区基因是由 V、D、J 三种基因片段经重排组成，首先发生 D 与 J 基因片段的连接形成 D-J，然后再与 V 片段连接，最后通过七聚体-间隔序列-九聚体识别信号和重组酶来完成。

重组信号序列（RSS）包括七聚体（heptamer）和九聚体（nonamer）两种核苷酸序列，前者为 CACAGTG，后者为 ACAAAAACC。七聚体和九聚体之间含一间隔序列（spacer），长短分别为 23bp 或 12bp，这种“七聚体-间隔序列-九聚体”结构即为重组信号序列。在重组酶识别和作用下，带有 12bp 间隔序列 RSS 的基因片段只能和带有 23bp 间隔序列的片段相结合而发生重排，被称为 12-23 规则，它保证了基因片段连接的正确性。

在重链 VH 片段 3′端的 RSS 和 JH 片段的 5′端的 RSS 序列都带有 23bp 间隔序列，而 D 片段在 5′端和 3′端的 RSS 都带有 12bp 间隔序列，因而 D 只能和 JH 以及 VH 相连，而 VH 片段不能和 JH 片段相连，因为不符合 12-23 规则，其顺序先是 D-JH 相连，然后是 V-DJH 相连。对轻链来说，其 VL 片段的 3′端和 J 片段的 5′端的 RSS 序列反向互补，分别带有 12bp 或 23bp 间隔序列，从而能造成 V-J 连接。连接方式可以是环出（loopingout）或是倒转（inversion）。

下面以重链 D、J 基因片段重排为例加以说明。RAC-1/RAC-2 二聚体识别 RSS 后，先后切断双链 DNA 中一个单链七聚体的一侧和互补链，并在 D 片段的 3′端和 J 片段的 5′端分别形成发夹样结构。随后内切酶切开发夹结构，形成带有回文结构的单股 DNA。单股 DNA 在 TdT 的作用下，数个核苷酸以非模板依赖的形式连接到 P-核苷酸（palindrome-nucleotides）的游离侧，然后两个单股 DNA 配对，由外切酶去除未配对的核苷酸，最后通过 DNA 合成酶补齐编码的连接点。在此过程中，高速泳动蛋白 1（HMG1）对 RAG 作用下 23bp RSS 的正确断裂是必需的，缺乏 HMG1，重排过程中会将 23bp RSS 误认为 12bp RSS。

Ig 重链 V-D-J 重排、转录与翻译见图 3-10 所示。

2. 重链 C 区基因

小鼠 H 链 C 区基因片段从 5′端到 3′的排列顺序是 Cμ-Cδ-Cγ3-Cγ1-Cγ2b-Cγ2a-Cε-Cα，人 H 链 C 区基因的排列顺序为 Cμ-Cδ-Cγ3-Cγ1-Cε2（pseudo 基因）-Cα1-Cγ2-Cγ4-Cε-Cα2。

Ig 类别转换（class switch）是指一个 B 细胞克隆在分化过程中，V 基因不变，而 CH 基因片段发生不同重排，比较 CH 基因片段重排后基因编码的产物，其 V 区相同，而 C 区不同，即识别抗原的特异性相同，而 Ig 的类或亚类发生改变（图 3-11）。

3. 膜表面 Ig 重链基因

膜表面 Ig（smIg）是 B 细胞识别抗原的受体。

（二）Ig 轻链基因的结构和重排

在 Ig H 链基因重排后，L 链可变区基因片段随之发生重排。在 L 链中，κ 链基因先发生重排，如果 κ 基因重排无效，随即发生 λ 基因的重排。L 链的 CDR1、CDR2 和大部分

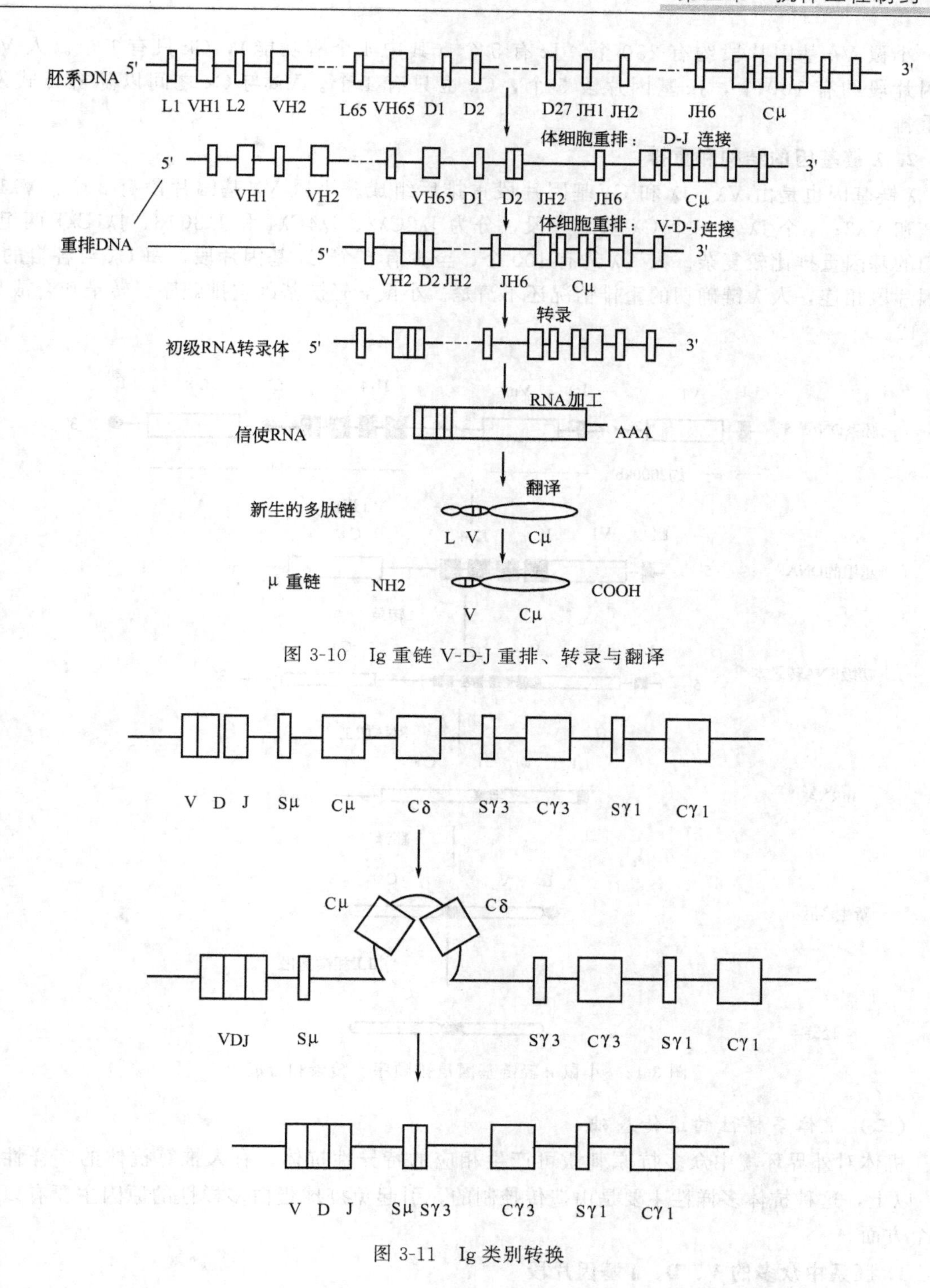

图 3-10　Ig 重链 V-D-J 重排、转录与翻译

图 3-11　Ig 类别转换

CDR3 由 Vκ 或 Vλ 基因片段所编码（Vκ 编码 95 个氨基酸残基），Jκ 或 Jλ 基因片段编码 CDR3 的其余部分和第四个骨架区（Jλ 编码从 96 位至 108 位氨基酸）。L 链无 D 基因片段。

1. κ 链基因的结构和重排

κ 链基因是 V 基因片段（Vκ）、J 基因片段（Jκ）和 C 基因片段（Cκ）重排后组成的。小鼠 Vκ 基因片段约有 250 个，Jκ 有 5 个（其中 4 个有功能），Cκ 只有 1 个。人 Vκ 基因片段约有 100 个，Jκ 基因片段 5 个，Cκ 也只有 1 个。Vκ 与 Cκ 之间以随机方式发生重排。

2. λ 链基因的结构和重排

λ 链基因也是由 Vλ、Jλ 和 Cλ 基因片段重排后组成。小鼠 Vλ 基因片段有 3 个：Vλ1、Vλ2 和 Vλ3；4 个 Jλ 和 4 个 Cλ 基因片段，分为 Jλ2Cλ2、Jλ4Cλ4 和 Jλ3Cλ3、Jλ1Cλ1 两组，它们的基因重排比较复杂。人 Vλ 约有 100 个，至少有 6 个 Cλ 基因片段，每 Cλ 与各自的 J 基因片段相连，人 λ 链确切的重排情况还不清楚。小鼠 κ 轻链基因重排顺序、转录和合成见图3-12。

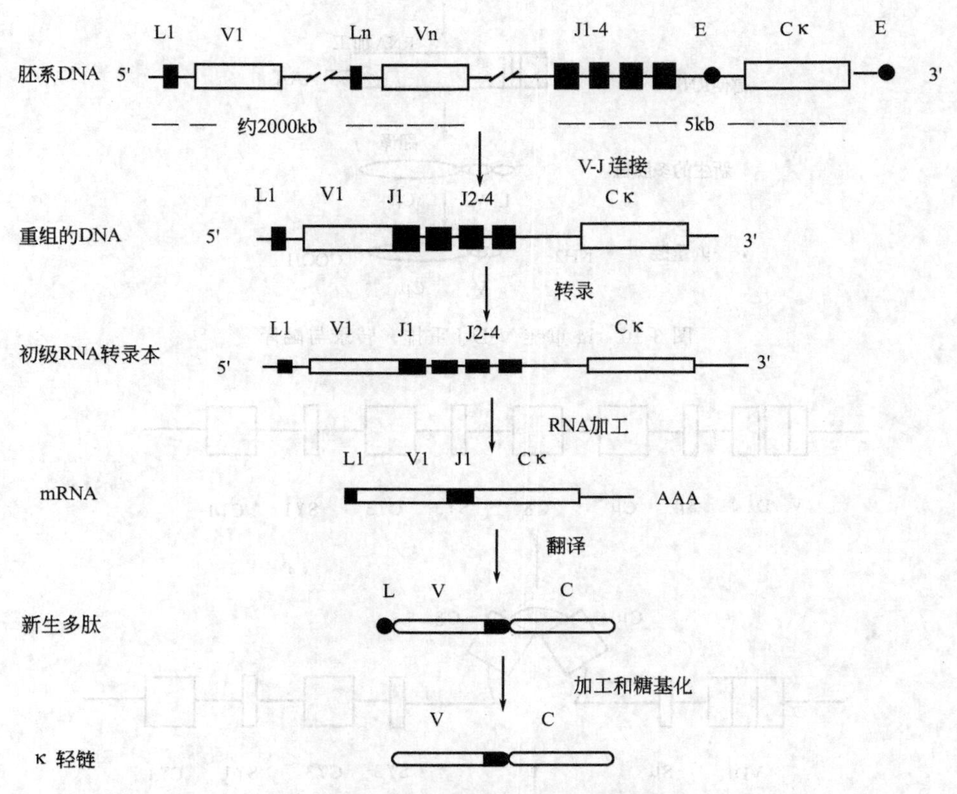

图 3-12 小鼠 κ 轻链基因重排顺序、转录和合成

（三）抗体多样性的遗传基础

机体对外界环境中众多抗原刺激可产生相应的特异性抗体，有人推算抗体的多样性在 10^7 以上，这种抗体多样性主要是由遗传控制的，引起免疫球蛋白多样性的原因主要有以下几个方面。

1. 胚系中众多的 V、D、J 基因片段

胚系（germ line）中未重排的（unrearranged）DNA 有众多的 V 基因片段以及一定数量的 D、J 基因片段。以小鼠为例，VH、DH 和 JH 基因片段分别为 1000、12 和 4，单独重链重组的多样性可达 4.8×10^4 左右；Vκ 和 Jκ 分别约为 250 和 4，κ 轻链 V-J 重排的多样性为 1.0×10^3。经重链与 κ 轻链随机配对后推算的多样性为$(4.8\times10^4)\times(1.0\times10^3)=4.8\times10^7$，见表 3-1。

表 3-1　小鼠 Ig 胚系基因片段和重链、κ 轻链配对的多样性

多肽链	基因片段数 V J	可变区基因重组方式	经重排和随机配对后推算的多样性数目	抗体多样性数目
重链	1000,12,4	V-D-J	4.8×10^4	4.8×10^7
κ 轻链	250	V-J	1.0×10^3	

注：多样性数目不包括 VDJ 连接多样性、N 区插入和体细胞突变所增加的多样性数目。

2. VDJ 连接的多样性

轻链基因重排过程中，VJ 连接点以及重链基因重排过程中 D-J 以及 V-D-J 连接点有一定的变异范围。例如轻链 VL 基因片段 3′端 5 个核苷酸 CCTCC 和 JL 基因片段 5′端 4 个核苷酸 GTGG 连接时，9 个核苷酸中只有 6 个核苷酸编码轻链第 95、第 96 位氨基酸，可产生 8 种不同的连接方式（图 3-13）。

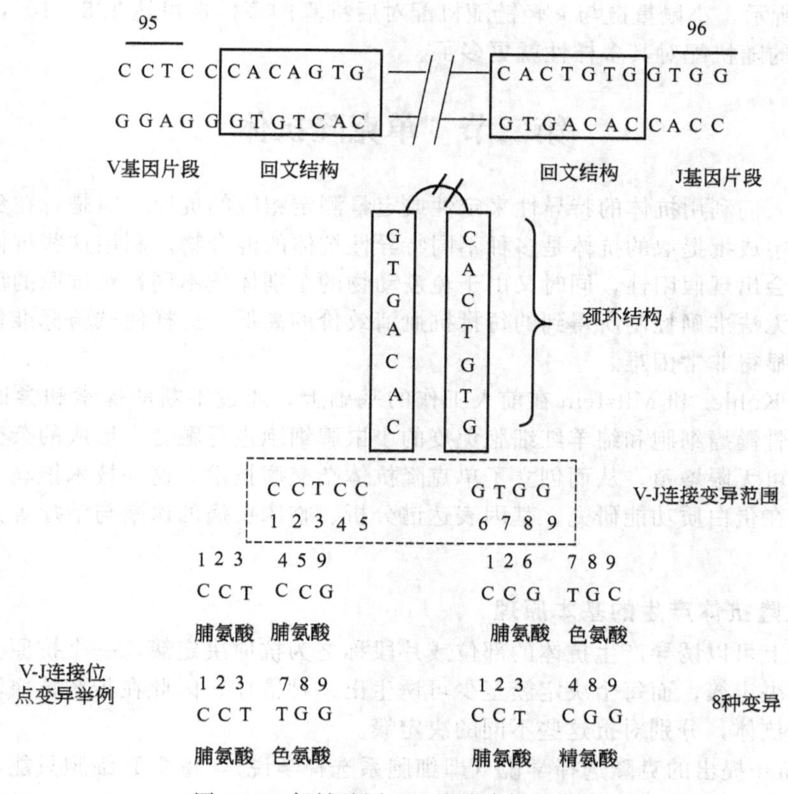

图 3-13　轻链基因 V-J 连接多样性举例

3. 体细胞突变

体细胞在发育过程中可发生基因的突变。以长期体外培养的 B 细胞前体为例，每个细胞每个碱基对的突变率为$(1\sim3)\times10^{-5}$，这种类型突变主要发生在 V 基因。体细胞突变扩展了原有胚系众多基因片段的多样性。

4. N 区的插入

在 Ig 重链基因片段重排过程中，有时可通过无模板指导的机理（non-temple directed mechanism）在重组后 D 基因片段的两侧即 VH-DH 或 DH-JH 连接处插入称之为 N 区的几个核苷酸，N 区不是由胚系基因所编码。在 N 区插入前，先通过外切酶切除 VH-DH 或 DH-JH 连接处的几个碱基对，然后通过末端脱氧核苷酸转移酶（terminal deoxynucleotidyl transferase，TdT）连接上 N 区。由于额外插入了 N 区，可发生移码突变（frameshift mutation），使插入部位以及下游密码子发生改变，从而编码不同的氨基酸，增加了抗体的多样性。N 区插入 D-J 连接处的示意见图 3-14。

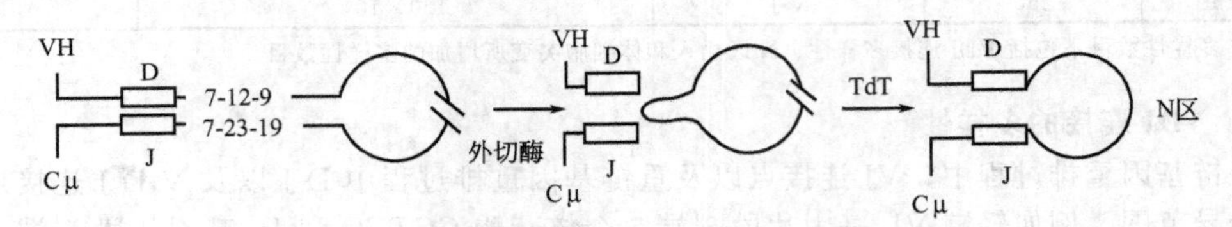

图 3-14　N 区插入 D-J 连接处的示意图

5. 轻链重链相互随机配对

如表 3-1 所示，小鼠重链与 κ 轻链随机配对后推算的多样性可达 4.8×10^7，如果再加上重链与 λ 轻链的随机配对其多样性就更多了。

第二节　单克隆抗体

在医学上人们利用抗体的特异性来定性或定量测定相应的抗原，但是，在免疫动物制备抗体时从血清中成批提取的抗体是多种不同特异性抗体的混合物。利用这些抗体进行疾病诊断试验，常常会出现假阳性，同时又由于免疫动物的个别体质不同，对抗原的反应也有相当的差异，以致无法准确控制所得到的每批抗血清效价的高低，这样使试验标准化以及获得一致的重复结果显得非常困难。

1975 年，Kohler 和 Milstein 在前人工作的基础上，通过不断的探索和尝试，用细胞杂交技术将小鼠骨髓瘤细胞和绵羊红细胞免疫的小鼠脾细胞进行融合，形成的杂交瘤细胞既可产生抗体，又可无限增殖，从而创立了单克隆抗体杂交瘤技术。这一技术推动了当代免疫学的飞速发展，在蛋白质功能研究、基因表达谱分析、临床疾病的诊断与治疗等方面得到了广泛的应用。

一、单克隆抗体产生的基本原理

抗原分子上可以诱导产生抗体的部位或片段称之为抗原决定簇，一个抗原分子上通常都有许多种抗原决定簇，而每个决定簇至少可诱生出一种抗体，因此在传统抗血清中，都含有许多种不同的抗体，分别对抗这些不同的决定簇。

根据 Burnet 提出的克隆选择学说（即细胞系选择学说），每个 B 细胞只能与一种抗原决定簇特异性的结合，并只能产生一种针对这一抗原决定簇的抗体，这种从一株克隆系中产生的抗体称作单克隆抗体。一个淋巴细胞只接受一个抗原决定簇刺激并经过扩增产生均一的同质抗体，这是单克隆抗体产生的理论基础。

一般能产生抗体的浆细胞是不能分裂的细胞，这些细胞在体外培养只能存活数天，如何获得既能分裂又能产生某一特异性抗体的单克隆 B 细胞是获得单克隆抗体的关键。骨髓瘤细胞即恶性浆细胞在培养条件下可无限繁殖，若将 B 细胞与骨髓瘤细胞融合就可获得具有无限繁殖能力并可分泌均质抗体的杂交瘤细胞。

制备杂交瘤细胞时，将缺乏次黄嘌呤-鸟嘌呤磷酸核糖转移酶（HGPRT）的骨髓瘤细胞与经特异性抗原免疫的裸小鼠脾中的 B 细胞经 PEG 等方法融合，并在含有次黄嘌呤、氨基喋呤和胸腺嘧啶的 HAT 培养基上进行筛选。细胞中 DNA 生物合成主要有两个途径——主要途径和补救途径。主要途径是细胞由氨基酸和小分子化合物合成核苷酸，进而合成 DNA，这一途径可被 HAT 培养基的氨基喋呤所阻断。失去主要途径的细胞需经过补救途径合成 DNA 才能存活，利用补救途径合成 DNA 需要 HAT 培养基中含有的次黄嘌呤、胸腺嘧啶，细胞内还应有次黄嘌呤-鸟嘌呤磷酸核糖转移酶。综上，没有融合的 B 细胞由于不能长期存活而死亡，未融合的骨髓瘤细胞由于主要途径被阻断同时又不能利用补救途径也不能存活。最终只有融合的杂交瘤细胞同时具有 HAT 的次黄嘌呤和胸腺嘧啶以及来自 B 细胞的 HGPRT 能够继续生长而被筛选出来。

制备单克隆抗体的流程见图 3-15。

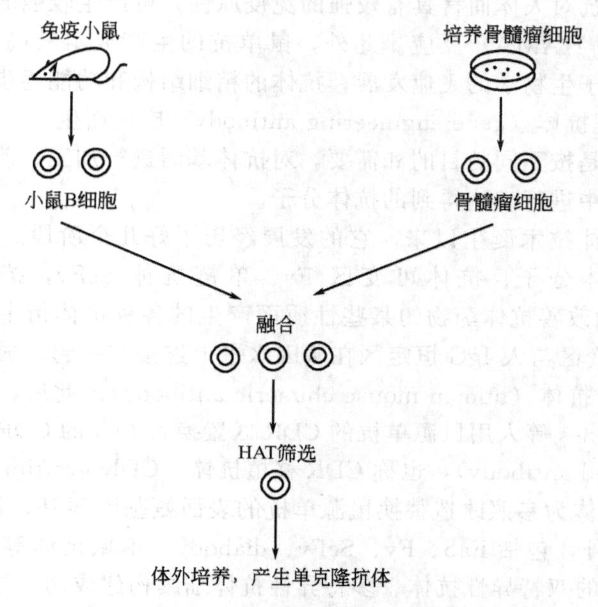

图 3-15 制备单克隆抗体的流程

二、单克隆抗体的应用

(1) 用于肿瘤的诊断和治疗　肿瘤发生过程中存在一系列分子的异常表达，用单克隆抗体对这些肿瘤相关分子进行检测，对临床上肿瘤的诊断及其生物学特性进行判断具有重要意义。同时用单克隆抗体对机体肿瘤相关基因的表达水平进行检测也广泛应用于临床肿瘤研究。例如，与某些肿瘤细胞上抗原反应的单克隆抗体能准确定位那些因太小而不能用常规法检测的肿瘤，将抗肝癌蛋白质的单克隆抗体用放射性碘元素标记，病人注射抗体后，抗体就直接对肿瘤组织进行精确的放射性治疗等。

(2) 细胞表面或分泌的分子的功能性分析　生物分子例如酶一般通过磷酸化和去磷酸化来实现活性的转变，利用针对这些构象变化的特异性抗体，可以测定片段分子的活性。同时，将单克隆抗体进行标记可对生物活性分子进行胞内示踪，了解该分子的活性状态。

(3) 在生物分子的纯化上广泛应用　对于细胞中含量低的分子，当用其他分离方法无法分离出来时，可以用抗这种分子的抗体作为配基连于固体载体上，用亲和分离法对其进行分离纯化。

(4) 在细胞鉴定分类中广泛应用　不同细胞之间、同一细胞不同时期表达不同的分子，不同的分子的表达赋予了细胞特定的生物学特征，这样可以利用单克隆抗体对这些分子进行鉴定，根据这些分子的差异从而将细胞进行分类。

第三节 基因工程抗体

一、基因工程抗体的特点

单克隆抗体作为载体，携带毒素蛋白、放射性核素以及药物在肿瘤的临床治疗中具有极大的应用潜力，但常用的鼠源性单克隆抗体在临床的应用中具有许多限制其疗效和使用的障碍，最主要的是鼠单抗对人体而言具有较强的免疫原性，可产生较强的人抗鼠抗体（human anti-mouse antibody，HAMA）反应。此外，鼠单抗的生产成本较高，难于大规模普及应用。近年来，随着分子生物学的飞速发展，抗体的精细结构和功能逐步得到阐明，结合重组DNA技术，基因工程抗体（gene engineering antibody）应运而生。

基因工程抗体就是按不同的目的和需要，对抗体基因进行加工、改造和重新装配，然后导入适当的受体细胞中进行表达得到的抗体分子。

自从基因工程抗体技术诞生以来，它的发展经历了好几个阶段。基因工程抗体所指范畴，包括完整的抗体分子、抗体可变区 Fv、单链抗体 ScFv，抗原结合片段 Fab 或 $(Fab')_2$，以及其他为改善抗体药物的某些性质而产生的各种抗体衍生物。1984年，Morrison等人将鼠单抗可变区与人IgG恒定区在基因水平上连接在一起，成功构建了第一个基因工程抗体即人-鼠嵌合抗体（human-mouse chimeric antibody）。此后，各种基因工程抗体大量涌现。1986年，Jones等人用鼠源单抗的CDR区置换人IgG的CDR区，成功构建了第一个改形抗体（reshaped antibody），也称CDR移植抗体（CDR grafting antibody）。1991年，Padlan等人提出以抗体为参照改造替换鼠源单抗的表面氨基酸残基，得到镶面抗体（resurfacing antbody）。此外，包括Fab、Fv、ScFv、diabody、单域抗体等在内的多种单价小分子抗体以及发展迅猛的双特异性抗体、多特异性抗体陆续构建成功。与鼠源性单克隆抗体相比，基因工程抗体具有许多优点：

① 通过基因工程技术的改造，可以最大程度降低抗体的鼠源性，降低甚至消除人体对抗体的排斥反应；

② 基因工程抗体的分子较小，穿透力强，更易到达病灶的核心部位；

③ 可以根据治疗的需要，制备多种用途的新型抗体；

④ 可以采用原核细胞、真核细胞或植物细胞等多种表达系统大量生产抗体分子，成本大大降低。

二、基因工程抗体的应用

抗体开发中最关键的问题是如何选择有效的体内抗原靶标。根据成功的上市抗体来看，理想的靶标应该具备以下条件。

(1) 特异性　靶标抗原应该特异地分布于特定症状的细胞或组织，而不出现或极少出现于其他地方如正常组织细胞表面，因此这些分子通常为肿瘤特异抗原或相关抗原。

(2) 均一性　靶标分子应该较均匀地分布于治疗对象上，不能存在量的高低、质的变异，因此异质性、调变性抗原（如绝大多数肿瘤相关抗原）不适宜于作为靶标。

(3) 唯一性　在某个信号通道中该抗原具有不可替代（至少是关键性）的作用，其活性一旦被抑制，信号被切断，无旁路途径存在。例如一些炎症反应的介质如TNF、IgE等具有这种性质。

(4) 有效性　对于治疗性抗体而言，抗体抑制相应抗原的活性后可以有效地改变原来的症状，如细胞增殖、恶变等。

此外，临床有价值的抗体还必须具有较高的亲和力及特异性，使用何种形式的工程抗体也显著影响临床疗效。一般地，治疗性抗体要求较长的半衰期，以中和性的全抗体或Fab为佳；体内诊断性抗体要尽早清除，以同位素标记的单链抗体居多。对于实体肿瘤，还有一个影响因素是抗体的渗透能力，虽然分子越小渗透能力越强，但结合半衰期、治疗效果考虑，Fab或二价单链抗体具有更多的优势。基因工程抗体的具体应用如下所述。

1. 在治疗肿瘤方面的应用

近20年来，肿瘤分子生物学、肿瘤遗传学、肿瘤免疫学、肿瘤细胞生物学等均取得了长足的发展，肿瘤发生的机制渐现轮廓，越来越多的肿瘤相关蛋白被发现，为肿瘤的抗体治疗提供了大量的靶位点。目前，治疗肿瘤的抗体药物已经不再局限于靶向治疗，生长因子的中和封闭抗体、受体信号转导阻断抗体、抗血管生成抗体（anti-angiogenesis antibody）等多种类型抗体的出现为肿瘤的抗体治疗提供了广阔的空间。1997年抗CD20嵌合抗体Rituximab（Rituxan）获准上市销售，用于治疗B细胞淋巴瘤，成为FDA批准的第一个治疗肿瘤的抗体，又一次掀起了抗肿瘤抗体药物研究的热潮。相对于其他肿瘤生物治疗手段，抗体药物具有选择性强、毒副作用小、药理机制明确、药效显著、安全性好等优势。

截止2004年，FDA已经批准上市的19种抗体药物中有5种工程抗体药物用于治疗肿瘤，疗效良好，其中Rituximab和Trastuzumab（Herceptin）已成为临床首选的一线辅助治疗用药。而正在临床试用阶段治疗肿瘤的抗体药物达90种以上，处在临床前研究中的有79种以上，占所有生物制品药物的25%。预计在未来的几年中，还会有5～7种抗体药物获准上市用于治疗肿瘤，包括抗CD20抗体Tositumomab^{131}I（Bexxar®，用于非霍奇金淋巴瘤）等。抗体治疗已经继手术、化疗、放疗、激素治疗成为第五大肿瘤临床治疗手段。仅3种上市销售的治疗肿瘤抗体的抗体药物就已经占了抗肿瘤药物市场10%左右的份额，这也从另外一个角度表明治疗肿瘤的抗体类药物在肿瘤治疗中的重要地位。

2. 在治疗病毒病方面的应用

由于病毒感染与细菌感染不同，至今无特异性治疗药物，而特异性人源抗病毒抗体已被多方面证实可用于防治由许多病毒引起的疾病。这些病毒性疾病包括由RNA或DNA病毒，如正黏病毒科、副黏病毒科、黄热病毒科、甲病毒科、沙立病毒科、小RNA病毒科、噬肝DNA病毒科以及疱疹病毒科等病毒引起的疾病。

目前，应用人源噬菌体抗体库技术和抗体工程平台技术，抗病毒感染治疗性的人源或人源化基因工程抗体的研究已取得了很大进展。人源抗病毒中和性基因工程抗体的产生不仅在基础病毒学研究领域中使人们对病毒感染和免疫的机理、病毒感染后病毒抗原递呈和新的中和抗原位点的发现等有了更新的认识，同时人源抗病毒基因工程抗体，尤其是人源全抗体的研究成功，给各种病毒性传染病的特异性预防和治疗带来了新的希望，在抗病毒感染生物药领域逐渐形成了一类新的抗病毒药，即所谓的抗体药（antibody drug）。

3. 在治疗自身免疫病方面的应用

截至2005年，已批准用于治疗自身免疫病的抗体药物仅有一个，即Infliximab（Remicade）。Infliximab是由英国Schering Plough和美国Centocor公司联合开发的一种嵌合型抗TNF-α单抗，由人的恒定区（75%）和鼠可变区（25%）组成。

现处于开发阶段的抗体药物有40余种。5G1.1是Alexion Pharm公司开发的抗C5抗体，5G1.1对系统性红斑狼疮、膜性肾炎、狼疮性肾炎、牛皮癣、类风湿性关节炎、类天疱疹等自身免疫病有潜在的疗效。ABX-IL8是由Abgenix公司开发的抗IL-8全人单抗，ABX-IL8对牛皮癣、类风湿性关节炎、慢性阻塞性肺病等有一定的疗效。Antegren（natalizumab）是由Athena和Elan公司合作开发的抗整合素VLA-4的单克隆抗体，用于治疗多发性硬化和局限性回肠炎。D2E7（adalimumab）是抗 TNF-α 的全人单抗，它是由 Abbott 公司和 Cambridge 抗体技术开发公司合作开发，用于类风湿性关节炎、脓毒症和炎性肠道病。LDP-02 是 Millennium 公司开发的一种抗 α4β7（即整合素 β7 亚家族的 LPAM-1）的人源化单克隆抗体，有静脉注射和肌内注射两种剂型，用于治疗炎性肠病（包括溃疡性结肠炎和局限性回肠炎）。MEDI-507（siplizumab）是由 Medimmune 公司开发的一种抗 CD2（即 LFA-2）的人源化单抗，用于治疗牛皮癣、类风湿性关节炎、多发性硬化和局限性回肠炎等多种自身免疫病。

4. 在治疗哮喘方面的应用

正在研制的针对哮喘的抗体药物有很多种。rhuMab-E25（omalizumab）是抗 IgE 的人源化单抗，它能和游离的 IgE 结合，阻断 IgE 和肥大细胞及嗜碱粒细胞的相互作用。SB-240563（mepolizumab），它是抗 IL-5 的单抗，IL-5 在嗜酸粒细胞的成熟及其向炎症部位的聚集过程中发挥非常重要的作用，SB-240563 所治疗的哮喘病人血液和唾液中嗜酸粒细胞减少，而嗜酸粒细胞的活性是哮喘发生的主要病因。SCH55700 是 Celltech 公司开发的抗 IL-5 的人源化单抗，它可减低病人血液中嗜酸粒细胞的水平。IDEC-152 是 IDEC Pharmaceuticals 公司开发的抗 CD23 的灵长类单抗，它能够和 CD23 结合，通过调节 IgE 的生成控制哮喘等疾病的病程。

5. 在治疗移植排斥反应方面的应用

目前，已处于临床应用的针对移植排斥反应的抗体药物，包括两个多克隆抗体和三个单克隆抗体。淋巴细胞免疫球蛋白，商品名 Atgam，是 Pharmacia 开发的抗 T 细胞上多种 T 细胞表面抗原（如 CD2、CD3、CD4、CD8、CD11α 和 CD18 等）的马源多克隆抗体，用于防治肾同种移植排斥、预防骨髓移植中的移植物抗宿主反应和治疗不适合骨髓移植之患者的再生障碍性贫血。兔源抗胸腺细胞球蛋白，商品名 thymoglobulin，是 SangStat 公司开发的抗 T 细胞上多种受体的兔源多克隆抗体，用于与免疫抑制剂并用治疗肾移植急性排斥。Basiliximab，商品名 Simulect，是 Norartis 公司开发的抗 IL-2 受体（CD25）的嵌合型单抗，与二元或三元免疫抑制剂疗法联用，预防肾移植急性排斥。Daclizumab，商品名 Zenapax，是 Roche 公司开发的抗 IL-2 受体（CD25）α 链的人源化单抗，与二元或三元免疫抑制剂疗法联用，预防肾移植急性排斥。Muromonab-CD3，商品名 Orthoclone OKT3，是 Ortho Biotech 公司开发的抗 CD3 的鼠源单抗，用于肾移植的急性同种移植物排斥治疗。

6. 在心血管疾病方面的应用

与心血管疾病相关的抗体，包括诊断抗体和治疗抗体。

（1）诊断抗体　抗血小板抗体显像剂，如 GPⅡb-Ⅲa 的抗体，血小板活化时表面Ⅱb-Ⅲa 数目可增加至 80000 以上，因此，作用于 GPⅡb-Ⅲa 的抗体在血栓形成的部位有较高的结合率，可用于血栓定位；抗 GMP140 的单抗，GMP140 为活化的血小板的标记，集中于血栓形成区域，因此，GMP140 可用于体内血栓定位的靶位。抗纤维蛋白单抗显像剂，59D8 与 T2G1s 是目前在血栓显像中应用最多的两种纤维蛋白单抗，它们识别的位点是人纤维蛋白 β 链 *N* 端七肽，此位点仅存于纤维蛋白而不存在于纤维蛋白原。

（2）治疗抗体　抗血小板抗体药物已经作为治疗血栓性疾病的有效手段在临床上广泛应用，抗血小板抗体药物主要包括阿司匹林、血小板 ADP 受体拮抗剂和 GPⅡb-Ⅲa 拮抗剂。抗白细胞抗体药物，如 Hu23F2G 是人源化抗 CD11/CD18 单抗，对兔瞬时缺血模型研究证明，具有有效地减低再灌注损伤的功能。其他抗体药物，如 Enlimomab，人源化抗细胞间黏附分子（ICAM-1）抗体，不增加缺血或出血性中风病人再发作的危险，具有安全、稳定的生物活性。

第四节 抗体的氨基酸顺序

分别比较多个抗体的轻、重链多肽的氨基酸序列，发现它们均可分成不同的区。在轻链约 220 个氨基酸中，前 110 个氨基酸存在较大差异，称为轻链可变区（light variable region，VL）；后 110 个氨基酸具有较大保守性，称为轻链恒定区（light constant region，CL）。有两种类型的轻链，一种是 κ 型轻链，另外一种是 λ 型轻链。λ 型轻链的氨基酸序列有微小的差异，以 λ 型轻链为基础可进行亚型的分类。小鼠有三个亚型，λ1、λ2 和 λ3；人类有四个亚型。

重链 440 个氨基酸，以每 110 个氨基酸为单位，亦根据相同的原因依次分为重链可变区（heavy variable region，VH）及第一、第二、第三恒定区（CH1，CH2，CH3）。根据重链恒定区可将重链分为 μ、δ、γ、ε 和 α。δ、γ 和 α 链的恒定区大约有 330 个氨基酸，μ 和 ε 链的恒定区大约有 440 个氨基酸。μ、δ、γ、ε 和 α 链对应的抗体分别为 IgM、IgD、IgG、IgE 和 IgA。一个抗体分子中有两个相同的重链和两个相同的轻链，即 H2L2 或 $(H2L2)_n$。

由于氨基酸序列的微小差异，α 和 γ 重链有很多的亚类。在人类，α 重链有两个亚类，即 α1 和 α2；γ 重链有四个亚类，即 γ1、γ2、γ3 和 γ4。而小鼠的 γ 重链的四个亚类分别为 γ1、γ2a、γ2b 和 γ3。

图 3-16 和图 3-17 分别为鼠源抗体重、轻链氨基酸序列及其功能区划分示意。

人体五类免疫球蛋白链的组成见表 3-2。

重、轻链的可变区组成结合抗原的可变区（variable region fragment，Fv），加上第一恒定区组成抗原结合片段（antigen binding fragment，Fab），两对 CH2、CH3 组成恒定区片段（constant fragment，Fc），Fab 与 Fc 间有铰链区（hinge region）相连。

在氨基酸序列的具体位置上，重、轻链可变区的 FR 及 CDR（又称高变区）的分布区段是不同的，但具有共同的特点：不同种类及种属抗体间 FR 区序列十分保守，而 CDR 区序列尤其是 CDR3 的序列具极大的变异性。FR 的保守性不仅有利于设计简并引物构建抗体基因库，也极大地方便了抗体工程的有关操作（如抗体人源化等），所有的 CDR 组成了与抗原结合的位点，其序列的多变性则是抗体特异性的基础。

表 3-2 人体五类免疫球蛋白链的组成

类型	重链	重链亚类	轻链	分子式	类型	重链	重链亚类	轻链	分子式
IgG	γ	γ1、γ2、γ3、γ4	κ 或 λ	γ2κ2 γ2λ2	IgE	ε	None	κ 或 λ	ε2κ2 ε2λ2
IgM	μ	None	κ 或 λ	$(\mu2\kappa2)_n$ $(\mu2\lambda2)_n$ $n=1$ 或 5	IgD	δ	None	κ 或 λ	δ2κ2 δ2λ2
IgA	α	α1、α2	κ 或 λ	$(\alpha2\kappa2)_n$ $(\alpha2\lambda2)_n$ $n=1$、2、3 或 4					

Kabat、AbM 和 Chothia 是三个不同的抗体数据库，分别对抗体的氨基酸序列进行编号和区域划分。Kabat、AbM 和 Chothia 对重、轻链可变区氨基酸序列的 FR 及 CDR 区域划分见图 3-18 和图 3-19。

重链的 CDR1 区域（CDR-H1）大约从第 26 个氨基酸开始，即通常在 FR1 区域的倒数第 4 个氨基酸——Cys 之后的第 4 个氨基酸（根据 AbM 和 Chothia 的划分）或第 9 个氨基

M E T D T L L L W V L L L W V P G S T G E V E L V E S G A G L V Q P G R S M K L S C

信号肽 VH (重链可变区)

A T S G F T F S D Y G M A W V R Q A P T K G L E W V A S T T T S G G T T Y Y R D S V

VH

K G R F T I S R D N A K N T L Y L Q M D L S R S E D T A T Y Y C T T D P S Y Y Y F D

VH

Y W G Q G V M V T L S S A E T T A P S V Y P L A P G T A L K S N S M V T L G C L V K

VH CH1(重链恒定区1)

G Y F P E P V T V T W N S G A L S S G V H T F P A V L Q S G L Y T L T S S V T V P S

CH1

S T W P S Q T V T C N V A H P A S S T K V D K K I V P R N C G G D C K P C I C T G S

CH1 铰链区

E V S S V F I F P P K P K D V L T I T L T P K V T C V V V D I S Q D D P E V H F S W

CH2(重链恒定区2)

F V D D V E V H T A Q T R P P E E Q F N S T F R S V S E L P I L H Q D W L N G R T F

CH2

R C K V T S A A F P S P I E K T I S K P E G R T Q V P H V Y T M S P T K E E M T Q N

CH2 CH3(重链恒定区3)

E V S I T C M V K G F Y P P D I Y V E W Q M N G Q P Q E N Y K N T P P T M D T D G S

CH3

Y F L Y S K L N V K K E K W Q Q G N T F T C S V L H E G L H N H H T E K S L S H S P

CH3

G K

图 3-16 鼠源抗体重链氨基酸序列及其功能区划分示意图

M E T D T L L L W V L L L W V P G S T G D I Q L T Q S P S S L S A S L G D R V S L T C

信号肽 VL (轻链可变区)

Q S S Q G I G N F L S W Y Q H K P G K P P K P L I Y Y A T N L A D G V P S R F S G S G

VL

S G S H Y S L T I S S L E S E D T G I Y Y C L Q Y D E Y P W T F G G G T K L E I K R A

VL

D A A P T V S I F P P S T E Q L A T G G A S V V C L M N N F Y P R D I S V K W K I D

CL (轻链恒定区)

G T E R R D G V L D S V T D Q D S K D S T Y S M S S T L S L T K A D Y E S H N L Y T

CL

C E V V H K T S S S P V V K S F N R N E C

CL

图 3-17 鼠源抗体轻链氨基酸序列及其功能区划分示意图

	FR1	CDR1	FR2	CDR2	FR3	CDR3	FR4
Kabat		←H1→		←H2→		←H3→	
AbM		←H1→		←H2→		←H3→	
Chothia		←H1→		←H2→		←H3→	
laag	EVMLVESGGGLVQPGGSLRLSCAAS	GFTFSRYA—MS	WVRQPPGKRLEWVA	TIS— SGGSHTFHPDSVKG	RFIISRDNAKNTLYLQMNALRAEDTAIYYCAR	PPLISLVADYAM——DY	WGAGTTVTVSS
lacy	QVKLQESGPAVIKPSQSLSLTCIVS	GFSITRINYCWH	WIRQAPGKGLEWMG	RIC— YEGSIYYSPSIKS	RSTISRDTSLNKFFIQLISVTNEDTAMYYCSR	ENHMYETYF——DY	WGQGTTVVSS
laif	EVKLQESGGGLVQPGGSMKLSCVAS	GFTFNNYW—MS	WVRQSPEKGLEWVA	EIRLNSDNFATHYAESVKG	KFIISRDDSKSRLYLQMNSLRAEDTGIYYCVL	RPLFYYAV——DY	WGQGTSVTVSS
lap2	EVQLQQSGAELVRPGASVKLSCTAS	GFNIKDDF—MH	WVKQRPEQGLEWIG	RID—PANDNTKYAPKFQD	KATIIADTSSNTAYLQLSSLTSEDTAVYYCAR	REVYSYYSPL——DV	WGAGTTVTVP
lcbv	EVQPVETGGGLVQPKGSLKLSCAAS	GFSFNTNA—MN	WVRQAPGKGLEWVA	RIRSKSNNYATYYADSVKD	RFTISRDDSQNMLYLQMNNLKTEDTAMYYCVR	DQTGTAWF——AY	WGQGTLVTVSA
lbp1	—VQLQQSGAELMKPGASVKISCKAS	GYTFSDYW—IE	WVKQRPGHGLEWIG	EIL—PGSGSTNYHERFKG	KATFTADTSSSTAYMQLNSLTSEDSGVYYCLH	GNYDF——DG	WGQGTTLTVSS
lcbv	EVQPVETGGGLVQPKGSLKLSCAAS	GFSFNTNA—MN	WVRQAPGKGLEWVA	RIRSKSNNYATYYADSVKD	RFTISRDDSQNMLYLQMNNLKTEDTAMYYCVR	DQTGTAWF——AY	WGQGTLVTVSA
ldvf_e5.2	QVQLQQSGTELVKSGASVKLSCTAS	GFNIKDTH—MN	WVKQRPEQGLEWIG	RID—PANGNIQYDPKFR	GKATITADTSSNTAYLQLSLTSEDTAVYYCAT	KVIYYQGRGAM——DY	WGQGTILTVS—
lggc	QVQLQESGPGILQPSQTLSLTCSFS	GFSLSTYGMGVS	WIRQPSGKGLEWLA	HIF—WDGDKRYNPSLKS	RLKISKDTSNNQVFLKITSVDTADTATYYCVQ	EGY——IY	WGQGTSVTVSS
lme1	—VQLQASGGGSVQAGGSLRLSCAAS	GYTIGPYC—MG	WFRQAPGKEREGVA	AIN—MGGGITYYADSVKG	RFTISQDNAKNTVYLLMNSLEPEDTAIYYCAA	DSTIYASYYEGGHGLSTGGYGYDS	WGQGTQVTVSS
lmim	—QLQQSGTVLARPGASVKMSCKAS	GYSFTRYW—MH	WIKQRPGQGLEWIG	AIY—PGNSDTSYNQKFEG	KAKLTAVTSASTAYMELSSLTHEDSAVYYCSR	DYGYYF——DF	WGQGTTLTVSS

图 3-18 重链可变区FR及CDR序列示意图

	FR1	CDR1	FR2	CDR2	FR3	CDR3	FR4
		←L1→		←L2→		←L3→	
laag	DIVMTQSPSSLSVSAGERVTMSC	KASQDV—G-AA—LA	WYQQKPGQPPKLLIY	WASTRHT	GVPDRFTGSGSGTDFTLTISSVQAEDLAVYYC	QQYSGYPL—T	FGAGTK——
lacy	DIVMTQSPASLVVSLGQRATISC	RASES——VDSYGKSFMH	WYQQKPGQPPKVLIY	IASNLES	GVPARFSGSGSRTDFTLTIDPVEADDAATYYC	QQNNEDPP—T	FGAGTK——
lafv	DIVLTQSPASLAVSLGQRATISC	RASESVDNYGI——SFMN	WFQQKPGQPPKLLIY	AASNLGS	GVPARFSGSGSGTDFSLNIHPMEEEDTAMYFC	QQSKEVPL—T	FGAGTKVELKRA
lcly	—LMTQIPVSLPVSLGDQASISC	RSSQII——VHNNGNTYLE	WYLQKPGQSPQLLIY	KVSNRFS	GVPDRFSGSGSGTDFTLKISRVEAEDLGVYYC	FQGSH—VPFT	FGSGTKLEIKRT
lgig	QAVVTQES-ALTTSPGETVTLTC	RSSTGAVT—TSN—YAN	WVQEKPDHLFTGLIG	GTNNRAP	GVPARFSGSLIGDKAALTITGAQTEDEAIYFC	ALWYSNHW—V	FGGGTK——
lgig	QAVVTQES-ALTTSPGETVTLTC	RSSTGAVT—TSN—YAN	WVQEKPDHLFTGLIG	GTNNRAP	GVPARFSGSLIGDKAALTITGAQTEDEATYFC	ALWYSNHW—V	FGGGTK——
2mcp	DIVMTQSPSSLSVSAGERVTMSC	KSSQSLLNSGNQKNF—LA	WYQQKPGQPPKLLIY	GASTRES	GVPDRFTGSGSGTDFTLTISSVQAEQLAVYYC	QNDHSYPL—T	FGAGTK——
2psk	QIVLTQSPAIMSASPGEKVTITC	SASSV——SNIH	WFQQKPGTFPKLWIY	STSTLAS	GVPGRFSGSGSGTSYSLTISRMGAEDAATYYC	QQRSGYPF—T	FGSGTKLEIKRA
7fab	ASVLTQPP-SVSGAPGQRVTISC	TGSS—S—NIGA-GHNVK	WYQQLPGTAPKLLIF	HNN——	—ARFSVSKSGTSATLAITGLQAEDEADYYC	QSYDRSLR—V	FGGGTK——
2rcs	DIQMTQSPSSLSASLGERVSLTC	RASQEIS——GYLS	WLQQKPDGTIKRLIY	AASTLDS	GVPKRFSGSRSGSDYSLTISSLESEDFADYYC	LQYASYPR—T	FGGGTKVEIKRT
2rhe	ESVLTQPP-SASGTPGQRVTISC	TGSA—T—DIGS-N-SVI	WYQQVPGKAPKLLIY	YNDLLPS	GVSDRFSASKSGTSASLAISGLESEDEADYYC	AAWNDSLDEPG	FGGGTK——

图 3-19 轻链可变区FR及CDR序列示意图

酸（根据 Kabat 的划分），CDR1 区域之前的氨基酸结构总是 Cys-XXX-XXX-XXX，CDR1 区域之后的第一个氨基酸总是 Trp（其典型结构为 Trp-Val、Trp-Ile 或 Trp-Ala），CDR1 区域由 10～12 个氨基酸（根据 AbM 的划分）组成，若根据 Chothia 的划分则不包括最后 4 个氨基酸；重链的 CDR2 区域（CDR-H2）通常从 CDR1 区域之后的第 15 个氨基酸（根据 Kabat 和 AbM 的划分）开始，CDR2 区域之前的氨基酸典型结构为 Leu-Glu-Trp-Ile-Gly（但有很多突变体），CDR2 区域之后的氨基酸结构为 Lys/Arg-Leu/Ile/Val/Phe/Thr/Ala-Thr/Ser/Ile/Ala，CDR2 区域由 16～19 个（根据 Kabat 的划分）或 9～12（根据 AbM 和 Chothia 的划分）个氨基酸组成；重链的 CDR3 区域（CDR-H3）通常从 CDR2 区域之后的第 33 个氨基酸开始，即通常在 FR3 区域的倒数第 3 个氨基酸——Cys 之后的第 3 个氨基酸，CDR3 区域之前的氨基酸结构总是 Cys-XXX-XXX（典型结构为 Cys-Ala-Arg），CDR3 区域之后的氨基酸结构总是 Trp-Gly-XXX-Gly；CDR3 区域由 3～25 个氨基酸组成。这与 Kabat、AbM 和 Chothia 对重链可变区氨基酸序列的 FR 及 CDR 区域划分相符合。

轻链的 CDR1 区域（CDR-L1）从第 24 个氨基酸开始，其之前的氨基酸总是 Cys，CDR1 区域之后的第一个氨基酸总是 Trp（其典型结构为 Trp-Tyr-Gln、Trp-Leu-Gln、Trp-Phe-Gln 或 Trp-Tyr-Leu），CDR1 区域由 10～17 个氨基酸组成；轻链的 CDR2 区域（CDR-L2）从 CDR1 区域之后的第 16 个氨基酸开始，CDR2 区域之前的氨基酸结构通常为 Ile-Tyr、Val-Tyr、Ile-Lys 或 Ile-Phe，CDR2 区域通常由 7 个氨基酸（除了 7FAB 外，7FAB 在这个区域有氨基酸缺失）组成；轻链的 CDR3 区域（CDR-L3）从 CDR2 区域之后的第 33 个氨基酸（除了 7FAB 外，7FAB 在 CDR2 区域末端有氨基酸缺失）开始，CDR3 区域之前的氨基酸总是 Cys，CDR3 区域之后的氨基酸结构总是 Phe-Gly-XXX-Gly（XXX 代表任何氨基酸）；CDR3 区域由 7～11 个氨基酸组成。这与 Kabat、AbM 和 Chothia 对轻链可变区氨基酸序列的 FR 及 CDR 区域划分相符合。

第五节　抗体分子的克隆

一、抗体基因克隆的方法

抗体基因的克隆有三条途径：杂交瘤细胞或浆细胞、B 细胞自然基因库和合成基因库。

在杂交瘤细胞中，抗体重、轻链基因已被抗原在体内选择，其 mRNA 已经剪接并已富集达 3000 个拷贝，而且抗体基因已经历了抗原的亲和成熟过程。所以，制备抗体的亲和性和阳性率都高，且重链与轻链属自然配对。然而，杂交瘤细胞只分泌单一特异性的单克隆抗体，结果限制了各种特异性抗体的选择范围。

B 细胞含有抗体的全套自然基因库，能够代表机体所有初级 B 细胞含有的抗体基因的多样性，使用任何抗原都可能从中筛选到相应抗体。但是由于动物或人总要受到某些抗原的刺激，其 B 细胞库中，携带特异性抗体基因的 B 细胞比例增加，这必然导致天然抗体库的偏向性。另外，初级 B 细胞未经抗原的反复刺激，因而 B 细胞含有一种抗体的 mRNA 拷贝数为 100，因此从抗体自然基因库中得到的抗体亲和性低，具有典型初次应答的特点，并对其他非特异性抗原存在交叉反应。但是，抗体自然基因库扩大了特异性抗体的筛选范围。

合成基因库包括半合成基因库和全合成基因库两种，半合成基因库是由人工合成的一部分抗体可变区基因序列与另一部分天然抗体基因序列组合在一起，构建的抗体基因库；而全合成基因库则是人工合成全部的抗体可变区基因序列。合成基因库是用目前已克隆的抗体重链可变区或轻链可变区基因与一个固定的轻链或重链配对，或在一条固定的重链上使用各种互补决定区3（CDR3）基因，可以获得多种特异性的抗体，方便了人源化抗体的制备。

一般多用免疫B细胞或融合的骨髓瘤细胞为原材料，以便富集所有抗原特异性高的V基因，其缺点是融合细胞不稳定，不适宜多次的亲和成熟筛选。直接用外周血或淋巴组织分离的B细胞，可用于人源Ig的V基因提取，但筛选出高亲和性和目的抗原特异的V基因的概率不高，须用基因克隆扩增技术或噬菌体展示技术丰富库容，然后进行随机筛选。通过PCR进行抗体基因克隆时要求合理设计能识别任一抗体基因的寡核苷酸引物对。至今已有很多对的引物被用于抗体基因的克隆，例如，以抗体的*N*端序列、抗体基因的cDNA末端、抗体引导肽序列为依据，尤其是以Kabat或V区数据库（该数据库构建以已知可变区框架的氨基酸序列为基础）为依据设计的引物已有近50条（http：//vbase. mrc-cpe. cam. ac. uk/）。

下面介绍三种克隆抗体基因的方法，包括PCR技术、二步克隆法、RACE技术，具体方法如下所述。

（一）PCR技术

抗体重链可变区（VH）和轻链可变区（VL）基因分别由4个相对保守的框架区（FR）和3个互补决定区（CDR）组成。FR呈β片层结构，碱基组成和排列顺序较保守。因此可从杂交瘤细胞或脾细胞提取mRNA，反转录成cDNA，根据FR碱基组成设计PCR合成扩增VH和VL基因的寡核苷酸引物，以及寡核苷酸的linker序列以获得VH和VL基因，并以linker连接VL的*C*端和VH的*N*端或连接VH的*C*端与VL的*N*端，建成抗体基因或基因片段。linker长度以12～25个氨基酸组成较合适，其作用是使VH或VL自由折叠，暴露抗原结合位点，也可减少蛋白酶的攻击，防止抗体聚集。linker不影响抗体的二级结构，有助于恢复抗体的天然结合力，具有良好的稳定性和活力。

（二）二步克隆法

抗体基因可变区侧翼区核苷酸序列已经清楚，从已免疫的杂交瘤细胞或周围血淋巴细胞获得抗体分子抗原结合部位遗传信息的方法是：提取mRNA，反转录合成cDNA，分别用抗体特异性引物经PCR扩增获得VH和VL基因，将VH和VL基因分别克隆到两种噬菌体载体上，构建成分别表达VH和VL抗体片段的载体，扩增后再将两种载体中VH和VL基因片段用linker连接，克隆到同一噬菌体载体上并在大肠杆菌中共表达，从而形成抗体分子或其他功能片段。该方法可把抗体分子的抗原结合部位组装成能用细菌表达的功能性融合蛋白（如ScFv片段）。

（三）RACE技术

RACE（rapid amplification cDNA end）即快速扩增cDNA末端法，是以PCR技术为基础，使用oligo（dT）对mRNA进行反转录的同时在两头加上通用linker引物，利用基因特异的引物（gene specific primer，GSP）从部分已知的cDNA序列中扩增其他未知部分的5′端和3′端的cDNA序列。由于RACE技术在仅已知单侧序列可供特异性引物设计时仍能完成扩增反应，因此也称为单边PCR（one-side PCR）。同时由于该技术应用了供引物附着的锚序列，因此又称为锚定PCR（anchored PCR）。

该技术是通过直接的序列分析获得mRNA末端信息，因而更为准确可信；同时其使用的起始总RNA或mRNA仅需要1μg甚至1ng，就可扩增出丰度低于0.00001%的RNA，即只有几个RNA分子也能检测出来，故常用来扩增和克隆低丰度的mRNA末端。

RACE技术用含有特异性标签的oligo（dT）引物扩增cDNA末端。就3′端而言，序列的退火自然发生在 polyA 尾巴；就 5′端而言，可用末端转移酶加上 polyA 尾巴。通过应用特异性标签引物以及巢式序列的特异性引物，PCR 反应的特异性也随之提高。RACE 因技术路线不同分为 3′-RACE 和 5′-RACE 两种。而且这两种都需要先将 mRNA 反转录成第一链 cDNA，再扩增特异的 cDNA 产物。

3′-RACE（图 3-20）的原理是利用 mRNA 3′端天然的 polyA 尾巴作为一个引物结合位点进行 PCR。以 oligo（dT）和一个 adaptor 组成的引物来反转录总 RNA 得到加 adaptor 的第一链 cDNA，然后用 GSP1 和一个含有部分 adaptor 序列的引物（universal amplification primer，UAP 或 abridged universal amplification primer，AUAP），分别与已知序列区和 polyA 尾区退火，经 PCR 扩增捕获位于已知信息区和 polyA 尾之间的未知 3′mRNA 序列。为防止非特异带的产生，可采用巢式引物和 GSP2 进行第二轮扩增。

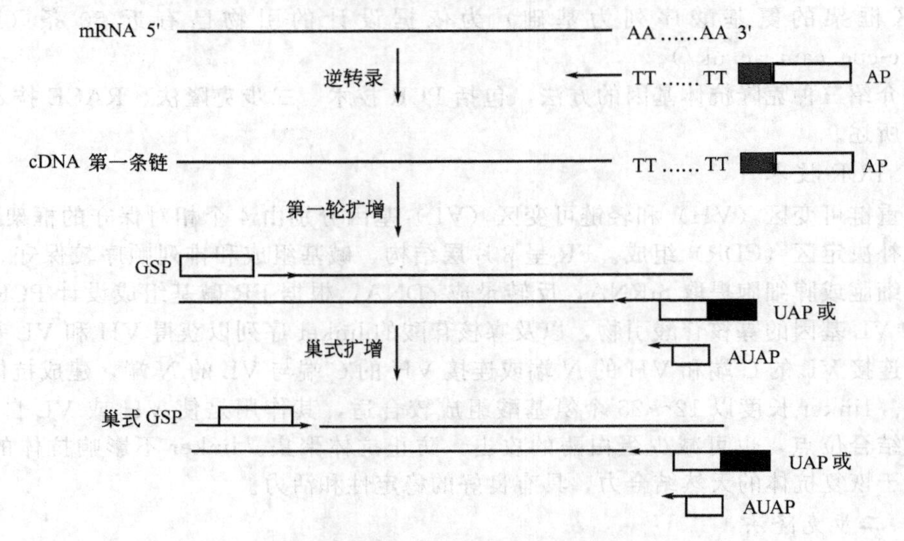

图 3-20　3′-RACE 技术的流程图

5′-RACE（图 3-21）技术是根据同样原理设计的。用一个反向的 GSP 在反转录酶作用下反转录总 RNA 得到第一链 cDNA，再用脱氧核糖核苷酸末端转移酶给 cDNA 的 5′端进行同聚物加尾反应，从而在未知的 cDNA 的 5′端加上一个 linker，即 oligo（dA）$_n$，然后再用 GSP 和 linker 引物——oligo（dT）$_n$，与 oligo（dA）$_n$ 互补配对，经 PCR 扩增未知 mRNA 的 5′端。扩增得到的双链 cDNA 用限制性内切核酸酶酶切和 Southern blot 分析并克隆。最终从 2 个有相互重叠序列的 3′-RACE 和 5′-RACE 产物中获得全长 cDNA，或者通过分析 RACE 产物的 3′端和 5′端序列，合成相应引物扩增出全长 cDNA。

用以上三种方法克隆的抗体基因，可选用不同的展示系统，如噬菌体展示、酵母展示、核糖体展示、细菌展示等进行筛选，这些方法的详细原理见本章第六节。

二、抗体基因克隆中的重要技术环节

（一）保持抗体分子的可溶性

在大肠杆菌中表达可溶性的单链抗体的一般意义是指表达产物分泌至周质腔。蛋白质的分泌不是一个孤立的过程，它与蛋白质的合成速率、后加工效率、降解速率等过程密切相连。在基本解决了转录及翻译效率之后发现，在同一个载体-宿主系统中不同的抗体片段基因，其表达产量仍可能相差几个数量级。因而抗体基因结构、蛋白质序列、翻译后蛋白折叠效率、产物稳定性及毒性等因素可能综合限制了功能蛋白的产量。为了全面地总结影响单链

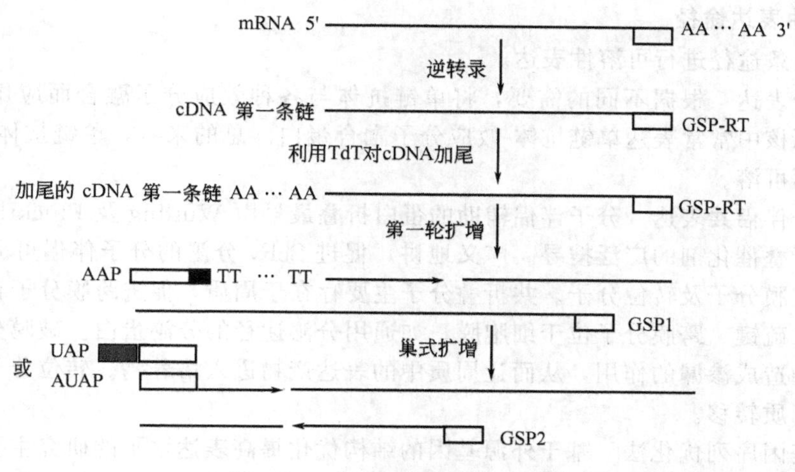

图 3-21　5′-RACE 技术的流程图

抗体基因在大肠杆菌中高效表达的因素，下面从影响抗体基因可溶性表达因素、所用表达载体、可溶性表达途径等方面进行概述。

1. 影响抗体基因可溶性表达因素

特定抗体的一级结构是决定功能蛋白产量的主要因素，因为它与翻译后产物的胞内折叠密切相关。对于单链抗体而言，人们可以从以下几个方面寻找到限制表达产物可溶性的原因，尽管它们或单独或联合起作用，但彼此之间并无孰重孰轻之分。

(1) 关键位置氨基酸　可变区序列内一个或几个位置的氨基酸突变有时会显著改变该单链抗体可溶部分的比例。

(2) 可变区的框架区　不同 Fv 在同一载体-宿主系统中表达的可溶部分比例有时相差上千倍，其中的原因必然隐藏在框架区（FR）或互补决定区（CDR）中。

(3) 可变区/恒定区界面　完整抗体或 Fab 的可变区结构域的 VH 及 VL 分别与 CH1 及 CL 接触，其界面以疏水作用为主。当表达单链抗体时这个疏水界面就成为单体分子相聚的“黏合块”，导致包涵体的形成及可溶产物降低。

(4) VH、VL 连接顺序　通常单链抗体的连接顺序是 VH-linker-VL，然而，在构建抗 BO 型沙门菌的单链抗体时，VL -linker- VH 的分泌 ScFv 比 VH-linker-VL 的分泌 ScFv 高 20 倍，其中可能原因是转录产物的稳定性不同或构象发生了变化。由于 VH 及 VL 的 N 端有时参与抗原结合，在确定它们的连接方向时还得兼顾 ScFv 的结合能力。

(5) linker　linker 的组成和长度也能影响翻译产物的折叠和分泌，通常 linker 的长度为 14～25 肽，在 12～28 肽范围内，较长序列对应较高亲和力，而以 11 肽、6 肽或 2 肽作为连接肽的单链抗体易于形成多聚体。在氨基酸组成方面，计算机辅助设计及肽库技术用于有其他氨基酸残基组成的连接肽的筛选。

2. 表达载体

表达载体的启动子和信号肽是影响分泌表达量的两个主要因素。高表达量与高分泌量往往是一对矛盾，强启动子驱动下的单链抗体一般都形成了包涵体。因此，选用强度相对较弱的启动子如 lac、野生型 lac（wt-lac）仍是试图获得较高分泌表达的努力之一。不同分泌蛋白的信号肽在长度和组成上有差异，原核和真核蛋白的信号肽也有差异，所以在 *E. Coli* 中表达单链抗体要以原核的信号肽引导。信号肽具有延缓前体蛋白折叠的功能，这大概是不同的信号肽影响分泌蛋白产量的原因。

3. 可溶性表达途径

一般有三条途径进行可溶性表达。

(1) 融合表达　根据不同的需要，将单链抗体与各种效应分子融合而应用于不同的方面，因而在原核中常常表达单链抗体-效应分子融合蛋白。总的来看，单链抗体-效应分子融合产物多数不可溶。

(2) 分子伴侣共表达　分子伴侣辅助的蛋白折叠最早由 Wulfing 及 Pluckthun 提出并引发了胞浆外折叠催化剂的广泛搜寻。广义地讲，促进 ScFv 分泌的分子伴侣可分为三类：共折叠分子、破膜分子及转位分子。共折叠分子主要存在于周质，促进跨膜分子在周质内正确折叠及形成二硫键。跨膜分子位于细胞膜，如通用分泌途径的分泌蛋白。破膜分子具有对细菌细胞膜结构造成渗漏的作用，从而让周质中的表达产物进入培养基。转位分子协助表达蛋白自胞浆向周质转移。

(3) 全基因序列优化法　基于外源基因的结构优化提高表达水平的研究主要涉及翻译起始区（TIR）及稀有密码子的替换，但有的稀有密码子替换并不能提供表达水平。除 5′端外，3′端的结构也可显著影响转录产物的稳定性，从而影响表达水平。DNA 改组（DNA shuffing）结合易错 PCR（error-prone PCR），可以从整体上对基因进行可控突变频率的改变，引入突变并重组，产生提供可溶产物表达水平的基因；以基于可溶产物的方法进行筛选，如将绿色荧光蛋白（GFP）与目的基因融合表达，由于只有可溶性的融合蛋白才能激发荧光，最后获得可溶性表达产物。

（二）设计理想的 linker 序列

从理论上讲，理想的 linker 需保证 VH 和 VL 在表达系统中能等摩尔地产生，不干扰 VH 和 VL 的自由折叠，并使抗原结合位点处于适当构型，不引起分子动力学改变，尽可能减少蛋白酶攻击及防止 ScFv 的聚集等。

linker 的设计对抗体分子的亲和力有重要影响，其长度和性质不应干扰 VH 和 VL 的立体折叠，并且不对抗原结合部位造成妨碍。目前最常用的 linker 序列是由 Huston 等根据 X 射线晶体衍射分析的抗体可变区结构，以及计算机辅助分析的结果设计的，是具刚性结构的 15 肽序列——$(Gly_4Ser)_3$。应用此序列许多研究者已构建成多种 ScFv 基因，并表达出具有活性的产物。此外，还可从已知三级结构的天然蛋白质获得的序列，如以轻链的折叠区序列、藻类蛋白序列等作为 linker 序列。

1. linker 的长度

linker 的长度必须以不干扰正常功能区结构或功能区间的接触为标准。linker 不应过短，至少应含 10 个氨基酸，过短可能干扰 VH 及 VL 的相互作用；但也不应过长，以免对抗原结合部位造成干扰。一般采用 15 个氨基酸 $(Gly_4Ser)_3$ 57Å[1] 的 linker，并已在许多 ScFv 类似物及其融合蛋白中证实有效，当 linker 为 10～29 个氨基酸时，也可获得有活性的 ScFv。同时这种 15 个氨基酸的 linker，不仅可连接 V 区的 *C* 端及 *N* 端，同时又可“拉紧”VH 及 VL 而不影响它们间的作用。VH-VL 异构体 *N* 端与 *C* 端的距离达 35Å，VH-VL 间 linker 的距离大约比一般抗体的 Fv 长 5～11Å。如果一个氨基酸单位长为 3.8Å，则大约 10 个氨基酸就可作为一个最小的 linker。

2. linker 不能干扰功能区的折叠

目前较常用的 linker 就符合这种要求，它既可避免抗体侧链大于丝氨酸的羟甲基团，而

[1] 1Å＝0.1nm，全书余同。

且在没有与邻近 Fv 表面作用的侧链存在时，也有利于非结构构型的易曲性。另外，根据细胞内酶功能区片段设计的长 linker，其晶体结构也是高度易曲的。通过分析多肽桥的晶体结构，新设计的亲水性 linker，包含有甘氨酸、丝氨酸、苏氨酸及带电残基。这些 linker 明显有助于与 V 区的相互作用而提高 ScFv 的稳定性，但也可能减少 ScFv 的产量。而且 linker 与邻近 V 区的作用过强也会干扰功能区的构型而改变其结合的特性。

3. linker 与功能区的融合对空间效应或电荷的影响

ScFv 结合位点可能与 V 区的顺序明显相关。VH-VL 比 VL-VH 的亲和力高 10 倍以上，但 VL-VH 的表达量比 VH-VL 高 20 倍。

虽然 VH 及 VL 氨基酸残基都接近结合位点，但 VH 的 *N* 端更靠近折叠的 HCDR3 环。根据多克隆抗体结合位点推测，在与抗原的相互结合上，VH 的作用比 VL 大，所以 VH-VL 的顺序可以减少对 ScFv 结合位点的干扰。但是，有的 VL 也可发挥同样甚至更为重要的抗原结合作用。

4. ScFv 及效应功能区间隔序列可能有助于其双功能的体现

在融合蛋白的设计中，效应功能区与 ScFv 间隔序列的易曲性对融合蛋白的活性很重要，因为它具有在空间结构上固定末端的作用。linker 的活动受其长度及链末端的限制，并限制其他空间阻碍结合的位点。如果效应区融合到 ScFv 氨基末端，间隔序列的设计就特别重要。因为该区非常接近结合位点，如 FB-ScFv 融合蛋白，可选择一个合适的间隔序列使其融合的有效性得到提高。在 B3-ScFv 及 PE40 细胞毒素功能区间插入不同的间隔，可改变其各自的再折叠率及最终 ScFv-PE40 的产量。用铰链区作为间隔序列构建的 ScFv-zeta 融合蛋白，可表现出 c-erbB2 结合活性；而未用铰链区的则无活性。这可能是由于铰链区富含脯氨酸，不易形成二级结构，并有相当的易曲性及亲水性，易于在 *E. coli* 中分泌表达出有功能的 ScFv。

（三）正确 PCR 引物的设计

1. 引物设计原则

采用 RT-PCR 法进行抗体基因克隆时，所设计的引物常可引起两端氨基酸序列的变异，但多数情况下未发现对抗体特异性和亲和力的影响。用突变性的引物进行 PCR 扩增时，由于不匹配和错误，有可能导致点突变和缺失，产生无功能的抗体或抗体的片段。因此，在进行引物设计时应尽可能保持亲本抗体可变区序列的完整性和真实性。

在 ScFv 基因中的 VH 和 VL 是由 linker 连接在一起的，其连接的方向可为 VH-VL 或 VL-VH，两种构建方式对抗体的特异性无明显影响，但可导致大肠杆菌分泌表达的不同。

2. 以 VH-$(G_4S)_3$-VL 方向组装小鼠 ScFv 片段所需设计的 PCR 引物

引物序列略。

三、嵌合抗体

在基因水平上将鼠源单克隆抗体可变区和人抗体恒定区连接起来并在合适的宿主细胞中表达，这种抗体称为人-鼠嵌合抗体（图 3-22）。嵌合抗体（chimeric antibody）是最早研制出来的基因工程抗体，在临床上已经广泛用于肿瘤的诊断和治疗。1984 年，Morrion 从杂交瘤细胞中分离出功能性可变区基因，与人 Ig 恒定区的基因连接，插入适当质粒，构建鼠-人嵌合的重链和轻链基因质粒载体，共同转染宿主细胞（如骨髓瘤细胞），表达鼠-人嵌合抗体。它的特点是大大减少鼠源性单克隆抗体的免疫原性，同时又保留了亲本抗体的特异性和亲和力。此外，通过连接上不同的人恒定区基因而改变抗体的效应功能。

在这种抗体中，编码可变区的基因序列来源于小鼠，而编码恒定区的基因序列则来源于

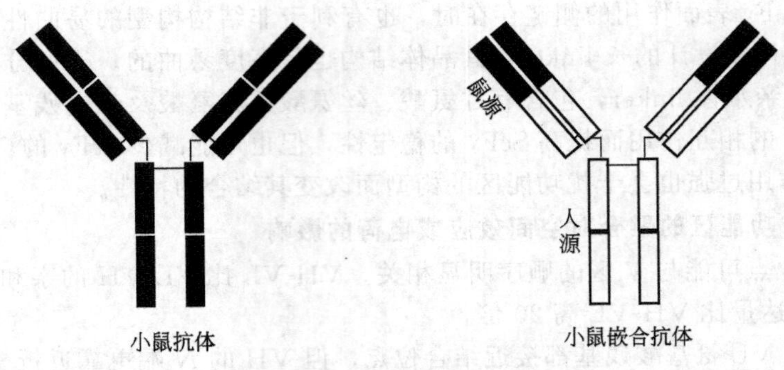

图 3-22　嵌合抗体的结构示意图

人，即有近 80%的成分是人源性的。嵌合抗体用于人体所产生的人抗鼠抗体，即 HAMA 反应比鼠源单抗明显减小；同时，人源的恒定区可更有效地介导人体内的 CDC 和 ADCC 等免疫效应。

人-鼠嵌合抗体的构建过程是，从杂交瘤细胞基因组中分离和鉴别出功能性的可变区基因，与人 Ig 恒定区基因相连接，插入到合适的质粒中，构建成人-鼠嵌合的重链、轻链基因，然后共转染宿主细胞。根据质粒所携带的标记基因产物，选用适当的抗生素或化合物进行筛选，再按杂交瘤技术相似的方法克隆出分泌人-鼠嵌合抗体的细胞株。

（一）可变区基因的克隆

从分泌亲本鼠单抗的杂交瘤细胞中克隆可变区基因，主要有两条技术路线。

第一条路线是，用适当的探针从亲本杂交瘤细胞系的 cDNA 文库中钓取可变区基因。在细胞基因组中，重链可变区基因由 V、D、J 3 个部分组成，轻链可变区基因则由 V、J 两部分组成。小鼠 12 号染色体上约有 300 多个 VH 片段、12 个 D 片段及 4 个 J 片段，这 3 种片段互不相连，跨度可达几十 kb，只有经过 V（D）J 重排的 V 基因才有功能。因此，可以用适当的 J 区探针从 cDNA 文库钓取含重排过的 V 区基因的克隆，从而获得可变区基因。V（D）J 重排后造成 DNA 限制性内切酶图谱发生改变，通过 DNA 印迹分析（Southern analysis）可将已发生 V（D）J 重排的克隆和未发生 V（D）J 重排的克隆区分开来。

第二条路线是，采用 RT-PCR 方法从 mRNA 出发分离可变区基因。利用抗体可变区框架区序列比较保守的特性，设计若干套通用的引物，采用 PCR 直接克隆就能得到可变区基因。这一方法大大简化了实验程序，最关键的是引物的设计，参考的序列主要来源于 Kabat 数据库，其中包含有人、小鼠、大鼠和兔子等在内的 9 个物种的免疫球蛋白基因序列信息，可以据此设计分别针对重链可变区和轻链可变区 5′末端和 3′末端的通用引物。需要指出的是，引物的设计允许有一定的简并性。对人和鼠的重链可变区和轻链可变区基因，5′末端引物可以设计在第一框架区，而且可以设计成针对不同的 VH 和 VL 家族。为使抗体分泌表达，5′末端引物还可以设计在同样保守的引导肽而不是成熟的 VH 和 VL 基因内，3′末端的引物可以设计在保守的恒定区或 J 链区。

（二）表达载体的构建

正确表达和得到有功能的产物，是进一步研究和应用嵌合抗体的关键步骤。嵌合抗体是完整的免疫球蛋白分子，分子量大且其恒定区需要糖基化才能行使抗体功能，因此，选择合适的表达系统尤为重要，真核细胞表达无疑是较合适的选择。载体应带有以下元件，启动子、细菌内扩增所必需的抗性基因、在真核细胞内进行选择的显性选择标记基因、人 Ig 恒定区基因、合适的引导肽序列、3′端转录终止信号和多聚腺苷化信号（polyadenylation signal）。

（三）嵌合抗体的表达

嵌合抗体完整的抗体分子是糖蛋白，正确的糖基化和修饰是其行使某些重要功能所必需的，因此嵌合抗体的表达都采用哺乳类细胞系统、昆虫系统或酵母系统。抗体分子由两种肽链组成，表达之前须将重链和轻链表达载体共转染到同一个细胞内，要求两个载体都必须带有显性选择标记基因。另外一种方法是将重链和轻链基因构建在同一表达载体上，这样转染细胞的成功率也会提高，但载体的构建难度增大。

（四）嵌合抗体的应用与优缺点

同鼠源单克隆抗体相比，嵌合抗体至少具有两个明显的优点，首先它的效应功能部分可以选择或者按照需要进行改造，比如在人的 IgG 同种型中，IgG1 和 IgG3 激发的补体或细胞介导的裂解反应是最为强烈的，因此，可以选择 IgG1 和 IgG3 的恒定区作为嵌合抗体的效应部分。嵌合抗体人源的恒定区在治疗中能避免抗同种型抗体的产生，这也是其明显的优点。

嵌合抗体也具有明显的缺点，与人单克隆抗体相比，它也会引发 HAMA 反应；抗体分子质量较大，在体内存在的时间较长，可能引发不良反应；不容易渗透到实体瘤等目的组织；不容易大量表达，且生产成本高等。

四、改形抗体

制备人源化抗体（humanized antibody，HAb）的主要目的是减少抗体的异源性，以利于其临床应用。嵌合抗体的免疫原性确实比鼠单抗明显降低，但由于可变区仍保留鼠源性，为了进一步降低抗体的免疫原性，近年来在嵌合抗体的基础上构建了改型抗体（reshaped antibody，RAb）。RAb 是指利用基因工程技术，将人抗体可变区（V）中互补决定簇（complementarity determinative region，CDR）序列改换成鼠源单抗 CDR 序列。重构成既具有鼠源性单抗的特异性又保持抗体亲和力的人源化抗体。RAb 亦叫“重构型抗体”，因其主要涉及 CDR 的“移植”，又可称为“CDR 移植抗体（CDR grafting antibody）”（图 3-23）。RAb 的产生和发展，使得多种特异的鼠源单抗有可能应用于临床治疗，包括通过人体免疫难以诱生的特异性的抗人抗原抗体，因而有诱人的前景。

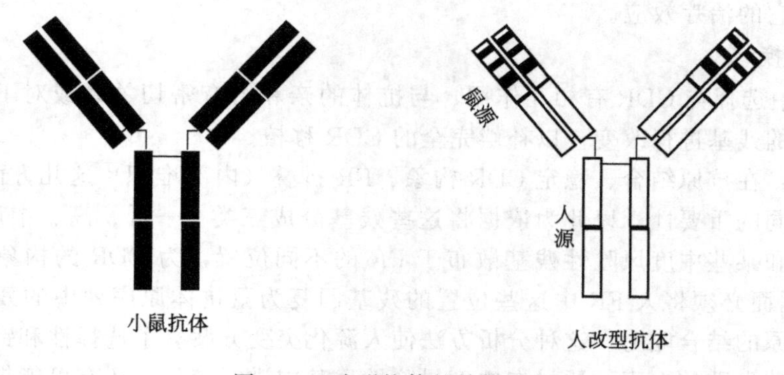

图 3-23 改形抗体的结构示意

将鼠可变区中相对保守的 FR 换成人抗体的 FR，保留 CDR，此方法称为 CDR 移植（CDR-grafting），这是现在广泛应用的人源化技术。CDR 不仅提供了 CDR 的空间构象环境，有时还参与抗体结合位点的形成。单纯的 CDR 移植往往丧失或降低了原抗体的亲和力，因此必须保留鼠抗体 FR 中的某些氨基酸，而保留哪些氨基酸的主要依据是结构信息。在不可能将每一抗体都进行结构测定时，同源模建（homology modeling）是最有效、最常用的抗体结构预测方法。有了结构数据，就可进行 FR-CDR 相互作用分析以及可变区的氨基酸分布、理化性质分析，它们是抗体人源化设计的基础，对于如何选择 FR、如何决定 FR 中关键残基及如何取舍的技术路线互有异同。

（一）改形抗体的构建方法

1. 模板替换

使用与鼠抗体对应部分有较大同源性的人抗体 FR 替换鼠 FR。最初人们采用的一条途径是对需要进行人源化的鼠抗体采用同一个（或少数几个）人源 FR 进行替换。该途径的优点在于模板抗体的结构提供了较明确的信息，可排除很多盲目性；不足在于不易保持鼠 CDR 的天然构象，要改变的氨基酸残基太多，很可能降低或丧失抗体的亲和力。

第二途径是在已有的抗体序列库中搜寻与鼠抗体 FR 有最大同源性的人源 FR 用以替换，选择同一抗体或不同抗体的 FR 均可。模板替换的优点是能减少需要更改的氨基酸数目，更好地保持 CDR 需要的空间环境；不足的是选择的人源 FR 可能没有有关结构方面的资料。

2. 表面重塑

对鼠 CDR 及 FR 表面残基进行镶饰或重塑，使之类似于人抗体 CDR 的轮廓或人 FR 的形式。

表面重塑依据的是鼠抗体可变区的免疫原性起源于它的表面残基，它们理应携带绝大部分（如果不是全部）的抗原表位，人鼠间可变区表面暴露残基的形式有差别，将鼠特异性表面残基换成人源性的，就可模拟人源抗体表面轮廓，逃避人体免疫系统的识别。在序列同源分析的基础上，选择与鼠表面残基暴露类型最相匹配的人源型进行表面残基替换。但是，如果要改变的残基在侧链大小、电荷、疏水性，或有可能形成氢键从而影响到 CDR 的构象，则不适合改变。

该方法降低免疫原性的效果有待实验进一步验证。鼠抗体在人体引起 HAMA 反应的过程，究竟完全由其表面的暴露残基簇引起还是由表面残基与内部残基的共同贡献，涉及免疫发生最基本的机制，而这种机制仍是目前探讨的热点。有人认为，即使在 MHC 限制下抗体被加工和提呈，包埋残基暴露出抗原性，诱生的抗抗体也只能和降解或解折叠的原抗体反应，不会干扰它的治疗效应。

3. 补偿变换

在人 FR 中选择与 CDR 有相互作用、与抗体的亲和力有密切关系或对 FR 空间结构折叠起关键作用的残基进行改变，以补偿完全的 CDR 移植。

分析表明：在抗原结合、稳定 CDR 构象、FR 折叠（内部堆积）这几方面而言，FR 残基并不具有相同的重要性。以此为依据将这些残基分成三类——低、高、中度风险性残基。高风险性残基和某些中度风险性残基散布于 FR 的不同位置，为 CDR 的构象形成提供合适的“平台”。因而必须将人 FR 中这些位置的残基回复为鼠抗体原序列中的残基，以保持改构后抗体对抗原的结合能力。这种分析方法使人源化突变方案有了选择性和针对性，避免盲目的、可能导致失败的探索；通过在中度风险性残基中进行变化，还有可能提高人源化抗体的亲和性。此方法可以弥补表面重塑法所造成的抗体改造后抗原结合力的下降。本方法的不足是对残基的分类要以晶体数据和三维结构为基础。

4. 利用表面展示加速人源化

由于氨基酸序列的极大保守性，一般在人源化设计后需要进行人源化替代的氨基酸并不太多。需要保留的差异残基数目，在重链可变区 FR 中存在 10 个左右，而轻链可变区中仅 4 个左右，在不能完全确定哪些残基可人源化、哪些需要保留的情况下，一个提高效率的策略是将噬菌体库与人源化结合，即将 FR 中关键氨基酸残基设计为突变/保留两种情况，构建成多种组合的噬菌体库。对这些氨基酸进行双重设计，改构后仍有功能的结合子以噬菌体表面展示筛选，则将获得亲和力得到较好保持而人源化程度最高的候选细胞株。这改变了通常的全盘突变-亲和力检测-回复突变-亲和力检测的循环，显著缩短了人源化研究周期。

（二）构建改形抗体的原则

最早的报道是将抗半抗原的鼠单抗 CDR 移植到人单抗，得到的改形抗体保持了亲本抗体的特异性和亲和力，但随后用抗溶菌酶鼠单抗构建的改形抗体，其亲和力只有亲本鼠单抗的 1/10。分析认为，这是由于全抗原与 CDR 的接触面远大于半抗原与 CDR 的接触面，因此更容易受到框架区空间构象的影响。后来的实验也证实，单纯移植 CDR 很难恢复亲本抗体的亲和力和特异性，因为框架区某些氨基酸残基可与 CDR 相互作用而影响抗原结合部位的空间构象，导致亲和力和特异性降低，所以还需对框架区进行改造。为保持亲本抗体的亲和力和特异性，就必须使改形抗体原结合部位的空间构象得到保全。构建改形抗体之前，要仔细分析鼠单抗可变区的氨基酸序列，以确定哪些是对形成抗原结合位点很重要的残基。参考一些已知抗体的 X 射线衍射数据，采用适当的分析软件，对鼠单抗可变区进行结构模拟是非常重要的。总结起来，改形抗体的构建应遵循以下原则。

① 在选择框架区时，从已知的人可变区数据库中选择与亲本抗体同源性最高的序列，这样就最大可能地维持了原抗体的天然构象。已有实验表明框架区与鼠单克隆抗体同源性越高，改形后的抗体亲和力也越高。

② 将框架区内可能影响抗原结合部位的氨基酸残基替换为亲本鼠单抗的残基。这些残基包括：立体构象中与 CDR 有接触的残基，它们可能参与抗原结合部位的形成；介导 VH 和 VL 相互接触的残基，它们可能影响 CDR 的相互位置；包埋在功能区内部但可能影响整个功能区结构的残基。在确定这些残基时最重要的参考是鼠源亲本抗体的 X 射线衍射立体结构数据或计算机蛋白结构预测和分子设计推测而来的数据，另外参考已知抗体的结构也是一条重要的辅助途径。

③ 适当地保留 CDR 两侧的框架区序列。这一部分序列大都涉及 VH 和 VL 的相互作用以及与 CDR 的接触。实验证明，功能性的 CDR 与 Kabat 数据库中的 CDR 有一定的位置差异，在 CDR 移植时连 CDR 附近的氨基酸残基同时移植有助于保留亲本抗体的活性。

④ 抗体可变区的 N 末端特别是轻链的 N 末端与 CDR 表面相距很近，这一区域很有可能参与抗原的结合，所以构建改形抗体时，有必要选择性地将 N 末端的数个氨基酸残基一起移植。

然而，用过多的鼠源残基进行替换，在提高亲和力的同时，也增加了提高免疫原性的可能，因此，在改形抗体的构建中，应权衡二者，优化组合。

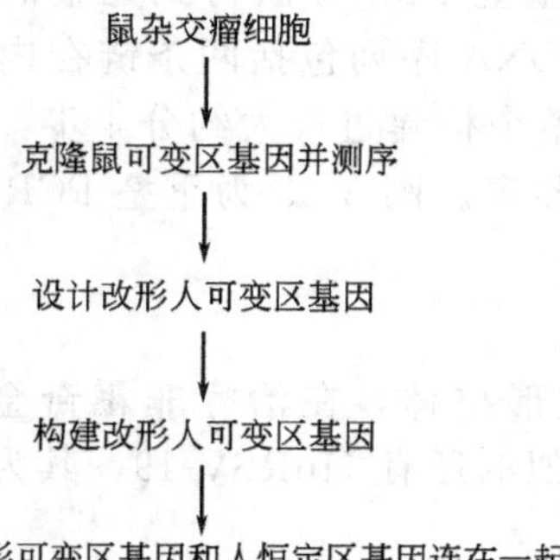

图 3-24　构建改形抗体的流程示意

（三）构建改形抗体的技术路线

自从 Winter 20 世纪 80 年代中期提出 CDR 移植概念以来，已有 100 多种鼠源单抗通过 CDR 移植成功地进行了人源化改造。尽管采用的方法不尽相同，但大的原则和策略是一致的。图 3-24 为构建改形抗体的流程示意。

1. 克隆鼠可变区基因并测序

以适当的引物，用 PCR 方法从杂交瘤细胞 cDNA 中扩增单克隆抗体的轻、重链可变区基因，克隆并测序以确证其为抗体的可变区基因。

2. 设计改形人可变区基因

仔细分析鼠可变区氨基酸序列，并通过数据库，参照已知可变区的晶体结构及所属抗体家族的保守序列，在计算机的辅助下建立分子模型，以确定：①CDRs和FRs的位置；②所属可变区的亚类、该亚类的种系序列以及保守的氨基酸残基，保持CDR空间构象的序列；③VL/VH界面的残基；④FR区特殊的氨基酸残基；⑤FR区内紧靠抗原结合部位的氨基酸残基。

设计改形人可变区基因前，有一些准备工作需要做。①通过数据库，比较鼠可变区和人可变区的氨基酸序列，每一个鼠可变区都同数据库中所有的人可变区序列比较，选出同源性最高的序列。大多数情况下，所选取的人重链及轻链可变区可来自两个不同的抗体，并不限于同一抗体。②分析所选出的人可变区序列：a. 所属抗体可变区亚类，该亚类的种系序列以及保守的氨基酸残基；b. 与鼠可变区框架区序列同源性百分比，并且注明不相同的氨基酸残基的区域和位置；c. VL/VH界面处氨基酸残基与鼠的同源性；d. 标出与鼠可变区相应部位不同的框架区内紧靠抗原结合部位的氨基酸残基；③确定最合适的人轻链可变区和重链可变区序列作为改形抗体的模板序列。

准备工作完成后就可以设计改形人可变区基因的第一个版本。①将来自鼠可变区的CDRs序列和选好的人抗体的FRs序列组合起来。②突出标明人FRs中与鼠FRs对应位置不同的氨基酸残基，借助鼠可变区的结构模拟来评价前述步骤中氨基酸残基变化的重要性。考虑保留以下特征的鼠氨基酸残基：a. 参与可变区Loop结构形成的氨基酸；b. 结构模拟显示对CDR空间构象有支撑作用的残基；c. 包埋的残基和“Vernier”（框架和CDR交界）区的残基；d. 仔细检查H3环的氨基酸残基；e. 结构模拟暗示靠近抗原结合位点的表面氨基酸残基；f. 位于VL/VH界面处的残基。③考虑以下几点，仔细检查再次修改后的序列：a. 为提高抗原结合活性可能引入一些同鼠可变区种系序列相比非典型的氨基酸残基，仔细考虑这些残基的作用；b. 同人的可变区种系序列相比，位于人框架区的非典型氨基酸残基很可能是改形后的抗体免疫原性的主要来源，确定这些人源氨基酸残基的位置。

在第一版本的基础上进一步修改，确定最终的改形抗体序列。将这一抗体序列转换成核苷酸序列。如准备以后在酵母或大肠杆菌中表达，则须采用表达宿主嗜好的密码子。

3. 构建改形人可变区基因

一旦人改形可变区的氨基酸序列确定以后，就应考虑怎样将编码这些氨基酸序列的DNA片段合理地构建出来，主要有两种方法。一种是首先选择一个与最终确定的改形可变区序列非常相近的人源可变区片段，然后采用PCR方法将其序列突变为改形可变区序列。另一种方法是分段合成改形可变区序列，然后采用重叠PCR方法得到完整的改形可变区序列。通常使用的是第二种方法，整个改形可变区DNA序列包括两条链在内分若干片段合成，每一段40～60bp，互相有约20 bp的重叠，整个构建过程大约分4步：寡核苷酸片段的合成，基因的拼接，完整基因的扩增，克隆与鉴定。图3-25为重叠PCR技术的流程示意。

（四）改形抗体的应用与优缺点

抗CD52的CAMPATH-1H是进入临床的第一个改形抗体，在治疗非霍奇金（non-Hodgkin）淋巴瘤和类风湿关节炎中取得了良好效果。类似的还有HuRSV-19，其为三价抗体，包括抗肿瘤、抗CD3、抗CD28三个部分。

尽管改形抗体的研究已取得很大成功，但仍有可能导致抗独特型抗体的产生，而且也存在一些局限性。如构建方法比较复杂，费时费力；在获得抗体的晶体结构及在计算机模拟抗

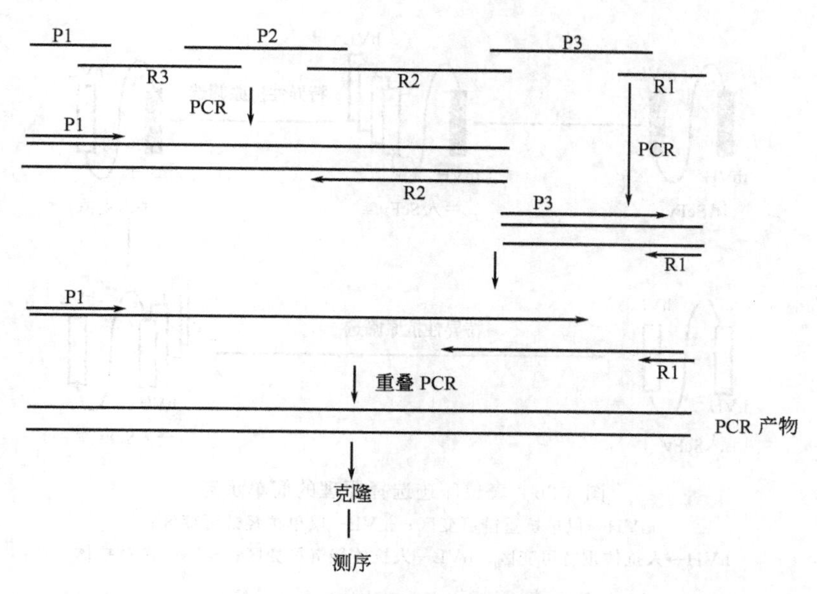

图 3-25 重叠 PCR 技术的流程示意

体的细微结构上还面临很大困难；在保持抗原结合活性与降低免疫原性之间仍然存在着难以调和的矛盾；可供选择的人源 FRs 相对不足。因此寻找简便易行，既保持较高的免疫学活性又最大程度实现了人源化的方法，显得尤为重要。

五、表面氨基酸残基的“人源化”——镶面抗体

1991 年，由 Padlan 提出的与 CDR 移植完全不同的降低鼠源抗体免疫原性的方法，其理论依据是分析了大量鼠单抗可变区和人单抗可变区氨基酸残基的表面暴露情况，结果发现这些暴露的氨基酸残基位置和数量都非常保守，不因为种属和类别而改变。研究表明，这些暴露的氨基酸残基是鼠源可变区免疫原性的主要来源。将鼠单抗可变区表面暴露的框架区氨基酸残基中与人可变区相应的氨基酸残基改为人源的，就可以使可变区表面人源化，消除了异源性且不影响可变区的整体空间构象。已经有报道利用这种方法成功地将鼠单抗人源化，且保持了亲本单抗的特异性和亲和力。

六、表位印迹选择

表位印迹选择（epitope imprint selection or epitope guided selection）是一种与高效筛选噬菌体抗体库技术相结合的人源化抗体的方法，通过数轮筛选就能得到完全人源化的抗体。

（一）构建过程

鼠单抗的一个重链或轻链可变区基因与人源抗体的轻链或重链可变区基因文库配对，得到杂合的鼠-人抗体库。用噬菌体抗体表面展示技术筛选出能与相应抗原结合的有活性的克隆，就能得到可变区 50%人源化的有活性的可变区基因。

将第一步所得到的可变区基因片段中的人源轻链或重链可变区基因与对应的人重链或轻链可变区基因文库配对、构建成人抗体库、采用与第一步相同的筛选方法，就能得到特异性和亲和力与亲本单抗完全相同的人单抗。图 3-26 是这一技术的简单原理示意。

（二）优缺点

借助噬菌体抗体库的高效筛选能力，能快速得到所需要的抗体，比 CDR 移植简便，且

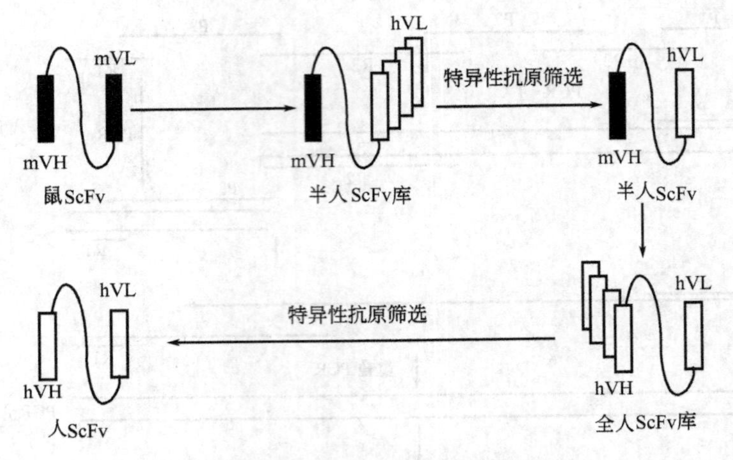

图 3-26 表位印迹选择原理的简单示意

mVH—鼠单抗重链可变区；mVL—鼠单抗轻链可变区；

hVH—人抗体重链可变区；hVL—人抗体轻链可变区；ScFv—单链抗体

能得到真正的人抗体，缺点是筛选工作量比较大。

七、单链抗体

由于天然抗体中 VH 与 VL 为非共价结合，只是依靠两链恒定区之间的两个二硫键来维持其结构和功能，因此在去除 Fc 片段后，VH 与 VL 片段在浓度很低的条件下极易解离而失去活性。为解决此问题，有人采取了用戊二醛使 VH、VL 表面的亮氨酸和半胱氨酸聚合或在 Fv 框架区设计链间二硫键等方法来加强 VH、VL 的联系，但更为成熟和广泛采用的方法是在基因水平用一条人工合成的多肽链序列将 VH、VL 连接起来，使之翻译成为既保持了完整抗原结合区，又不易发生解离的抗体分子片段。为了不影响 Fv 的空间结构与稳定性，多肽链的设计十分重要，一般是长度为 15 个氨基酸残基，同时具有疏水性和伸展性。Huston 等人根据 Fab 片段 x 线衍射分析资料，设计出 $(Gly_4Ser)_3$ 连接肽，研究表明此连接肽将 VH 的 *C* 端与 VL 的 *N* 端连接后，不影响 Fv 的二级结构，使之具有较好的稳定性与活性。此连接肽已成为“通用 linker”，广泛应用于单链抗体（ScFv）的构建，ScFv 的结构示意见图 3-27。

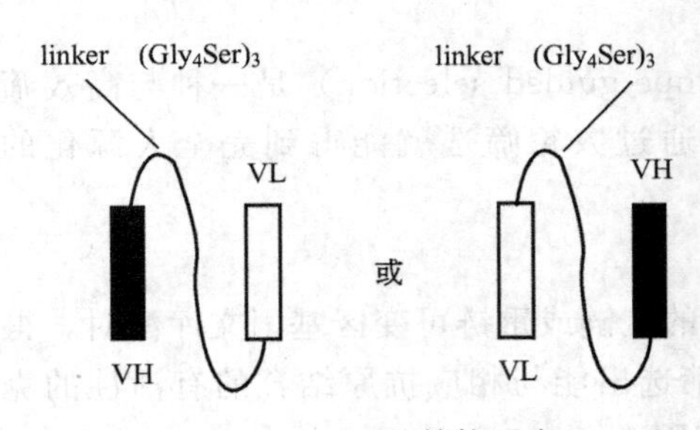

图 3-27 ScFv 的结构示意

基因工程单链抗体技术的基本原理是首先从杂交瘤细胞或外周血淋巴细胞中提纯 mRNA，再经 RT-PCR 分别扩增抗体的重链可变区和轻链可变区编码基因，人工合成一条寡核苷酸序列即 linker，将 VL 的 *C* 端与 VH 的 *N* 端或 VH 的 *C* 端与 VL 的 *N* 端相连接，构建成单链抗体基因，在合适的表达系统中得以表达。

单链抗体的 *C* 末端可以引入半胱氨酸残基、酪蛋白激酶底物等部分，有助于标记和偶联其他分子，也可以引入 c-myc 尾、葡萄球菌 A 蛋白、组氨酸标签等，使表达产物易于检测和纯化。

（一）单链抗体的构建过程

1. 引物的设计和合成

根据 Ig 基因的特点和已发表的小鼠 VH 和 VL 基因序列，设计出了若干套分别对应不同亚类 Ig 框架区序列 FR1 和 FR4 的通用引物。为便于克隆，在引物的两端都引入合适的内切酶识别序列，VH 5′端为 Xho I，VH 3′端为 Spe I；VL 5′端为 Xba I，VL3′端为 EcoR I。扩增较好的一套引物序列如下：

VH backword：5′ -GG CTCGAGGAGGTTCAGCTGCAGCAGTCTGTGCC -3′
Xho I

VH forword：5′ -GGACTAGTTGCAGAGACAGTGACCGGAGTCC -3′
Spe I

VL backword：5′ -CCTCTAGAGACATTGTGATGACCCAGTCTCC -3′
Xba I

VL forward：5′ -CCGAATTCTTTTATTTCCAGCTTGGTGCCTC -3′
EcoR I

2. PCR 扩增 VH 和 VL 基因

PCR 扩增 VH 和 VL 基因的流程示意，见图 3-28。

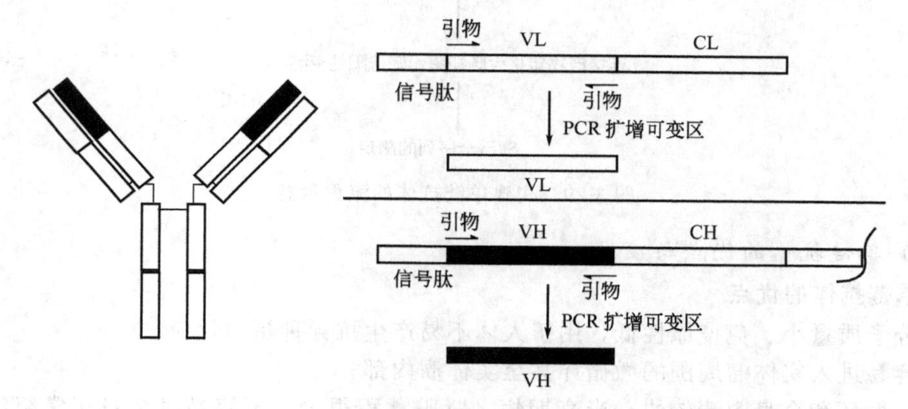

图 3-28 PCR 扩增 VH 和 VL 基因的示意图

3. 目的基因的克隆和鉴定

扩增产物经琼脂糖凝胶电泳回收纯化后，用 Xho I 和 Spe I 双酶切 VH，用 Xba I 和 EcoR I 双酶切 VL 酶切产物经回收纯化，分别与经同样处理的质粒 pUC19 连接。16℃连接反应 12h 以上，产物转化 JM109 感受态细胞。由于 pUCl9 转入 JM109 后能产生 α-互补作用，在含 IPTG 和 X-gal 的 LB 平板上生长时形成蓝色菌落；相反，插入目的基因的重组质粒转入 JM109 则会导致白色菌落形成。提取白色菌落的质粒 DNA，然后进行双酶切鉴定。双酶切鉴定的重组子再进行测序鉴定。

4. 表达载体的构建及在大肠杆菌中的表达

设计外源基因在大肠杆菌中表达就需要外源基因在大肠杆菌中表达所需要的元件，如转录起始必需的启动子、操纵子序列以及与之相应的调控基因、翻译起始所必需的核糖体识别序列和基因克隆及筛选的必备条件等。大肠杆菌遗传背景清楚、培养操作简单、转化和转导效率高、生长繁殖快、成本低廉，可以快速大规模地生产抗体蛋白，尤其是没有糖基化要求的小分子抗体。大肠杆菌表达外源基因产物的水平远高于其他基因表达系统，表达的目的蛋白量甚至能超过细菌总蛋白量的 30%，因此大肠杆菌是目前应用最广泛的蛋白质表达系统。

图 3-29 是构建单链抗体的流程示意。

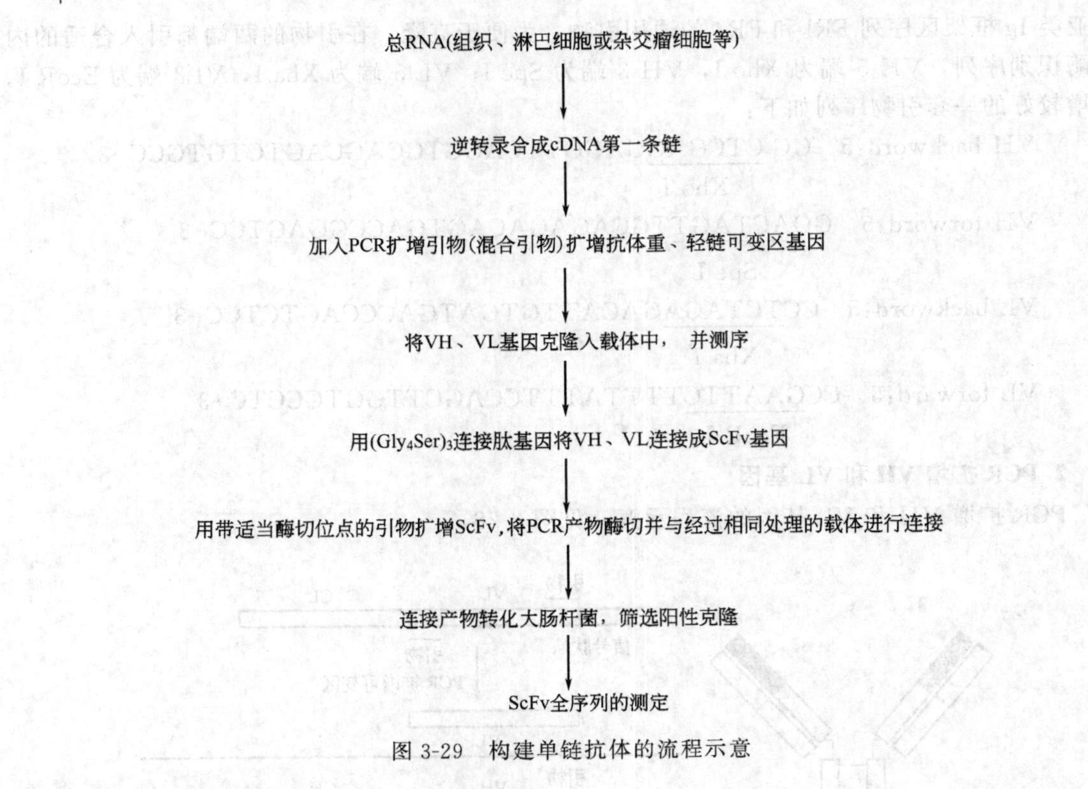

图 3-29 构建单链抗体的流程示意

（二）单链抗体的优点与应用

1. 单链抗体的优点

① 分子质量小、免疫原性低，用于人体不易产生抗异种蛋白反应；

② 容易进入实体瘤周围的微循环甚至实体瘤内部；

③ 血循环和全身廓清较快，半衰期短，肾脏蓄积很少，不容易对全身正常组织产生不利影响；

④ 无 Fc 段，不易与具有 Fc 受体的非靶细胞结合，用于免疫诊断时成像清晰，本底很低；

⑤ 抗体基因构建比较简单，易于操作和改造；

⑥ 可在细菌中表达，大量生产，有效降低成本；

⑦ 与毒素、前体药物转化酶、放射性同位素、细胞因子等效应分子构建成多种双功能抗体分子，大大拓展单链抗体的临床应用。

2. 单链抗体的应用

单链抗体用于肿瘤的临床诊断和治疗显示出了巨大的潜力，目前国外的一些抗肿瘤单链抗体已进入体内试验阶段。

(1) 单链抗体在肿瘤诊断中的应用　单链抗体用于放射性显影具有许多优势，比如能快速进入瘤体组织，血循环和全身廓清快，不易与非靶细胞结合，在肿瘤定位诊断时图像清晰等。Begertt 等用^{123}I标记抗肿瘤相关抗原（CEA）的单链抗体应用于临床病人的显像分析，结果表明，所有已知的肿瘤部位都定位明显，优于目前应用的各种成像技术。Nieroda 等报道将 γ-干扰素与单链抗体同时应用，不仅可以提高肿瘤部位的信号，还可以提高 T/NT (radioactivity ratio of target over non target，肿瘤组织与非肿瘤组织放射性计数之比) 比值 2～4 倍，明显增强显像效果。如果将 γ-干扰素与单链抗体偶联在一起，将会进一步提高肿瘤定位的有效性。

（2）单链抗体在肿瘤治疗中的应用　单链抗体应用于肿瘤治疗主要通过以下方式。

① 重组免疫毒素是将单链抗体基因 C 末端与毒素基因相连，经表达后得到单链抗体与毒素的融合蛋白。常用的毒素有假单胞菌外毒素 PE、蓖麻毒素、白喉毒素等。Pauza 等通过二硫键将蓖麻毒素 A 与抗 T 细胞相关抗原 CD7 的单链抗体相连，重组的单链免疫毒素对 $CD7^{+}$ 的 Jurkat 细胞蛋白合成有明显抑制作用。Goldberg 将抗表皮生长因子的单链抗体与 PE40 偶联，获得的重组毒素已用于膀胱癌病人Ⅰ期临床试验。Benhar 等用二硫键连接轻、重链可变区基因，制备二硫键相连的抗 B1 和 B3 单链抗体，并与假单胞菌外毒素 PE38 相连构建成 B1-PE38 和 B3-PE38 重组免疫毒素，通过腹腔内微渗透泵持续给药治疗裸鼠体内的异种移植肿瘤，取得了良好的肿瘤抑制效果。

② 单链抗体与细胞因子融合蛋白。常用的细胞因子有 IL-2、TNF、IFN 等。Itzhak 等在进行肿瘤基因疫苗的研究中，将用 B 细胞淋巴瘤 38C13 小鼠模型制备的 38C13 鼠 B 细胞淋巴瘤 ScFv 分别与粒细胞-巨噬细胞集落刺激因子（GM-CSF）和 IL-1β 九肽片段构建成双功能单链抗体。其中 IL-1β 九肽片段具有完整的细胞因子和免疫激活效应。经实验证实 ScFv-IL-1β 片段融合蛋白和编码此蛋白的裸露 DNA 一样都具有免疫性，都能保护小鼠免受肿瘤攻击，ScFv-GM-CSF 融合蛋白也具有同样功能，但不能作为 DNA 疫苗。

③ 单链抗体与药物代谢酶相连用于治疗肿瘤，称为“抗体导向酶-前体药物疗法（ADEPT）”。它利用抗体的导向作用，将前体药物的专一性活化酶选择性地靶向到肿瘤组织部位，这样前体药物特异性地在肿瘤组织内转化为活性分子，从而发挥抗肿瘤作用。

Stephen 等将一种单链抗体与 β-内酰胺酶融合在一起，用于抗肿瘤研究，实验发现，吸附有融合蛋白的肿瘤细胞对头孢菌素芥子前体药物敏感，能起到有效的抗肿瘤作用。

④ 双特异性单链抗体是指将两种单链抗体分子构建在一起生成的具有两种不同抗原结合特性的抗体分子，它的一个臂针对靶细胞的表面抗原，另一个臂针对免疫活性细胞表面的活性分子，从而将抗体的靶向性与激活免疫细胞的杀伤功能结合起来。Mack 等构建的一种对 T 细胞表面 CD3 抗原和结肠直肠癌 17-1A 抗原都具有亲和活性的双特异性单链抗体，无论在动物实验、还是临床Ⅰ期试验中都显示出较好的抗肿瘤疗效。ChoBK 等构建的抗 T 细胞受体（TCR）-抗叶酸盐受体的双特异性抗体，对叶酸盐受体阳性的卵巢癌及多种脑肿瘤细胞具有明显的溶解作用。

⑤ 放射性同位素标记的单链抗体也可以用于肿瘤的治疗。George 等用 ^{186}Re 或 ^{188}Re 标记针对 erbB-2 的单链抗体 741F8-1，用于肿瘤的放射免疫治疗，效果良好。

（3）中和毒素和对病毒病的治疗　针对特异毒素和病毒抗原的单链抗体可用于体内中和毒素和治疗病毒感染，从而阻断病理过程的进一步发展，起到抗感染的作用。

（4）细胞内免疫　细胞内免疫是 1988 年 Baltvimore 提出的一个治疗疾病的新思路。其原理是将单链抗体基因导入细胞内并在特定亚细胞部位表达，利用抗体能与特异抗原结合的特性，从而调节或改变细胞生物学活性，达到防病治病的目的。不含信号肽的单链抗体基因可以在细胞浆内表达，带有核定位信号或内质网驻留信号的单链抗体基因可以分别定位于细胞核或粗面内质网。细胞内表达的单链抗体同样具有抗原结合特性，能与特定的蛋白结合并抑制其功能，这方面最典型的例子是胞内免疫治疗艾滋病。抗艾滋病病毒（HIV）外壳蛋白 gp120 的单链抗体定位表达在细胞粗面内质网内，就可以起到抑制艾滋病病毒复制的作用。

八、双特异性及多特异性抗体

双特异性抗体（bispecific antibody，BsAb）是指具有两种抗原结合特性的抗体。这类抗体的两个抗原结合位点可同时结合两个不同的抗原或抗原决定簇，即结构上双价、功能上双价。双特异性抗体结构示意，见图 3-30。

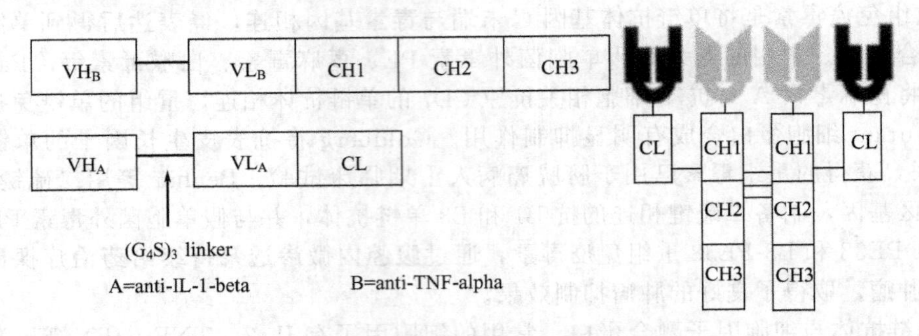

图 3-30　双特异性抗体结构示意

1983 年，Milstein 等在单克隆抗体技术的基础上，进一步扩展杂交瘤技术，用细胞工程法制备出双特异性单克隆抗体（BsMAb），即将两株各自分泌不同特异性单抗的杂交瘤细胞再融合得到四源杂交瘤（quadroma），或将一株杂交瘤细胞与免疫脾细胞融合得到的三源杂交瘤（trioma），均可获得同时具有两种亲代单抗特异性的 BsMAb。这两种杂交瘤被称为二次杂交瘤（hybrid-hybridoma）。二次杂交瘤分泌的上清中并非均一产物，两套重、轻链之间可随机地重新组合，其中目的 BsMAb 大约仅占 10%，因此采用该方法必须从大量相似的免疫球蛋白中筛选具有双特异性的 BsMAb，费时费力，并且多倍体杂交瘤细胞稳定性差，若保持两套抗体基因的完整性，需要经常进行克隆。由于人源杂交瘤技术尚未取得突破性进展，由二次杂交法获得的 BsMAb 在临床应用上仍面临产生 HAMA 的问题，产量少且活性较低；此外，分子量也过大，不适于临床治疗。现在多用基因工程抗体技术制备双特异抗体，如双特异性单链抗体、双特异 Fab 等。基因工程法制备 BsMAb 有其明显的优越性，如方法稳定、产物分子量较小、可大量生产且成本大大降低、操作简便等。

以下阐述双特异性单链抗体的作用机理。双特异性单链抗体的一个抗原结合位点针对靶细胞的表面抗原，另一个则针对免疫活性细胞表面的特征性分子，从而将抗体的靶向性与激活免疫细胞的杀伤功能有机结合起来。由于抗肿瘤免疫的主要效应细胞是 CTL 细胞，所以近年来研究较多的是抗 T 细胞表面的活性分子——抗肿瘤膜抗原的双特异抗体。这种双特异抗体可以识别并连接肿瘤细胞和 T 细胞（主要是 CTL 细胞），并能通过触发 CTL 细胞表面的分子（如 CD3、CD28）使 CTL 活化。活化的 CTL 释放细胞溶解类物质对肿瘤细胞产生杀伤作用。实验表明，结合靶细胞的 T 细胞还可抑制旁观肿瘤细胞（bystander cell）的生长。T 细胞与靶细胞通过双特异抗体连接后，可以诱导 T 细胞分泌细胞因子进入细胞间质，从而抑制肿瘤细胞的生长。多种抗细胞因子抗体抑制实验表明，IFN-γ、TNF-α 具有抑制肿瘤细胞生长的能力，所以可能的机制是那些不能与效应细胞（CTL）直接结合的肿瘤细胞和那些不表达肿瘤相关抗原（TAA）的肿瘤细胞不能被溶解破坏，但由于效应细胞可将 IFN-γ、TNF-α 等细胞因子释放入细胞间质，可对那些旁观肿瘤细胞发挥抑制和杀伤作用。

总之，双特异抗体可以有效地将 CTL 与肿瘤细胞连接在一起，通过活化 CTL 对靶细胞产生直接的溶解作用，并释放细胞因子抑制旁观肿瘤。双特异抗体与单克隆抗体相比具有许多优越性：① 可在较低的抗体浓度下促进肿瘤细胞的溶解或杀伤。② 表达相对低水平的肿瘤相关抗原也足以诱发双特异抗体对靶细胞的溶解或杀伤，不表达 TAA 的肿瘤细胞也可被抑制或杀伤。③ TNF-α 和 IFN-γ 可以进一步活化其他抗肿瘤的效应细胞如 NK、MΦ 等，并可产生一系列继发的作用。④ 双特异抗体与CTL结合后可诱导静止状态的T细胞增殖，增强IL-2诱导的淋巴因子释放及T细胞毒性，具有广泛的应用前景。

（一）双特异性抗体的构建

迄今为止，已有多种基因工程双特异性抗体构建成功，基本上都是小分子抗体。ScFv是构建双特异性抗体的理想元件。构建基因工程双特异性抗体有多种方式，如下所述。

1. 末端半胱氨酸残基（Cys）共价交联

大肠杆菌表达的两种ScFv分子*C*末端分别带上自由的Cys，然后通过常规的二硫键共价交联，就能使两种ScFv分子结合形成双特异性抗体。

2. 链间连接肽相连

在DNA水平上，采用长度合适的柔性链间连接肽（intralinker）序列将两个ScFv的基因连接起来，形成单一的转录和翻译单位，经正确折叠后就可形成具有两个抗原结合位点的双特异性抗体（BsAb）。这样形成的单链双特异性抗体省去了繁琐的后加工处理，使制备过程大为简化。两个ScFv链内的连接肽就是常用的$(Gly_4Ser)_3$肽段。链间连接肽的设计较为复杂，需要它保证抗体可变区能正确配对和折叠，并保持BsAb的生物学活性和稳定性，如若需要，链间连接肽还应赋予BsAb一些新的特性，如利于纯化、增强其在体内半衰期等。链间连接肽有两种，即短肽链和长肽链。短肽链一般不超过10个氨基酸残基，常用Gly_4Ser，短肽链可防止异源可变区之间的错配。长肽链的设计可采用同链内连接肽相同的序列$(Gly_4Ser)_3$；Gruber等人采用了一个长25个氨基酸残基的链间连接肽205C来连接抗TCR和抗荧光素的单链抗体，形成单链双特异性抗体（single-chain bispecific antibody，scBsAb），取得了很好的效果（图3-31）。

3. 微型抗体

微型抗体（miniantibody）是指利用一个专门的二聚化结构域将两个单链抗体连接为一个异二聚体分子，最典型的就是亮氨酸拉链（leucine zipper）偶联的双特异抗体。亮氨酸拉链是在一段肽链序列中每隔7个氨基酸残基就重复出现4～5个亮氨酸残基，这样在α-螺旋中每两圈就会有一个亮氨酸残基，并且它们都排列在α-螺旋的一侧。因此，两个肽链之间由亮氨酸残基之间的疏水作用形成拉链式的结构，进而连接形成二聚体。转录因子Fos和Jun中都含有亮氨酸拉链序列，能形成稳定二聚体Fos-Jun。将Fos和Jun基因的亮氨酸拉链序列分别连接到两种ScFv的羧基端，各自在大肠杆菌中表达，翻译后形成ScFv-Fos和ScFv-Jun，随后这两种单体就会通过Fos和Jun的偶联得到双特异性抗体。两种单链抗体表达过程中，会分别形成同源二聚体$(ScFv\text{-}Fos)_2$和$(ScFv\text{-}Jun)_2$，但温和的还原的条件就能使它们解离成为单体。Pack等人在亮氨酸拉链的基础上又引入了螺旋-转角-螺旋（helix-turn-helix）的二聚体结构域，这样形成的异二聚体分子具有更高的亲和力和更强的稳定性。

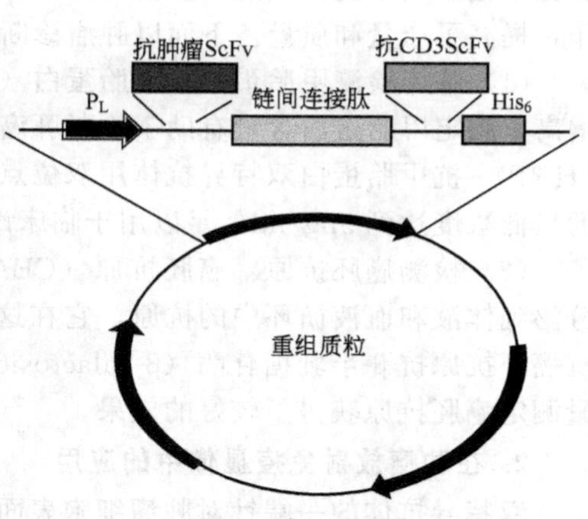

图3-31 在质粒上构建链间连接肽连接单链双特异性抗体结构示意

4. 双体形式的双特异抗体

1993年，Holliger等人首先成功构建得到一种双特异性抗体。他们发现，当单链抗体VH和VL间的链内连接肽足够短（3～12个氨基酸残基）的时候，同一分子VH和VL由于连接肽太短，不能折叠从而无法配对形成抗原结合位点，进而和另一分子的VL和VH配对形成双体分子（diabody）。其载体的构建方式为将两个不同抗体（A和B）的VH和VL用5个氨基酸残基的linker（Gly_4Ser）连接成两条不同的单链：VHA-VLB和VHB-VLA。它们共用同一个启动子，但各自带有自己的起始密码子和信号肽，在同一个细胞中共表达后分泌至周质腔。由于短的linker使得同一条链的VH和VL难以配对，而仅与另外一条链的、但实际上却是来源相同的V区相匹配，在周质腔中两种单链互相配对、折叠形成一个具有两个抗原结合位点的二聚体分子。在分泌表达的产物中，以异源双体为主，同时含有部分同源双体和单体，由于仅有异源双体具有抗原结合活性，可用一个单循环的亲和层析将其进行分离，得到双体形式的双特异抗体（bispecific diabody）。

（二）多特异性抗体的构建

多特异性抗体由于分子量较大，构建过程相对复杂，所以成功的报道不多见，主要是采用基因工程方法构建的单链三特异抗体，方法同用链间连接肽构建双特异抗体一样。此外，采用缩短ScFv链内连接肽的长度至三个氨基酸残基以下，这样的四条单链分子就可能两两配对形成四体分子（tetrabody）。

（三）双特异性抗体的应用

1. 双特异性抗体在免疫诊断学上的应用

双特异抗体具有两个抗原结合位点，可以设计成分别针对靶抗原和酶分子，利用双特异抗体进行免疫学试验。这种做法有很多优点，如可大量制备、功能类似天然抗体、生物活性高且稳定、不需标记和应用方便等。双特异抗体与酶标记抗体相比，由于不需要标记抗体，避免了化学交联抗体和酶对蛋白的损伤，可最大限度地保存抗体活性，因此，大大简化了操作，提高了产量和质量。下面以肿瘤诊断为例进行介绍。

（1）临床检测甲胎蛋白　甲胎蛋白（AFP）在许多癌症病人，如肝癌病人的血清中明显增高，测定甲胎蛋白含量有助于诊断肝癌等癌症。Karawajew等将制备的抗辣根过氧化物酶（HRP）-抗甲胎蛋白双特异抗体用双位点结合ELISA测定血清中甲胎蛋白含量，检出AFP的最低浓度达到5ng/ml，足以用于临床诊断。

（2）检测癌胚抗原　癌胚抗原（CEA）是一种由消化道肿瘤及一些消化道外肿瘤细胞分泌到体液和血液循环中的抗原，它在这些肿瘤病人体内的含量异常高。Gyorgy等制备出抗癌胚抗原抗β-半乳糖苷酶（β-galactosidase GZ）的双特异抗体，建立均相酶免疫试验，定量测定癌胚抗原获得了较好的效果。

2. 在肿瘤放射免疫显像中的应用

双特异抗体的一端针对肿瘤细胞表面的抗原，另一端则针对半抗原螯合剂，后者能与带放射性核素的半抗原结合，在放免显像时采用二次导向的方式，先向机体内注入双特异抗体，使其在一段时间内定位于肿瘤细胞，等到循环系统内游离的双特异抗体被清除后，再注入放射性核素就能使其选择性定位于肿瘤细胞，然后进行放射免疫显像检测。结果表明，同常规放射免疫显像相比，应用双特异抗体可明显提高T/NT比值，增加显像的清晰度和灵敏度。

3. 双特异抗体介导的药物杀伤效应

将单克隆抗体与化疗药物、毒素或放射性核素偶联，这是常规肿瘤导向治疗所采用的方法，但这一偶联过程往往导致抗体或其偶联的药物失活。采用双特异抗体导向治疗肿瘤则能很好地避免这一点，同时采用二次导向的方式，能有效地降低治疗的副作用。一系列动物实验证明，双特异抗体介导的药物对肿瘤细胞的杀伤效应明显优于传统的导向治疗。

4. 双特异抗体介导的细胞杀伤效应

临床及实验研究都表明，机体存在的肿瘤免疫以细胞免疫为主。但机体本身的肿瘤免疫通常不足以克服肿瘤，这主要是由于宿主的肿瘤免疫是有缺陷的，如肿瘤抗原是弱抗原往往不足以刺激肿瘤免疫，肿瘤通过各种机制逃避机体的免疫监视等。尽管如此，实验中仍能观察到T细胞、NK细胞、单核细胞以及淋巴因子激活的杀伤细胞（lymphokine activated killer cell，LAK）等的抗肿瘤作用。采用双特异抗体，使其一个臂针对免疫活性细胞如$CD8^+$ Tc细胞的效应分子，活化该细胞；另一个臂针对肿瘤细胞表面的抗原分子，活化的$CD8^+$ Tc细胞通过释放细胞毒性物质，如穿孔素（perforin）、颗粒酶（granzyme）等起到对肿瘤细胞的杀伤作用，这一模式称为再导向（retargeting）。通常采用的免疫活性细胞表面效应分子有TCR、CD3、CD16、CD2及CD28等，其中以T细胞表达的CD3、CD28和单核细胞及NK表达的CD16（Fc受体）的研究为最多。在荷瘤动物模型中，采用抗肿瘤相关抗原、CD3和抗TAA、CD16的双特异抗体抑肿瘤试验和杀伤试验均获得良好结果。此外，双特异抗体也可通过诱导效应细胞表达FasL介导Fas肿瘤细胞的凋亡。

近年来，双特异抗体介导细胞杀伤已有若干临床试用报告，获得令人鼓舞的结果。12例卵巢癌及乳腺癌患者接受胸腔或腹腔注射双特异抗体（TAA/CD3）活化的外周血细胞，可见明显的治疗效果。以双特异抗体（TAA/CD16）治疗淋巴母细胞白血病，可使恶性细胞的数量下降达30%～60%。Nitta等用双特异抗体合并LAK治疗外科手术切除后的神经胶质瘤患者，治疗后3年，20例病人中尚存40%无瘤生存，而单独使用LAK细胞治疗的仅余10%。这些结果均显示双特异抗体介导细胞杀伤在肿瘤治疗中有着良好的前景。

九、小分子抗体

1988年以来，随着分子生物学的发展，抗体基因工程的研究取得了一系列的进步，人们基于抗体分子的抗原结合部位仅局限于可变区这一特点，构建了许多形式的分子量较小的抗体片段，统称为小分子抗体，这些小分子抗体都具有同亲本单抗相同的特异性，很多小分子抗体也能较好地保持亲本单抗的亲和力。小分子抗体是利用重组DNA技术，通过细菌表达决定抗体特异性的结构域所得到的，其大小只有完整IgG分子的1/6～1/2，小分子抗体有分子量小、穿透性强、免疫原性低、半衰期短、可在大肠杆菌等原核体系表达，以及易于进行基因工程操作等优点。

已经构建成功的小分子抗体有Fab、Fv、单链抗体（single chain Fv，ScFv）、双体分子（diabody）、单域抗体（single-domain antibody）以及最小识别单位（minimal recognition unit，MRU）等。几种小分子抗体的结构见图3-32。

（一）Fab片段和重组Fab

Fab片段包括重链Fd段（可变区VH和第一恒定区CH1）和完整轻链（可变区VL和恒定区CL），链间有一个二硫键，形成异二聚体，整个分子约占完整抗体大小的三分之一，具有一个抗原结合位点。Fab片段可以通过用木瓜蛋白酶分解全抗体后分离纯化得到。如果其中的恒定区片段是人源性的，则称之为重组Fab。它具有与亲本全抗体相同的抗原特异性且组织穿透能力更强、结构稳定、制作简单。应用Fab片段对肿瘤进行成像诊断，阳性率最高达95%。

（二）Fv和单链抗体（ScFv）

Fv由重链可变区VH和轻链可变区VL，通过非共价键结合在一起，是抗体中具有完整抗原结合活性的最小功能片段。至今还没有合适的方法通过酶解完整抗体得到Fv片段，所有成功构建的Fv都来源于基因工程的方法。由于Fv中VH和VL是通过非共价键结合

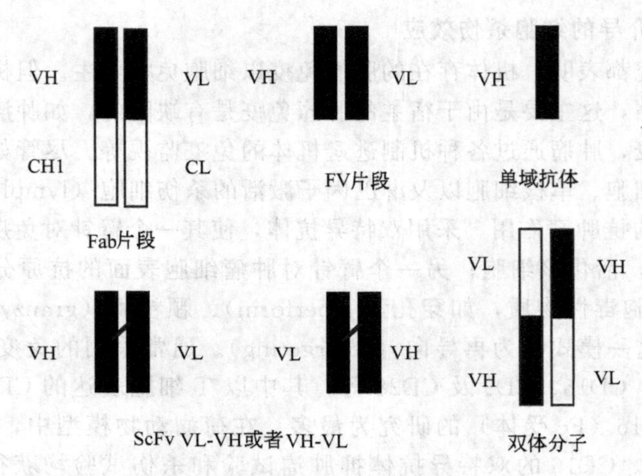

图 3-32　几种小分子抗体的结构示意图

的，因此很容易发生解离，尤其是浓度低的时候，解离倾向更明显。

人们尝试了多种方法来稳定 Fv 片段，最常用也是最成功的是在 DNA 水平用一段长度合适的寡聚核苷酸序列将重链可变区和轻链可变区连接起来，形成单一链的分子，称为单链抗体（single chain Fv，ScFv），它是目前人们研究最活跃的基因工程抗体之一。单链抗体是将 VH 和 VL 用一个连接肽（linker）连接而构成的重组抗体。其连接肽可以位于 VH 羧基端和 VL 氨基端之间，也可以位于 VL 羧基端和 VH 氨基端之间。连接肽通常由 15 个氨基酸左右的肽段组成，并保证该肽段具有足够的柔韧性以利于 VH 和 VL 能够正确配对折叠。最常用的、也是第一个报道的连接肽是 $(Gly_4Ser)_3$。在该种连接肽的基础上又衍生出多种连接肽，后来也有其他类型的连接肽，例如有人尝试用带电荷的或疏水性氨基酸残基构成的连接肽。由于它分子量很小，所以作为异种蛋白的抗原性较小；用于肿瘤治疗时因组织穿透能力强，容易进入实体瘤内部，而且在体内的清除速度比传统单克隆抗体快 10 倍以上；用于体内显像时，因不具备 Fc 段，所以本底较低，明显强于传统单克隆抗体和 Fab 片段。总之，单链抗体作为一种治疗制剂在临床上比完整抗体具有更多的优越性。然而，单链抗体也存在缺点，如亲和力下降，不能发挥抗体 Fc 段介导的免疫效应等。

（三）双体分子

一条单链抗体分子上的 VH 和 VL 与另一条相同的单链抗体分子上的 VL 和 VH 分别配对形成双价的抗体分子，称为双体分子（diabody）。通常情况下，大肠杆菌中表达的 ScFv 在体内也能形成双体分子。通过减少 ScFv 分子内的连接肽至 5 个氨基酸以下，甚至不用连接肽，阻止 ScFv 分子内 VH 和 VL 的配对就能有效地形成双体分子。

（四）单域抗体

根据抗体分子的结构，一般将 Fv 称作抗体的最小单位，但有些更小的亚单位仍具有结合抗原的能力。如单独重链可变区仍可保留与抗原结合的能力，而且保持了完整抗体的特异性，称为单域抗体（single domain antibody），它的亲和力低于完整的 Fv。单域抗体大小只有完整 IgG 分子的 1/12，故更容易穿入细胞，到达完整抗体不能接近的部位。单域抗体有望作为具有抗原特异性的基本单位，用来构建有效应功能和结合亲和性的抗体。

（五）最小识别单位

比单域抗体更小的分子，如 CDR3 仍能与抗原结合，只是其亲和力已相当低了，被称为最小识别单位。

第六节　筛选抗体克隆的展示技术

展示技术是在基因或突变体文库中选择有用的基因或突变体的一种高通量的筛选方法。该技术的特点是利用待筛选基因的表型（phenotype）和基因型（genotype）密切相连的特性，通过筛选表型从而获得基因型。

根据展示系统的不同将展示技术分为噬菌体展示、酵母展示、核糖体展示、细菌展示等。本节将对这些展示技术进行简要阐述。

展示技术发展迅速，已在多方面得到应用。展示技术已成功应用于抗体工程的构建噬菌体单克隆抗体库；发现蛋白质工程的新受体和配体、研究蛋白与蛋白间相互作用、蛋白质的定向设计和空间结构改造、抗原表位分析等方面；以及药物工程的疫苗研制、筛选和制备多肽药物等方面。

一、噬菌体展示技术

Smith 于 1985 年首次报道了在丝状噬菌体（filamentous bacteriophage，fd）的小衣壳蛋白（PⅢ蛋白）的基因读码框架中插入外源的 DNA 片段。最先构建的噬菌体多肽或抗体展示文库则始于 1990 年。

噬菌体展示是指将外源蛋白或多肽的基因与噬菌体衣壳蛋白（PⅢ，PⅧ等）的基因融合，制造出有扩增能力且在其表面表达某一外源性蛋白或短肽的融合噬菌体（fusion phage），并且外源遗传密码信息能稳定整合到个体噬菌体的基因组中。近十几年来，这个把 DNA 序列及表达产物同时连到噬菌体颗粒上的创造性的体系得到了迅速的发展和广泛的应用。这个技术的最大优点是直接将可见的表型与其基因型联系在一起，再利用其配体的特异性亲和力，将所感兴趣的蛋白质或多肽挑选出来。经此建立的噬菌体文库的滴度可达到 10^6～10^{12}。

噬菌体展示技术已经被应用于抗体、多肽及蛋白质和酶的制备、抗体基因的筛选等方面。特别是近几年来，该技术被作为一种新工具应用于多肽和蛋白质药物的发现与研制、蛋白质-蛋白质的相互作用及蛋白质-DNA 相互作用、蛋白质结构和功能以及基因治疗药物的定向传递等多方面的研究。随着噬菌体展示技术的进一步发展，其优越性被越来越多的实验室所认识，使得该技术的使用范围不断扩展，也使该技术得以不断的完善和发展。

（一）原理

噬菌体表面展示技术是在对丝状噬菌体（filamentous bacteriophage）的基因组结构、生活周期进行详细研究的基础上建立起来的。常用的噬菌体为 M13、fl 和 fd，噬菌体颗粒呈柔软长丝状，故得名。这些噬菌体只感染含接合性 F 质粒（conjugative F plasmid）的大肠杆菌。这些噬菌体编码 10 个基因 p（Ⅰ，Ⅱ，Ⅲ，Ⅳ，Ⅴ，Ⅵ，Ⅶ，Ⅷ，Ⅸ，Ⅹ），其中Ⅲ、Ⅳ、Ⅵ、Ⅷ 和Ⅸ编码衣壳蛋白（图 3-33）。在噬菌体抗体库展示技术中，常将抗体基因与 pⅢ或 pⅧ基因相融合。

噬菌体抗体（PhAb）是指抗体或抗体片段（Fab、Fv 或 ScFv）基因通过与噬菌体衣壳蛋白基因连接，以融合蛋白的形式表达在噬菌体表面的抗体分子。其特点是识别抗原的同时又能感染适当的宿主菌进行增殖。用 B 淋巴细胞全套抗体可变区基因克隆组装成的噬菌体群体称为噬菌体抗体库（phage-displayed antibody library）。根据融合表达的抗体片段不同，噬菌体抗体库主要分为 Fab 库和 ScFv 库。后者由轻链可变区（VL）和重链可变区（VH）连接而成，分子量更小，更有利于应用。噬菌体抗体库经特定抗原或细胞筛选后，便可获得

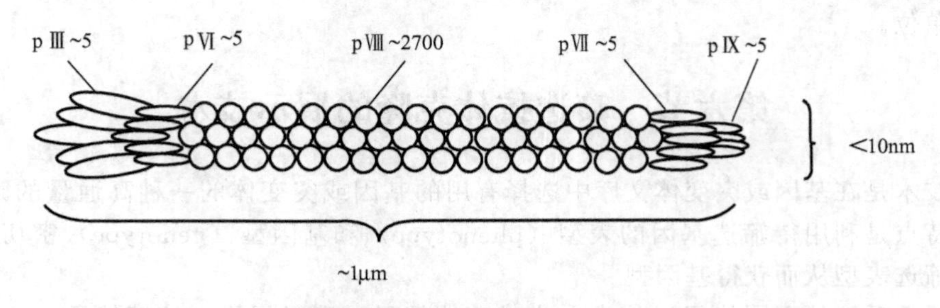

图 3-33 丝状噬菌体外壳蛋白

特异性抗体。噬菌体抗体库的筛选是关键的环节和步骤。

（二）技术流程

1. 噬菌体抗体库的构建

在构建噬菌体抗体库时，首先必须克隆出 B 细胞的全套可变区基因。从有关的细胞（如杂交瘤细胞、免疫脾细胞、淋巴结细胞、外周血淋巴细胞）中抽提总 mRNA，应用保守引物经 RT-PCR 分别从轻链和重链的基因中扩增出抗体可变区的 cDNA，克隆到表达载体中。这种建库方式要比早期的从染色体 DNA 建库方便得多，而且其基因经过了重排，消除了可变区的假基因，库容量也较大，是目前常用的文库。

以 ScFv 构建为例来阐明抗体库的构建过程。将 ScFv 的基因与衣壳蛋白基因 pⅢ相接，插入噬菌粒载体，转染表达 F 菌毛的大肠杆菌，在宿主菌内合成后，抗体融合表达在 pⅢ的 *N* 端，借助信号肽穿膜作用，进入膜间隙。在辅助噬菌体超感染后，这些抗体片段-pⅢ融合蛋白被包装于噬菌体尾部。同时由于辅助噬菌体的复制缺陷，噬菌粒的 DNA 被优先包装进入噬菌体内核，因此携带有表达载体的宿主菌就会释放出带有抗体片段的噬菌体颗粒，并具有再次感染宿主菌进行复制的能力（图 3-34）。

2. 特异性噬菌体抗体的筛选和富集

利用噬菌体可再扩增的特性，以靶抗原通过亲和吸附-洗脱-扩增，可筛选到靶分子的配体肽链。再经突变和链置换等方法改进抗体亲和力，最终获得高亲和力的特异性抗体。

噬菌体抗体库的筛选包括两个主要步骤：淘筛和鉴定。淘筛（panning）是噬菌体抗体库与选择用的抗原共同孵育后，通过几轮洗脱，收集结合的噬菌体的过程。将获得的噬菌体感染细菌并扩增，再进行下一轮的淘筛。经几轮淘筛后，便可富集到与抗原特异性结合的噬菌体感染的多克隆菌株。鉴定过程是从噬菌体感染的多克隆菌株中挑选出单克隆菌株。将淘筛出的噬菌体感染细菌、铺板、挑选，即可得到高特异性单克隆菌株。经过鉴定的噬菌体抗体也可用分子生物学方法克隆进其他载体进行表达，获得 Fab 或 ScFv。

（1）吸附结合　用包被抗原的固相介质来吸附对抗原特异的 PhAb（图 3-35）。固相介质有酶标板（条）、细胞培养板、免疫试管（immunotubes）、微珠、细胞（用于对细胞表面抗原进行筛选）。由于直接包被小分子抗原效果不佳，常采用亲和素捕获法，即先用链霉亲和素包被固相介质，待生物素化抗原与噬菌体抗体库反应后，固相介质上的亲和素再将其捕获，包被（抗原或亲和素）后要封闭空白位点。封闭剂目前最常用的是牛血清白蛋白（BSA）和脱脂奶粉，后者价格便宜，封闭效果好，但颗粒大，易造成空间位阻，不利于噬菌体抗体与小分子抗原结合，影响吸附效率。噬菌体非特异地吸附固相表面的能力很强，在封闭剂中加入 0.05%～0.1% 的吐温可减少噬菌体这种非特异性吸附。

（2）洗脱　是将对抗原特异的 PhAb 从抗原柱上洗下来。洗脱方法较多，经典的是酸、碱洗脱法。酸洗脱法大多采用 pH2.2～3.0 的盐酸甘氨酸缓冲液，也可用枸橼酸、0.01mol/

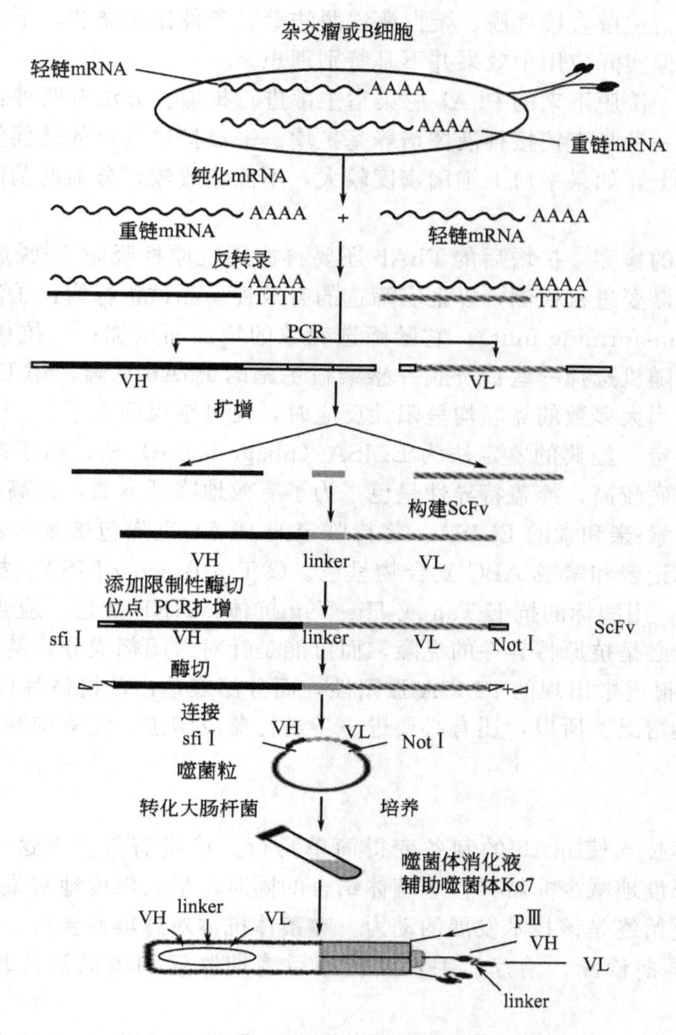

图 3-34　ScFv 噬菌体抗体库的克隆与构建

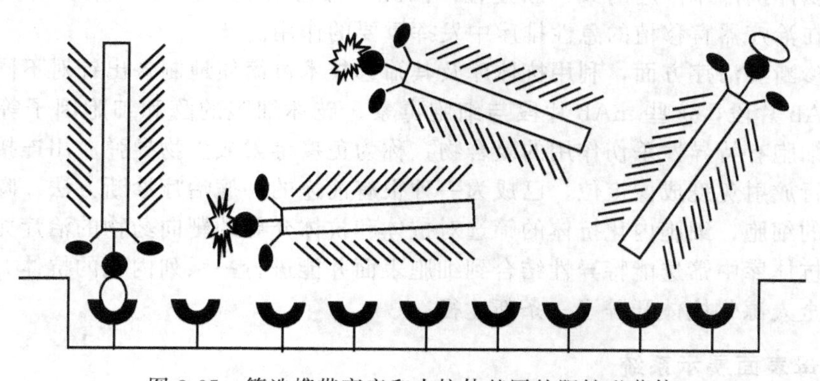

图 3-35　筛选携带高亲和力抗体基因的阳性噬菌体

L 盐酸等。碱洗脱法采用 0.01mol/L 三乙胺。酸、碱洗脱是促使抗原与抗体的结合解离。其他洗脱法有尿素、胍盐、硫氰酸盐等。这些洗脱方法不同程度地导致部分噬菌体损伤，失去部分再感染能力。与抗原特异性结合的噬菌体比非特异性吸附的噬菌体更易被损伤。此外还有竞争性洗脱、宿主菌直接洗脱、蛋白酶洗脱法等，条件比较温和，不易损伤噬菌体。虽理论上完全可行，但实际应用中效果并不是特别理想。

（3）扩增富集　洗脱下来的PhAb感染宿主菌进行扩增。方法有两种：一种是将细菌涂布平皿培养基；另一种是直接接种液体培养基扩增。平皿扩增的目的是促使细菌生长速率较为均匀一致。事实上，如果平皿上细菌密度较大，不能形成较好分离的菌落时，很难保证其生长速率均匀。

（4）筛选效率的检测　扩增后的PhAb还要再次用抗原柱吸附-洗脱进行淘筛，重复多次。每一轮筛选都需要进行检测，以证实筛选的有效性。测试指标为：①洗脱感染的噬菌体数（转化单位，transforming unit），它随筛选轮数的增加而增加；②抗体基因插入载体的频率；③亲和性。随机选择一些被洗脱并感染宿主菌的PhAb克隆，用ELISA鉴定其与包被抗原的亲和性。当大多数的克隆均呈阳性反应时，便可结束筛选了。

（5）克隆的鉴定　经典的鉴定法为ELISA（phage-based）法。由于噬菌体的非特异吸附性很强，致使本底较高，掩盖特异性显色。为了有效地降低本底，提高检出率，可用以下措施：①基于生物素-亲和素的ELISA。将待鉴定的PhAb克隆包被聚苯乙烯条，捕获生物素化抗原，用酶标记亲和素或ABC复合物显色。②Tag-Based ELISA。抗原包被的聚苯乙烯条，捕获PhAb，用酶标的抗E-Tag或His-Tag抗体，HRP显色。应当注意的是ELISA鉴定阳性的克隆未必是抗原特异性的克隆，而可能是针对封闭剂成分，甚至针对固相材料的PhAb克隆。一些报道中出现的ELISA强阳性，而分泌表达出的抗体片段却无抗原结合力，很有可能属于上述情况。所以，还有必要进一步进行免疫印迹、竞争抑制、交叉反应等试验进行鉴定。

（三）结语

噬菌体抗体库技术使mAb的制备变得简单易行、稳定有效。而这一技术面临的挑战是，如何在最大限度地减少非特异性噬菌体结合的同时，最大限度地富集特异性噬菌体，因此筛选方法的改进始终是该技术发展的动力。噬菌体抗体对感染性疾病、器官移植排斥反应的防治及肿瘤的早期诊断、治疗、手术及化疗后晚期肿瘤的辅助治疗均具有广阔的应用前景。

在器官移植方面，抗IL22R靶向mAb的研制，是继CsA及FK506等有效阻断IL22与T细胞结合发挥抗排斥作用的又一新途径。因此，针对IL22 /IL22 R系统的抗体库及其筛选技术，将在治疗器官移植的急性排斥中发挥重要的作用。

在肿瘤诊断及治疗方面，利用抗体库及其筛选技术可简便地制备出针对不同肿瘤患者多种肿瘤的mAb片段，这些mAb片段与细胞毒素、破坏细胞的酶和细胞因子等连接后，可形成对肿瘤细胞有特异性杀伤作用的复合物，称为免疫毒素或生物导弹。用连接放射性核素的抗体可进行放射免疫成像定位，已成为一种很有前途的肿瘤治疗诊断方法。噬菌体可内化入哺乳动物的细胞，细胞内化抗体的筛选对抗体和抗体介导的靶向药物的治疗尤为重要。直接从噬菌体抗体库中筛选能特异性结合到细胞表面并能进行一系列内化的抗体，为寻找适于抗癌治疗的全人源化抗体开辟了一条新途径。

二、酵母表面展示系统

酵母表面展示系统是继噬菌体展示技术创立后发展起来的真核展示系统，与噬菌体展示技术比较，酵母展示系统更有利于抗体的亲和力成熟，因为：①酵母展示系统是一种真核表达系统，具有和哺乳动物细胞相似的蛋白质合成机制，且其具有的翻译后的修饰功能，可以更好地保持蛋白质的原始三维结构，对人的蛋白质表达和展示更具优越性。②酵母具有刚性的细胞壁，由糖蛋白外层和葡聚糖内骨架等构成，异源蛋白可以定位于糖蛋白层并与葡聚糖共价连接。其表达可避免在细菌中蛋白质表达存在的偏性，以及无糖基化修饰等弊端。③酵母是个足够大的颗粒，可用流式细胞仪进行筛选和分离。而且，这种展示技术能很好地区分微弱亲和力差异的突变体，这就使得基于特定亲和力改变的突变体分离成为可能。酿酒酵母细胞表面展示 ScFv 抗体通过抗原-抗体反应，可利用流式细胞仪进行筛选。④作为一种真核细胞，酵母可以进行哺乳动物蛋白质翻译后的修饰过程。此外酵母还具备另一个优点，就是它的安全性，一些酵母菌已在食品生产中得到广泛应用，可以更容易过渡到药品和疫苗生产。该系统可应用于高亲和力抗体和多肽蛋白药物的筛选、蛋白质抗原表位分析等许多方面。

（一）原理

酿酒酵母是具有细胞壁的单细胞真核微生物。细胞壁分为两层，内层决定细胞壁的强度，由β-1,3-葡聚糖和β-1,6-葡聚糖与少量几丁质组成。外层由甘露糖蛋白组成，决定了大多数细胞的表面特性。甘露糖蛋白共价连接到内层的葡聚糖上。

酵母有两种交配型 MATa 和 MATα 的单倍体细胞，a-凝集素和 α-凝集素是酵母细胞壁上的两种甘露糖蛋白，它们在酿酒酵母的这两种单倍体细胞之间介导细胞与细胞的性黏附，使细胞融合形成双倍体。

这两种细胞之间的相互交配融合是通过细胞表面表达 a-凝集素和 α-凝集素的相互作用介导的。目前已报道的酵母表面展示系统有两种，目的蛋白分别与 α-凝集素或 a-凝集素融合，展示于酵母细胞表面。

1. 目的蛋白-α-凝集素表面展示系统

此系统将目的蛋白作为 *N* 端，与 α-凝集素 *C* 端部分融合，目的蛋白经 α-凝集素展示于酵母细胞表面。α-凝集素共价连接到细胞壁的葡聚糖上，其锚定能力由蛋白质 *C* 端 320 个氨基酸组成，富含 Ser/Thr 残基。迄今，已经有多个应用 α-凝集素的 *C* 端作为融合蛋白的报道。

与凝集素类似的絮凝蛋白，也被用作表面展示用锚定骨架。絮凝蛋白也含有 Ser 及 Thr 丰富的 *C* 端区，并且也在细胞黏附中起作用。其他细胞壁蛋白，如 Cup1p、Cwp2p 和 Tip1p 也都具备细胞壁的锚定能力，可能被用于表面展示。另外，酿酒酵母也并不是唯一的可用于表面展示的酵母。在酿酒酵母中实现展示的重组载体同样可以在乳酸克鲁维酵母中表达。

2. a-凝集素-目的蛋白表面展示系统

这是一种将目的蛋白作为 *C* 端与 a-凝集素 Aga2p 亚基的 *N* 端融合的表面展示系统。a-凝集素通过与 α-凝集素相似的连接锚定在细胞壁上。a-凝集素有两个糖蛋白亚单位，含有 725 个氨基酸残基的 Aga1p 亚单位通过 β-葡聚糖的共价连接而锚定在细胞壁上，含有 69 个氨基酸残基的 Aga2p 亚单位通过两对二硫键与 Aga1p 亚单位相连接。天然的 a-凝集素结合活性部位在 Aga2p 的 *C* 端，因此，此处代表了一个细胞外大分子的可及性区域和展示固定蛋白的有用位点。

此种酵母展示细胞利用 Aga1 和 Aga2 复合物在酵母细胞的表面展示重组 ScFv 抗体。将目的片段基因克隆于含有 Aga2 基因的 pYD1 载体内。转染含有 Aga1 的酿酒酵母（如 EBY100）。Aga2 融合蛋白的表达和 Aga1 蛋白的表达均受到宿主酵母内 GAL1 启动子的调控。在半乳糖诱导下，表达的 Aga2 融合蛋白和 Aga1 蛋白在分泌的过程中形成复合物，共同展示于细胞的表面（如图 3-36 所示）。

把目的蛋白作为 Aga2p *C* 端构建展示载体，其 Aga2p-ScFv 融合蛋白的表达由 GAL1 启动子引导。酵母在葡萄糖培养液中生长，使得 GAL1 启动子的转录被完全抑制，将细胞转

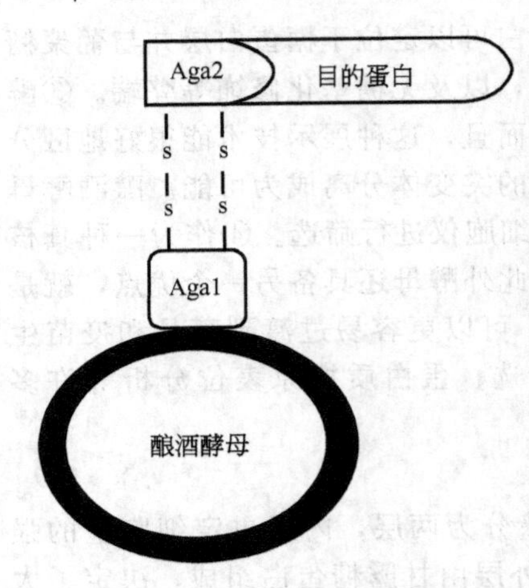

图 3-36 利用 pYD1 质粒在酿酒酵母表面展示融合蛋白

入含半乳糖的培养液中诱导产生融合蛋白。Aga1p 和 Aga2p 融合基因产物，经相关的分泌途径被转移到细胞表面。这种 Aga2p-ScFv 融合蛋白已通过共聚焦显微镜及流式细胞仪得到证实。此外，用 c-myc 单抗和荧光素偶联 dex-tran 标记（FITC-dextran）的细胞，也可用激光扫描的共聚焦显微镜检测。而携带无关多肽载体的对照细胞，c-myc 和 FITC-dextran 检测都呈阴性；相反，则携带表达。Aga2p-ScFv-c-myc 融合蛋白的表面展示载体细胞，可被抗 c-myc 和 FITC-dextran 两种抗体共同标记，表明抗原结合位点对于非常大的分子是易接近的。

此种系统同时可以用于 ScFv 抗体的亲和力成熟，以提高抗体的亲和力。其主要途径是通过错配 PCR 在 ScFv 基因内引入 3～7 个点突变，将其克隆入表面展示载体，利用宿主酵母内的内源性同源重组系统（通常所说的 "Gap-Repair"），可以迅速建立一个包含（1～10）$\times 10^{10}$ 个克隆的突变抗体库，并用于展示和筛选。利用流式细胞仪进行 3～4 轮的亲和筛选，可以将亲本抗体的亲和力提高 10 倍。

（二）结语

由于酵母展示属于真核表达系统，对于哺乳动物蛋白质，尤其是人蛋白质的展示具有独特的优越性，相信随着此技术的进一步发展，在蛋白质分子的研究方面将发挥越来越重要的作用。酵母抗体库为体外筛选有用抗体提供了一个强有力的直接途径。对类似的技术手段，如噬菌体展示和核糖体展示是一个有益的补充，但不能替代噬菌体抗体库技术。酵母展示抗体库的推广应用为重组抗体技术开辟了新的途径，而且可能代替传统的鼠杂交瘤技术制备的抗体。

酵母表面展示作为噬菌体展示的改进技术，在蛋白质分子间相互作用方面的研究有重要用途。具体应用包括构建抗体文库，通过对真核细胞表面蛋白结合特性改造，制备天然不存在的高亲和力抗体；筛选 cDNA 表达文库中的配基结合域或筛选突变受体或配基；鉴定新的生物活性肽（如抗原表位、细胞激活配体等）；它还特别适用于展示需内质网特异的翻译后加工才能有效折叠和具有生物活性的哺乳动物细胞表面蛋白和分泌蛋白（如抗体、细胞固子和受体等）；酵母已经广泛应用于制药业和食品工业，安全性高，抗体可以识别酵母表面表达的抗原表位并与之特异地结合，因此可以考虑用表面展示病原体抗原决定簇的酵母作活疫苗来免疫人畜和预防疾病；而且用酵母来生产一些复杂的需糖基化的抗原疫苗，会比细菌等原核表达体系更具应用前景。

三、核糖体展示技术

核糖体展示技术（ribosome display，RD）是通过核糖体将基因型和表现型联系在一起的另一种展示技术。它是用于抗体及蛋白质文库选择、系列分析、蛋白质体外改造的一种新兴蛋白质工程技术。该技术的特点是：正确折叠的完全蛋白和编码它的 mRNA 同时结合在核糖体上；利用抗原抗体特异性结合的特性，便于蛋白富集；便于抗体文库筛选；是一种无细胞系统的蛋白质改造技术。不受宿主细胞及转染效率的限制；较噬菌体展示技术省时、省力；可分为真核和原核核糖体展示系统。

1997 年，Huekthun 实验室在前人研究成果的基础上，对 Mattheakis 的多聚核糖体展示技术进行了改进，建立了体外筛选完整功能蛋白（如抗体）的新技术——核糖体展示技术。由于该技术完全在体外进行，弥补了细胞内展示的不足，因此，能显著增加库容量及分子多样性，其中库容量可达 $10^{13}\sim10^{15}$，比噬菌体展示文库（约 10^{9}）提高了 $10^{4}\sim10^{6}$ 倍。此外，核糖体展示技术具有建库和筛选方法简便，无需选择压力，通过引入突变和重组技术来提高靶标蛋白的亲和力等优点，使核糖体展示技术显示出了诱人的发展前景。

（一）原理

在特定的反应条件下，蛋白质基因型和表型可以通过 mRNA-核糖体-蛋白质三联体复合物的形式联系起来。构建的核糖体展示 DNA 库中，可能包含有编码靶蛋白例如功能性蛋白的 DNA 分子核糖体。编码蛋白的 DNA 在体外进行转录与翻译，由于对 DNA 进行了特殊的加工与修饰，如去掉 3′末端终止密码子，核糖体翻译到 mRNA 末端时，由于缺乏终止密码子，停留在 mRNA3′末端不脱离，从而形成蛋白质-核糖体-mRNA 三聚体，在高浓度镁离子和低温条件下该复合物非常稳定。通过亲和结合作用，将目标蛋白特异性的配基固相化，如固定在 ELISA 微孔或磁珠表面，含有目标蛋白的核糖体三聚体就可在 ELISA 板孔中或磁珠上被筛选出来，加入 EDTA 后，可以将结合下来的复合物的 mRNA 洗脱下来。洗脱下来的 mRNA 经过纯化可以用作 RT-PCR 从而恢复其基因型，最终可使目标蛋白和其编码的基因序列得到富集和分离。逆转录 PCR 产物也可以用于下一轮核糖体展示。展示过程见图 3-37。

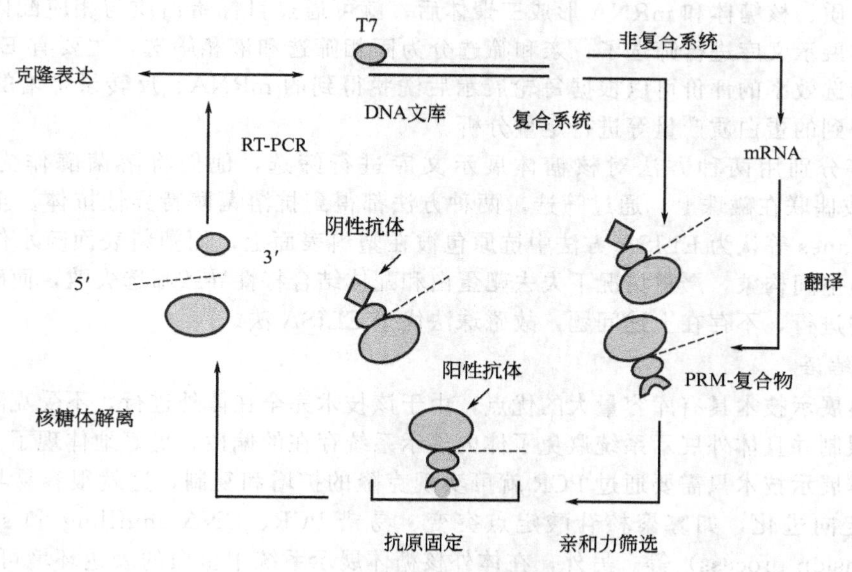

图 3-37　核糖体展示示意

（二）技术路线

1. 模板的构建

模板主要由四部分组成：5′端非编码区、目的基因区、间隔区序列和 3′端非编码区。其中，5′端非编码区包括 T7 启动子序列、SD 序列（来源于 T7 噬菌体的基因 10）以及能够形成茎环结构的一段反向重复序列。翻译时核糖体在多肽链上大约占据 20～30 个氨基酸的空间位置。为了避免影响抗体的空间构像及为抗原抗体结合反应提供足够的弹性空间，在模板的编码区除单链抗体编码序列之外还需一段间隔区序列。Mattheakis 在进行多肽的核糖体展示时，使用了 72 个氨基酸的间隔区序列。3′端非编码区也存在一段反向重复序列，来源于大肠杆菌脂蛋白的终止子或 T3 噬菌体的早期终止子，可以在 mRNA 水平形成颈环结构。

3′颈环结构在避免 3′-5′核酸外切酶对 mRNA 的降解方面起着重要的作用。加入上述两种颈环结构后，核糖体展示效率会提高 15 倍。在整个核糖体展示模板中不存在任何终止密码，是形成稳定的 mRNA-核糖体-蛋白复合物的前提之一。

2. 体外转录和翻译

体外转录和翻译可以偶联进行，也可以分别进行。目前，已有以 DNA 为模板的体外蛋白质翻译系统和以 RNA 为模板的体外转录与翻译偶联的试剂盒问世。大多数抗体分子具有保守的二硫键，由于 RNA 聚合酶催化转录反应时必需一定浓度的 DTT（二硫苏糖醇），因此在进行单链抗体的核糖体展示时，体外转录与体外翻译通常分别进行体外表达。有人采用含有转录与翻译偶联的兔网织红细胞裂解物体外表达体系成功进行了单链抗体的核糖体展示。但这种方法仅限于少数抗体，如在筛选胞内抗体时，就应该模拟大肠杆菌胞质的还原性环境，使筛选到的抗体能够在胞内保持稳定，并能与胞内靶物质结合发挥功能。体外转录技术已经非常成熟。真核细胞抽提物与原核细胞抽提物均可以用于体外翻译，进行核糖体展示。Pluckthun 实验室以单链抗体为检验模型，发现采用大肠杆菌抽提物进行体外翻译能够取得更好的展示效果。*E. coli* S30 提取液是一种原核表达系统，网织红细胞裂解液是一种真核表达系统，至于何种系统更适合于核糖体展示，尚有争论。

3. 亲和筛选与筛选效率的测定

当蛋白质、核糖体和 mRNA 形成三聚体后，就可通过目标蛋白质与相应配体的结合特性对核糖体展示文库进行筛选了，亲和筛选分为固相筛选和液相筛选，主要有 ELISA 法和磁珠法。筛选效率的评价可以根据每轮展示后洗脱得到的 mRNA、反转录扩增的 cDNA 或体外翻译得到的蛋白质产量等进行定量分析。

Coia 等分别用两种方法对核糖体展示文库进行筛选，他们将溶菌酶作为抗原包被 ELISA 板或偶联在磁珠上，通过筛选，两种方法都得到抗溶菌酶特异性抗体。至于何种方法更优，Hanes 等认为 ELISA 方法中抗原包被在塑料表面上，而塑料表面疏水作用有可能影响蛋白质空间构象，严重情况下失去靶蛋白和配体结合特性导致筛选失败，而磁珠法筛选是在溶液中进行，不存在上述问题，故磁珠法优于 ELISA 法。

（三）结语

核糖体展示技术具有库容量大的优点，由于该技术完全在体外进行，不受克隆和细胞转染效率的限制并且体外展示系统避免了体内展示系统存在的偏性，更好地体现了文库的多样性。核糖体展示技术只需要通过 PCR 就可实现克隆的扩增和复制，这就很容易与体外突变技术进行定向进化，如寡聚核苷酸定点突变、易错 PCR、DNA shuffling 和 stEp（staggered extension process）等。另外，在体外核糖体展示系统中蛋白的表达环境可精确控制，更有利于目标蛋白的展示。同时，核糖体展示系统目前仍存在许多亟待解决的问题，如何进一步地提高该系统的稳定性，特别是如何防止 mRNA 的降解和形成稳固的蛋白质-核糖体-mRNA 三聚体无疑是该技术的关键问题，如何提高大分子蛋白质在核糖体上的展示也是未来研究需要关注的问题。相信随着对核糖体展示技术的进一步研究，以上问题会逐步得到解决，核糖体展示技术作为一种新兴的克隆展示技术，必将在蛋白质相互作用、新药开发以及蛋白组学等方面显示出广泛的应用空间。

四、细菌表面展示技术

细菌表面展示系统是继噬菌体表面展示系统之后发展起来的。从 1986 年有人报道外源蛋白可插入麦芽糖孔蛋白（Lamb）至今，细菌表面展示技术已得到了巨大的发展。其展示载体多样，可根据不同需要展示蛋白质或多肽。细菌表面展示技术应用最多的是发展活菌疫苗，因为目前普遍认为用活的重构细胞进行免疫，细胞表面展示的异源抗原决定簇可以有效地诱导抗原特异性抗体应答。应用细菌表面展示技术展示随机肽库和抗体库，在一定程度上是噬菌体展示系统的替代途径。

细菌表面展示是用基因重组的方法将外源性多肽或蛋白与细菌表面的蛋白如外膜蛋白、鞭毛蛋白等融合，以正确的构象和方向插入并停留在细菌外膜，功能性地表达在细菌表面的一种展示技术。外源蛋白与载体蛋白序列融合方式有 *C* 端融合、*N* 端融合和夹心融合。*C* 端融合，如脂蛋白-外膜蛋白 A（Lpp-OmpA）系统其 OmpA 的 *N* 端锚定在外膜；*N* 端融合，如免疫球蛋白 A 蛋白酶家族中的一些成员含有自动转运结构，其 *C* 端锚定在细胞外膜，适于 *N* 端融合；夹心融合，如 Lamb 本身具有信号肽序列及锚定于外膜的序列，在其内部合适位点插入外源蛋白，可实现细胞表面展示。

（一）原理

细菌展示技术又称以细胞内膜为基础的细胞间质表达技术（anchored periplasma expression technology，APEX）（图 3-38 和图 3-39）。技术特点是以特定的埋藏在细胞内膜的信号肽诱导 ScFv 定位于细胞间质，外膜被酶消化后，ScFv 可与培养液中标记的抗原相结合。阳性克隆可用流式细胞分离仪进行分离，用 PCR 技术分离阳性 ScFv 基因。优点：可目睹筛选过程，即时筛选阳性菌，根据需要选择不同的阳性克隆，从而缩短筛选时间。如含有 6 个氨基酸的成熟脂蛋白-新脂蛋白 A（NlpA）就是一种锚定在细菌内膜外侧的小肽。将目的蛋白与 NlpA 融合，NlpA 将起到运送 ScFv 到细胞间质并且利用其 6 个氨基酸将 ScFv 锚定在内膜外侧。

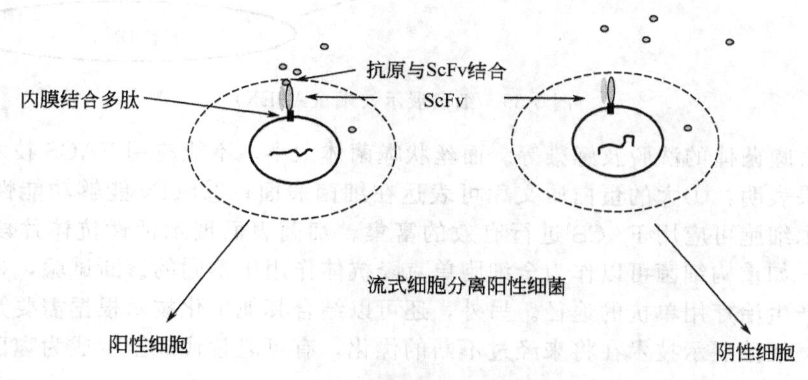

图 3-38　细菌展示技术简图

（二）结语

细菌表面展示技术已获得进一步的发展和完善，现已成为噬菌体展示技术的有力竞争者。多种 ScFv 已在大肠杆菌和葡萄球菌表面获得功能性表达，12 肽的随机肽库在大肠杆菌表面获得展示，开始了细菌表面展示系统用于抗体库和肽库的实验研究。与噬菌体表面展示系统相比，细菌表面展示系统具有自身的一些特点：①可根据需要选择合适的展示系统，以控制展示蛋白质的拷贝数，而噬菌体表面展示系统的选择性较少，目前成熟的载体蛋白系统仅限于噬菌体外壳蛋白 pⅢ（3～5 个拷贝）和 pⅧ（2700 个拷贝）；②噬菌体表面展示系统离不开细菌环境；③在细菌表面展示系统中可根据需要实现 *N* 端或 *C* 端融合表达或者嵌合表达，而噬菌体表面展示系统只能是 *N* 端融合，并且与 pⅢ蛋白融合后可影响重组噬菌体感染细菌的能力；④细菌表面展示系统可用 FACS 进行大规模的筛选，是其一个主要特点，即用 FITC 标记抗原进行筛选，从而可避免噬菌体展示技术筛选过程中的关键步骤，如抗原

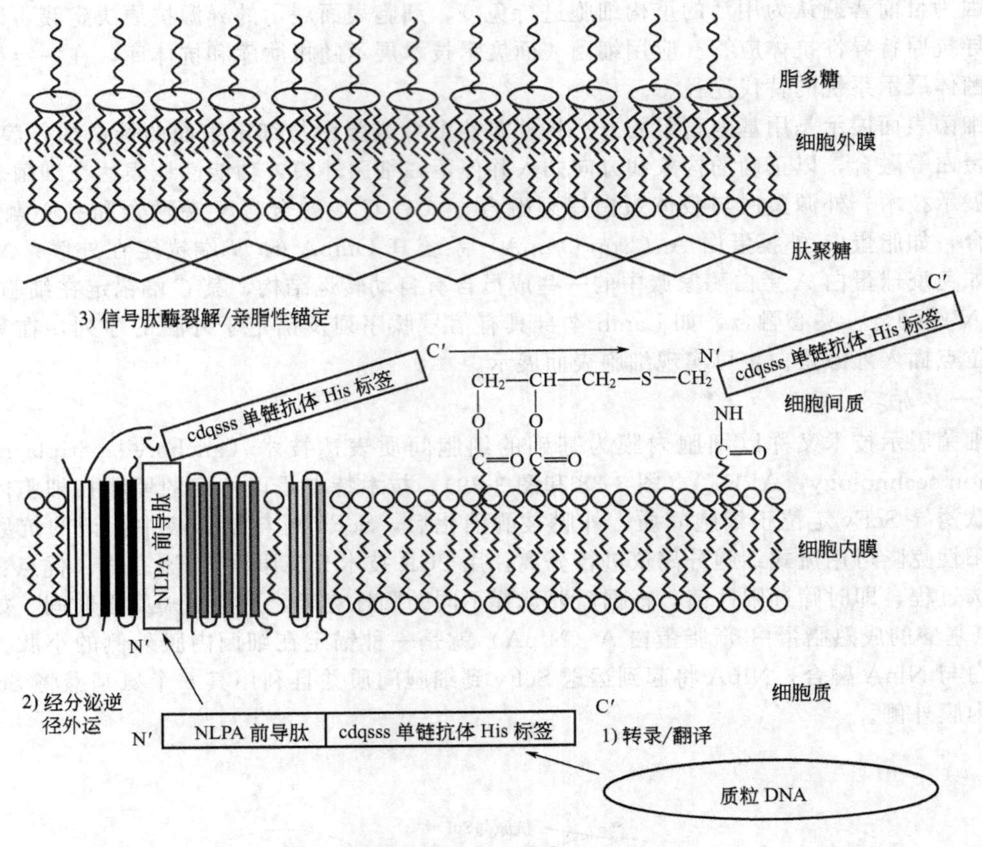

图 3-39 细菌展示技术（APEX）

的固化、结合噬菌体的洗脱及感染等。而丝状噬菌体太小，不能应用 FACS 技术进行。

上述结果表明：①大的蛋白质文库可表达在细菌表面；②ScFv 能够功能性表达在细菌表面；③展示细胞可应用 FACS 进行有效的富集。细菌表面展示活性抗体片段，在实践中有很多应用，如重构细菌可以作为全细胞单克隆抗体作用于不同的诊断试验，显示一种直接经济有效的产生治疗用单抗的途径。另外，还可以结合其他生化技术根据需要筛选出特异性的重组单抗。细菌展示技术在将来经过不断的优化，有可能替代或至少成为噬菌体展示技术的补充。

五、噬斑印迹

利用噬菌体抗体库进行筛选目的基因的一种方法，前提是高容量的噬菌体抗体库已被构建。原理是将噬菌体库以适当的滴度与大肠杆菌在适当的培养条件下进行孵育，然后将孵育液涂平板，于适当条件下培养至噬菌斑出现。然后将平板上的噬菌斑以相对位置不变的方式转印到 NC 膜，对膜进行处理，释放出噬菌体而将抗体暴露，然后将膜晾干，将膜与相应的标记抗原进行杂交，放射自显影，找到平板上与阳性结果相对应的噬菌斑，该噬菌斑即含有目的基因。

六、质粒展示技术

质粒展示概念出现较早，但用于构建多样性的功能性蛋白质库并未被人们认识到。质粒展示技术最初是被 Cull 等用于实验研究，1992 年 Cull 等将短肽与 Lac 抑制蛋白的 *C* 端融合，构建了新的展示系统。在宿主细胞裂解后，融合蛋白-载体质粒复合物不被破坏。通过筛选使编码特异蛋白质的质粒载体得到富集，再次感染新鲜制备的宿主细胞，进行下一轮筛选。

（一）原理

质粒展示技术是以“蛋白质-DNA 复合物”的形成为基础，将随机多肽与 DNA 结合蛋白以融合蛋白的形式表达。由于在细胞内表达的融合蛋白及其相应的编码质粒结合在一起，通过筛选可以得到目的蛋白及其编码的基因序列。直接将目的多肽与 DNA 结合蛋白融合，这既避免了其他展示技术存在的一些问题，如蛋白质分泌困难、体外翻译和 RNA 稳定性等，又是一种比较简单的替代途径。融合蛋白在相对还原的 *E. coli* 菌的细胞质内表达和折叠，体内融合蛋白结合于编码质粒的 DNA 序列上，从而实现目的蛋白“表型-基因型”的相连。“peptides-on-plasmid”质粒展示技术的应用是建立在 LacI 和 Lac 操纵子（LacO）可控结合的基础之上，用于蛋白质展示的质粒既包括 LacI 的可读框，也包含 LacO 的基因序列。

为了保证筛选的顺利进行，必须保证融合蛋白始终结合于编码质粒，蛋白质-DNA 复合物不被破坏。因为在细胞裂解的过程中，“蛋白质-质粒复合物”的解离会导致“表型-基因型结合体”的破坏或者丢失，所以在质粒展示系统中，选用的 DNA 结合蛋白本身与特异性基因序列间必须具有很高的结合力。并且，这种 DNA 结合蛋白的任何一端可以与多种蛋白质融合，而不影响其 DNA 结合力。另外，这种 DNA 结合蛋白及其融合蛋白必须以可溶性蛋白的形式表达，这样表达产物才可以在体内与 DNA 结合。许多转录因子和其他 DNA 结合蛋白的分子结构，以及它们特异性的 DNA 识别序列已经明确。

在质粒展示技术的基础上，现已发展了一种新的展示系统。在噬粒载体上含有插入雌激素受体的 DNA 结合域（DBD）的识别序列，使蛋白质与 DBD 的 *N* 端或 *C* 端融合，在辅助噬菌体超感染的条件下，融合蛋白在噬菌粒 pⅧ蛋白的表面展示。应用此技术从人淋巴细胞的 cDNA 文库中，通过抗人 κ 链抗体筛选到人 κ 链恒定区 cDNA。

（二）结语

质粒展示技术用于亲和筛选时，洗脱的质粒无自主感染能力，必须经电转化感染宿主菌特异性克隆才能进一步扩增和富集。其操作复杂，效率难以保证。目前，文献报道的质粒展示技术主要用于多肽库的构建和筛选，尚未见其用于抗体分子的展示和筛选。与噬菌体展示系统相比，“peptides-on-plasmid”，具有以下的特点。

① 多肽通过融合于质粒载体蛋白游离的 *C* 端，而融合于噬菌体载体蛋白 *N* 端或内部，另一端可以与包被受体结合。两种不同的展示技术的联合应用可以增加具有受体识别作用的多肽结构的多样性。质粒展示的 *C* 端展示模式，在终止密码子存在的情况下，可以使多肽克隆变短，而不会完全破坏特殊的多肽克隆，并且质粒展示技术可以用于不同大小的多肽展示，如 β-半乳糖苷酶的展示。

② 载体蛋白的自身特点使两种展示技术的应用具有不同的限制。抑制子融合蛋白的表达在胞质内完成，不像噬菌体融合蛋白需要分泌到细菌周质腔中完成。所以抑制子融合多肽的表达不需要与宿主菌的蛋白质分泌元件相容，只需要不影响最基本的抑制子二聚体的形成，而它是 DNA 识别蛋白的最小单位。另外，两种展示技术分别在不同的宿主菌腔室中进行，受不同蛋白酶的影响，可以增加总的多肽多样性。

③ 在多肽库的单个质粒载体上可以展示多个拷贝的外源多肽。原则上每一个 Lac 抑制子四聚体可以展示 4 个拷贝的外源多肽，并且在没有环状结构形成的条件下，每个质粒载体可以与 2 个四聚体结合。质粒多价展示的这些特点，可以用于较低亲和力的配体的筛选。在多价展示的条件下，低亲和力的配体可以影响数目较少的高亲和力配体的筛选。降低包被受

体的浓度，保证单价结合条件，可以筛选出高亲和力的配体。综上所述，利用质粒载体外源蛋白的多价展示，可以从低亲和力的多肽库中筛选出最初的配体。在单价结合的基础上，可以筛选高亲和力的突变株。

第七节 抗体亲和力的优化

一、鼠源及其嵌合抗体的人源化

鼠源及其嵌合抗体已经广泛地用于治疗人类疾病，然而这种外源的生物分子在人体内往往引起免疫反应，会很快被清除掉，从而限制了这种治疗性抗体的发展及其应用。这在慢性疾病治疗中尤为明显。因此，可以通过抗体人源化来解决这些问题。

传统的抗体人源化主要是通过 CDR 移植的方法来解决非人源抗体所引起的免疫反应。然而这种方法往往导致抗体亲和力的下降。现在，通过计算机模型或者其他的一些方法来预测这种新的抗体中哪些氨基酸在 CDR 转移过程中影响了最初的亲和力，然后通过氨基酸的改变来得到原亲和力或亲和力增强的抗体。

现在可以应用一种新框架方法（the frameworks approach，见图 3-40）来得到人源化的抗体，这种框架方法是把人源化的框架（framework）与合成的 CDRs 组合，再通过功能性筛选得到高亲和力的抗体。这种抗体避免了框架区任何的潜在的免疫反应，并且这种人源化的框架是从最普通的胚系基因中得到，从而最大限度地减少了病人注射抗体后的免疫反应的产生，扩大了应用群体。

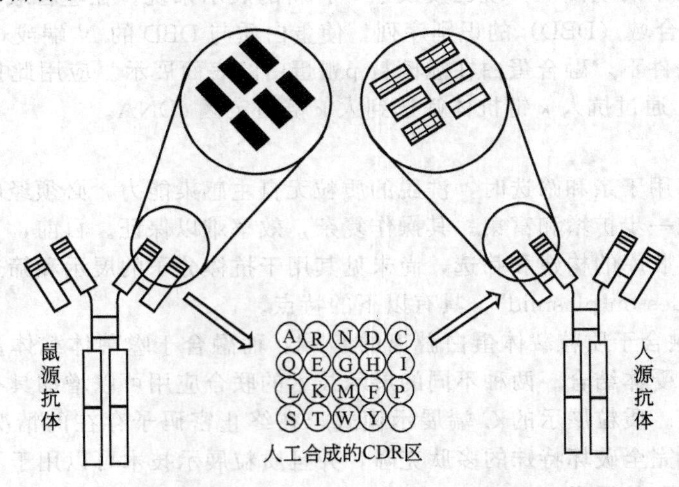

图 3-40 框架方法（the frameworks approach）改进抗体亲和力

这种人工合成的 CDRs 与原抗体分子的 CDRs 有很大相关性，然后插入到相应的骨架区，再通过功能性诊断，来确定哪些氨基酸适应了这种新的骨架，并且改进了亲和力及其他的一些特性，通过此方法已经得到了很多的抗体。

二、通过改进亲和力来增加抗体的功效

在大多数的情况下，抗体功效的增加往往可以通过亲和力的增加来实现，尤其在单价抗体的改进过程中更为明显。Vitaxin™是一种人源化的抗体，它能够识别整联蛋白 $\alpha\nu\beta3$ 上的构象性表位，并且阻止配体与细胞表面的受体结合。在鸡胚模型试验中发现，Vitaxin™通过阻止整联蛋白 $\alpha\nu\beta3$ 的信号传导，干涉血管生成，并且阻止破骨细胞引起的

骨破坏。由于这两种功能，现在这种抗体已经进入一期与二期的临床试验中。最初的鼠源抗体通过人缘化和亲和力优化，得到了一个亲和力改进的人缘化抗体。在抗体的每个CDR区引入突变，并且筛选出了多种有益突变体，其中在H3与L3部位突变效果最佳，在这些突变中，很多的单一氨基酸改变的突变体导致了大于10倍以上的亲和力的增加。再把这些有益突变体的优势性状重组到一个新的突变体上，筛选得到更高亲和力的抗体。在这些抗体库中，许多抗体的亲和力都得到了一到两个数量级的提高。在细胞黏附检测过程中，这些改进的抗体能够在低浓度的情况下阻止配体结合，并且这种改进的功效与亲和力的增加几乎成线性相关。通过上面的过程，许多高功效的抗整联蛋白 $\alpha_v\beta_3$ 的抗体已经从少于2600个突变体中被成功的检测出。并且值得注意的是，Vitaxin™抗体在最初的临床检测中，没有任何免疫反应症状。

三、通过选择性的改进结合速率常数增加抗体功效

通常抗体的亲和力与抗体的功效成线性相关，但是在某些情况下，这种相关性就变得不明显。Synagis®是一种人源化的抗体，直接用来中和呼吸道合胞体病毒（respiratory syncytial virus，RSV），以防止新生婴儿呼吸道感染，目前已经投放市场。在Synagis®抗体的优化过程中，最初通过两种方法筛选高效抗体，一种是通过改进抗体亲和力来改进抗体功效；另一种是通过改进抗体的结合速率常数来改进抗体功效。通过微量中和试验发现，通过改进抗体结合速率常数的方法，大大地提高了抗体的功效，改进倍数最高达到2000多倍。然而在改进抗体亲和力的方法中，亲和力与抗体功效相关性不是很大。因此得出一个结论，就像芽孢杆菌RNA酶抑制剂抑制芽孢杆菌RNA酶一样，抗体与病毒颗粒的快速结合可能赋予了Synagis®抗病毒的特性。因此需要建立一种检测结合速率常数的方法，通过这种方法检测RSV的F蛋白与抗体结合速率常数来筛选得到高效抗体。通过单碱基的突变试验发现，单碱基突变对结合速率常数的影响不是很大。因此一种灵敏的检测与筛选方法成为抗体优化成功的关键。首先在抗体CDR区通过单个核苷酸突变得到速率常数微量改进的有益突变体，然后再把这些抗体进行重组，得到了许多速率常数产生有意义提高的抗体。通过微量中和检测试验显示，这些抗体的功效得到了10～35倍的提高。因此，对于某些抗体功效与亲和力无相关性的抗体，这无疑是一种很好的抗体优化方法。一种被命名为Numax™的新的突变体，就是用这种方法得到的，现在已经用于动物模型试验。

作为一种治疗性药物，抗体的结合速率常数影响其功效的机制虽然还没有得到很好的解释，但是，研究人员已经提出了一种理论性的假设，假设抗体的中和作用是由抗体与病毒颗粒上的衣壳蛋白（与病毒感染相关）的相互作用引起的，那么抗体的结合速率常数的提高，就会相应地减少抗体的用量。

四、构建广谱抗体

作为一些对药物有抵抗作用的传染因子，抗体已经成为一种非常有效的治疗药物。但是，任何一种药物都有其不足之处，临床中发现，抗体与病原体（传染因子）的不同临床分离株（clinical isolates）的中和效果是不一样的。例如，一个用来防止早产婴儿感染的鼠源单克隆抗体，临床中发现，它对某些病原体的中和作用不是最佳的。这就需要通过优化，得到一种临床应用效果最佳的抗体。因此，可以通过定向进化技术改进抗体的适用范围，增加抗体对更多病原体的临床分离株的中和作用，从而得到一个广谱的抗体，再通过进一步的改进实现亲和力进一步优化。例如，抗HIV的抗体，就只能对很少的病毒进化体进行识别，通过优化就有可能改进其病毒的识别范围。

第八节　抗体药物

一、概述

人类应用抗体治疗疾病已有悠久的历史，抗体工程技术经过人们不断地完善和更新，现在已经发展成一项成熟完备的技术。现在人们已经用重组技术改造抗体，不仅根据需要对以往的鼠源抗体进行相应的改造以消除 HAMA 反应，还可重新制备各种形式的重组抗体，不但提高了其生物学活性也降低了生产成本。

（一）抗体药物的分代

抗体药物的发展大致可分为三个阶段，即三代。

1. 第一代抗体是指多克隆抗体药物

传统的多克隆抗体制备的方法是用天然抗原免疫动物，由于抗原性物质具有多种抗原决定簇，所以可刺激动物机体产生多种抗体，合成和分泌抗各种决定簇的抗体分子，故称这种用体内免疫法所获得的抗体分子为多克隆抗体。此技术经过长期的实践，已发展得相当成熟，在免疫学诊断中有着非常重要的意义。

2. 第二代抗体是指单克隆抗体药物

1975 年，Kohler 和 Milstein 将小鼠骨髓瘤细胞和经免疫的小鼠脾细胞在体外进行融合，结果部分杂交细胞既能在体外培养条件下生长繁殖，又能分泌单一抗体，这种杂交细胞系被称为杂交瘤（hybridoma）。由于其产生的抗体是识别单一抗原决定簇的均一性抗体，故称之为单克隆抗体。其特异性强，可提高各种血清学方法检测抗原的敏感性和特异性。单克隆抗体的应用大大提高了对各种传染病和恶性肿瘤诊断的准确性。

但是这种单克隆抗体多是由鼠 B 细胞与鼠骨髓瘤细胞经过细胞融合形成的杂交瘤细胞分泌的，进入人体会引起 HAMA 反应且抗体分子的分子量较大，穿透血管的能力较差。

3. 第三代抗体是指基因工程重组抗体药物

在 20 世纪 80 年代初期，科学家结合了重组 DNA 技术对抗体基因进行改造，由此产生了基因工程抗体技术，即将抗体的基因进行加工、改造和重新装配，然后再导入适当的受体细胞内进行表达。与单克隆抗体相比，基因工程抗体可降低甚至消除人体对抗体的排斥反应。由于基因工程抗体可以只是完整抗体的有效部分，分子量较小，因此更加有利于穿透血管壁，进入病灶的核心部位。

从分子构成来看，抗体药物可分三类：①抗体或抗体片段。包括嵌合抗体、人源化抗体、人源抗体；抗体片段包括 Fab、ScFv 等。②抗体偶联物，由抗体或抗体片段与“弹头”连接而成。可用作“弹头”的物质有放射性物质、化疗药物、毒素等。③融合蛋白，由活性蛋白和抗体片段两个部分融合而成。

抗体药物具有特异性高、靶抗原及结构多样、可定向制造等优点。因此，自从人们发现及利用其治疗疾病以来，对抗体药物的研究就一直没有间断过，一直都是研究的热点。近年来，治疗肿瘤的抗体药物的研究开发取得了突破性进展。先后获批准的 Campath-1H、Zevalin、Bexxer、Erbitux 和 Avastin 等抗体药物用于治疗肿瘤。还有众多的治疗肿瘤的抗体药物正在进行临床前与临床研究。

（二）抗体药物的市场状况

在全世界，抗体药物的销售发展迅速。全球抗体药物市场销售额在 1999 年时仅 12 亿美元，2000 年为 21 亿美元，2001 年为 29 亿美元，2002 年接近 40 亿美元，而 2004 年，治疗抗体的全球销售额为103亿美元，2005年，治疗抗体和诊断抗体的全球销售额大约150亿美元，且以年平均11.5%速度增长。据预测，到2010年可达到260亿美元的销售额。目前单抗药物已占生物制药的31%，有分析师预计，单抗药物在未来10来年内将会是国外生物医药领域发展的主旋律，随着目前已上市品种销售额的不断增长及新品种的上市，单抗药物市场将会迅速攀升。

迄今为止，FDA共批准19个治疗性单抗药物。据预测，在2008年，嵌合单抗Remicade和Rituxan将占有49.3%的市场份额，人源化单抗将占有31.2%的市场份额，全人源化单抗将占有11.4%的市场份额；其中用于治疗癌症的单抗将占44%的市场份额，用于治疗关节炎、炎症和免疫性疾病将占40%的市场份额，治疗感染性疾病单抗将占9%的市场份额，治疗心脏血管疾病单抗将占3%的市场份额，治疗呼吸系统疾病单抗将占2%的市场份额，其他占2%。

现如今，我国抗体药物的产业起步较晚，基础薄弱，但近年来我国在这方面给予了越来越多的关注和重视，抗体药物研究已被列入863计划和国家重点攻关项目。比较起来，西方发达国家对此起步早、投入大，并申请了绝大部分人类基因的专利权，我国要想在人类基因与蛋白专利上获得较多的份额是十分困难的。但在新抗原表位及单克隆抗体的发现和功能的确定及与疾病关系的建立方面还是有很大的发展空间的，我国要抓住机会，自主创新，抢占科学发展的制高点，争取到具有我国自主知识产权的技术。世界各国均意识到这一点，纷纷投入大量的人力物力。这是压力同时也是机遇。中国应该抓住这一机遇，加强抗原表位组学与抗体组学的研究，联合高等院校、生物技术公司、大型医药企业、研究所共同研发，充分发挥我国在相关领域的人力资源、技术资源和临床疾病标本资源上的优势，抢先发现新的抗原表位与抗体，抢报国际专利，积极引进国外先进的抗体生产专利技术和专有技术，整合国内现有科研和技术力量，积极进行技术创新和二次开发，应用已建立的技术平台开展新型抗体药物的制备、筛选及生产工艺研究，在原创发明的基础上形成突破，使中国在这一新兴领域与世界发达国家保持同步。

二、FDA已批准的部分抗体（按时间顺序排列）

（一）Muromonab-CD3

批准日期：1986年6月1日（此为FDA批准上市的第一种单抗药物）

商品名：Orthoclone OKT3

中文名：莫罗莫那-CD3

制造商：OrthoBiotech（强生公司）

Muromonab是针对人T细胞CD3抗原的鼠源单克隆抗体，为免疫抑制剂。该抗体是用生物化学方法纯化的IgG2免疫球蛋白，其重链为50kDa，轻链为25kDa，定向作用于人T细胞表面分子量为20kDa的糖蛋白。用于治疗肾脏移植病人的急性排斥反应和心脏、肝脏移植病人抗类固醇急性同源排斥反应。

移植受体主要通过T细胞系统对以前未接触过的抗原产生排斥反应。如果受体曾经由于输血或以前的移植接触过供体抗原，则主要由B细胞引起体液排斥。Muromonab-CD3通过结合T淋巴细胞表面的CD3抗原起作用，结合CD3抗原后灭活了相邻T细胞膜上的T细胞受体，并且也阻止了T细胞的活化。CD3淋巴细胞的水平在Muromonab给药后的几个小时内显著下降。

（二）Abciximab

批准日期：1994年12月

商品名：ReoPro

中文名：阿昔单抗

制造商：Centocor、Eli Lilly

Abciximab是嵌合人鼠单克隆抗体c7E3的Fab片段，它能结合在人血小板的糖蛋白glycoproteinⅡb/Ⅲa受体上，以阻止血小板凝聚。分子量为48kDa。适用于经皮冠状动脉介入治疗或在24h内使用常规药物治疗无效、计划在24h内经皮冠状动脉介入治疗的不稳定心绞痛病人的辅助治疗。

Abciximab可与血小板上糖蛋白（gp）Ⅱb/Ⅲa受体结合，该受体是血小板发生凝聚反应的主要的血小板表面受体。Abciximab能够阻止纤溶酶原、von Willebrand因子以及一些黏附分子与血小板上（gp）Ⅱb/Ⅲa受体结合位点相结合，来抑制血小板的凝聚。

（三）Rituximab

批准日期：1997年11月26日

商品名：Rituxan

中文名：美罗华

制造商：Genentech. Inc、Roche

Rituximab是鼠/人嵌合的单克隆抗体，抗正常B淋巴细胞和恶性B淋巴细胞表面的CD20抗原。IgG1 kappa免疫球蛋白，含鼠轻链、重链可变区和人恒定区序列，分子量为145kDa。由哺乳动物细胞（中国仓鼠卵巢细胞）悬浮培养产生。Rituximab是FDA批准的第一个用于治疗癌症的单克隆抗体。临床试验表明，这种嵌合抗体能够有效治疗复发性、顽固性低级或滤泡B细胞非霍奇金淋巴瘤。

Rituximab能够特异性地结合抗原CD20，CD20在90%以上的非霍奇金淋巴瘤的B细胞上都有表达，但在造血干细胞、原B细胞、正常的浆细胞或其他组织并未被发现。Rituximab的Fab结构域结合到B淋巴细胞的CD20抗原上，Fc结构域介导溶解B细胞的免疫效应功能。细胞溶解的可能机制包括补体介导和抗体介导的细胞毒作用。

（四）Daclizumab

批准日期：1997年12月10日

商品名：Zenapax

中文名：赛尼哌

制造商：Nutley，Hoffman-La罗氏公司

Daclizumab是一种免疫抑制剂，是通过重组DNA技术生产的人源化IgG1单克隆抗体。该抗体可特异性结合表达于活化的淋巴细胞表面的人高亲和性IL-2R的α亚基。其序列90%来自人、10%来自鼠，分子量约为144kDa，是将鼠的抗原结合位点连接到人的IgG1恒定区结构域以及Eu骨髓瘤抗体的可变区而成。用于预防肾移植病人的急性器官排斥反应。

约20%～50%的接受肾移植的患者在手术后6个月内会发生急性排斥反应。Daclizumab是IL-2R的拮抗物，可与高亲和力的IL-2受体复合物的Tac亚基高亲和结合，抑制IL-2R，阻断IL-2的信号转导。淋巴细胞活化是同源移植排斥中细胞免疫应答的重要途径，而Daclizumab能抑制IL-2介导的淋巴细胞活化。

（五）Basiliximab

批准日期：1998年5月12日

商品名：Simulect

中文名：新睦乐

制造商：新泽西，Novartis制药公司

Basiliximab是通过重组DNA技术生产的鼠/人嵌合单克隆抗体（IgG1 Kappa）。它特异结合并阻断IL-2受体α链（CD25）。该分子表达于活化的T淋巴细胞表面。其分子量为144kDa。Basiliximab属于糖蛋白，是由含有人重链与轻链可变区基因表达质粒的鼠骨髓瘤细胞系所表达的抗体分子。是一种免疫抑制剂，与环孢素和皮质类固醇一起使用，用来预防接受肾移植病人的急性器官排斥反应。

IL-2介导的淋巴细胞活化是同源移植中细胞免疫应答的重要反应。Basiliximab属于IL-2R拮抗剂，它干扰活化的淋巴细胞IL-2Rα链（CD25），是该反应的强烈抑制剂。

（六）Palivizumab

批准日期：1998年6月19日

商品名：Synagis

中文名：（暂无）

制造商：Gaithersburg Medlrnmune，Inc.

Palivizumab是人源化单克隆抗体（IgG1），通过重组DNA技术制得。特异性结合呼吸道合胞病毒（RSV）F蛋白A抗原表位。95%为人的序列，5%为鼠的序列。人重链序列来源于人IgG1的恒定区和VH基因Cor和Cess的可变区；人轻链序列来源于恒定区C[kgr]和VL基因K104和J[kgr]-4的可变区；鼠互补决定区连接到人抗体的框架中。该抗体由两条重链和两条轻链组成，分子量约为148kDa。用于预防由呼吸道合胞病毒引起的严重下呼吸道疾病。

RSV属副黏病毒家族的RNA病毒，是引起人类呼吸系统疾病常见的病原体，它可造成儿童呼吸道疾病，对儿童的危险性极大。Synagis可有效地中和RSV病毒并抑制其活性，可减少下呼吸道中RSV病毒的数量。

（七）Infliximab

批准日期：1998年8月24日

商品名：Remicade

中文名：英利昔

制造商：宾夕法尼亚州Malvern Centocor公司

Infliximab是糖基化人/鼠嵌合IgG1单克隆抗体，特异地结合人TNF-α，其分子量约为149kDa，由两条相同的重链和轻链组成，通过二硫键和非共价键相连。Remicade适用于类风湿性关节炎病人和患有中度到重度Crohn病的病人（对常规治疗没有反应，包括抗生素、皮质类固醇激素和其他免疫抑制剂），也可用于消除肠上皮瘘。Remicade与甲氨蝶呤一起使用，可用于减轻RA病人（单独使用甲氨蝶呤反应不敏感）症状，抑制结构损伤。

Infliximab通过与可溶性的穿膜炎症细胞因子的高亲和力结合，中和TNF-α的生物学活性，并且抑制TNF-α与其受体的结合（TNF-α可诱导前炎症细胞因子，增强白细胞的迁移，活化嗜中性粒细胞和嗜碱粒细胞的活性，诱导急性期反应）。Infliximab可减轻Crohn病动物模型的症状，减少滑膜和关节损伤。

（八）Trastuzumab

批准日期：1998年9月25日

商品名：Herceptin

中文名：赫赛汀

制造商：Genentech公司

编码生长因子及其受体的原癌基因在一些人恶性肿瘤的发生发展中起重要作用，抑制这些生长因子及其受体的功能是目前肿瘤综合治疗的一个新策略。

Herceptin是将人IgG1的稳定区和针对HER2受体胞外区的鼠源单抗的CDR结合在一起的人源化单克隆抗体，选择性靶标为人EGF受体2蛋白的胞外结构域。Herceptin不仅对HER2受体有高度亲和力，还同时解决了鼠源单克隆抗体应用于人体产生的免疫原性问题，因而能成功应用于临床。体外试验中，Herceptin能显著抑制HER2过度表达的乳腺癌细胞和卵巢癌细胞的增殖，但对无过度表达的乳腺癌和肺癌细胞则无此作用。体外和动物试验中，Herceptin与多种化疗药物有相加或协同作用。

Herceptin的主要临床研究均在美国进行。已完成Ⅰ～Ⅲ期和一些相关的临床研究，评价了Herceptin单药或与化疗药物联合治疗转移性乳腺癌的疗效和安全性。临床试验中所有的研究对象均为HER2过度表达的转移性乳腺癌患者。Herceptin作为HER2受体的单克隆抗体，无论单药还是与化疗药物联合治疗HER2过度表达的乳腺癌，均取得了良好的疗效，但其在乳腺癌综合治疗中的作用和地位尚应做进一步的全面评价，包括与内分泌药物、其他化疗药、放疗等治疗手段的联合应用。对其他伴HER2受体过度表达的上皮源性恶性肿瘤，如胃癌、卵巢癌、肺癌等，Herceptin是否具有与乳腺癌相似的临床疗效，是目前正在研究的问题。

Herceptin应当仅用于肿瘤过度表达HER2蛋白的患者。

HER2受体是表皮生长因子受体家族的一员，它的分子量为185kDa，具酪氨酸激酶活性。配体与HER2受体结合后，使HER2受体自身磷酸化并激活其酪氨酸激酶活性，最终促进细胞增殖，HER2基因的过度表达可导致细胞过度增殖和表型恶性转化。约25%～30%的乳腺癌和卵巢癌患者过量表达HER/neu，可以证明HER/neu是一个癌基因。体外分析和动物试验表明，Trastuzumab能抑制过量表达HER/neu的肿瘤细胞的增殖，是抗体依赖的细胞毒调节剂。

Herceptin能够与HER2过度表达的肿瘤细胞结合，显著下调HER2受体的表达，此作用能逆转细胞的恶性表型；与HER2受体结合后干扰后者的自身磷酸化，抑制信号传导系统的激活，从而抑制肿瘤细胞的增殖；在人体内诱导针对肿瘤细胞的抗体介导的细胞毒效应。

（九）Etanercept

批准日期：1998年11月2日

商品名：Enbrel

中文名：依那西普

制造商：Thousand Oak Amgen公司

Enbrel是二聚体融合蛋白，是由人肿瘤坏死因子受体（TNF-R 75kD）胞外的配基结合部分和人IgG1的Fc部分连接而成。Enbrel的Fc片段含CH2、CH3和铰链区，但不含IgG1的CH1结构域。它由934个氨基酸组成，分子量约为150kDa。Enbrel用于治疗类风湿病（使用过一种或多种抗风湿药物而反应不良的病人），降低从中度到重度急性风湿性关节炎的反应和症状。并可预防青少年风湿性关节炎，减轻中度到重度风湿性关节炎病人的症状或延缓结构性损伤。

与Infliximab类似，均是抗TNF-α的抗体，能够中和TNF-α的生物学活性，以降低滑膜和关节损伤。

（十）Gemtuzumab Ozogamicin

批准日期：2000年6月1日

商品名：Mylotarg

中文名：麦罗塔

制造商：Wyeth-Ayerst

Gemtuzumab Ozogamicin 是由重组人源化 IgG4 kappa 与卡奇霉素（Calicheamicin）组合而成。其恒定区和框架区含有人的序列，而 CDR 区为鼠源。该抗体连接到 N-乙酰-γ-calicheamicin 上。每摩尔 Gemtuzumab Ozogamicin 约有 50%吸附 4～6mol calicheamicin，剩下的抗体没有连接。其分子量为 151～153kDa。Mylotarg 用于治疗 CD33 阳性的急性髓性白血病（AML）。

80%以上的 AML 病人的白血病母细胞表面以及骨髓瘤系的未成熟的正常细胞表面都被发现有 CD33 抗原，Mylotarg 能够特异性地结合 CD33 抗原。抗 CD33 抗体（Mylotarg）与 CD33 抗原的结合导致内在化复合物的形成，calicheamicin 衍生物释放于骨髓瘤细胞的溶酶体中，释放的 calicheamicin 结合于 DNA 的小沟，导致 DNA 双链断开，使细胞死亡。

（十一）Alemtuzumab

批准日期：2001 年 5 月 7 日

商品名：Campath

中文名：坎帕斯

制造商：Millennium 和 ILEX Partners，LP，Cambridge，MA

Alemtuzumab 是重组人源化单克隆抗体（Campath-1H），为 IgG1 kappa。它识别表达于正常的或恶性病变的 B 淋巴细胞、T 淋巴细胞细胞表面的糖蛋白 CD52。由人的可变区和恒定区以及来源于鼠或兔的单克隆抗体的 CDR 组成。Campath-1H 的分子量为 150kDa，由哺乳动物细胞（中国仓鼠卵巢细胞）悬浮培养生产。

Campath 用于治疗已经用氟达拉滨（Fludarabine）和烷化剂治疗失败的 B 细胞慢性淋巴细胞白血病病人。Campath 的疗效取决于总体有效率。但尚未进行证明增加存活率和临床效果的随机对照实验。

Alemtuzumab 与 CD52 结合，以达到抗病的目的。CD52 是一种存在于 B 淋巴细胞、T 淋巴细胞、大多数单核细胞、巨噬细胞、NK 细胞和粒细胞亚群的细胞表面的非调节抗原，但是在红细胞或造血干细胞的表面不表达。

（十二）Ibritumomab Tiuxetan

批准日期：2002 年 2 月 19 日

商品名：Zevalin

中文名：泽娃灵

制造商：IDEC Pharmaceuticals Corp.

Zevalin 是由单克隆抗体 Ibritumomab 和螯合剂 Tiuxetan 以硫脲共价键偶合而成。而 Tiuxetan 能以高亲和力来结合铟 111 和钇 90。Ibritumomab 是鼠 IgG1 kappa 单克隆抗体，能与正常淋巴细胞以及恶性 B 淋巴细胞表面上的 CD20 结合。Ibritumomab 由 2 条长度均为 445 个氨基酸的鼠 γ1 重链和 2 条长度均为 213 个氨基酸的 κ 轻链组成。适用于患复发性或难治性低等级滤泡性及转化的 B 细胞非霍奇金淋巴瘤，包括 Rituximab 难治性滤泡非霍奇金淋巴瘤。

CD20 抗原表达在前 B 淋巴细胞、成熟 B 淋巴细胞以及 90%以上的 B 细胞非霍奇金淋巴瘤细胞的表面。Ibritumomab Tiuxetan 能够与 CD20 抗原特异性结合，结合后，CD20 不会被细胞表面遮蔽，也不会发生内在化。Ibritumomab 互补决定簇与 B 淋巴细胞上的抗原结合后，在体外引发 $CD20^{+}$ B 淋巴细胞凋亡。结合了 ^{111}In 和 ^{90}Y 的 Tiuxetan 可与抗体内暴露的赖氨酸和精氨酸族共价连接，^{90}Y 引起细胞损伤。放射免疫疗法是一种治疗癌症的新型疗法，它结合了单克隆抗体的靶向定位能力与固定放射物的细胞破坏能力。当药物输注到病人体内后，这些携带有放射性物质的单克隆抗体可定位并结合在特异细胞表面，然后释放具有细胞毒性的放射物，使其直接作用于恶性细胞。Zevalin 是第一个用于治疗癌症的放射免疫药物，结合有放射性化学物质的单克隆抗体。

（十三）Adalimumab

批准日期：2002 年 12 月

商品名：Humira

中文名：阿达木单抗

制造商：雅培制药公司

Humira 是重组人 IgG1 单克隆抗体，可特异性结合人 TNF 抗原。Humira 是利用重组 DNA 技术和噬菌体展示技术筛选制成的单抗，包括人源的轻、重链可变区和人 IgG1κ 保守区序列。由哺乳动物细胞表达系统表达，并经过了灭活滤过性病毒的过程，分子量约为 148kDa。用于治疗中重度风湿性关节炎和银屑病。

Adalimumab 能够特异性结合 TNF-α 抗原，并阻断 p55 和 p75 细胞表面 TNF 受体。

（十四）Omalizumab

批准日期：2003 年 6 月

商品名：Xolair

中文名：（暂无）

制造商：Novartis Pharma AG 公司、Genentech 公司

Xolair 是一种重组人源化 IgG1κ 单克隆抗体，可特异性结合人 IgE，分子量约为 149kDa，由中国仓鼠卵巢细胞悬浮培养液生产。是第一种被批准用于治疗中重度持续性哮喘的抗人 IgE 单抗。

IgE 在正常人体内的表达量很少，当一个人患有过敏性哮喘时，体内的 IgE 就会大量表达。Xolair 可阻止 IgE 与其在肥大细胞和嗜碱粒细胞上的受体结合，通过抑制关键的介质，以干扰过敏性哮喘过程的级联反应。

（十五）Tositumomab

批准日期：2003 年 6 月

商品名：Bexxar

中文名：（暂无）

制造商：葛兰素史克（Glaxo Smithk line）

Bexxar 是一种用于治疗非霍奇金淋巴瘤的单克隆抗体，通过共价键与 ^{131}I 相连，利用放射性射线杀灭肿瘤细胞。Tositumaomab 是鼠源 IgG2a-λ 单克隆抗体，定向抗 CD20 抗原，CD20 存在于正常和恶性 B 淋巴细胞的表面。Bexxar 由哺乳动物细胞生产，含有两条鼠源 γ-2a 重链（每条链 451 个氨基酸）和两条 λ 轻链（每条链 220 个氨基酸），分子量大约为 150kDa。

Tositumomab 能够特异性结合 CD20（人 B 淋巴细胞限制性分化抗原，Bp35 或 B1）抗原。该抗原为穿膜磷蛋白，表达在前 B 淋巴细胞表面并在成熟 B 淋巴细胞上高密度表达，也在 90%以上的 B 细胞非霍奇金淋巴瘤细胞表面表达。在 CD20 抗原的胞外域存在着 Tositumomab 所识别的抗原决定簇。并且与抗体结合后不会从细胞表面脱落或内陷。

Tositumomab 治疗 B 细胞非霍奇金淋巴瘤的可能机制：补体介导的细胞毒作用、抗体介导的细胞毒作用和放射线对细胞的杀伤作用。

（十六）Efalizumab

批准日期：2003 年 6 月

商品名：Raptiva

中文名：（暂无）

制造商：Serono、Genentech. Inc

Raptiva 属于免疫抑制剂，是重组人源 IgG1κ 同种型单克隆抗体，可结合到人 CD11a 抗原上，分子量约为 150kDa，由中国仓鼠卵巢细胞表达系统表达生产。用于治疗中重度慢性斑块性银屑病（牛皮癣）。

过度活动的 T 细胞会使皮肤细胞快速增殖，结果造成皮肤发红、发炎，呈现银色、鳞状，称之为蚀斑性银屑病，即牛皮癣。

Raptiva 可结合在 CD11a 抗原［白细胞功能抗原-1（LFA-1）的 α 亚基］上，该抗原在所有的粒性白细胞上都有表达。Raptiva 抑制 LFA-1 与细胞间黏附分子-1（ICAM-1）的结合，从而抑制了粒性白细胞与其他细胞的黏附。LFA-1 和 ICAM-1 之间的相互作用有助于许多程序的开始和维持，包括 T 淋巴细胞的激活，T 淋巴细胞与上皮细胞的黏附，T 淋巴细胞向炎症部位（包括银屑病）的迁移。在慢性斑块状银屑病中，淋巴细胞的激活和迁移起着重要的作用。患有银屑病的皮肤上，上皮细胞和角质化细胞表面的 ICAM-1 会增量调节。CD11a 也会在 B 淋巴细胞、单核细胞、中性粒细胞、自然杀伤细胞和其他粒细胞的表面表达。因此，Raptiva 对这些细胞的激活、黏附、迁移有着潜在的影响。

（十七）Bevacizumab

批准日期：2004 年 2 月

商品名：Avastin

中文名：阿瓦斯汀

制造商：Genentech. Inc

Bevacizumab 是重组的人源化单克隆抗体。通过体内、体外检测系统证实 IgG1 抗体能与人血管内皮生长因子（VEGF）结合并阻断其生物活性。Bevacizumab 包含了人源抗体的结构区和可结合 VEGF 的鼠源单抗的 CDR，通过中国仓鼠卵巢细胞表达系统生产，分子量大约为 149kDa，用于治疗直肠结肠癌。

一般认为癌细胞血管新生的目的在于向宿主吸收养分，并可透过新生的血管转移至其他部位。因此若能有效抑制癌细胞的血管新生，应可压制癌细胞的生长，并减少转移的现象。

目前已经知道癌细胞的血管新生牵涉到多种细胞激素的分泌，其中血管内皮细胞生长因子（VEGF）为最主要的调控因子。研究发现 VEGF 在多种肿瘤，如脑瘤、肺癌、乳腺癌、消化道肿瘤及泌尿道肿瘤等均有过度表达的现象。这种情形也见于血液恶性疾病，如淋巴瘤、多发性骨髓瘤及白血病。在实验室的研究发现，对抗 VEGF 的抗体可以减少肿瘤引起的血管新生，因此 VEGF 是一个理想的肿瘤“标靶”。

Avastin（Bevacizumab）将自老鼠身上所得抗 VEGF 的单株抗体，利用基因工程的方式，将大部分的结构改造成人类蛋白质，仅留 7%的鼠源氨基酸。在实验室的研究中，Avastin 可有效抑制多种癌症细胞株的生长，而且和化学治疗合用有加成效果。

（十八）Cetuximab

批准日期：2004 年 2 月

商品名：Erbitux

中文名：爱必妥

制造商：Imclone，Bristol-Myerssguibb

爱必妥是第一个获得批准的靶向作用于表皮生长因子受体（EGFR）的 IgG1 单克隆抗体。EGF 受体常见于细胞表面，在受到生长因子刺激时，参与刺激细胞生长、复制和/或分化。它们已被证明参与多种常见癌症的发生和进展。爱必妥可阻断 EGFR，从而减少肿瘤细胞对正常组织的侵袭及降低发生转移的可能性。可能会导致对肿瘤生长的全面抑制。Erbitux 由小鼠股静脉内抗表皮生长因子的抗体与人体重链和轻链恒定区的 IgG1 组成，平均分子量 152kDa。Erbitux 由哺乳动物（鼠骨髓瘤）作细胞培养产生。

表皮生长因子受体是跨膜糖蛋白，属于Ⅰ型受体酪氨酸激酶，不断由许多正常上皮组织如皮肤和毛囊上皮组织所表达出来。

Erbitux 可特异性地与正常和肿瘤细胞的表皮生长因子受体相结合，竞争性抑制表皮生长因子受体与其他配体如转化生长因子 α 的结合，阻断磷酸化作用和与受体相关联激酶的活性，抑制细胞生长，诱导细胞凋亡，并减少基质金属蛋白酶和血管内皮生长因子的产生。

参考文献

[1] 董志伟，王琰．抗体工程．第 2 版．北京：北京医科大学出版社，2002．

[2] 刘建欣，郑昌学．现代免疫学——免疫的细胞和分子生物学．北京：清华大学出版社，2002.

[3] 李景鹏．免疫生物学．哈尔滨：哈尔滨出版社，1996.

[4] 沈倍奋，陈志南，刘民培．重组抗体．北京：科学出版社，2005.

[5] 李元．基因工程药物．北京：化学工业出版社，2002.

[6] 甄永苏，邵荣光．抗体工程药物．北京：化学工业出版社，2002.

[7] Benny K. C. Lo. Antibody Engineering Methods and Protocols. New Jersey：Humana Press，2004.

[8] Richard A. Goldsby，Thomas J. Kindt，Barbara A. Osborne. Immunology. Fourth Edition. New York：W. H. Freeman and Company，1999.

[9] 吴小平，阎锡蕴，杨东玲等．人单链抗体亲和力成熟研究．中华微生物学和免疫学杂志，2000，21 (24)：156-159.

[10] 熊冬生，许元富，杨纯正等．抗 CD3/抗 CD20 双特异双链抗体的生物学活性研究．中华微生物学和免疫学杂志，2001，21 (6)：627-631.

[11] 毛春生．双链抗体一种新型基因工程抗体．生命的化学，1999，19 (3)：121-124.

[12] 陈宇萍，乔媛媛，代冰等．抗 HBsAg 和抗 RBC 双特异 minibody 载体的构建及表达．中国免疫学杂志，2001，17 (6)：298-301.

[13] Chester KA，et al. Clinical issues in antibody design [J]．Trends Biotrchnol，1990，8：294-300.

[14] Maynard J，Georgious G. Antibody engineering [J]．Annu Rev Biomed Eng，2000，2：339-376.

[15] Knappik AD，et al. Fully synthetic human combinatorial antibody libraries (HuCAL) based on modular consensus frameworks and CDRs randomized with trinucleotides. J Mol Biol，2000，296：57-86.

[16] Jones PT，et al. Replacing the complementarity-determining regions in a human antibody with those from a mouse. Nature，1986，321：522-525.

[17] Foote J，Winter G. Antibody framework residues affecting the conformation of the hypervariable loops. J Mol Biol，1992，224：487-499.

第四章 基因工程药物设计与研制方法

第一节 重组蛋白药物的复制

据统计，欧美国家研发一个新药的平均投资是8亿美元，重组蛋白药物的研发相对更加昂贵。当然专利药品的回报同样也是巨大的。所有的欧美制药公司在新药研发方面都不惜重金，高薪聘请世界一流科学家，每年把20%～25%的销售利润再投回研发。95%以上的研究项目都是以失败而告终，只有极少数成功的研发项目才会发展成为今天在市场上叱咤风云、一本万利的拳头产品。我国在生物技术制药方面还刚刚起步，资金不足、人才短缺、技术相对落后，暂时还无法与欧美国家的制药公司竞争。复制专利期满的重组蛋白药品是我国生物制药公司目前应采取的一个简便可行的商业策略。这些专利期满的生物制剂已经过几十年的研究和完善，进行了多年的市场开发，得到了广大患者的认可。复制药品的投入比研发药品少得多。据统计，我国复制一个生物药品的投入只需300万～500万人民币，不到研发一个新药的千分之一。20世纪80年代，应用重组DNA技术研发的第一代基因工程药物包括胰岛素、生长激素、干扰素、粒细胞集落刺激因子（G-CSF）和红细胞生成素。这些第一代基因工程药物从问世开始就展示了无比的生命力，拯救了无数生命，创造了巨大的经济价值，是医药生物技术发展史上的里程碑。现在这些药物的专利都已到期（见表4-1），给我国的生物技术公司的发展创造了机遇。但是复制药物也不是一个简单的事情，这一节主要讲述复制生物技术药品存在的困难、一般技术流程和需要注意的主要问题。

表4-1 部分重组蛋白药物的专利期满日

产　品	发明单位	专利/市场期满时间	
		美国/年	欧洲
生长激(Somatropin)	Genentech	期满	期满
尿激酶(Urokinase)	Abbott	期满	期满
胰岛素(Insulin)	Eli Lilly	期满	期满
阿糖苷酶(Alglucerase)	Genzyme	期满	期满
依米苷酶(Imiglucerase)	Genzyme	期满	期满
链激酶(Streptokinase)	AstraZeneca	期满	期满
IFN-α2(Interferon α2)	Biogen/Roche	2002	2003～2007①
生长激素(Somatropin)	Serono	2003	2003～2007
生长激素(Somatropin)	Eli Lilly	2003	—②
红细胞生成素(Erythropoietin-α)	Amgen	2013	2004
红细胞生成素(Erythropoietin-β)	Roche	—	2006
栓体舒(TNK-tPA)	Genentech	2005	2005
干扰素-γ(INF-γ)	InterMune	2005,2006,2012	2002,2004
组织型纤溶酶原激活因子(tPA)	Genentech	2005～2010	2005
白细胞介素-2(IL-2)	Chiron	2006～2012	2005
粒细胞集落刺激因子(G-CSF)	Amgen	2015	2006
人组织纤维溶酶原激活剂(Activase)	Genentech	2005	—
优保津(Neupogen)	Amgen	2006	—

① 不同国家专利期满各异。

② 无专利。

一、复制生物技术药品的一般技术流程

复制药品的技术流程与研发过程不一样，技术比较成熟，有很多文献可以参考，对生产中出现的问题文献一般都有描述，所以真正的研究内容比较少。本书对复制生物技术药物的各个环节均有专门章节详细描述，这里不再重复。仅将主要步骤归纳如下，见图 4-1。

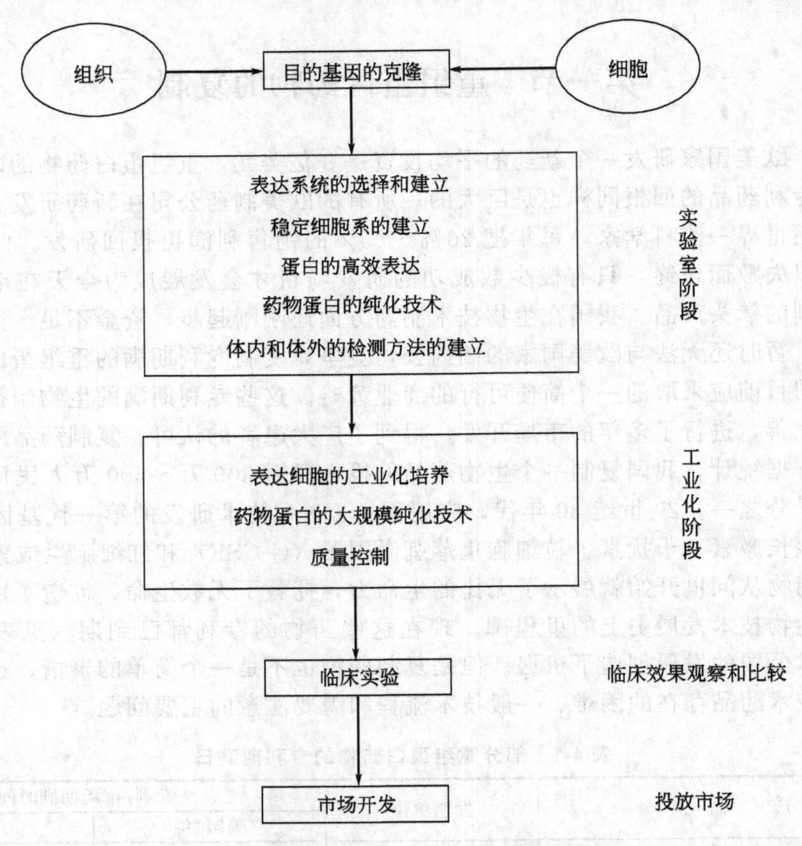

图 4-1 复制重组蛋白药物的基本技术流程

二、复制重组蛋白药品存在的问题

在美国，对于专利过期的传统化学药品，即非专利的“普通”药物（generic drugs），只要向 FDA 证明生产的普通药品和以前的专利药品的理化和生物学特性的一致性即可授权生产。在生物学方面主要限制在药物代谢动力学和药效动力学的比较。由于蛋白药物的复杂性，以及缺少对蛋白药物理化特性的准确鉴定方法，所以上述普通化学药品的管理方式不能完全适应“普通”基因工程药物的复制。

传统的化学药品结构简单，分子量小，多在 300Da 以下。而且合成方法已经定型，特别是经过多年的实践摸索，合成方法已十分成熟。与传统的化学药品不同，重组生物药品是蛋白质，分子量一般在 4.5～27kDa 之间，并具有复杂的立体结构。重组药物均在细胞内合成分泌。这些经过遗传改造的细胞不仅合成药物蛋白，还要合成和分泌自身蛋白。这些自身蛋白可能会影响重组药物的结构和活性，此外，重组蛋白也会产生剪切异构体或形成多聚体。重组蛋白的结构和活性还会受到蛋白的糖基化或其他翻译后的修饰的影响。

重组蛋白的生产过程比传统的化学药品复杂得多，包括多次生物提取、纯化和浓缩过

程，还可能包括蛋白的变性和复性等复杂步骤。这些步骤都有可能影响蛋白的生物学特性。生物药品的生物学特性在很大程度上取决于采用的生产方法，因此我们常说生产方法就是产品。所以重复性是蛋白药品质量控制的一个重要指标。最高级的理化分析方法对蛋白药品也无用武之处，必须用生物学检测方法进行质量控制。然而，生物学检测也不能完全预测临床效果，临床实验结果才是唯一令所有人接受的检验方法。

特别是研发和生产环节有所变动的情况下，对复制的生物药物进行临床实验测定显得尤为重要。无数实践证明，甚至生产程序的微小改动都会产生明显的后果。复制一个蛋白药物不可能和原厂家的生产程序完全一样。比如建立自己的生产线、构建自己的细胞系等。因为复制者不可能获得原厂家的全部生产规程、不同生产环节的检验标准等原始数据，所以复制者必须建立自己的生产系统、纯化方法、质量控制标准等。

所以，要想获得复制蛋白药品的市场销售权，应将复制基因药物看做是研发一个新药，应对它的质量、安全和效率进行系统的研究。但有一些蛋白药物，如胰岛素和降钙素已经生产多年，其生产规程、质量检查标准等已有大量文献记载，可另当别论。

（一）复制非专利生物药品的困难

复制生物药品能否成功不仅关系到仿制药商的发展前景，也与广大消费者的利益有直接关系。专利药价格昂贵常常令消费者不堪重负，仿制药的问世将是解决这一问题的关键。到目前为止，仍没有一个生物药仿制产品获得 FDA 的批准。这并非在美国没有从事仿制的公司，而是生物药品自身的特点决定了仿制药的难度。生物药品都来自生物有机体，无论原料来源、生产过程或生产方法，只要稍有不同就可能导致不同的治疗效果或副作用。这些因素决定了生物仿制药开发的难度。目前美国官方正在制定对非专利生物药品的实验要求。根据现有的科学技术不可能制定一个适合所有生物药品的实验规程。所以必须对每个蛋白药物制订具体方案。欧洲医药评估机构（European medicine evaluation agency，EMEA）对此已制定出指南。指南规定对一切通过生物技术研制的蛋白药品的监察，包括临床和非临床检验，重点检查生产规程的改变。此外，特别强调治疗性蛋白药品的免疫原性，因为对治疗蛋白药物形成抗体的机理尚不十分清楚，也无法预测，有的蛋白药物已经产生了严重的后果。

（二）复制蛋白药物的主要问题——免疫原性

几乎所有的蛋白药物或多或少都会在患者体内引起免疫反应，有些生物制品在大多数患者体内引起免疫反应，有的只在个别患者体内引起反应。公司对各自的产品引发抗体的检查标准各异。迄今没有一个检查蛋白药物免疫原性的国际标准。

不同产品引发抗体的免疫机理各不相同。微生物、植物和动物来源的蛋白药物，如链激酶和牛腺苷脱氨酶被看做外源蛋白，和疫苗一样引起经典的免疫反应。大多数蛋白药品是人的同源蛋白，注射后患者表现正常的免疫耐受性。对这类药物，污染物（如宿主蛋白、宿主细胞 DNA 等）或分子多聚体是破坏免疫耐受性的主要原因。蛋白药物的免疫原性也与患者的遗传背景有关。已经证明第八因子治疗血友病的失败和第八因子引起的抗体有关。

治疗时间、治疗程序、给药途径都是影响蛋白药物产生抗体的因素。长期治疗时可能破坏免疫耐受性，皮下和肌内注射比静脉注射和局部给药的抗体产生率高，但局部给药也有产生抗体的报道。

（三）产生抗体的后果

大多数情况下蛋白药物只能引起很低的结合性抗体，而且这些抗体并无临床后果。有时还能增加蛋白药物的功效，可能由于抗体与药物蛋白结合后可保护蛋白免受细胞内降解。高浓度的抗体无疑会影响治疗性蛋白的疗效。有些蛋白由于免疫原性太强而不能推向市场。如治疗多发性硬化病的干扰素-β所产生的抗体消除了治疗效果，妨碍了进一步的使用。最坏的后果是蛋白药物所激发的抗体与内源因子交叉反应。不仅失去了治疗效果，而且破坏了内源细胞因子的作用。Epoietin-α 的制备物就发生了这样的交叉反应。原因是 Epoietin-α 于1988 到美国以外国家生产，改变了配方，再加上改为皮下注射，造成几位肾病患者发生了单纯性红细胞发育不全症（PRCA）。PRCA 的发生是由于 Epoietin-α 产品引起的高浓度的中和抗体，破坏了内源性红细胞生成素所致。尽管有些蛋白药物引发抗体的原因已经清楚，但多数蛋白药物增加免疫原性的原因还有待进一步研究。

（四）预测蛋白药物的免疫原性的方法

有些生物药品的改变对临床的影响和免疫原性可以通过理化特性和抗原决定簇分析或动物实验等方法进行预测。有很多由于产品不纯或降解等原因造成免疫原性的例子。

我们已经知道蛋白凝集、多聚体和氧化的产品会引起免疫原性的问题。然而，上述 Epoietin-α 由于更换生产工艺而造成的免疫原性增加却找不出任何理化特性的差别。有人根据氨基酸的序列开发出预测抗原决定簇的公式，实践证明这些公式对一些真正能引起抗体的抗原决定簇却没能预测到，而预测出来的所谓的抗原决定簇却证明是非免疫原性。因为这些公式是用来分析外源抗原（如疫苗），不适合用来分析人的同源蛋白。

可以用阳性抗血清来筛选引起抗体的蛋白片段。使用这种方法的原则是免疫原性和抗原性必须是一致的。然而，在理论上抗原性只能说明蛋白片段结合抗体的能力，并不能完全说明可以与该蛋白片段结合的抗体都是由该蛋白片段激发产生的。譬如可以与中和麻疹病毒抗体结合的多肽却不能激发中和抗体。动物实验不能检测人的同源蛋白的免疫原性，因为人的同源蛋白对动物却是外源蛋白，应该产生抗体。最好的动物模型是同一蛋白的转基因小鼠，这样就可以像人一样对该蛋白产生免疫耐受。这种转基因小鼠已被成功地应用到免疫耐受崩溃因素的研究中。这种方法可以用来预测蛋白免疫原性的发生率和严重性，特别是对低免疫原性蛋白药物，像红细胞生成素和胰岛素的免疫原性的预测。

第二节　通过对现有药物的优化和改造研发新药

任何一个原始状态的基因产物都不是最理想的药物，它总会有这样或那样的不足之处，譬如体外的半衰期过短、效率太低，或者对肝脏的毒性太大等。这些缺点需要在研发过程中加以消除。我们可以用同样的原理改造和优化现有的重组蛋白药物，使之成为具有自主知识产权的新药。特别是那些在临床表现非常优秀，市场上年销售额超过一亿美元的龙头产品更有优化和改造的价值。如上所述，开发一个新药需要 8 亿美元，而且并不是所有的重组蛋白药物都表现得同样出色。相比之下，改造和优化现有的药物要比从头研发一个新药经济得多。实际上欧美各大制药公司都有优化和改造现有药物的项目。不仅改造和优化别人的药物，而且也不断改造和优化自己的药物。对红细胞生成素的改造和优化就是一个很好的例子。红细胞生成素是继胰岛素以来的又一次革命性创举，拯救和延长了无数肾衰患者和癌症患者的生命，年销售额创下了百亿美元的历史记录。但是它的缺点是效率低，并在体内迅速排出，限制了该药的使用。欧美各大制药公司都设有专门研究课题改造和优化该药。该药的拥有者之一 Amgen 率先通过增加该蛋白糖基化的方法成功地延长了蛋白的半衰期，增加了蛋白的疗效。优化的红细胞生成素改名为 Darbepoetin-alpha（DA）。DA 比原来的 Epoetin alfa 多出两个 N 连接的糖基化位点，使半衰期延长了三倍，并且增加了体外活性。

改造和优化基因药物的方法很多，可根据蛋白的特点、实验室的条件和技术水平选择自己的改造方案。譬如，延长蛋白的半衰期除了增加糖基化位点外，还可增加蛋白的二硫键，使蛋白形成稳定的二聚体；添加聚乙二醇链增加蛋白的稳定性；与 Fc 融合提高蛋白的可溶性。此外，可采用随机突变的方法构建突变文库，再用高通量筛选方法挑选理想的突变体。

本节主要讲述通过突变方法改造现有的重组蛋白分子。常用的突变方法可分为两类，即定向突变（directed evolution），或译成定向进化和定点突变（site mutagenesis），最后重点讲述蛋白质糖基化工程的意义及其在药物优化方面的应用。

一、定向突变

定向突变就是采用随机的基因突变或基因重组技术与定向的突变体筛选方法相结合的分子进化技术。该技术体外模拟自然进化过程，产生一个多样性的突变体文库，结合各种筛选技术，迅速得到理想的突变体。

定向进化技术由三个步骤构成：①通过基因突变产生大量带有微量有利突变的突变体文库；②突变体在适当的表达系统（如大肠杆菌或酵母菌）内表达；③选择合适的灵敏的筛选方法，能够顺利检测出功能得到提高的突变体。

定向进化技术必须由改造后的基因表达产物的表型来验证。因此，灵敏可靠的筛选方法是定向进化技术成功的关键。下面分别介绍各种突变技术的原理及其应用。

（一）易错 PCR

PCR 技术于 1985 年建立，由于采用了耐高温的多聚合酶，在 1988 年获得长足的进展。易错 PCR（error-prone PCR）就是在此基础上发展起来的，它是一种通过 DNA 聚合酶不正确的复制而产生突变体的技术。这种 DNA 聚合酶缺乏 3′→5′的矫正活性，具有低的保真性。在通常情况下，碱基错配的频率为$(0.1\sim2)\times10^{-4}$。因此就会产生 AT→GC 或者 GC→AT 的碱基转变（transition）与 AT→TA 的碱基颠换（transversion）。通过这种方法可以得到约 5%的突变率，即每 kb 约 2～8 个碱基的突变率。通过改变 PCR 的一些反应条件，可以改变碱基错配的频率从而控制突变率。

目前增加碱基错配的方法有：①增加 Mg^{2+} 浓度；②添加一定的 Mn^{2+}；③反应体系中加入不平衡的核苷酸浓度。易错 PCR 适用于大的 DNA 片段随机突变。

选择合适的突变频率是此方法成功的关键。一般在一个突变体文库中，绝大多数突变体是有害的，因此当突变率过高时，有害突变的本底含量就会很高，很难筛选到有益突变体；但突变频率过低时，未发生任何突变的野生型将在突变库中占据优势，也很难筛选到理想突变体。以往研究表明，目标基因内有 1.5～5 个碱基发生突变时，诱变结果是最理想的。可以通过调节 PCR 的循环数或者改变模板的量来得到合适的突变体。

优点：快速简便，通过改变 PCR 的反应条件可以产生一系列不同突变率的突变体文库。这种方法已经广泛应用于定向进化技术中，并且得到了一系列改进的酶和抗体。

缺点：易错 PCR 产生的突变体文库不是非常大，因此这种方法在产生突变库的多样性的能力方面受到了限制。总体来看，随机诱变的方法带有一定的盲目性，在实际工作中成功率较低。

试剂公司 Stratagene 提供的商业化的突变试剂盒“GeneMorph® Ⅱ Random Mutagenesis Kit”（catalog ＃ 200550），使用这种试剂盒可以引起每 kbp 发生 1～16bp 的突变率。

（二）DNA 或 gene 改组

DNA 或 gene 改组（DNA or gene shuffling）又称有性 PCR 技术（sexual PCR）是 20 世纪 90 年代中期发展起来的一种新技术。1994 年，Stemmer 等在 Stemmer 实验室首先发表

了一篇题为“Rapid evolution of a protein in vitro by DNA shuffling（应用DNA改组技术体外快速优化蛋白）”的论文，开创了DNA改组技术的先河，随着日后的改进及补充，该技术日臻成熟，目前已形成了较为完善的技术路线。

DNA改组是指DNA分子（天然存在的单一基因或基因家族，或经随机诱变得到的一组有益突变体）的体外重组，是DNA片段在分子水平上的有性重组（sexual recombination）。通过改变单个基因原有的核苷酸序列，创造新基因，并赋予其表达产物以新的功能。实际上，该技术是一种分子水平上的定向进化（directed evolution），因此也称为分子育种（molecular breeding）。这主要通过DNA序列的片段化、有性PCR两个步骤完成。此方法主要经历了三个阶段性的发展：最初的DNA改组方法由Stemmer等发展起来的，如图4-2。首先，将目的基因经过超声波处理或用DNA酶I（DNase I）消化产生一系列随机切割的DNA片段，然后，在没有引物的情况下，采用PCR方法合成杂合DNA分子。最后，用基因两侧的引物合成全长的基因。该基因已经包含了母链几乎所有的遗传信息。在DNA改组中，包含了有性PCR这一过程，正是这一点，实现了基因分子间重组过程，体现了DNA改组技术的创新之处。

另一种方法是随机引物引发体外重组（random-priming in vitro recombination，RPR），此方法的改进之处就是通过一套随机引物以单链DNA为模板，进行短暂的PCR反应，产生大量互补于模板不同位点的短DNA片段（由于碱基的错配和错误，这些短DNA片段中会有少量的点突变），移去模板链，在随后的PCR反应中，它们互为引物（伴随重组）合成完整的DNA片段。

1997年，France Arnold研究组将DNA改组技术进一步改进提高，创造性地提出了交错延伸技术（staggered extension random process，StEP），如图4-3。交错延伸技术在一个反应体系中以两个或者两个以上相关的DNA片段为模板，进行PCR反应。在PCR反应过程中把常规的退火和延伸合并为一步，并缩短反应时间，从而只能合成出非常短的新生链，经变性新生链再作为引物与体系内不同模板退火而继续延伸。此过程重复进行，直到获得全长基因。因此DNA片段包含了不同模板DNA的信息。由此可以看出，交错延伸程序的核心点也是有性PCR技术。此方法较上述有性PCR法，省去了用DNA酶切割成片段这一步，因而简化了DNA改组的方法。

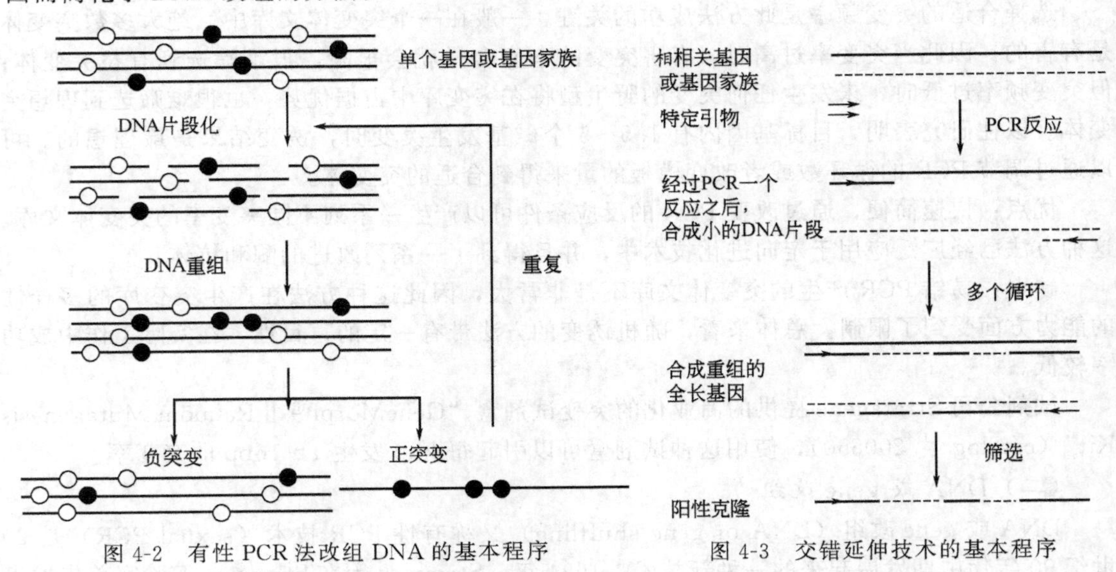

图4-2 有性PCR法改组DNA的基本程序　　图4-3 交错延伸技术的基本程序

优点：DNA 改组技术实现了 DNA 分子间重组，从而使分子间特别是同源基因间的优势性状通过有性 PCR 过程重组在一起，大大加快了定向进化的速度，并且显著提高了良性突变的概率及其改进效率。DNA 改组技术只需要几天的过程就可以实现重组，缩短了定向进化的时间。美国得克萨斯大学奥斯汀分校的 Ellington 对随机诱变和 DNA 改组两种方法进行比较。结果显示，随机诱变的方法只得到 1%的良性突变，而 DNA 改组技术得到 13%的良性突变，后者的成功率是前者 13 倍。Stemmer 等用 DNA 改组技术将细菌对抗生素的抗性提高了 32000 倍，对照的随机诱变方法只提高 16 倍。这些都表明与随机诱变相比，DNA 改组技术具有较大的优势。

缺点：此方法明显地依赖于有性 PCR 过程中母链基因携带的优势性状的量及其链之间的重组率，因此突变率很大一部分受到模板链的影响。研究表明，采用基因家族的改组效果明显高于单个基因的改组效果。有性 PCR 反应过程中，母链间要有足够的相似性，以保证信息的交流，从而部分地限制了此方法的应用。

（三）大肠杆菌突变株

大肠杆菌突变株（*E. coli* mutator strains）中缺少一种 DNA 修复酶，因此在 DNA 合成过程中，就会产生部分的点突变。目前，商业上已经有很多的突变株应用于基因的定向进化技术中。例如，*E. coli* mutD5 已经被广泛的使用，特别是通过噬菌体技术筛选突变体的方法中，得到进一步的应用。此方法中，菌体的生长条件及其状态会影响突变率。指数生长期的菌体突变率最高，因为此过程菌体生长快，到达稳定期后，突变率就会降低。此方法中，菌体的选择由突变子筛选方法决定。在 ScFv 的筛选过程中，通过此方法既可以提高亲和力，又可以增加表达水平。目前已经有多种商业化的突变菌种，例如，XL1-RED（包括 mutD，mutL，mutS 突变；Strategene ＃200129）和 XLmutS Kanr（包括 mutS 突变；Strategene ＃200224 和 Strategene ＃200225）。

在早期的实验中，此方法已经得到了 56%的碱基转变（transversion）和 44%的碱基颠换（transition），在后来的实验中又得到了各种各样的碱基转变和颠换率，因此此方法引起的突变没有一种固定的模式，并且很大一部分受到菌种的选择与生长条件的限制。

优点：像易错 PCR 一样，此方法方便简洁，能够产生各种各样的突变体，应用此方法已经得到了在亲和力和表达水平上都得到提高的抗体和各种改进活性的蛋白质。

缺点：很难控制与预测突变率，突变率在很大程度上受到菌种和培养条件决定。

（四）盒式诱变

盒式诱变（cassette mutagenesis），就是利用一段人工合成的具有突变碱基的寡核苷酸片段，即寡核苷酸盒（oligonucleotide cassette），取代目的基因中的相应序列，产生出相应的突变体或突变体文库。包括盒式取代诱变和混合寡核苷酸诱变两种方式。这种诱变的寡核苷酸盒是由带有黏性末端的寡核苷酸链或兼并寡核苷酸链组成，经过相应的酶切与连接，就可以克隆到目的基因上。这就恰如把各种不同的盒式磁带插入收录机一样，故称此类诱变为盒式诱变或寡核苷酸诱变。此方法的原理，限制性核酸内切酶的酶切位点可以用来克隆外源的 DNA 片段。只要两个酶切位点比较靠近，那么两者之间的寡核苷酸序列就可以由一段新合成的双链 DNA 片段所取代。大多数情况下，目的基因内待突变的寡核苷酸序列两侧缺少限制性酶切位点，我们可以通过定点诱变的方法来产生相应的限制性酶切位点。一旦具备了这样的条件，那么将合成的诱变的寡核苷酸盒插入到载体分子上，便可以获得数量众多的突变体。此方法的一般过程如下（图 4-4）：

① 将目的基因插入到载体上，并在目的基因内待突变的寡核苷酸序列两侧引入合适的限制性酶切位点；

② 用相应的酶酶切载体，使载体成线性片段；

③ 人工合成寡核苷酸盒，并连接到上面的线性片段上，产生突变体或突变体文库。

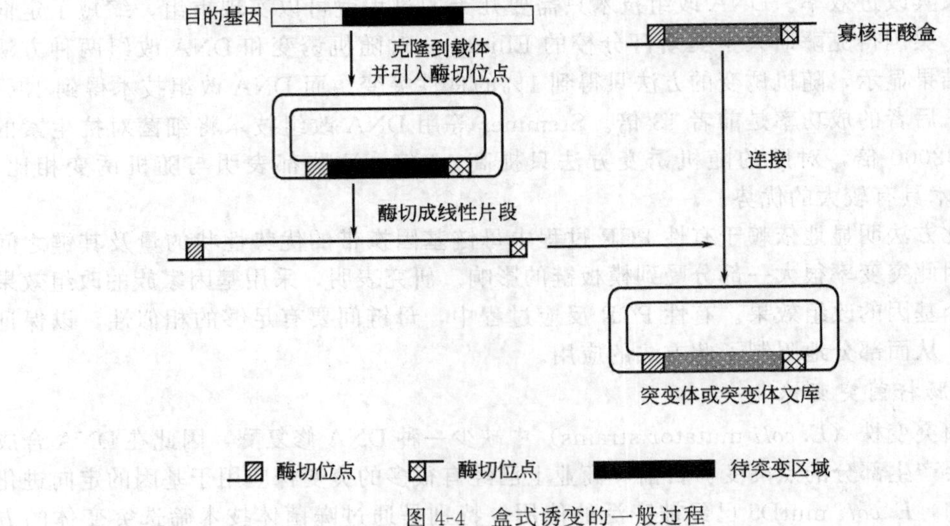

图 4-4 盒式诱变的一般过程

当今的 DNA 合成技术已经能够对任意的变异基因予以合成，但全合成耗费太大。实际上只要在变异区附近找两个限制位点，将两者之间的 DNA 序列切掉，并由一段带有变异序列的双链 DNA 所取代，就能达到诱变目的。

此方法已被用来研究糖皮质激素效应元件（glucocorticoid response element，GRE）的结构。GRE 元件是一种增强子序列，它可以激活一个基因家族，使其对某些类固醇激素的作用做出反应。缺失诱变研究表明，这个元件是定位在糖皮质激素基因内的一个 30bp 的核苷酸序列。为了精确地检测 GRE 序列的功能，已收集了这个区段的全部的单碱基诱变的突变体，并检测相应细胞的糖皮质激素的诱导性。在不正确的核苷酸能够发生低频率掺入的条件下，合成了两条具 30bp GRE 的互补的寡核苷酸序列（现在可以商业合成）。这些“掺假”的寡核苷酸，以盒子形式退火并掺入到无 GRE 的启动区。应用这种方法已经获得了许多在 30bp 部位发生单碱基取代的突变体。

（五）利用定向进化技术改进蛋白质的实例

定向进化技术不需要对蛋白质的结构与功能的关系有预先的了解，因为在进化过程中不需要了解造成这种改变的中间过程的具体细节，只需要通过灵敏的检测技术来检测基因突变带来的效果，从而筛选出理想的突变体。通常用的筛选方法一般是一些展示技术，包括噬菌体展示技术、细菌展示技术、细胞展示技术、酵母展示技术、核糖体展示技术、质粒展示技术（在前面章节中已经详细介绍）。然而这种展示技术以展示体与突变体蛋白的紧密结合为基础，从而限制了展示技术的应用范围。因此，一些与复杂的生物功能（细胞增殖与抑制、代谢反应、信号通路及其酶活性等）有关的生物药物，就不能通过此方法筛选。

为了克服这些限制，需要设计一个以高预测性的筛选方法为基础的生物进化技术平台，这种技术适应了复杂生物大分子的进化过程。这种检测方法不仅仅单纯的以亲和力为基础的展示技术为基础，更以复杂的生物功能检测为基础。因此，这种技术平台是通过生物分子的功效从突变体文库中筛选出具有生物功能的理想突变体。并且这种筛选方法允许应用各种表达系统，其中包括以哺乳动物细胞表达系统为基础的复杂蛋白质的进化，这些复杂的蛋白质生物功能必须经过转录后的蛋白质修饰才能得到。通过反复的定向进化过程，我们可以得到想要的突变体。以功能检测为基础的定向进化技术进一步地模仿了自然进化过程，使我们更加有效、快速地进化一些生物分子，以得到我们想要的治疗特性。

因此定向进化技术的潜在应用领域很广，比如改进抗体的亲和力、研究蛋白质相互作用位点的结构，改造酶的活性、稳定性、立体特异性或者动力学特性，改造启动子或者DNA作用元件，提高蛋白的抗原性、研究蛋白的晶体结构，以及药物研发、基因治疗等方面。其中改进抗体的亲和力，在另一章节已经陈述，这里仅仅叙述蛋白质的优化结果。

大多数的突变对于蛋白质的功能来说，是中性或者有害的。因此一个带有目标选择性的突变过程对于一个生物制药蛋白的成功来说是非常有必要的。这种目标选择性是指在基因的特定核苷酸位点引入最少的氨基酸突变来改进蛋白质的特性。

筛选方法的构建是定向进化技术的核心，筛选方法的通量决定了突变体文库的构建方法，然而任何筛选方法不管其通量如何，都必须以具有预测性的功能筛选为基础。随机突变的筛选鉴定往往需要一个高通量的筛选方法，从而能够尽快地的得到理想突变体。然而以氨基酸突变为基础的定点诱变则可以用低通量的筛选方法，或者以细胞为基础的筛选方法。这种以功能鉴定为基础的小通量的筛选方法可以更快更高效地鉴定某个特定的氨基酸对生物制药蛋白质功能的影响。对于大多数蛋白质来说，同一种蛋白的两种优势突变可以重组到同一个蛋白上。因此可以把一个大突变体文库分成多个小突变体文库来筛选，然后再把优势突变重组到一起。从而得到多种功能优化的蛋白质。

因此在筛选过程中，必须结合生物分子的功能、突变的目的性、突变的方法及其筛选方法的选择为一体来规划整个生物分子进化过程，从而高效快速地得到一个优化的生物分子。下面介绍一些对蛋白质改进的例子。

1. 新型速效胰岛素

通常饭后30～60min，人血液中胰岛素的含量达到高峰，120～180min内恢复到基础水平，而目前临床上使用的胰岛素制剂注射后120min后才出现高峰且持续180～240min，与人的生理状况不符。实验表明，胰岛素在高浓度时以二聚体形式存在，低浓度时主要以单体形式存在。设计速效胰岛素的原则就是避免胰岛素形成聚合体。类胰岛素生长因子-Ⅰ（IGF-Ⅰ）与胰岛素具有高度的同源性和二维结构的相似性，但IGF-Ⅰ不形成二聚体。IGF-Ⅰ的B结构域（与胰岛素B链相对应）中B28-B29氨基酸序列与胰岛素B链的R28-B29相比，发生颠倒。因此，将胰岛素B链改为B28Lys-B29Pro，获得单体速效胰岛素，该速效胰岛素已通过临床实验。

2. 改进催化活性及其底物专一性

定向进化技术能够被应用到任何的蛋白质，包括细胞因子、激素、生长因子和酶等。下面就以丁酰胆碱酯酶（butyrylcholiesterasel，BChE）为例来介绍。BChE是一种血浆酶，具有一系列的解毒特性，其中包括对破坏机体神经的有机磷化合物（如有毒气体或者农药等）有很好的解毒作用。还有一个发现就是BChE能够催化可卡因的失活，并且还可以代谢可卡因，其不足之处就是催化效率非常低。因此研究人员希望通过改进BChE水解酶活性的催化效率（K_{cat}/K_m）来产生一种新的治疗性药物。通过BChE突变体文库的设计去筛选蛋白质中多个区域突变的影响效果，其中包括高保守的水解酶活性区域，在低于K_m值的底物浓度情况下，通过检测水解酶的活性来筛选这些突变体，从而得到K_{cat}增加或者K_m值减小的BChE突变体。有益突变体的得到是通过对整个蛋白质的突变及其筛选来得到的，其中包括远离活性位点的蛋白质区域。并且得到了一些对可卡因水解酶活性有大于10倍以上提高的单个氨基酸替换的有益突变体。随后，通过这些有益突变体的进一步重新组合及其筛选，从而实现了催化活性的进一步改善与提高。目前在动物实验中，已经得到了水解酶活性提高了100倍的突变体。BChE的优化过程实现了通过蛋白质完成对小分子物质的鉴定及其催化。这使研究人员进一步认识到复杂的大分子的优化需要一个更加专业的策略。

在改进酶活性方面，哺乳动物表达系统的发展成为一种需要。因为哺乳动物细胞表达系统可以实现突变体的合适的糖基化及其四聚体的正确组装。因此，此表达系统为那些必须经过翻译后修饰才有活性的复杂蛋白质的蛋白质工程提供了方便。

3. 通过脱酰胺位点的移除改进蛋白质的稳定性

随着生物分子的发展及其商业化，化学药品的不稳定性已经成为一个普遍的问题。例如天冬酰胺的脱酰胺作用、甲硫氨酸的氧化作用等。一些结果显示，蛋白质的脱酰胺作用导致了生物分子生物活性的丧失或者不需要的多样性，这种多样性极大地影响了纯化的过程，增加了产品的成本。通常天冬酰胺残基的脱酰胺作用对蛋白质功能的影响往往是有害的，因此，需要进行恢复生物活性的优化改造过程。通过移除天冬酰胺残基，并且同时在其邻近区域或者远距离区域随机插入一个氨基酸残疾，然后再通过筛选得到保持原来生物活性或者生物活性得到提高的蛋白质，这样就得到了脱酰胺作用消除的突变体。以Vitaxin™抗体为例加以说明。Vitaxin™ CDR区域的一个脱酰胺化位点被消除掉，产生了亲和力得到进一步提高的抗体，并且使纯化的产率提高了300%。

4. 通过突变获得新型酶

疱疹病毒（HLV）的TK基因是一个自杀性基因，该基因表达的产物能够以更洛韦新（Ganciclovir，GCV）为底物使其磷酸化，形成一种磷酸化药物，然后细胞激酶将这种磷酸化的GCV转变成三磷酸盐，潜入DNA当中，阻止DNA多聚酶合成DNA，从而阻止细胞增殖，最终导致细胞的死亡。疱疹病毒TK催化GCV的能力可以通过基因突变来提高。从大量的随机突变体中筛选出一种催化能力大大提高的TK酶，该酶在活性部位附近有6个氨基酸被替换。

O6-烷基-鸟嘌呤是DNA经烷基化剂等化疗药物处理以后形成的主要诱变剂和细胞毒素，因此这些化疗药物的使用量受到限制。O6-烷基-鸟嘌呤-DNA烷基转移酶（O6 alkylguanine DNA alkyltransferase，AGT）能够将鸟嘌呤O6上的烷基去除掉，起到保护作用。通过突变处理，得到一些正突变AGT基因，其蛋白活性都比野生型的高，经检查发现一个突变基因中的第139位脯氨酸被丙氨酸替代。

二、定点突变

定点突变是比较经典的分子生物学方法。一般是在知道要突变的位点的情况下，应用PCR方法通过引物将突变引入DNA分子从而改变氨基酸序列。进而改进生物学特性，如加入糖基化位点、引入半胱氨酸、改变蛋白的亲水性等。下面列举一些常用的定点突变方法。

（一）寡核苷酸引物诱变（oligonucleotide-directed mutagenesis，ODM）

寡核苷酸引物诱变方法的基本原理是，人工合成一段具有突变碱基的寡聚脱氧核糖核苷酸序列作为引物，合成的寡聚脱氧核糖核苷酸引物除中间含有几个错配的碱基外，其余的碱基与目的基因完全互补，使其与带有目的基因的DNA结合。然后用DNA聚合酶延伸，完成DNA的复制。最初的寡核苷酸引物诱变方法是用单链DNA作为模板进行复制，由此产生的双链DNA，一条链为野生型亲代链，另一条为突变型子代链。将获得的双链分子导入宿主细胞，并筛选出突变体，其中目的基因已被定向修改。现在已经有了很大的改进，其中包括模板的选择，已经摆脱了单链DNA模板的束缚，可以用任何细菌的双链DNA。在此基础上又做了进一步的改进，由最初的单一引物引导的单位点突变，到现在的多个引物引导的多位点突变，已经实现了真正的快速、定点突变。

最初常用于寡核苷酸引导的定位诱变的载体是噬菌体 M13DNA。在克隆外源基因时，先把外源基因插入到 M13 双链复制型 DNA 中（只有此种基因能够得以插入外源基因），再从培养液中分离出 M13 的重组噬菌体，其中含有携带外源基因 M13 的单链重组 DNA。然后再进行体外定位诱变，获得含有错配碱基的完整双链 M13DNA，转染大肠杆菌，M13 在大肠杆菌中扩增，形成噬菌斑。理论上一半是野生型基因，另一半是突变型基因。

寡核苷酸引物诱变过程见图 4-5。

1. M13 单链 DNA 的合成

用体外重组 DNA 技术，将待突变的目的基因克隆到 M13 噬菌体上。然后再得到含有目的基因的 M13 单链 DNA。

2. 突变引物的合成

应用化学法合成带有突变碱基的寡核苷酸引物（现在已经可以商业合成）。

3. 异源双链 DNA 分子的制备

将上面合成的带有突变碱基的寡核苷酸引物，与含有目的基因的 M13 单链 DNA 混合退火，形成一小段具碱基错配的异源双链的 DNA。在大肠杆菌 Klenow 大片段酶（现在已经使用 rTaq DNA 聚合酶）的催化下，便以 M13 单链 DNA 为模板延长，并合成出全长的互补链，然后由 T4 DNA 连接酶封闭缺口，最终在体外合成出闭环的异源双链的 M13 DNA 分子。

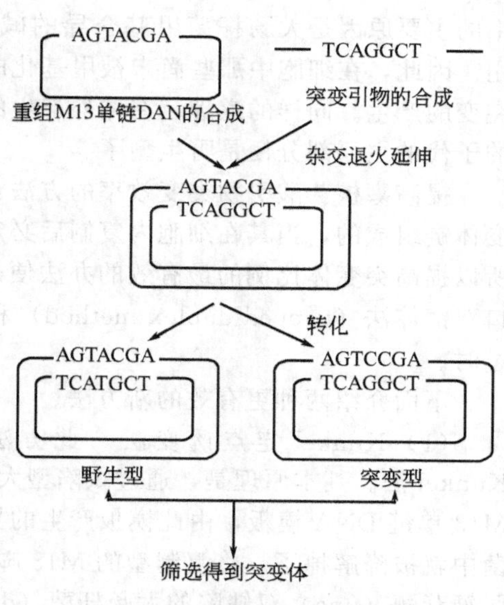

图 4-5　寡核苷酸引物诱变过程

4. M13 闭环异源双链 DNA 分子的富集

有裂口的双链 M13 噬菌体 DNA 和单链 M13 噬菌体 DNA 在转化过程中，会产生出很高的转化本底。应用 SI 核酸酶处理或碱性蔗糖梯度离心，便可以减少这些本底，从而富集异源双链的 M13 DNA 分子。

5. 转化

将这些异源双链 DNA 分子转化给大肠杆菌细胞后，产生出同源双链 DNA 分子。其中一部分是原来的野生型 DNA 序列，另一部分是含突变碱基的序列，从而得到两种类型的噬菌体，一种是野生型的，另一种是突变型的。

6. 突变体的筛选

最初有四种筛选方法，即链终止序列分析法（chain termination sequencing）、限制位点筛选法（restriction site screening）、杂交筛选法（hybridization screening）和生物学筛选法（biological screening）。这四种方法当中，生物学筛选法现在看来最适用。它可以依照明显的生物学表型特征筛选到理想的突变体。例如 ΦX174 噬菌体基因 E 的结合核糖体位点的突变体，就是使用此种方法分离的。因为基因 E 突变体（无义突变体或结合核糖体位点突变体），只有在培养基中补加有胆汁盐和溶菌酶作为人工溶菌剂的条件下，才会在大肠杆菌菌株上形成噬菌斑。现在可以用活性、亲和力等方法来检测到理想的突变。

局限性：此方法产生突变体的比例，受多种因素的制约。首先，本法所产生的异源双链分子（heteroduplex molecule）中，有可能混杂着一些仍然没有配对的非突变的单链模板

DNA，及局部双链的DNA分子。由于这些污染物的干扰，所得到的突变体子代的比例明显下降。应用琼脂糖凝胶电泳或蔗糖梯度离心虽可清除掉这些污染的DNA分子，然而却十分费时耗力。其次，经转化后，异源双链DNA分子的两条链发生分离，产生出由突变型和野生型子代组成的混合群体。其中突变体子代，通过细胞碱基错配修复体系的作用，会从亲代分子中清除出去。理论上讲，这种碱基错配修复体系能产生出等量的突变型和野生型子代，但实际上突变体是被反选择的（counter-selection），即筛除掉野生型子代，而选出突变体子代。因此，碱基错配修复体系并不是造成突变体低产率的原因。事实上造成突变体子代低产率的主要原因是大肠杆菌甲基介导的碱基错配修复体系，是针对非甲基化DNA的修复作用。因此，在细胞中那些尚未被甲基化的新合成的DNA链，便被优先修复了，从而阻止了突变的产生。同样的道理，在体外产生的非甲基化的突变体链也被细胞优先修复了，所产生的子代的主要部分便是野生型了。

提高寡核苷酸引物突变效率的方法：异源双链DNA分子是由一条突变体链和一条非突变体链组成的，当其在细胞内复制后必定会产生出突变体和非突变体两种类型的子代分子。所以提高突变体比例的最有效的办法便是抑制非突变体的生长。早期使用的两种方法——裂口双链体法（gapped duplex method）和引物选择法（primer selection method），现在均已过时。

下面介绍两种更有效的新方法。

（1）Kunkel定点诱变法　此方法是由T. A. Kunkel于1985年发明的，故称之为Kunkel法。基本原理是，通过缺陷型大肠杆菌（dut^-，ung^-）制备含有许多尿嘧啶残基的M13单链DNA模板，由此模板产生的异源双链DNA分子的野生型模板链在野生型大肠杆菌中就被降解掉了。将复制型的M13噬菌体DNA转化到脱氧尿苷三磷酸（dut）和尿嘧啶脱糖苷酶（ung）双缺陷的大肠杆菌（dut^-，ung^-）菌株中生长。dut突变导致胞内dUTP水平上升，而ung突变则会使尿嘧啶取代DNA链中的胸腺嘧啶。因此，生长于dut^-，ung^-的大肠杆菌寄主中制备的M13单链DNA模板含有许多尿嘧啶残基。将诱变的寡核苷酸引物退火到这种模板DNA链上，并完成新链合成。由此产生的异源双链DNA分子连接到质粒载体后导入大肠杆菌ung^+菌株，此时含尿嘧啶的野生型模板链在尿嘧啶脱糖苷酶的作用下发生链的断裂，在发生复制之前就被降解掉了；而突变体链，由于不含尿嘧啶，故不会被尿嘧啶脱糖苷酶降解，而能正常复制，从而产生出大量的突变体子代，提高了突变的效率。一般来说，应用此种诱变方法，大约50%以上的菌落含有突变的质粒。

（2）硫代磷酸诱变法　此方法的基本原理是，有一些限制性核酸内切酶，例如AvaI、AvaII、BanII、TqciI、PstI及PvuI等，无法切割硫代磷酸DNA分子，因此称之为硫代磷酸诱变法。首先按常规的方法将突变的寡核苷酸引物同M13重组体单链模板退火，然后在具有硫代核苷酸（thionucleotide）的反应条件下，加入DNA聚合酶下完成新链的合成。由此产生的异源双链DNA分子中，突变体链是硫代磷酸化的DNA。经DNA连接酶封闭缺口后，再用上面提到的核酸内切限制酶消化此异源双链DNA分子，非硫代磷酸化的亲本链被切割开，在经外切核酸酶消化后，再重新进行聚合反应，使错配碱基正常配对，从而产生出具有定点突变的突变体双链DNA分子。此方法亦可用于缺失突变和插入突变。

此种寡核苷酸引物诱变法的局限性就是模板的选择受到了限制，还有转化率也受到了限制，在转化之后得到的突变体库，只有部分是带有突变的；且操作程序又耗时费力。直到后来PCR技术的进一步发展，才突破了单链DNA的限制，可以应用到细菌双链DNA中，此方法才得到了进一步的发展。这就是后来的定位诱变（site-directed mutagenesis）。

（二）定位诱变

随着分子生物学的进步，尤其是基因克隆技术的广泛应用，人们不仅能将外源基因导入生物体内，改变生物性状，而且已有可能通过体外定位诱变（site-directed mutagenesis）方法，特异性地改变克隆基因或 DNA 序列。与传统随机诱变的方法不同，定位诱变是通过全合成的 DNA 和重组 DNA 技术在限定的基因位点精确地引入突变，包括删除、插入和转换特定的碱基序列。定位诱变技术具有重要应用价值，它不仅用于基因结构与功能研究，而且还能进行分子设计改造天然蛋白质，即通过有目的地改变蛋白质分子中的特异氨基酸，从而获得有益的蛋白质突变体。

两种主要的定位诱变技术介绍如下。

1. 单一位点定点突变

单一位点定点突变技术的关键是应用了两种酶：一种是高保真的 Taq DNA 聚合酶；另一种是 Dpn Ⅰ核酸内切酶（酶切位点：5′-Gm6ATC-3′）。此方法的原理是以 PCR 为基础，应用细菌的双链环状 DNA 为模板，此模板在细菌中复制，能够产生带有甲基化的双链 DNA，因此在 Dpn Ⅰ核酸内切酶作用下就会把甲基化的 DNA 分子切割成片段，在以后的转化中就不会转化到宿主细胞中。只有在 PCR 过程中新合成的环状双链 DNA 才能够转化到宿主细胞中。得到各种突变体，再通过灵敏的筛选方法筛选得到理想的突变体。此方法的主要过程（图 4-6）如下。

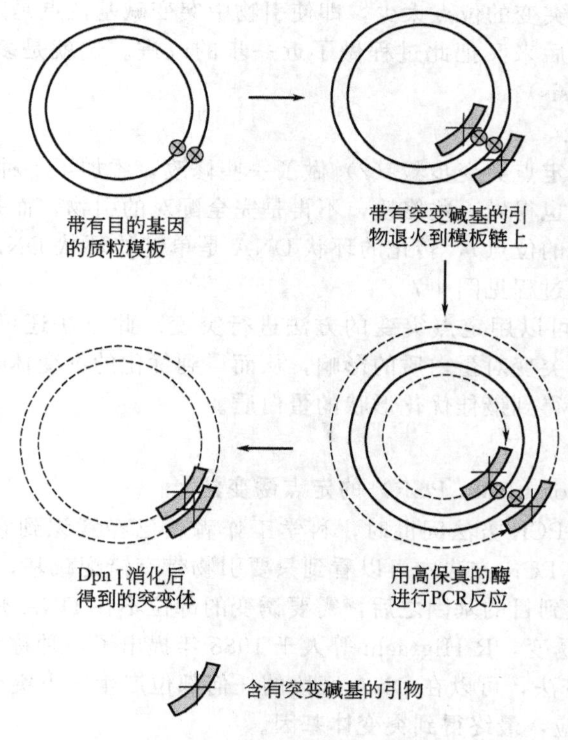

图 4-6　单位点定点突变过程

（1）质粒模板的制备　通过基因重组的方法把目的基因插入到质粒载体上，通过转化使其在宿主细胞中繁殖，得到高纯度的质粒模板。

（2）PCR 过程　把人工合成的带有突变碱基的寡核苷酸引物（完全配对的一对引物）与上步中得到的质粒载体一起退火，在高保真的 Taq DNA 聚合酶作用下延伸，经过 15～20

个循环，就可以得到一定数量的重组体。

（3）Dpn I 消化　上步中得到的双链 DNA 分子在 Dpn I 核酸内切酶作用下，会把母链或者杂合的母链切割成片段。剩余的双链环状 DNA 分子全部是新合成的带有突变碱基的 DNA 分子。

（4）转化　把上步中消化好的双链 DNA 分子转化到相应的宿主细胞中再结合相应的筛选方法，得到理想的突变体。

此方法中引物的设计对实验结果影响很大。因此在引物设计上要注意以下几点：设计的引物必须包含突变碱基，并且完全相互配对。引物的长度在 25～45bp 之间，T_m 值必须 ≥78℃。

计算公式：

$$T_m = 81.5 + 0.41(GC) - 675/N - 错配$$

式中　N——引物的碱基个数；

GC——引物的 GC 含量，%；

错配——引物中错配碱基的数量，%。

突变碱基必须在引物的中间，在两端必须有 10～15 个碱基的完全配对。引物的 GC 含量不应少于 40%，并且在两端分别有 1～2 个 G 或者 C。必须保证引物的纯度与浓度。

此种改进方法不仅节省了时间，而且也为筛选方法的选择和使用提高了更多的灵敏度，但是此方法的缺点就是突变的位点太少，即使引物中突变碱基位点是兼并引物，也没有多少位点得到了突变，因此后来又把此过程做了近一步的改进。这就是多位点定点突变（mutisite-directed mutagenesis）。

2. 多位点定点突变

此方法把单一位点定点突变步骤（2）做了一些修改，添加了一种高效、耐高温的 DNA 连接酶。因此在引物上也得做一些修改，不再是完全配对的引物，而是多条带有突变碱基的引物（对应多个待突变的位点），转化的环状 DNA 是单链的环状 DNA，其他的地方与单一位点定点突变相同。此过程见图 4-7。

小的 DNA 片段，可以用定点突变的方法进行突变。此方法还可以用于小突变库的构建，来检测单一位点的突变对蛋白质的影响，从而得到优化的突变体，最后再把这些得到优化的突变体进行重组，得到最佳优化形状的蛋白质。

（三）PCR 诱变

1. 重组 PCR（recombinant PCR）**的定点诱变法**

早在 DNA 扩增的 PCR 方法问世时，科学工作者就已经意识到它同样具有应用于基因诱变的潜力。在最初的 PCR 方法中可以看到只要引物带有错配碱基，便可在 DNA 的 5′端引入突变。很多时候克隆到目的基因之后，需要诱变的部位不在 DNA 片段的 5′端。为了对靶 DNA 的中心部分进行诱变，R Higtachi 等人于 1988 年提出了一种称为重组 PCR（recombinant PCR）的定点诱变法，可以在 DNA 区段的任何部位产生定点突变。此方法需要四种引物，进行三轮 PCR 反应，最终得到突变体基因。

具体过程如下（图 4-8）：

① 根据靶 DNA 序列设计一对互补突变引物 P2 和 P3；

② 分别以左侧引物 P2 和外侧引物 P1 以及右侧引物 P3 和外侧引物 P4 进行两轮 PCR 扩增；

③ 除去前两轮 PCR 反应中多余引物，经混合、变性、退火、延伸形成异源双链 DNA

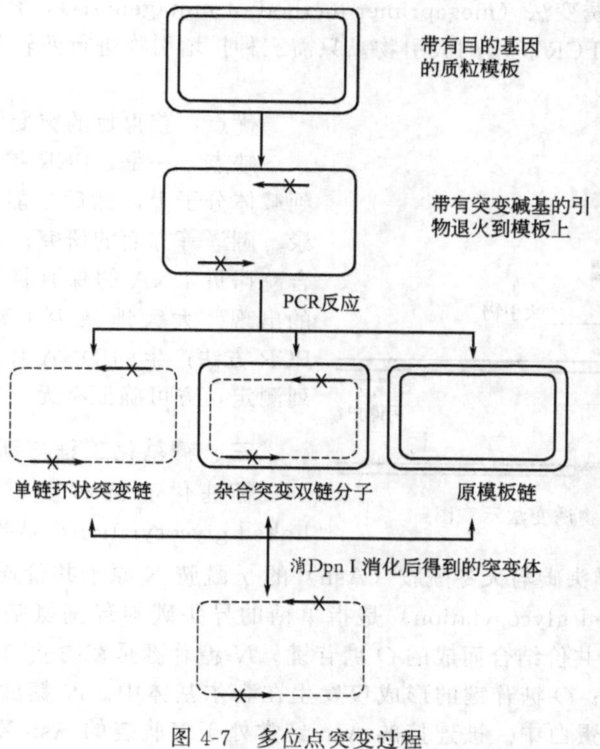

图 4-7　多位点突变过程

分子；

④ 再通过外侧引物 P1 和 P4 进行第三轮 PCR 反应得到目的突变体。

任何基因，只要两端及需要变异的部位的序列已知，就可用 PCR 诱变去改造基因的序列。方法简便易行，结果准确、高效，因此已成为比较常用的定位诱变方法。

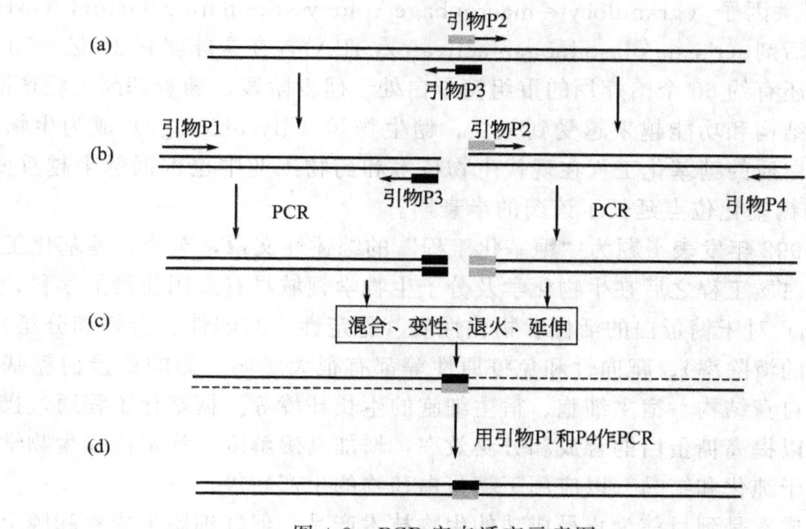

图 4-8　PCR 定点诱变示意图

2. 大引物诱变法

不难看出，上面重组 PCR 步骤相当繁琐，为此，有人提出了一种较为简单的 PCR 定点诱变法，称为大引物诱变法（megaprimer method of mutagenesis），其核心是以第一轮 PCR 扩增产物作为第二轮 PCR 扩增的大引物。只需三种扩增引物进行两轮 PCR 反应，即可获得突变体 DNA（图 4-9）。

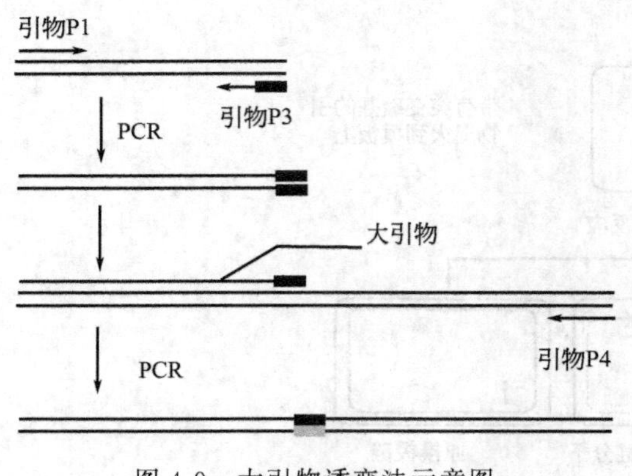

图 4-9　大引物诱变法示意图

优点：获得目的突变体的效率可达 100%。

缺点：一是，PCR 扩增产物通常需要连接到载体分子上，然后才能对突变的基因进行转录、翻译等方面的研究；其二是，Taq DNA 聚合酶拷贝 DNA 的保真性偏低（现在高保真酶的出现，大大地减少了延伸突变率）。因此，PCR 方法产生的 DNA 片段必须经过核苷酸序列测定，方可确证有无发生延伸突变。

三、糖基化工程与新药研究

糖基化有两种类型：① *N*-糖肽键（*N*-linked glycosylation）是指 β-构型的 *N*-乙酰葡萄糖胺（GlcNAc）异头碳与天冬酰胺（Asn）的 γ-酰胺 N 原子共价连接而成的 *N*-糖苷键；② *O*-糖肽键（*O*-linked glycosylation）是指单糖的异头碳与羟基氨基酸（Ser、Thr、Hyl、Hyp）的羟基 O 原子共价结合而成的 *O*-糖苷键。*N*-糖苷键是在内质网（ER）形成的，在高尔基体中进一步成熟；*O*-糖苷键的形成仅发生在高尔基体中。*N*-糖肽键分布相当广泛，特别是在血浆蛋白和膜蛋白中。被连接的 Asn 经常处于多肽链的 Asn-X-Thr/Ser 序列中，其中 X 为除脯胺酸外的任一氨基酸残基。而 *O*-糖肽键大多连接在脯胺酸附近的 Ser 或 Thr 上，其中脯胺酸在-1 位或＋3 位特别有助于糖基化的发生。其次是在＋1 脯胺酸。在这些位置上的其他氨基酸的电荷对糖基化的发生有一定影响。但小侧链的氨基酸与带正电荷的氨基酸在＋2 位却有助于糖基化的发生。

基因工程药物中最重要的一类是糖蛋白如促红细胞生成素（erythropoietin，EPO）、粒-巨噬细胞集落刺激因子（granulocyte-macrophage colony-stimulating factor，GM-CSF）和组织纤溶酶原激活剂（tissue plasminogen activator，tPA），在全球就有 30 亿～50 亿美元的销售额。另外，还有约 60 个治疗用的重组糖蛋白处于研发阶段。随着基因工程产品的开发，蛋白质上糖链的结构和功能越来越受到关注，糖生物学（glycobiology）成为生物学研究新的热点，从而蛋白质的糖基化工程在现代生物技术和药物工业中也占据越来越重要的地位。EPO 加上额外的糖基化位点延长了该药的半衰期。

Stanley 于 1992 年发表了题为“糖基化工程”的综述性文章，至今，糖基化工程已成为继基因工程和蛋白质工程之后在生物化学及分子生物学领域具有应用前景的学科，糖蛋白的糖型（glycoform）对于糖蛋白的活性、物化性质（稳定性、溶解性、折叠和分泌）、药代动力学特性（血液的清除率）、靶向性和免疫原性等都有很大影响。影响糖蛋白糖基化的因素主要有多肽链的自身结构、宿主细胞、宿主细胞的生长环境等。糖基化工程通过操作蛋白质上的寡糖链，可以提高糖蛋白的合成和分泌效率，增加其溶解度、稳定性和生物学活性，降低免疫原性，易于纯化和结晶（以应用于糖蛋白药物的生产）等。

促红细胞生成素是到目前为止最成功的生物技术产品。促红细胞生成素和膜上的一个膜信号传导受体相互作用，诱导红细胞祖系的增殖和分化，因此在治疗由骨髓抑制（如化疗后）引起的贫血症中极有价值。天然的促红细胞生成素有 4 个唾液酸化的 *N*-糖链。尽管无糖基化的促红细胞生成素在体外的活性与完全糖基化的促红细胞生成素相同，但在体内，其活性只有完全糖基化促红细胞生成素的10%，因为糖基化不完全的促红细胞生成素会很快被肾脏、肝细胞和巨噬细胞上的Gal/GlcNAc/Man受体清除。由于糖链对这类药物糖蛋白的性质有如此巨大的影响，因此在生产这些药物时通过控制培养条件等以控制每批产品的糖基化程度是非常重要的。

糖蛋白的糖链还可以靶向特定的组织和细胞类型，如使用抗菌或抗病毒药靶向微生物表面的凝集素，将抗感染药靶向巨噬细胞表面的甘露糖受体，将避孕药靶向精子凝集素等。治疗戈谢病（Gaucher' s disease，GD）的葡萄糖脑苷酯酶是通过巨噬细胞表面的甘露糖受体靶向溶酶体的，因此重组菌的*N*-糖链末端必须具有甘露糖残基。这可以用糖苷酶（唾液酸酶、半乳糖苷酶和己糖胺酶）切除哺乳动物细胞表达的*N*-糖链的末端糖基而暴露出甘露糖残基，也可用合成*N*-糖链末端为甘露糖的昆虫细胞表达体系来表达。

用基因工程的方法可以改变蛋白质的糖基化位点，如实验表明tPA分子上一个氨基酸的替代就可以产生新的糖基化位点，甚至可以改变原有糖基化位点的糖链组成，使其血液清除率降低了10倍，虽然生理活性也降低了3倍，但去除天然糖基化位点可以恢复其活性。

不同的宿主糖基化的能力不同，原核生物如大肠杆菌表达的蛋白质不发生糖基化，适于表达生物活性与糖基化无关的基因工程产品，如若干生长因子；啤酒酵母的糖基化含有长寡甘露糖外链，具有抗原性，不适宜表达药用蛋白，近来应用的甲醇酵母甘露糖链长与哺乳动物细胞接近，优于啤酒酵母；昆虫细胞表达体系表达的糖蛋白糖链与哺乳动物细胞接近，但仍有哺乳动物细胞不具有的结构；哺乳动物细胞表达的糖蛋白的糖基化最接近药用的要求。但是，哺乳动物细胞也并非适合所有糖蛋白的表达，应选择不同的哺乳动物细胞表达体系或不同的细胞株以获得最适的糖基化。还可以通过随机突变来改变宿主细胞的糖基化特性，或应用重组技术对宿主细胞进行代谢工程改造，如在CHO细胞中表达tPA的同时表达鼠α-2，6唾液酸转移酶，可使表达的tPA分子糖链中含有2,6-糖苷键连接的唾液酸残基，从而产生正确的糖链。

另外哺乳动物细胞表达的糖蛋白的糖基化（包括糖基化的程度、糖链分支的程度以及唾液酸化和硫酸化的程度等）还受培养基、培养条件和其他因素（如细胞因子和激素的存在与否）等的影响，由死细胞分泌或释放的唾液酸酶和其他糖苷酶也会降解蛋白上的糖链。因此在研发糖蛋白药物时，大量的工作在于确定可以生产均一的重组糖蛋白所需的适当条件。

第三节　创新药物设计

市场上现有约5000个药物，它们所针对的药物靶标只有近500个，其中45%是细胞膜上的受体，28%是酶，其余的是激素、离子通道、核受体和DNA，还有约7%的靶标未知。了解这些药物的性质和种类，可使我们明确研发创新药物的目标。因此靶标的发现成为新药发现过程的主要限制因素。人类基因组计划（human genome project）改变了传统的药物发现模式，对新药的发现产生了巨大的影响。

人类基因组草图的完成使得新的药物靶点的数目增加了至少一个数量级。在人类基因组研究预测的3万～4万基因中，有可能成为药物靶点的约有3000～1万种。人类基因组计划为探寻具有治疗作用的新基因提供了更多的可能性，可以直接从基因组序列中发现新的基因工程药物。几乎在人类基因组计划启动的同时，美国许多公司就开始抢先研制开发基因组药物。在该领域中美国人类基因组科学公司（HGS）领先一步，他们在寻找膜蛋白（包括生长因子、神经传递素和细胞因子等的受体）作为潜在的药物靶标的同时，致力于发现激素、生长因子和细胞因子等分泌蛋白，并从中研发新的基因工程药物，由此而发现的若干基因工程药物（如 MPIF-1、KGF-2、VEGF-2 等）已陆续进入临床研究。

创新药物是指具有原始创新或集成创新，可获得自主知识产权的新药。创新药物的开发可以扩展到新靶标的发现，或者是针对已知靶标的新配体。筛选药物靶标有很多方法，根据各单位的经济实力、技术水平和研究条件的不同可采取不同的方法。潜在药物靶标可以通过与已知药物靶标 DNA 序列的同源性比较来预测，也可通过单核苷酸多态性（SNP）标记的基因来识别，这对于多基因病的分析尤为重要。功能基因组技术和蛋白质组技术迅猛发展，被应用于药物靶标的确证和药物作用新途径的发现。如生物芯片技术（主要指 DNA 芯片，又名 DNA 微阵列）、蛋白质微阵列等可以用于比较不同组织细胞基因的表达模式。研究正常组织与病理组织基因表达的差异，建立模式生物细胞的基因表达模型，建立病原体基因的表达模型，研究药物作用于细胞后基因表达的变化，此外生物芯片还可作为超高通量筛选药物的技术平台，在药物基因组学及毒理学研究中均能发挥重要作用，能够同时检测成千上万个基因或蛋白水平的变化，在药物研发中获得了广泛的应用。本节将介绍一些常用的筛选药物基因和药物靶标的方法。

一、通过筛选同源基因的方法发现新的药物基因或药物靶基因

在现有药物基因和药物靶基因家族中“寻找”新成员，即“入药”（druggable）的基因的家族成员，因为这些家族成员入药的概率往往高于非入药基因家族成员。筛选方法主要基于与已知基因的同源性的比较，方法相对简单，多使用诸如 BLAST（Basic Local Alignment Search Tool）等搜索软件，30%以上的同源性为标准，在 20%～30%同源范围内搜索成功率约 5%，20%以下成功率低得多。筛选同源性低的基因家族，要用更精确的搜索软件如：PSI-BLAST（position-specific iterated BLAST），HMMER（hidden markov models profile）或 SAM（significance analysis of microarrays）。最好的例子就是 G 蛋白偶联受体家族（G-protein coupled receplors，GPCRs），这个家族的一个最大特点是有 2/3 的成员只有一个外显子，这个基因家族与人类的各种感觉有密切关系，如嗅觉、视觉等，是很多药物的靶基因。人类基因组计划的完成，为用同源搜索筛选新基因或靶基因创造了更加有利的条件。据多篇权威文章估计，约有 40%人类基因的功能尚不清楚，其中必定有很多与疾病有关的重要基因，可能能直接研制新药物或成为治疗疾病的靶基因，是人类宝贵的财富。

二、通过 RNA 的表达谱筛选新的药物基因和靶基因

另一个高效、高通量地筛选新的药物基因或靶基因的方法是利用基因芯片（gene chips）或称为 DNA 微阵列（DNA microarray）。对病人和正常人整个基因组表达谱的比较，可发现与疾病有关的基因，该方法的原理是将代表人类基因的 DNA 寡核苷酸链黏附到玻璃片上，与标记的 RNA 杂交，从而发现各种基因的表达水平。目前的水平，每块约 $2cm^2$ 的玻璃表面可容纳 5 万条 25～60 个寡核苷酸链，将 RNA 转录成 cDNA 同时用荧光标记，与寡核苷酸杂交后，计算机可计算出 RNA 的基因水平，每次杂交可确定 1 万个以上的基因的表达水平，一般情况下可代表蛋白的表达水平。这种方法的优点是高通量，涵盖了基因组中大多数基因的表达谱，而且只需少量 RNA 样品，这种方法在肿瘤分类上非常有应用价值，特别是在乳腺癌、脑癌、前列腺癌、淋巴瘤和白血病的分类。

三、蛋白组学

上述方法可发现基因和蛋白的表达水平，但不能反映蛋白表达的细胞特异性和翻译后修

饰程度。蛋白组学用来揭示蛋白的差异表达，翻译后修饰，不同的剪切和加工产物；常采取二维凝胶电泳的方法来分离组织和细胞中的蛋白质，从而确定修饰后蛋白差异表达。胶中的特定斑点将用质谱仪（mass spectrometry）来确定其蛋白名称，尽管蛋白组学比 RNA 表达谱效率低，但所找到的差异表达的蛋白可能就是潜在的与疾病有关的靶基因。蛋白组学的优点是只需分析蛋白组中的部分蛋白，将注意力集中在特定蛋白或蛋白群，简化了分析时间和程序。下面是用蛋白组学发现药物靶基因的成功实例。

为确定生长抑制剂 bengamide 对细胞的生物化学影响，将 H1299 细胞用该药处理后，用二维凝胶分析 H1299 细胞内蛋白的变化，发现一种蛋白成分 14-3-3 是该药物的作用靶标。正常情况下蛋白组学可检测翻译后的蛋白修饰，反映了药物作用的生物途径，蛋白组学还用于检查蛋白-蛋白相互作用。高通量的蛋白-蛋白相互作用分析可绘制酵母、蠕虫、果蝇和哺乳动物体内的反应网络。

四、使用寡核苷酸技术证实药物分子

将新药物成功地投入市场取决于很多因素：包括药物引起的正确的药理效应，作用于正确的靶分子。证实选择的靶分子是否正确，需要小分子抑制剂，寡核苷酸就是这样的抑制剂。目前使用的寡核苷酸技术包括反义 RNA 技术（antisense RNA）和 RNA 干扰（RNA interference，RNAi）技术。

反义 RNA：反义 RNA 的抑制作用是通过 WatsonCrick binding 原理同靶 RNA 结合，从而正常翻译过程被阻断，几种阻断的机理，包括降解靶信息 RNA、干扰剪切过程，或物理阻断翻译机器。不同修饰寡核苷酸的方法用于反义 RNA 的基因敲除研究，有四种主要修饰方法：Methoxyethyl（MOE），Locked nucleic acids（LNA），多肽核苷酸（PNH），Morphpoline。用途各有不同，寡核苷酸用 MOE 和 LNA 集团修饰后可增强 RNaseH 引发的靶 RNA 降解反应，而用 PNH 和 Morpholine 修饰的寡核苷酸被认为在细胞浆和核内均发挥作用。

干扰 RNA：双链 RNA 通过 RNA 干扰原理发挥作用，如小干扰 RNA（small interfering RNA，siRNA）和载体表达的短链发夹 RNA（short hairpin RNA，shRNA），最近被普遍用作基因敲除的目的。RNAi 引起酶参与的 mRNA 降解，即 RNA 引发的缄默复合体(RISC)。siRNA 和反义 RNA 作用机理主要不同点是前者在细胞浆内发挥作用。大多数情况下寡核苷酸技术用来证实靶基因的作用，下面举一个应用寡核苷酸的实例：寡核苷酸技术用来筛选大量与慢性神经痛相关的基因，这些靶基因是从大鼠慢性疼痛模型中的 RNA 表达谱试验中获得的，这些基因已经被初步筛选过，对来自那些有成功制药史家族的新基因作为重点筛选对象。因为待选基因太多不能都进入药物发现研究项目，因此，首先用寡核苷酸技术在不同动物模型中观察抑制这些基因所造成的影响。结果表明 P2X（purinergic recepear）与感觉神经节相关，被选择进行理论证实试验（proof of concept）。后来的功能试验证明 P2X 是构成离子通道的主要活性分子。针对 P2X，MOE 修饰的寡核苷酸 siRNA 注射动物模型，可引起剂量依赖性抑制 P2X，从而抑制动物模型的疼痛。

五、基因功能的系统分析

发现新药的策略可分为分子生物学（molecular approach）和系统生物学（system approach）两种方法。人类基因组计划完成以后，启动了大量的分子生物学方法，这些方法主要是利用基因组学、蛋白组学等分子生物学方法研究细胞。而系统生物学方法是在整个生物体内研究疾病，利用临床科学如生理学、病理学、流行病学等研究方法，是传统药物开发常用的方法。基因的功能常常相互联系、相互协同、相互制约，很难独立研究一个基因在疾病中的作用。发现与疾病发展过程有关的调节因子，在哺乳动物细胞培养中用高通量和系统方式分析基因的功能是一个理想方法，可以在细胞培养中建立信号传导和疾病表型模型。其实大多数基因的生物功能都是在细胞模型中通过高效表达或抑制表达方式发现的。此外，在不同表型细胞模型中检测不同基因可建立基因功能的数据库，可帮助我们分析预测各种基因与疾病的相关性。

目前已有在哺乳动物系统中全基因组范围分析基因的功能技术。人类基因组计划和其他动物基因组序列的完成使我们能够共享鼠和人的全长基因文库，使得高效表达和测定每个基因的功能成为可能。我们可将这些基因通过重组的方式克隆到表达载体中进行高效的工业化方式表达分析，还可应用 RNA 干扰技术或反义 RNA 技术进行基因组范围的系统分析。

还可在基因缺失或低丰度细胞中高效表达 cDNA，表达产物会在该细胞中引起特异表型，如受体结合、细胞活性或引发特异性基因产物，和上述同时检测大量基因不同，是所谓一对一的基因分析方式。Michiels 等报道用腺病毒载体在细胞培养中分析了 13000 个随机选择的 cDNA，发现了引起骨分化、丧失上皮细胞形态、内皮细胞小管形成等基因。另一个例子是试验筛选 15000 个基因，将随机选择的 cDNA 编成小组，检查对核受体 κB 活化的结果。最近报道，在疾病模型中筛选 8000 个具有分泌功能的蛋白，研究中使用收获转染的细胞液用来检测蛋白的功能，侧重免疫调节作用或代谢调节作用，如葡萄糖吸收、糖质新生（gluconeogenesis）或胰岛素的信号传导，发现了已知蛋白-骨形成蛋白 9（bone morphogenelic protein-9）调节葡萄糖代谢的新功能。

要想对基因进行系统分析，需要筛选大于 2 万个独立 cDNA。观察它们活化不同信号传导系统的各种成分，如激活炎症反应调节因子白细胞介素-8（IL-8）。此外，还要检查这些 cDNA 对一系列特异性的反应元件的激活效应。在这个试验中发现了一个以前不知道功能的，能强烈地激活 IL-8 启动子基因，该蛋白被称为 TORCI 是 cAMP 反应元件 CCREI 的特异性激活因子，试验证明 TORCI 是 CRE 结合蛋白-1（CREB1）的活化作用的伙伴。

六、使用生物模型发现新药

分子遗传学和基因组学的研究进展，使我们对不同物种的 DNA 和蛋白序列、基因的功能、信号传导通路等都有了深入了解。我们发现这些贯通种系进化的信号传导通路可以作为生物模型代替病人。事实证明应用这些生物模型所获得的知识常常可用来了解与人类相关的生物过程。两种高级的真核动物模型是果蝇和斑马鱼，这两种生物模型在制药领域得到了广泛的应用。

这两种动物模型都具备各种遗传模型系统所必需的特点，包括容易培养、周期短（分别为两周和三个月）、可产生大量的后代，更重要的是实验方法和遗传学操作的不断改进，可使研究者进行整个基因组范围的遗传学筛选和分析，并可以非常精确地分析人类相关基因和传导通路，是其他动物模型不能做到的。很多进化过程中保守信号传导系统和发育过程的重要基因都是通过这些遗传学途径发现的。后来在哺乳动物系统得到证实，说明很多生命过程在这些动物模型和人类之间是相似的。

每一个模型在新药发现过程中，都有它的优点和独特之处，果蝇作为遗传学和基因组学的研究工具，已有近 100 年的历史了，所以有大量有关果蝇生物学、解剖学、遗传学和生理学等的文献记载，有大量精心设计的研究试剂和方法可供使用，包括大量可供各种基因分析的、不同组织在不同发育阶段的基因插入突变体、特异性重组系统。这些优越性促使研究者在遗传突变筛选中大量使用果蝇系统，遗传突变筛选（genetic modifier screens）法可应用现有的工具获得独特的遗传表型，然后用化学突变法找到表型变异个体，这种筛选方法可用来确定和发现各种与疾病相关的信号系统的新成员。Richard Kramer 和他的同事用这种方法发现了 Aβ 加工过程的相关基因，说明果蝇系统可以用作发现老年痴呆症（Alzheimer）靶基因的试验模型。

斑马鱼系统在新药研究中是一个相对较新的方法，是一个遗传学可追踪的小脊椎动物。适用于小分子药物的筛选，斑马鱼的卵是透明的，可在简单的盐溶液中发育，所有器官在24h 内形成，尽管斑马鱼主要是发育遗传学的研究工具，但它的一些特点在新药研究中更有吸引力。譬如，很多药影响人的 QT 间隔也会影响斑马鱼胚胎的心律。很多药因为这个问题在临床期间撤出市场，测量斑马鱼的心律来预测 QT 间隔是一个非常简单的方法。

同样，毛细血管形成（angiogenesis）抑制剂引起血管损伤也可引起斑马鱼胚胎的血管系统的变化。所以，斑马鱼胚胎血管的表型可作为靶标来验证先导化合物和优化先导化合物。

七、新药开发的展望

与其他学科相比制药学要求更加严格，因为是将原始的生物学假说通过小分子或生物大分子最终在人体验证。所以在临床试验之前，这些试验已经在细胞模型和动物模型上做了大量的工作。尽管如此，在临床的失败率仍然很高，主要原因是这些细胞模型或动物模型的结果还不能完全预测在人体的结果。所以关键是建立完全能预测人体效果的细胞和动物模型。人体比较复杂，除内在因素外，环境因素也会影响治疗的效果，所以细胞模型要尽量模仿人体和疾病的实际情况，包括细胞内的蛋白相互作用和环境因素，动物模型也是一样，不仅要考虑到疾病的相关表型也要考虑到由于疾病引起的相关变化。

人类基因组计划完成之后，从广义上讲，靶基因的鉴定工作也已经结束了，现在的问题是确定哪个靶基因引发疾病，改变疾病。本世纪初人们乐观地认为分子技术如基因组学和蛋白组学会对靶基因的发现产生革命性的影响，但事实证明不尽如此。主要原因是没有正视慢性疾病多因素的性质，不知道如何将众多可相互替代的靶位基因减少到最小限度。尽管很多靶位在不同程度上对疾病的表型都会起到一定的作用，但其中一个或几个起到更重要的作用，RNAi 可能是明确这些靶位的最好方法，目前 RNAi 的困难是缺少有效的无毒性的传递 siRNA 的方法。过去的成功是由于正向遗传学方法的应用，系统生物学的方法必将为发现更多的功能基因或靶基因提供宝贵资源。

参考文献

[1] Hakimi J，et al. Development of zenapax®：a humanized anti-tac antibody. H arris W. J. A dair J. R. eds In antibody therapeutics. CRS Press，1997.

[2] Altmann S W，Kastelein R A. Rational design of a mouse granulocyte macropha-colony-stimuting factor receptor antagonist. J Biol Chem，1995，　270：2233-2240.

[3] Chang C C，et al. Evolution of a cytokine using DNA family shuffling. Nat. Biotechnol，1999，17：793-797.

[4] Cherry JR，Lamsa MH，Schneider P，et al. Directed evolution of a fungal peroxidase. Nat Biotechnol，1999，17（4）：379.

[5] Goldenbenberg M. M. Trastuzumab，a recombinant DNA-derived humanized monoclonal antibody，a novel agent for the treatment of metastatic breast cancer. Clin. Ther，1999，21：309-318.

[6] Johnson S，et al. Development of a humanized monoclonal antibody（MEDI-493）with potent in vitro and in vivo activity against respiratory syncytical virus. J Infact Dis，1997，176：1215-1224.

[7] Matsumura I，　Ellington AD. In vitro evolution of thermostable p53 variants . Protein sci，1999，8（4）：731.

[8] Osborn BL，et al. Pharmacokinetic and pharmacpdynamic studies of a human serum albumin-interferon-alpha fusion protein in cynomolgus monkeys. J　Pharmacol Exp Ther，2002，303：540-548.

[9] Riechmann L, et al. Reshaping human antibodies for therapy. Nature, 1988, 332: 323-327.
[10] Sarkar CA, Browne JK. Development and characterization of novel erythropoiesis stimulating protein (NESP). Br J Cancer, 2001, 84 (1): 3-10.
[11] Selzer T, et al. Rational design of faster associating and tighter binding protein complex. Nat Struct Biol, 2000, 7: 537-541.
[12] Stemmer WPC. Rapid evolution of a protein in vitro by DNA shuffling. Nature, 1994, 370 (6488): 389.
[13] Sun H, et al. Cocaine metabolism accelerated by a re-engineered human butyrylcholinesterase. J Pharmacol. Exp Ther, 2002, 302: 710-716.

第五章 基因工程疫苗

第一节 疫苗的概述

一、疫苗发展简史

人类和传染性疾病的交锋是一个非常漫长的历史过程。瘟疫、战争和饥荒，这三个人类历史的悲剧，不仅带给人们痛苦和恐慌，有时还会导致整个社会的衰退，甚至于国家的消亡，而传染病给人类带来的死亡或者创伤，要远远地超过战争带给人们的创伤与死亡的总和。

传染性疾病（infectious disease）是目前全球致死率最高的疾病，每年约有1700万人死于该类疾病，其致死率远高于心血管疾病、癌症或是意外伤害。疫苗（vaccine）的使用对于预防传染性疾病的贡献要大于任何其他医学预防和治疗方法。

图 5-1 英国医生 Jenner

疫苗一词源于琴纳（Jenner）所用的天花疫苗（牛痘苗），拉丁文“vacc”是“牛”的意思。英国医生 E. Jenner（1749—1823）注意到感染过牛痘（牛群发生的类似人天花的轻微疾病）的人不会再感染天花。经过多次实验，Jenner 于1796年从一个挤奶女工感染的痘疱中，取出疱浆，接种于8岁男孩 J. Phipps 的手臂上，结果该男孩并未感染天花，证明其对天花确实具有了免疫力。1798年，医学界正式承认“疫苗接种确实是一种行之有效的免疫方法”。经过100多年的努力，1980年世界卫生组织（world health organization，WHO）宣布全球消灭了天花。Jenner 发明的天花疫苗，为人类预防和消灭天花做出了卓越贡献（图5-1）。

经过漫长的历史发展，当代已有多种疫苗用于预防各类传染性疾病。疫苗的研究、制造、检定、使用和管理已经成为一门独立的学科——疫苗学。疫苗学（vaccinology）是一门综合性和应用性很强的学科，它包括了微生物学、传染病学、免疫学、病理学、化学、生物化学、分子生物学、流行病学和统计学等多学科的实践和理论。传统的疫苗学以预防传染病为主，包括人用疫苗学和兽用疫苗学。近年来，由于人类与疾病斗争和社会的需要，随着上述各学科的发展，出现了一些其他用途的疫苗，如治疗性疫苗（抗肿瘤疫苗）和避孕疫苗等。

疫苗是一种特殊药物，作为免疫学经验理论和生物技术共同发展而产生的生物制品，它从防患于未然的角度免除众多传染病对人类生命群体的威胁，对人类健康做出了巨大的贡献。疫苗与一般药物具有明显的不同点，主要区别在于：一般药物主要用于患病人群，而疫苗主要用于健康人群；一般药物主要用于治疗疾病或减轻病人的症状，而疫苗主要通过免疫机制使健康人获得预防疾病的免疫力；一般药物包括天然药物、化学合成药物、生物药物等不同类型，而疫苗一般均为生物制品；人类可以通过一般药物减轻病痛，但只有通过疫苗才能彻底控制和消灭某一种传染性疾病，如已被人类消灭的天花和正要被人类消灭的脊髓灰质炎。

疫苗的现代定义为：一切通过注射或黏膜途径接种，可以诱导机体产生针对特定致病原的特异性抗体或细胞免疫，从而使机体获得保护或消灭该致病原能力的生物制品，包括蛋白质、多糖、核酸、活载体或感染因子等。预防用生物制品按所用材料一般分为细菌性疫苗、病毒性疫苗及类毒素三大类。以前曾将细菌性抗原制剂称为菌苗，将病毒性抗原制剂称为疫苗，但近年来，科学界普遍倾向将它们统一称为疫苗。

二、疫苗的种类

从疫苗研制技术上可将疫苗分为传统疫苗和新型疫苗两大类。传统疫苗包括灭活疫苗、减毒活疫苗和用天然微生物的某些成分制成的亚单位疫苗（表 5-1）。新型疫苗主要指应用基因工程技术研制的疫苗，包括基因工程亚单位疫苗、基因缺失活疫苗、基因工程活载体疫苗、核酸疫苗。现代疫苗的发展已经从经典的病毒疫苗和细菌疫苗发展到寄生虫疫苗、T 细胞疫苗、树突细胞疫苗、肿瘤疫苗、避孕疫苗等；从预防性疫苗发展到治疗性疫苗。

表 5-1 三类传统疫苗的比较

	活疫苗	灭活疫苗	亚单位疫苗
抗原制备	用减毒或无毒的全病原体作为抗原	用化学或物理的方法将病原体杀死	以化学方法获得病原体的某些具免疫原性的成分
免疫机理	接种后的病原体在体内有一定的生长繁殖能力，类似隐性感染，产生细胞、体液和局部免疫	病原体失去毒力但保持免疫原性，接种后产生特异抗体或致敏淋巴细胞	接种后能刺激机体产生特异性免疫效果
优缺点	接种次数少，反应小，免疫效果持久，需考虑病原体致病力返祖现象的发生	一般要接种 2～3 次，反应较大，维持时间较短，稳定性好，较安全	制品纯度高，副反应小，需多次接种，成本较高

三、疫苗基本成分和性质

（一）疫苗的基本成分

疫苗的基本成分包括抗原、佐剂、防腐剂、稳定剂、灭活剂及其他活性成分。

（1）抗原　抗原是疫苗最主要的有效活性成分，它决定了疫苗特异的免疫原性。构成抗原的三个基本条件是：①异物性，由于机体自身组织不能刺激机体的免疫反应，故抗原必须为外来物质；②一定的理化特性，包括分子量、化学结构等；③特异性，抗原进入机体后产生相应抗体或诱导致敏淋巴细胞发生反应。

可用作抗原的生物活性物质有：灭活病毒或细菌、活病毒或细菌通过实验室多次传代得到的减毒株、病毒或菌体提纯物、有效蛋白成分、类毒素、细菌多糖、合成多肽以及近年来发展核酸疫苗所用的核酸等。抗原应能有效地激发机体的免疫反应，包括体液免疫和细胞免疫，产生保护性抗体或致敏淋巴细胞，从而对同种细菌或病毒的感染产生有效的预防作用。

（2）佐剂　佐剂能增强抗原的特异性免疫应答，理想的佐剂除了应有确切的增强抗原免疫应答作用外，应该是无毒、安全的，且必须在非冷藏条件下保持稳定。目前疫苗中最常用的佐剂为铝佐剂和油制佐剂。

（3）防腐剂　防腐剂用于防止外来微生物的污染。一般液体疫苗为避免在保存期间微量污染的细菌繁殖，均加入适宜的防腐剂。大多数的灭活疫苗都使用防腐剂，如硫柳汞、2-苯氧乙醇、氯仿等。

(4) 稳定剂　为保证作为抗原的病毒、细菌或其他微生物的存活以及蛋白、多糖等物质的免疫原性，疫苗中常加入适宜的稳定剂或保护剂，如冻干疫苗中常用的乳糖、明胶、山梨醇等。

(5) 灭活剂　灭活病毒或细菌抗原的方法除了可用物理方法如加热、紫外线照射等之外，也常采用化学方法灭活，常用的化学灭活试剂有丙酮、酚、甲醛等，这些物质对人体有一定毒害作用，因此在灭活抗原后必须及时从疫苗中除去，并经严格检定以保证疫苗的安全性。

此外，疫苗在制备时还需使用缓冲液、盐类等非活性成分。缓冲液的种类、盐的含量都影响疫苗的效力、纯度和安全性，因此都有严格的质量标准。

(二) 疫苗的基本性质和特征

疫苗的基本性质包括免疫原性、安全性和稳定性。

(1) 免疫原性　指疫苗接种机体后所引起免疫应答的强度和持续时间。影响免疫原性强弱的因素包括机体的因素和疫苗的因素，从疫苗的角度看是由疫苗的抗原性 (antigencity) 决定的。决定抗原性强弱的因素包括抗原分子量的大小、理化性质、抗原决定簇的结构以及抗原与被免疫动物的亲缘关系的远近。

① 抗原分子量过小易被体内分解、过滤，不易产生良好的免疫应答，这就是为什么半抗原物质和游离 DNA 缺乏免疫原性的原因。

② 抗原的理化性质。颗粒型抗原、不可溶性抗原的免疫原性最强，各类蛋白质的免疫原性较强，多糖次之，类脂则较差。有些较弱的抗原可以通过与佐剂合用来增强免疫应答。此外，抗原的化学性质越复杂，其抗原性就越强。

③ 疫苗中抗原的抗原决定簇立体结构越完整其抗原性也越强。

④ 疫苗中的抗原与被接种动物的亲缘关系越远，其抗原性也越强。

(2) 安全性　大多数疫苗主要用于儿童和健康人群，因此其安全性要求极高。疫苗的安全性包括：接种后引起的全身和局部反应；接种引起免疫应答的安全程度；人群接种后引起的疫苗株散播情况等。

(3) 稳定性　疫苗必须保持稳定，以保证经过一定时间的贮存和冷冻运输过程后，仍能保持疫苗有效的生物活性。

四、疫苗免疫途径

免疫途径应根据相应病原体传染的免疫机理来选择。目前常用的接种途径有划痕法、注射法、口服法和吸入法。

(1) 划痕法　最早的痘苗接种即采用上臂外侧中部划痕。现仍有一些活疫苗采用此法接种，如上臂外侧上部皮上划痕接种冻干布氏菌活菌疫苗以及炭疽活菌疫苗。并且该方法同样适用于动物，如初生羔股内侧划痕接种或羊口腔划痕接种来预防羊传染性脓疱病毒。

(2) 注射法　分为皮内、皮下和肌内注射，是预防接种最常用的途径。经皮内免疫将疫苗抗原局部运用于完整的皮肤内，安全高效。注射法的安全性随着单剂注射、预充疫苗注射器具的使用而得到提高，近来已研制出自毁型的单剂、无针液体注射器，固体疫苗无针注射器也在研制当中。

(3) 口服法　口服免疫因其简便易行而被广泛接受和采用。

(4) 吸入法　经过大量实验和应用研究证明，吸入法（包括鼻腔喷入、雾化吸入和气雾免疫）是一种高效廉价的疫苗接种手段，尤其适用于对畜禽的群体免疫，是目前兽医工作者们普遍采取的免疫手段。

此外，作为无针肠道外接种疫苗替代方法的黏膜接种，因其可消除感染危险，所以在安全性方面有着明显优点。覆盖在胃肠道、呼吸道、泌尿生殖道及一些外分泌腺的黏膜总面积超过 $400m^2$，是病原体进入机体的主要门户，并且机体黏膜免疫细胞占所有免疫细胞的80%，因此，黏膜免疫在机体免疫力方面占有非常重要的地位。随着口腔或鼻腔接种系统的开发和临床评价，黏膜免疫将被进一步推广，采用能感染黏膜内壁的载体国、能提高抗原免疫应答的佐剂或能黏附于黏膜上的细胞黏附剂等方法可进行有效的黏膜免疫。

第二节 传统疫苗及其研发原则

一、灭活疫苗

（一）灭活疫苗概述

灭活疫苗（inactivated vaccine）是用免疫原性强的病原微生物接种于动物、鸡胚、组织或细胞培养物中生长繁殖后，经灭活处理使其失去致病力，但仍保留免疫原性而制成的生物制剂。灭活疫苗主要由细菌体或病毒颗粒组成，疫苗中含有的菌体或病毒颗粒是“死”的，因此又称作死疫苗。该疫苗通常是经注射途径进入机体，可直接引起免疫应答，但不能生长繁殖，因此比较安全、稳定，然而需多次接种，才能产生比较牢固的免疫力。

1886 年 Salmon 和 Smith 用加热方法杀死的猪霍乱菌来免疫鸽子，证明这种菌液可保护鸽子不受活霍乱菌的攻击，这是人类最早进行的灭活疫苗动物试验；1896 年 Kolle 首先在琼脂培养基上制备出具有现代灭活疫苗意义的全霍乱弧菌免疫原，即人用霍乱灭活疫苗；1935 年在日本研制成功福尔马林乙型脑炎鼠脑疫苗；1937 年用鸡胚生产的流脑灭活疫苗获得成功。但直到 1949 年 Enders 等发明人体胚胎组织体外培养方法后，病毒性疫苗（包括活疫苗及灭活疫苗）的研制才进入了一个新阶段，使病原体的体外培养成为可能。现在除了那些不能在体外进行组织培养、难以建立动物模型或近年发现的病原体外，多数疾病的病原都可进行体外培养。

与其他疫苗的研发过程相比，灭活疫苗研制的周期最短、方法也最简单。因此，在新型突发性传染病爆发时，在明确病原体且可大量人工繁殖病原体的前提下，接种灭活疫苗是最优先的预防措施。

灭活疫苗近年的研究方向主要是针对其不足的部分进行改进和完善，并探索新的研制途径，主要是研究如何进一步增强其诱导机体产生的免疫反应、延长持续时间、选择新的灭活剂并探索现有灭活剂对病原体的作用原理。

目前，虽然很多新型的疫苗在实践中得到应用，但传统的灭活疫苗在疾病预防工作中仍占主要地位，对控制和消灭疾病发挥着重要作用。

（二）灭活疫苗的研发原则

根据病原体类型的不同，灭活疫苗又可分为细菌性灭活疫苗和病毒性灭活疫苗。其制备过程主要包括病原体的培养、灭活剂和灭活方法的使用及疫苗的后处理三大步骤。由于细菌和病毒在结构组成和生物学活性方面的差异，这两类灭活疫苗的设计和制备上具有一些共同的特点。

用于制备灭活疫苗的菌、毒种的生物学特性必须稳定。要生产出安全性好和免疫原性强的产品，应基本符合以下条件：

① 必须具有很强的免疫原性，能诱发机体产生特异的免疫反应，对相应病原体的入侵

有保护作用；

② 应具有恒定的培养特性和生化特性并在传代过程中能长期保持这些特性不发生变异；

③ 应易于在人工培养基、特定的组织或细胞中培养并可进行规模化生产；

④ 在培养过程中不产生或产生较小的毒性；

⑤ 制备类毒素的菌种在培养过程中能产生大量的典型毒素；

⑥ 要针对不同的病原血清型选择符合当地流行的菌、毒株，以保证所制造的疫苗具有良好的免疫效果，同时对同型菌、毒株要求选择能产生最好保护效果的品种，对多血清型的病原则应选择抗原谱广、保护面宽的血清型。

（三）病原体灭活的方法

灭活疫苗的制备技术主要是微生物病原体的培养、抗原的灭活与提纯处理，其中灭活病原体是关键步骤之一。疫苗灭活方法对机体免疫应答会产生明显影响。灭活病原体的方法可分为物理和化学两大类。各种疫苗所用的灭活方法不同，无论采用何种方法，病原体能否被完全灭活，不仅与病原体本身的浓度有关，而且与病原体悬液的成分、pH、灭活剂的浓度、灭活时间长短和温度高低直接相关。

1. 物理作用灭活

制备灭活疫苗最初采用的灭活方法是物理方法，主要有加热、紫外线和射线灭活。

19 世纪末，基本上都是采用加热的方法对病原体进行灭活。加热灭活法的原理是使蛋白质变性从而使病原体失去传染性。后来人们又用酚和加热方法同时使用，酚不仅有灭活作用，还有防腐效果。现今此法仍在疫苗生产中采用，这种灭活方法的优点是简单有效。一般是将含有细菌（病毒）液的三角烧瓶置于水浴中，加热使内容物的温度达到 56～57℃维持 1h，不同的病原体对热的耐受性不同，加热时应注意使内容物受热均匀。

紫外线灭活主要是作用于病原体的 DNA（和/或 RNA），使病原体的 DNA 形成 TT 二聚体，致使无法以此 DNA 为模板转录 mRNA，不能复制子代 DNA 与合成蛋白，从而使病原体失去感染性。此种灭活方法的优点在于从分子水平对病原体进行灭活，最大限度地保留了抗原的完整性和免疫原性。

Bachmann 报道当用福尔马林、β-丙内酯和紫外线分别对相同量的 Indiana 型水疱性口炎病毒（vesicular stomatitis virus，VSV-IND）灭活后免疫 BALB/c 小鼠，只有用紫外线灭活病毒免疫的小鼠体内诱发了 CTL 反应，表明紫外线灭活的病毒仍保留了诱导 CTL 反应的作用。但紫外线灭活方法现尚未运用于实际的疫苗生产中，主要原因是其灭活程度不完全且病原体有光复活的可能，其应用价值尚待进一步研究。

射线灭活的原理是射线可直接破坏细菌和病毒的 DNA 或 RNA，导致微生物死亡。射线灭菌的优点是不升高灭菌产品的温度、穿透性强、灭活效率高。缺点是设备费用较高，对操作人员存在潜在的危险性。

2. 化学作用灭活

化学方法是现在应用的主要灭活方法，使用的灭活剂有福尔马林、丙酮、苯酚、β-丙内酯（β-propiolactone，BPL）、乙烯亚胺（ethylenimine）、双乙烯亚胺（binary ethylenimine，BEI）、磷酸三丁酯、乙醇和硫柳汞等。

下面介绍几种主要的灭活剂及其作用原理。

(1) 福尔马林　福尔马林是传统的灭活剂，应用最广泛。福尔马林灭活微生物的原理：醛基与蛋白质的氨基、羧基、疏水基和羟基作用，也可与核酸分子中含氨基的核苷酸碱基（腺嘌呤、鸟嘌呤和胞嘧啶）发生反应。福尔马林可灭活多种病毒，包括乙型脑炎病毒、脊髓灰质炎病毒、流感病毒、狂犬病毒、森林脑炎病毒、委内瑞拉马脑炎病毒、巨细胞病毒、甲型肝炎病毒和艾滋病病毒等，还有很多细菌如伤寒杆菌、短棒状杆菌、绿脓杆菌等。疫苗内残余的福尔马林含量较高时（1∶2000），注射局部可引起疼痛，使用亚硫酸氢钠中和后可消除痛感。用福尔马林进行灭活，必须注意其浓度、作用温度、作用时间和pH，在实际操作中严格控制各种条件，确保疫苗的安全性和稳定性。

（2）苯酚　苯酚损害细胞的细胞膜使细菌溶解、蛋白质变性、酶失活。通常用量为1%～3%，细菌芽孢和病毒对于苯酚的耐受性较强。

（3）β-丙内酯　β-丙内酯（BPL）现已广泛地应用于多种人和动物疫苗的生产。其作用机理可能是作用于病原体的DNA和RNA，而不直接作用于蛋白质。它能在机体内完全分解为无毒性的β-羟丙酸，这是一种人体内脂肪代谢后的产物，对人体和动物体无毒。BPL是一种不稳定的液体，于37℃经2h后能自行水解为一种无毒的物质，也可加入亚硫酸钠停止其反应。BPL对病毒的灭活能力很强，同时可保持病毒良好的免疫原性，加上其水解产物丙酮酸对人体无害，所以1984年被选作狂犬灭活疫苗的灭活剂正式使用。经近20多年的使用和观察，目前发现该灭活剂有两大缺点：①本身具有致癌性，虽可被水解对人体无害，但对疫苗生产人员仍有致癌作用，需要加以特殊防护；②BPL可以改变人血清白蛋白的性质，引起人体全身性的变态反应。因此，所灭活的病毒培养液中不能含有人血清白蛋白。

（4）乙烯亚胺和双乙烯亚胺　乙烯亚胺（ethylenimine）是另一种较为常用的灭活剂，它使病毒失活的原理类似于β-丙内酯。Brown和Crick的工作显示β-丙内酯和乙烯亚胺在疫苗生产中，无论在安全性还是保持疫苗的抗原性方面都较福尔马林更为优越。目前用乙烯亚胺灭活的口蹄疫疫苗，已在世界范围内生产使用。

双乙烯亚胺（BEI）灭活的疫苗也有良好的免疫原性。近几年，毒性较大的乙烯亚胺已被其所取代。双乙烯亚胺是一种更稳定、更安全的灭活剂。经研究发现，在新城疫疫苗的制备中，使用双乙烯亚胺和β-丙内酯的灭活效果比用福尔马林几乎高2倍。双乙烯亚胺除了用于疫苗制备中灭活抗原外，在其他方面也有作用。由于双乙烯亚胺不与蛋白起反应，所以可用其来灭活动物和人体组织制备的生物制品中的外源性病毒。

二、弱毒疫苗

（一）弱毒疫苗概述

1909年Calmette和Guerin经过13年的努力发明了第一个用于人体的减毒活疫苗——卡介苗。20世纪30年代，随着对体液免疫现象的了解，使疫苗的研究有了理论上的指导。前期对病毒特性的探索和40年代末组织培养技术的应用，使疫苗发展进入了飞跃阶段。用活疫苗预防儿童疾病的常规免疫接种已十分成功，麻疹、腮腺炎、风疹、脊髓灰质炎等减毒活疫苗及麻疹、腮腺炎、风疹联合疫苗的应用，对儿童传染病的预防和控制做出了重大贡献，卡介苗、黄热病、鼠疫、炭疽、布氏菌病等减毒活疫苗在相应疾病的预防中也起着积极的作用。

弱毒疫苗也叫减毒活疫苗（attenuated vaccine），是通过不同的方法手段，使病原体的毒力即致病性减弱或丧失后获得的一种由完整的微生物组成的疫苗制品。许多全身性感染，包括病毒性和细菌性感染，均可通过临床感染或亚临床感染（隐性感染）产生持久性的乃至终身性的免疫力。弱毒疫苗其免疫原性足以能刺激机体的免疫系统产生针对该病原体的免疫反应，在以后暴露于该病原体时，能保护机体不患病或只产生较轻的临床症状。传统的弱毒疫苗分为细菌性活疫苗和病毒性活疫苗两大类，是以传统的细菌培养、病毒培养技术所制备的全病原体（全菌体或全病毒颗粒）疫苗。研制这类疫苗的首要工作是筛选疫苗菌株或疫苗病毒株。分子生物学、现代免疫学、生物工程等学科的进展使疫苗的开发研究发生了革命性变化，赋予减毒活疫苗的研制更高的靶向性，因而可研制更为安全、有效的一代新型减毒活疫苗。

（二）弱毒疫苗的研发原则

1. 利用病原自然弱毒株

某些传染病的病原在自然界中存在着具有免疫原性的自然弱毒株，可以用于生产活疫苗。例如鸡新城疫的LaSota株、Hitchner B1株、马立克病自然弱毒CVI988、布氏菌的猪Ⅱ号株等都是自然界存在的弱毒株，它们均被用于制备活疫苗并获得成功。对于能产生细胞病变效应的病毒，可用蚀斑法来挑选减毒株，同一病毒，蚀斑较大的毒力相对强，蚀斑小的毒力较弱。所选用的疫苗株必须在人或动物体中显示其减毒性能是稳定的，且其减毒性和免疫原性之间必须达到一种平衡状态，使减毒株既适度保证人或动物体的安全，又具有良好免疫原性足以诱导特异性免疫应答以达到防病目的。

2. 异源免疫

异源免疫（heterologous immunity）选择与病原有一定血缘关系，在分类上同属不同种，具有一定的交叉免疫原性，而天然宿主又不相同的微生物株系作为疫苗株。在这方面获得成功的例子有：利用火鸡疱疹病毒作为防治鸡马立克病的疫苗株，山羊痘细胞致弱株用来预防绵羊痘和羊接触传染性脓疮皮炎，以及早年曾使用过的以牛病毒性腹泻病毒接种防止猪瘟感染。当然最为著名的是Jenner以牛痘病毒防治人类天花，这是个经典而且尽人皆知的例子。至今，在我国仍然有人把接种痘苗疫苗称之为种“牛痘”。

3. 人工在异源动物或细胞上传代致弱

在培养基中、异源动物体内或组织细胞培养中连续传代以减弱病原的致病性，以人工致弱的病原来制作活疫苗。到目前为止，用来预防人类和家畜传染病的活疫苗的菌种和病毒种大部分都以这种方式培育。在动物传染病的控制与消灭过程中，这类疫苗起着重要的作用。

以乙型脑炎减毒活疫苗SA14-14-2株为例简单介绍传统减毒活疫苗的研制过程。第一代的减毒变异株12-1-7是SA14在原代地鼠肾（PHK）细胞连续传100代后获得的，而在小鼠脑内传一代或在PHK细胞传几代后，该病毒性状不稳定出现神经毒力返祖情况，疫苗病毒株SA14-5-3是12-1-7在PHK细胞上经蚀斑克隆纯化传代而得，由于减毒过度，免疫原性不足。又将SA14-5-3减毒株回到乳鼠体内传代，待恢复一定的免疫原性后，再用PHK细胞做蚀斑克隆纯化，得到SA14-14-2/PHK。SA14-14-2/PHK在原代狗肾（PDK）细胞传9代后获得SA14-14-2/PDK，最终得到减毒水平和免疫原性平衡的SA14-14-2株。

国内的猪瘟兔化弱毒株是其中最为成功的例子，是将猪瘟病毒通过家兔多次传代获得的。通过驴白细胞传代致弱的马传染性贫血疫苗株，通过乳兔肺致弱的猪支原体性肺炎疫苗株，通过兔、山羊、绵羊致弱的牛传染性胸膜肺炎菌株等都是兽医生物制品中极为成功的例子。此外还有通过鹌鹑培育成功的鸡痘鹌鹑化的毒株、通过小鼠传代的猪水疱病弱毒株、通过豚鼠和鸡致弱的布氏菌羊型五号疫苗株和猪丹毒GC株、通过细胞培养连续传代致弱的羊痘鸡胚化疫苗株、鸭瘟鸡胚化弱毒株、牛羊用伪狂犬病弱毒株等。

4. 改变体外培养传代的环境

在体外培养传代病原株时，改变培养的温度（提高或降低），或者在培养基中加入抑制病原的化学物质或诱变剂以及在体外以射线处理病原微生物，这种环境不利于正常微生物的发育，但却可能有利于某些突变株的发育，这些突变株在正常环境中不易生长发育而死亡，从而有助于弱毒株的培育。例如无荚膜炭疽杆菌是在含有CO_2的环境中育成的，在加有醋酸铊的培养基中分离出了抗醋酸铊的猪副伤寒沙门菌和马流产沙门菌的弱毒株用于制造活疫苗。

第三节　基因工程疫苗及其研发原则

一、合成多肽疫苗及其研发原则

(一) 合成多肽疫苗概述

合成多肽疫苗（synthetic peptide vaccine）是用化学手段合成病原微生物的保护性多肽或表位并将其连接到大分子载体上，再加入佐剂制成的疫苗。

多肽疫苗与核酸疫苗一样是目前疫苗研究领域内较受重视的研究方向之一。尤其是对病毒的多肽疫苗进行了大量研究。目前对人类危害极大的两种病毒性疾病——艾滋病和丙型肝炎均无理想的疫苗，核酸疫苗和多肽疫苗的研究结果令人鼓舞。1999 年美国 NIH 公布了两种 HIV-Ⅰ病毒多肽疫苗，对人体进行的Ⅰ期临床试验证实两种多肽能刺激机体产生特异性体液免疫和特异性细胞免疫，并有较好的安全性。丙肝病毒多肽疫苗也显示有良好的发展前景，国外学者从丙肝病毒（HCV）外膜蛋白 E2 内筛选出一段多肽，它可刺激机体产生保护性抗体。其他病毒（如甲肝、麻疹、辛德毕斯病毒等）的多肽疫苗研究也取得了较大进展。

随着抗原表位作图技术研究的发展，将抗原表位精确定位于某几个氨基酸残基成为可能。因此，如果某些线性中和抗原在完整蛋白中呈弱免疫原性，不利于制备疫苗时，则可通过化学合成的方法，将这些线性抗原表位进行体外合成，使其抗原结构充分暴露，便可增强其免疫原性。当然，这些抗原表位单独存在时，其免疫原性常常较低，需通过下列 3 个途径加以改进：①与其他颗粒抗原（如乙型肝炎表面抗原-HBsAg）进行融合蛋白表达；②将其与无毒力的结核菌素或霍乱毒素等细菌蛋白连接；③自身串联表达，形成复合肽。

多肽疫苗由于完全是合成的，因此不存在毒力回升或灭活不全的问题。特别是在一些涉及安全性与有效性的问题上，多肽合成疫苗有很大的优势，如针对一些还不能通过体外培养方式获得足够抗原量的微生物病原体。有些虽能进行体外培养，但这些病原体有潜在致病性和免疫病理作用等。此外，多肽疫苗还可在同一载体上连接多种保护性肽链或多个血清型的保护性抗原肽链，这样只要一次免疫就可预防几种传染病。目前研制成功的多肽疫苗还不多，除口蹄疫合成肽疫苗外，还有乙型肝炎和疟疾合成肽疫苗的报道。该类疫苗的缺点是制造成本较高。

(二) 合成多肽疫苗的研发原则

1. 多肽的化学合成

首先应该确定天然抗原的氨基酸序列，选择和确定寻找有效肽段的方法，并寻找该肽段所针对的抗原决定簇。

其次应选择合适的合成方法。主要有两个合成策略：片段浓缩法和固相合成法。片段浓缩法是经典的合成技术。首先合成数条小肽，经纯化和去保护后结合成较长的肽，直到最后所需的序列。固相合成法是将肽链一端结合于固相载体上的方法，通过在 *N*-末端逐步加上氨基酸的方法合成肽段。

2. 载体的选择

合成的多肽可以连接或结合到载体上，选择载体时应谨慎，因为机体对载体的免疫应答可能会掩蔽对肽的免疫应答。目标人群中的一部分可能对某一载体存在过敏反应或某些载体有刺激自身免疫的危险，应避免选择这些载体。载体应有档案材料及相应标准，包括：载体的鉴定，生产一致性的证据，蛋白质的安全性以及与蛋白质、脂多糖、多聚体、脂质体等相关的一些特征试验。例如，聚合体和脂多糖应当具有可重复的分子量范围，脂多糖具有一致的单糖组分，脂质体具有一致的结构、组分。对不同成分及杂质应鉴别定性并加以定量测定，对于生物来源的载体应当采取措施，确保检测不出感染因子。

3. 佐剂和防腐剂的选择

原则上可在免疫原中选择添加许多成分，如佐剂、防腐剂及其他添加成分，其作用是方便操作、增强稳定性、延长保存期以及修饰免疫原的类型和免疫原性。这些成分其特性变化较大，从小分子物质到大分子菌体成分及合成聚合物等各不相同，有的作为非特异免疫增强剂成分，有的作为特异性免疫激活作用的成分及直接作用于不同免疫细胞的成分。其中许多会产生自身的毒性，而且可能因与抗原联合使用而显著改变免疫反应，从而引起安全性问题。传统佐剂是在矿物胶基础上制成氢氧化铝、磷酸铝或磷酸钙。到目前为止批准使用的佐剂鲜为它类。对已获批准的以铝盐及钙盐为基础的佐剂，其标准应达到药用等级（不含重金属离子、质量恒定、具有恒定的结合特征）。由于灭菌可能会改变佐剂的结合特征，对不同批次佐剂应以可重复、持续的方式处理。对于添加剂，应提供所有成分的明确说明，阐述使用的理由。每种成分应具有适当的分析标准和要求，终配方中应限定不同成分混合物的含量。此外，应全面评价配方的抗原性及毒性特征，特别注意不同成分的混合可能会导致抗原发生不良的修饰作用。如果在疫苗中加入防腐剂，应确定其含量，该用量应既不对疫苗中的各个成分产生不良作用，也不应引起人体副反应。单剂量包装不应添加防腐剂。

4. 与人体组织是否存在交叉反应

多肽抗体可能与人体组织产生意想不到的交叉反应，也可引发自身免疫反应。因此，应使用人体组织测定疫苗的最后配方及佐剂是否产生意外的交叉抗体。偶合或聚合反应能产生新的表位，而仅仅评价肽单体不能解决该问题。临床前安全性试验，应广泛使用生物学、生物化学、免疫学、毒理学及组织病理学等适当的研究技术，在适当的情况下，可采用多个相关剂量并包括急性及慢性试验。

二、亚单位疫苗及其研发原则

传统的亚单位疫苗（subunit vaccine）（组分疫苗）指的是除去病原体中无免疫保护作用的有害成分，保留其有效的免疫原成分制成疫苗。例如：研究者用化学试剂裂解流感病毒，提出其血凝素、神经氨酸酶制成流感病毒亚单位苗；用脑膜炎球菌夹膜多糖制成亚单位疫苗。

目前我们通常所说的基因工程亚单位疫苗又称重组亚单位苗（recombinant subunit vaccine），是指将病原体保护性抗原基因在原核或真核系统中表达，再以表达产物制成亚单位苗。这种亚单位疫苗只含有产生免疫保护性应答所必需的免疫原成分，不含免疫不需要的其他成分，因此有很多优势。

① 首先是安全性好。疫苗中不含有活性的完整病原体，接种后不会发生急性、持续或潜伏感染，可适用于一些不利于使用活疫苗的情况，如幼龄的动物或人、妊娠动物或人。

② 其次，这些疫苗减少或消除了常规活疫苗或死疫苗难以避免的热原、变应原、免疫抑制原。

③ 亚单位疫苗所产生的免疫应答可以与感染产生的免疫应答相区别，因此更适合于疫病的控制和消灭计划。

利用生物系统表达免疫原具有其他方法获得免疫原不可替代的优势：

① 生物系统不仅能有效地大量生产这些复杂的大分子物质，而且能模仿体内环境对多肽做复杂的修饰，以保证其免疫原性；

② 可以表达高度致病性的危险病原体及难于进行体外培养病原体的免疫原性蛋白质，可大量发酵生产，增加了安全性和抗原的生产效率。

但是重组亚单位疫苗也有一些需要改善的缺陷：成本过高，主要表现为产品研究与开发的费用较高，其次一些疫苗的生产成本较高。亚单位疫苗所提供的抗原是一种非传染性、非复制性免疫原，一般情况下比完整有活性的病原体免疫原性差，需要添加佐剂多次免疫才能得到有效保护，因此免疫成本较高。

亚单位疫苗研究策略主要包括以下几方面。

(1) 免疫保护性基因的确定　近年来分子生物学在微生物研究领域取得了举世瞩目的成就，目前大多数微生物的免疫保护性基因得到了明确（如：猪传染性胃肠炎病毒S基因，轮状病毒的Vp7、Vp4基因，艾滋病病毒gp120基因，SARS相关冠状病毒的S基因），不仅为开发相应的基因工程亚单位疫苗也为核酸疫苗、重组活载体疫苗的开发提供了重要的理论依据。

(2) 外源免疫保护性抗原表达系统的选择　目前的生物表达系统主要分为两大类：原核生物表达系统与真核生物表达系统。根据不同的需要（如表达抗原的免疫特点、产量和生产成本等）可选择不同的表达系统。例如：对于表达某些糖蛋白性质的保护性抗原，需要选择真核表达系统。但不同物种的糖基化途径不同，也会影响糖蛋白的免疫原性。某些酵母表达的糖蛋白因其“过”糖基化，使其免疫原性过强，在没有引起持续免疫反应之前就被免疫系统“消灭”了。

三、基因缺失疫苗及其研发原则

基因缺失疫苗（deletion-mutant vaccine）是用基因工程技术将病毒或细菌的致病性基因进行缺失，从而获得弱毒株活疫苗。对于这些基因的变化，一般不是点突变（经典技术培育的弱毒株常是基因点突变），故其毒力更为稳定，返祖突变概率更小，疫苗安全性好；其免疫接种与强毒感染相似，机体可对病毒的多种抗原产生免疫应答；免疫力强，免疫期长，尤其是适于局部接种，诱导产生黏膜免疫力，因而是较理想的疫苗。

目前已有多种基因缺失疫苗问世，举例如下。

① 伪狂犬病病毒基因缺失疫苗。该疫苗是通过将伪狂犬病病毒TK基因缺失使病毒致弱而获得，1986年1月得到美国FDA批准，是从实验室到市场的第一个基因工程苗。注册之前即已证明该疫苗对动物比野生型病毒和常规弱毒疫苗更安全。后来的伪狂犬病基因缺失苗所使用的缺失突变体，同时缺失TK基因与gE、gC和gG三种糖蛋白基因中的一种，这种新一代的基因缺失疫苗产生的免疫应答很容易与自然感染的抗体反应区别开来，又称为“标记”疫苗，它有利于疫病的控制和消灭计划。

② 霍乱弧菌基因缺失疫苗。将霍乱弧菌A亚基基因中94%的A1基因切除，保留了A2和全部B基因，再与野生菌株同源重组筛选出基因缺失变异株，而获得无毒的活菌苗。

③ 大肠杆菌基因缺失疫苗。将大肠杆菌LT基因的A亚基基因切除，将B亚基基因克隆到带有黏着菌毛（K88，K99，987P等）的大肠杆菌中，制成不产生肠毒素的活菌苗。

构建基因缺失疫苗时，应该保证缺失的基因为病毒或细菌复制的非必需基因，否则产生的病毒不具有复制能力。此外，基因缺失病毒在自然状态下可能与野毒株发生重组或者发生核酸修补，使疫苗株原来缺失的基因恢复而重新获得毒力。并且有的基因缺失疫苗对孕畜和仔畜的毒力偏高。

四、重组活载体疫苗及其研发原则

基因工程重组活载体疫苗（recombinant live-vector vaccine）是用基因工程技术将病毒或细菌（常为疫苗弱毒株）构建成一个载体（或称外源基因携带者），把外源保护性抗原基因（包括编码重组多肽、肽链抗原位点等基因片段）插入其中使之表达的活疫苗。

该类疫苗免疫动物向宿主免疫系统提交免疫原性蛋白的方式与自然感染时的真实情况很接近，可诱导产生的免疫比较广泛，包括体液免疫和细胞免疫，甚至黏膜免疫，所以可以避免重组亚单位疫苗的很多缺点。如果载体中同时插入多个外源基因，就可以达到一针防多病的目的。简言之，病毒活载体疫苗兼有常规活疫苗和灭活疫苗的优点，它具有活疫苗的免疫效力高、成本低及灭活疫苗的安全性等优点，是当今与未来疫苗研制与开发的主要方向之一。国外已研制出以腺病毒为载体的乙肝疫苗、以疱疹病毒为载体的新城疫疫苗等。当然，这类疫苗有时因机体对活载体的免疫反应性质，可限制再次免疫的效果。根据所应用载体的核酸类型和特性的不同，将重组活载体疫苗分为重组 DNA 病毒活载体疫苗、重组 RNA 病毒活载体疫苗和重组细菌活载体疫苗。

（一）重组 DNA 病毒活载体疫苗

目前，主要的病毒活载体有牛痘病毒（cowpox virus）、鸡痘病毒（fowl poxvirus）、金丝雀痘病毒（canary poxvirus）、人腺病毒（human adenovirus）、火鸡疱疹病毒（turkey herpervirus）、伪狂犬病病毒（pseudorabies Virus）、水痘-带状疱疹病毒（varicell-Zoster herpesvirus）等。

病毒载体有两种：一种是复制缺陷型病毒载体，无排毒的隐患，同时又可表达目的抗原，产生有效的免疫保护；另一种是复制型病毒载体，如疱疹病毒、腺病毒和痘病毒都可插入外源基因同时又不影响病毒载体的传染性。

1. 重组痘病毒活载体疫苗

痘病毒（poxvirus）是研究最早最成功的载体病毒之一，它具有宿主范围广、增殖滴度高、稳定性好、基因容量大及非必需区基因多的特点。因此，有利于进行基因操作，易于构建和分离重组病毒。它还可以插入多个外源基因，并对插入的外源基因有较高的表达水平。目前已有很多重组蛋白在该载体病毒中成功表达，攻毒保护效率良好。如：应用鸡痘病毒载体先后成功表达禽流感病毒、新城疫病毒、传染性喉气管炎病毒和马立克病病毒的保护性抗原基因。

2. 重组腺病毒活载体疫苗

腺病毒（adenovirus）作为活载体也是目前研究的热点之一。虽然腺病毒载体对外源基因的容量较小（20kb），但它具有如下独特的优点。

① 腺病毒比较安全。

② 腺病毒的靶细胞范围广，不仅能感染复制分裂细胞，而且能感染非复制分裂细胞。

③ 腺病毒容易制备，对热不敏感，在适合的培养系统中呈高滴度增殖。

④ 腺病毒可以在肠道及呼吸道繁殖，能诱导黏膜免疫，能制成药囊经口服途径接种以预防消化道及呼吸道感染。

⑤ Ad2、Ad5 等启动子较强，能高水平表达外源基因，特别是换以更强的启动子如 CMV 早期启动子后，更可明显提高外源基因的表达水平。目前已有许多病毒的抗原基因用腺病毒载体表达成功，如伪犬病病毒 gD 蛋白、HIV env/gag、轮状病毒 Vp7 蛋白及鸡 IBDV Vp2 蛋白等。

3. 重组疱疹病毒活载体疫苗

随着疱疹病毒（herpesvirus）弱毒苗的问世及质量不断提高，以此为基础的活载体也逐渐成为研究目标。疱疹病毒的基因组较大，约150kb左右，可容纳多个外源基因的插入。大多数疱疹病毒（伪狂犬病毒除外）的宿主范围很窄，其重组病毒的使用不会产生流行病学方面的不良后果。许多疱疹病毒经黏膜途径感染，构建的载体活疫苗可经黏膜途径提呈抗原，诱导特异性黏膜免疫。目前，疱疹病毒作为活载体表达外源基因用于疫苗的研究主要有：单纯疱疹病毒、伪狂犬病病毒、火鸡疱疹病毒、牛疱疹病毒Ⅰ型、马疱疹病毒Ⅰ型和传染性喉气管炎病毒等。其中，火鸡疱疹病毒活载体，是禽病毒基因工程研究中比较活跃的领域。新城疫病毒的F基因重组马立克病病毒疫苗、马立克病HVT/MDVgB重组疫苗、传染性法氏囊病病毒Vp2基因重组HVT活载体疫苗取得很好的研究进展。此外重组伪狂犬病病毒疫苗研究也取得明显进展。

但是，用上述痘病毒、疱疹病毒和腺病毒作载体也带来一些问题，这些病毒对体内复制要求复杂、毒力性质还不完美、宿主范围不尽如人意。例如腺病毒在淋巴组织和疱疹病毒在神经组织的持续感染，疫苗病毒感染的进行性过程等都是必须认真对待的问题。我们必须更好地了解这些载体病毒发生具体缺失突变的后果，如在插入外源基因时所引起的突变，它们可能影响毒力、亲嗜性宿主范围以及免疫原性。

（二）重组RNA病毒活载体疫苗

对于RNA病毒而言，由于不能直接对RNA进行诸如酶切、基因插入或删除等操作，只有将RNA反转录为cDNA后才能进行操作，因此不能直接用RNA病毒作为活载体疫苗。RNA病毒反向遗传操作技术的出现为我们解决了这一难题。

RNA病毒的反向遗传操作技术是指通过构建RNA病毒的感染性分子，在病毒cDNA水平上对其进行人工操作，如进行基因点突变、缺失、插入、颠换、转位和互补等改造，以此来研究RNA病毒的基因复制与表达调控机理、编辑和自发重组与诱导重组，病毒与宿主间的相互作用关系、抗病毒策略、基因治疗研究，以及构建新型病毒载体来表达外源基因和进行疫苗的研制等。

正链与负链RNA病毒在其生活周期、复制翻译机制等方面有很大的差异，通过反向遗传操作技术来获取病毒的方法也截然不同。

1. 正链RNA病毒的反向遗传操作技术

正链RNA病毒基因组同时起到mRNA的作用，并具有感染性。反向遗传操作技术首先在正链RNA病毒得到应用，正链RNA病毒的反向遗传技术包括病毒基因组全长cDNA构建，以及将编码病毒基因组的cDNA或体外将cDNA转录出的病毒RNA转染易感细胞，获得完整的有感染性的病毒。

全长cDNA的构建通常包括：①用与病毒基因组3′端序列互补的引物，以病毒基因组为模板逆转录合成单链cDNA；②用与5′及3′端对应的引物PCR扩增双链cDNA；③cDNA与载体的连接。

病毒全长RNA的合成需要RNA聚合酶启动子序列的调控。有三种方法可将启动子序列与病毒序列结合在一起：①使用通用转录载体，尽可能使插入位点与转录起始点靠近；②点突变去除启动子与病毒cDNA之间的额外序列；③在合成第二链cDNA的5′端引物中加入直接与病毒序列相连的启动子序列，这一方法因其简便性而被广泛应用。

2. 负链RNA病毒的反向遗传操作技术

对于负链RNA病毒而言，利用反向遗传操作技术对其进行人工操作要复杂困难得多。

因为负链RNA病毒基因组的复制和包装必须具有精确的5′和3′端，而且此类病毒的最小感染单位是由基因组RNA、核壳蛋白以及依赖RNA的RNA聚合酶所组成的核糖核蛋白复合物（RNP）。单独的基因组RNA不具有感染性，只将负链RNA转染导入细胞不会产生病毒颗粒。

负链RNA病毒的反向遗传操作系统主要有两种：依赖于辅助病毒的操作系统和不依赖辅助病毒的完全质粒操作系统。

（1）依赖辅助病毒的负链RNA病毒拯救系统　这是首次尝试的对负链RNA病毒基因组进行的反向遗传操作系统。Luytjes等（1989）体外转录合成了流感病毒的一个RNA节段，将人工合成的RNA片段与提纯的病毒核壳蛋白和聚合酶重组成有活性的RNP复合物，RNP复合物再与辅助病毒共转染细胞，辅助病毒能帮助RNP复制和转录，同时提供了其余7个流感病毒RNA片段，转染的克隆RNA节段整合到辅助病毒基因组中，形成感染性病毒。最后通过筛选，获得含有RNA插入片段的病毒。Pleschkas（1996）采用五质粒法（一个是含有所需RNA片段的质粒，其余为以聚合酶Ⅰ驱动的顺序表达PB1、PB2、PA、NP蛋白的质粒）构建感染性流感病毒，获得拯救A型流感病毒。这种方法不适用于不分节段的RNA病毒（不分节段负链RNA病毒是指其基因组只含有一条RNA）。

（2）不依赖辅助病毒的质粒操作系统　1994年Schnell等成功地应用质粒操作系统获取了狂犬病病毒。首先，将编码病毒核衣壳蛋白（N）和聚合酶蛋白（L和P）的基因分别克隆到T7启动子序列控制下的质粒上，转染细胞。细胞用能够表达T7聚合酶的重组牛痘病毒预先感染，然后用含病毒全长cDNA（与正链RNA病毒不同，负链RNA病毒需要用与病毒基因组5′端序列对应的引物，以病毒基因组为模板逆转录合成单链cDNA）的质粒转染细胞。病毒基因组上游有T7启动子序列，下游具有自剪切功能的核酶序列（保证转录产物的3′末端与克隆的cDNA片段精确一致）。转染进入细胞的质粒经转录及翻译后，核衣壳蛋白组装在cDNA上，在T7聚合酶的作用下，形成含基因组RNA的RNP复合体。基因组RNP转录出正链RNA，经翻译后，即可形成感染性病毒颗粒。该方法成功地获得重组体狂犬病病毒，这是反向遗传学技术在负链RNA病毒的首次应用。

目前已建立起针对麻疹病毒、呼吸道合胞体病毒、仙台病毒、牛瘟病毒和人副流感病毒3型、新城疫病毒的反向遗传操作系统。1997年又建立了一种可以稳定表达T7 RNA聚合酶的细胞株，使操作更加简单。利用质粒系统对负链分节段病毒进行拯救也获得了成功，目前采用该方法已成功拯救了基因组为3个节段的布尼安病毒（布尼病毒属成员）、8节段的流感病毒等，但对基因组分节段较多的病毒，其可行性尚需研究。

3. 反向遗传操作技术的应用

随着基因组序列测定技术的日渐成熟，反向遗传操作技术在病毒研究方面已经显示出了巨大的作用，反向遗传操作技术实现了对RNA病毒基因组的直接操作，在深入阐明病毒基因组结构功能、研制筛选候选疫苗株、发展新型病毒载体等方面显示出非常好的应用前景。

负链RNA病毒反向遗传操作技术的应用有如下方面：①用于病毒活疫苗研究。与传统的细胞传代获得减毒株的方法相比，具有减毒途径明确、效率高、毒力回复率低等优点，是疫苗研制的新方向。已证实如登革热、脊髓灰质炎、委内瑞拉马脑炎和乙型脑炎等病毒的毒力相关位点，通过基因突变、缺失、重排等方法，都有可能获得理想的减毒株来研制疫苗。②构建嵌合病毒作为重组活疫苗表达载体。利用反向遗传操作技术来构建嵌合病毒也是当前反向遗传研究的热点。Hong Jin等成功获得同时表达人呼吸道合胞体病毒A亚群和B亚群G糖蛋白的嵌合病毒，表明可通过拯救技术来研制预防人呼吸道合胞体病两个亚群的双价疫苗。③负链 RNA 病毒作为表达载体的研究。使用负链 RNA 病毒作载体的疫苗有几个优点：首先这些病毒复制转录不经过 DNA 阶段，所以不存在因它们的遗传信息整合到宿主细胞而改变细胞特性的可能；另外在所有的负链 RNA 病毒中均未发现有同源重组现象，而且经过多次传代，外源基因仍能稳定表达，因而负链 RNA 病毒载体的安全和方便都是人们非常看中的优点。目前重组流感病毒、狂犬病病毒、重组水疱性口炎病毒、新城疫病毒均已用于表达外源蛋白。④对病毒结构功能的研究。利用反向遗传操作技术对负链 RNA 病毒基因组操作，能够以一个感染性病毒粒子的完整形式来研究病毒单个基因的结构和功能的关系，Peeter（1999）采用表达 T7 RNA 聚合酶的重组禽痘病毒构建新城疫病毒（NDV）疫苗株 LaSota 的感染性分子，对 F0 切割位点进行改造，将 F0 切割位点的氨基酸序列从 GGRQGRL/L 变为 GGRQORR/F 时，病毒的毒力显著增强。这样直接证明 F 蛋白是决定 NDV 毒力的主要原因，修改 NDV F0 蛋白切割位点可以显著改变 NDV 的毒力，从而结束了对 F 蛋白和毒力关系的猜测。

对负链 RNA 病毒的反向遗传操作技术大大拓展了病毒学研究领域，在未来疫苗研制、基因治疗、癌症治疗、生物大分子的制备方面将会有很好的前景。

（三）重组细菌活载体疫苗

以疫苗株沙门菌、李斯特菌和卡介苗作为外源基因的载体已越来越引起研究者们的兴趣，并显示出巨大的应用潜力，它除了具有病毒活载体的优点外，还具有培养方便、外源基因容纳量大、刺激细胞免疫力强等优点。细菌载体本身就起佐剂作用，刺激产生强的 B 细胞和 T 细胞免疫应答。口服沙门菌疫苗还能刺激黏膜免疫，且不像其他疫苗需要注射，因此用它作载体更具有吸引力。把外源基因插入合适的载体质粒，转化进细菌或导入细菌染色体。因为细菌的染色体相对病毒核酸较为庞大，所以以其为载体的疫苗比重组病毒活载体疫苗的研究难度更大，但近年来在构建多价重组细菌疫苗方面已取得相当大的进展，如把志贺菌、霍乱弧菌和大肠埃希菌的抗原基因导入沙门菌中表达，猪繁殖与呼吸综合征病毒 GP5 和 M 蛋白的重组结核分枝杆菌疫苗等。

目前，重组细菌疫苗所用的活载体都为致弱的致病菌，在安全问题上存在一定的隐患。因此人们把目光集中在一些安全无害的细菌上，期望利用其作为载体研制更为安全的疫苗。

乳酸菌（lactic acid bacteria，LAB）是人和动物肠道内的常见细菌，被公认为安全级（generally recognized as safe，GRAS）微生物。20 世纪 90 年代，国内外学者开始致力于对乳酸菌分子生物学及作用机制的研究，以乳酸球菌、乳酸杆菌和双歧杆菌作为基因工程受体菌，应用基因工程技术有目的、有选择地研制新一代微生态制剂，以更好地控制其参与食品加工、医疗保健的过程。以乳酸菌为活载体的疫苗在刺激黏膜免疫、防治肠道传染性疾病方面显示了巨大的潜力，有希望成为非常具有吸引力的口服基因工程苗的表达载体。破伤风毒素片段 C、布氏杆菌 L7/L12 蛋白等多种病原微生物抗原已成功在乳酸球菌中表达，并已证明部分重组乳酸球菌作为黏膜免疫疫苗可以同时刺激局部黏膜免疫应答和系统免疫应答。

（四）构建重组活载体疫苗的一般原则

1. 载体的选择

如上所述可用来构建活载体的病毒和细菌很多，那么如何选择适宜的载体？我们应该考虑几种因素：①载体的安全性，所选择的载体应该是弱毒疫苗株或致病力弱的疫苗菌，或是在插入外源基因后可以使其致病力降低的细菌或病毒。②活载体（病毒或细菌）的组织嗜性应该与其所表达外源抗原所属微生物的组织嗜性相同或相近，例如，利用呼吸道、生殖道嗜性的病毒载体表达肠道嗜性病毒的保护性抗原，就不太妥当。但是利用乳酸菌载体表达肠道嗜性病毒的保护性抗原就比较合适，因为乳酸菌是肠道的常见菌，可以寄生于肠道内便于持续地表达抗原，特别有利于刺激肠道黏膜免疫反应。③活载体对外源基因的容量，不同病毒其非必需基因含量不同，如果想要构建多价疫苗需要一个基因组较大、容纳外源基因较多的载体。

2. 转移载体的构建

构建重组病毒活载体疫苗的关键是构建一个成功转移载体，利用其通过同源重组的作用将外源基因整合于载体病毒的基因组中。一个转移性能良好的载体应该具备以下条件。

① 拥有足够长的同源臂序列（即供体和受体都具有的相同的碱基序列），一般在800～1000bp左右，也有报道300bp就可以满足同源重组的需求。

② 一个适宜的启动子，启动子应该与载体病毒相适应，最好是载体病毒自身基因的启动子。

3. 外源基因插入位点的选择

原则上讲外源基因的插入不应该影响载体病毒或细菌自身的复制，所以外源基因应该插入载体病毒或细菌基因组的非必需基因中。为了降低载体的致病力，还可以在不影响复制的情况下将外源基因插入到载体的毒力基因中。

五、核酸疫苗及其研发原则

核酸疫苗（nucleic acid vaccines）又称基因疫苗，是指将编码某种抗原蛋白的外源基因直接导入动物细胞，在宿主细胞中表达并合成抗原蛋白，激起机体一系列类似于疫苗接种的免疫应答，起到预防和治疗疾病的目的。自1990年Wolff等人意外发现核酸疫苗后，其相关的研究得到了广泛的重视，并得以迅速发展，被誉为“第三次疫苗革命”。

（一）核酸疫苗的概述

1. 核酸疫苗的特点和免疫原理

与传统的灭活疫苗、弱毒疫苗和现代基因工程疫苗相比，核酸疫苗具有如下特点。

① 基因疫苗能在宿主细胞中产生外源性蛋白，此种蛋白比原核生物表达系统中产生的蛋白更像天然分子，其抗原识别与递呈过程跟自然感染十分相似，从而引起几乎等同于感染这些病原体或弱毒疫苗免疫后所产生的免疫应答，并且避免了基因工程亚单位疫苗在生产过程中因对表达产物的提取纯化等繁琐过程造成体外合成抗原表位的丢失或改变。

② 核酸疫苗具有共同的理化特性，可在同一载体上构建表达多种抗原，生产多价疫苗或同时注射2种以上的核酸疫苗来进行联合免疫，诱导机体产生针对多种病原体的免疫应答，从而起到同时预防和治疗多种疾病的效果，并可抵抗某些变异病原体的侵袭。

③ 核酸疫苗接种后，蛋白质抗原在宿主细胞内可直接与MHC-Ⅰ类和MHC-Ⅱ类分子结合，引起广泛的细胞免疫和体液免疫，且不存在返祖的危险。

④ 安全性好，由于核酸疫苗一般采用表达载体在动物细胞内进行抗原表达，与病毒活疫苗相比避免了病毒本身存在的毒力返强和病毒基因组整合到宿主染色体的危险。

⑤ 制备简单，利用成熟的基因重组技术将克隆有目的基因DNA的质粒直接接种，避免了基因工程亚单位疫苗生产过程中表达产物的提取等繁琐过程。

⑥ 由于核酸疫苗作为重组质粒能在工程菌内快速大量增殖，且提取方法简便，可使生产成本降低，并能加工干燥，便于储藏和运输。

目前，对核酸疫苗免疫机理说法不一，大多数学者认为，免疫机理在于其模拟了病毒的自然感染过程。DNA质粒在注射部位被肌细胞摄取后，通过所含的启动子和增强子系统调节合成所编码的蛋白质，合成的蛋白质被细胞内蛋白酶复合体降解成含抗原表位的肽段，进入内质网与 MHCI 类分子结合，然后被转运系统递呈到细胞膜表面，此复合体共同激活 $CD8^+$ CTL，部分被分泌或释放入血的蛋白质激活特异性 B 细胞，从而产生保护性抗体；另外，分泌的蛋白质被巨噬细胞或树突状细胞等专职抗原递呈细胞俘获，被加工成肽段，进入溶酶体/内体区与 MHC Ⅱ类分子结合，激活受 MHC Ⅱ类分子限制的 $CD4^+$ Th 细胞，被激活的 Th 细胞分泌 IF*N*-γ、IL-2 等细胞因子，进一步促进和强化体液免疫和细胞免疫。另外，试验证明质粒上的氨苄青霉素抗性选择基因中的回文结构 5′-AACGTT-3′能够使单核细胞产生 IL-12，刺激细胞分泌干扰素，增强 NK 细胞的活性，称为“单链免疫刺激 DNA 序列”（immunostimulatory DNA sequence，ISS），起到佐剂的作用。

2. 核酸疫苗研究现状

（1）人类核酸疫苗研究现状　自 20 世纪 90 年代核酸疫苗诞生之日起，学者们先后将一些不同病原体抗原基因的 DNA 克隆到适宜的真核表达载体中，并接种于相应的动物体内，引发了特异性的免疫应答，对野毒株的攻击具有保护作用，达到预防和治疗疾病的目的。目前，许多种细菌、病毒和寄生虫的核酸疫苗得到了广泛的应用，并取得了良好的临床保护效果。

1993 年 Ulmer 等首先报道将流感病毒高度保守的核蛋白（NP）的 cDNA 克隆于质粒载体中，构建成表达 NP 的核酸疫苗，取适量注入小鼠的股四头肌，诱导出抗 NP 的特异性 IgG 抗体和 CTL 应答。由于保护性抗原基因非常保守，故免疫小鼠既可抗同株流感病毒攻击，又可抵抗异株流感病毒攻击。

艾滋病自 20 世纪 80 年代初发现以来，呈逐年成倍增长的趋势，其高度的致死性与惊人的蔓延速度令人“谈艾色变”，因此在世界范围内急需一种安全有效的 HIV 疫苗问世。HIV 主要的中和抗原 gp120 的 V3 区存在一高度同源共有序列，以此作疫苗研制的靶抗原可能会扩大疫苗的免疫保护范围。目前有关 HIV 外壳糖蛋白的基因重组疫苗、合成肽疫苗和重组病毒活载体苗正在积极研制中。1993 年美国的 Wang 等率先应用 DNA 疫苗技术将编码 HIV-Ⅰ包膜糖蛋白 gp120 的 cDNA 重组质粒 pM160 接种小鼠，产生了抗 HIV-Ⅰ包膜糖蛋白的特异性抗体，此抗体能中和 HIV-Ⅰ对体外培养细胞的感染，抑制 HIV-Ⅰ介导的体外培养细胞的合胞体的形成；并且还观察到了特异性的 T 细胞增殖现象；同时他们通过小鼠和猴体内进一步实验发现，若在 DNA 注射前对局部肌肉用药物预处理能明显提高动物机体对 HIV-Ⅰ包膜糖蛋白的免疫应答能力，并检测到了特异的 CTL 应答。

1994 年 Davis 将乙型肝炎表面抗原（HBsAg）基因插入到了带 CMV 启动子的质粒构建了 DNA 疫苗，并经肌内注射小鼠到体内，证明可在体内产生类似于病毒感染的细胞和体液免疫应答。Davis 等研究人员证明注射部位药物预处理后，可产生更强大的免疫效力。同时证明使用无针生物注射器（bioinjector）可将核酸疫苗导入肌肉组织中，也能诱导对 HBsAg 的体液免疫反应。国内亦有对 HBV 核酸疫苗研究的报道。除此之外，针对人类病原微生物的核酸疫苗还包括戊型肝炎病毒、淋巴细胞脉络丛脑膜炎病毒、狂犬病病毒、单纯疱疹病毒、结核菌和多种寄生虫等。另外有关肿瘤预防和肿瘤治疗方面的 DNA 疫苗正在积极地研制过程中。

（2）兽类传染病核酸疫苗的研究状况　1993 年 Cox 等用牛单纯疱疹病毒Ⅰ型（BHV-Ⅰ）3 种不同的核蛋白基因插入 pPSVCAT 表达载体中，构建了 pRSVgⅠ、pRSVgⅢ和 pRSVgⅣ三种真核表达质粒，通过实验证明 DNA 疫苗注射可诱导特异性抗体产生，抗体量与疫苗量呈正相关。在此基础上研究者用质粒 pRSVgⅣ免疫 BHV-Ⅰ天然宿主——牛，结果表明免疫牛产生了中和抗体，对 BHV-Ⅰ型的攻击呈现保护效果，主要表现为毒株攻击后排毒量的减少。目前禽流感疫苗、伪狂犬病疫苗、猪流感疫苗、牛病毒性腹泻疫苗、猫免疫缺陷病疫苗、新城疫疫苗、鸭乙型肝炎疫苗等得到了广泛的应用并取得了良好的临床保护效果。除此之外，还有很多包括人畜共患病疫苗正处在进行临床实验阶段。

（二）核酸疫苗的研发原则

1. 核酸疫苗的构建

核酸疫苗由编码病原体抗原的基因和作为真核细胞表达载体的质粒 DNA 组成。病原体抗原的编码基因可以是一组相关基因或单一病原体免疫保护性抗原基因，也可以是编码抗原决定簇的一段 DNA 序列，其表达产物应是病原体的有效成分，可以引发保护性免疫。用于构建核酸疫苗的载体质粒基本骨架，主要包括启动子、增强子和 3′端多聚 A 信号（polyA）。巨细胞病毒（CMV）启动子和 ROUS 肉瘤病毒（RSV）的启动子都可在哺乳类细胞内表达。另外也有人采用来自哺乳动物和禽类的启动子。

2. 核酸疫苗的接种方式

核酸疫苗可以通过多种方式和途径接种到机体的适当部位，不同的接种方式或途径可影响其免疫效果。

接种途径依启动子的来源而有所区别，用动物病毒和一般哺乳动物启动子构建的 DNA 疫苗一般用生理盐水稀释质粒 DNA 肌内注射法，如股四头肌和腓肠肌等骨骼肌因为其特殊结构如肌浆网、横向微管系统，适合于摄取和表达 DNA，兼之其注射方便，因而常被选为接种组织，也可选择皮下、腹腔和静脉接种。而用来自乳腺的乳清酸蛋白（WAP）启动子构建的疫苗在乳腺和皮下脂肪接种效果更好，也有鼻腔内滴鼻法进行黏膜吸附免疫接种。第二种方法是用高速度来提高疫苗 DNA 对组织的转染率和表达效率，一般用特殊工具——基因枪接种，基因枪能将包裹在金粒上的质粒 DNA 直接注射进表皮细胞。用基因枪接种比直接注射核酸疫苗的免疫效果高 60～600 倍。用基因枪接种只需 0.4～0.004μg 纯化 DNA，而肌内注射需 100～200μg 的核酸疫苗才能获得很明显的免疫效果。Fynan 等人进行了不同方式接种流感病毒核酸疫苗免疫效力的研究，证明上述肌内接种与基因枪接种效果均高于静脉、鼻腔、真皮、皮下等其他接种方式，但不同宿主细胞所产生的免疫接种效果并不完全一致。第三种方法是将组织预先用药物如丁哌卡因、心肌毒素和高渗蔗糖等处理，增加组织细胞对疫苗 DNA 的摄取和表达能力，称为“药物协助法”。另有人将疫苗 DNA 与粒细胞-巨噬细胞集落刺激因子表达载体或一些细胞因子等一起或分别注射均能明显提高疫苗免疫效率。还有用腺病毒介导或脂质体介导注射方法的报道。

3. 核酸疫苗免疫效果的影响因素

（1）表达载体对核酸疫苗的影响　表达载体对核酸疫苗的效力有很大的影响，表达载体主要以 pUC 和 pBR322 质粒为基本骨架，含 DNA 复制起始点、抗生素抗性基因、启动子、增强子和 3′多聚 A 终止信号等结构，能在大肠杆菌中稳定地复制，但不能在哺乳动物细胞中复制。其中控制外源基因表达的启动子对载体的影响最大。启动子因来源不同有组织特异性，并且在各种组织中起始 mRNA 合成的效能也不同。基因疫苗中常用的来自病毒的启动子包括猴病毒 40（SV40）早期启动子、巨细胞病毒（CMV）早期启动子及 ROUS 肉瘤病毒（RSV）启动子等，这些启动子的组织特异性较广，在许多组织细胞中能较好地表达外源基因，且在肌肉组织中的表达效率最高。

（2）DNA 输入组织的方式　包括直接注射、脂质体包裹后注射、基因枪轰击和口服等。其免疫效果因注射速度、导入速度、免疫剂量、接种部位及宿主细胞不同而各有差异。另外肌内注射前用蛇毒、心肌毒素、高渗蔗糖（25%，用 PBS 溶解）和丁哌卡因等预处理，可显著提高外源基因的表达。

(3) 佐剂 Arom、QSI、细胞因子如IL-2等均可改变或提高核酸疫苗的免疫效力。

4. 核酸疫苗的安全性问题

(1) 核酸疫苗的转化与致癌可能性　核酸疫苗的性质介于传代细胞系生产的生物治疗剂与基因产品之间。由外源基因导入引起的内源性致癌基因的插入性激活和抑癌基因插入性失活的可能性往往被忽略。核酸疫苗本质主要为外源DNA，并且从目前构建的DNA载体来看，大都含有某些致癌病毒的DNA序列，如CMV、RSV的启动子序列。虽然通过对1800余种核酸疫苗的检查没有发现导入基因和宿主染色体DNA整合的证据，但核酸疫苗在应用于人体之前，这个问题需明确解决。

(2) 抗DNA抗体产生的可能性　目前对于抗DNA抗体的产生有两种假设：一是由B淋巴细胞增生产生；二是由抗原DNA引起B淋巴细胞活化和选择产生。而抗DNA抗体的出现必然会诱发新的疾病。

(3) 持续表达外源抗原造成的不良后果　一方面，核酸疫苗表达的抗原在新环境中可能诱导不适当的免疫应答，甚至在长期表达状态下诱导免疫耐受；另一方面，免疫应答过程中有可能出现过度刺激并产生交叉免疫反应性，后者在严重情况下导致自身免疫疾病的产生亦可发生超敏反应。尽管这些推测尚属假设，但仍具有可能性，一旦出现上述情况，很难逆转，必须予以重视。

(4) 疫苗标准化问题　现阶段疫苗的研制开发正处于探索阶段，各实验室所用的动物、表达载体、基因片段和免疫途径等尚无统一标准，导致实验结果差异较大，安全性不能得到充分保证，因此有必要根据不同病原体等实际情况制定一套规范的准则，使核酸疫苗的制备和应用有规可循，从而最大限度地保证其安全性。

人用核酸疫苗在应用人体实验前、中、后过程中，还要使受试者充分认识核酸疫苗的优点和其存在的问题，包括近期和远期的潜在的可能危险性，并做定期的包括肿瘤、抗DNA抗体和自身免疫疾病等方面的检查，尽可能地做到使受试者放心。而在目前兽类传染病核酸疫苗的研制明显落后于人类传染病核酸疫苗研制的前提下，核酸疫苗技术应该引起兽医工作者更广泛的关注，并致力于兽类传染病核酸疫苗的研究。另外，由于非种畜禽生产周期短、不需要考虑伦理问题等特点，使得兽类传染病核酸疫苗比人类传染病核酸疫苗的推广应用可能更为容易。

第四节　其他疫苗

一、T细胞疫苗

T淋巴细胞（T lymphocyte）来源于未分化的骨髓淋巴样干细胞，每天大约有50～100个淋巴样干细胞从骨髓迁徙入胸腺。在由胸腺上皮细胞、巨噬细胞和树突状细胞所构成的微环境中最终分化成T淋巴细胞。T细胞绝大多数是由胸腺发育而成，故称胸腺依赖的淋巴细胞。随着分子免疫学研究的迅速发展，尤其是白细胞分化抗原、细胞因子、黏附分子、转录因子、基因敲除和转基因动物模型的建立以及应用，近年来对T细胞的研究有了很大的进展，尤其是在T细胞分化调控、T细胞表面分子、T细胞亚群和功能、T细胞与其他免疫细胞之间的相互作用机制等方面。T细胞执行细胞免疫功能，不仅具有直接的免疫效应功能，而且可通过产生多种细胞因子，或表达黏附分子与其他免疫细胞的直接接触来发挥广泛的免疫调节作用。因此，研究者越来越多地开始重视T细胞与临床上某些疾病发病的关系，及其在免疫相关疾病的诊断、预防和治疗方面的应用。

病理性自身反应性T细胞可造成组织损伤，诱发T细胞介导的自身反应性疾病。致病性T细胞有两类，即引起自身免疫性疾病的T细胞和导致同种移植排斥反应的反应性T细胞，将它们活化并灭活后作为疫苗，可诱导机体产生针对致病性T细胞或同种反应性T细胞的免疫应答，从而消除或减轻这些细胞的致病作用，达到对自身免疫性疾病和对同种移植物排斥的防治作用。此过程类似预防感染性疾病的传统疫苗的制备过程，故也称为T细胞疫苗（T cell vaccine，TCV）。近几年T细胞疫苗的概念有了新的内涵，依据主要组织相容性复合体分子Ⅰ（major histocompatibility complex，MHC）即MHC-Ⅰ类分子特异的多肽结合基序（MHC binding motif）用化学方法合成多肽，将其在体外诱导产生抗原特异性的细胞毒T淋巴细胞（cytotoxic T lymphocyte，CTL），用于治疗病毒性疾病。

目前，T细胞疫苗主要应用于以下几个方面。

（1）治疗某些自身免疫疾病　T细胞引起的迟发型变态反应可能是某些自身免疫疾病的病因。在动物实验中，把动物体内引起疾病的T细胞移入其他健康的动物体内，也能引起疾病，所以认为T细胞是使动物患病的原因。因此，同传染病的预防接种一样，如果把致病的T细胞灭活后以疫苗的方式注入体内，即使致病T细胞再移入体内，也不再引起疾病，并将此构想进行动物实验，实验证明该类T细胞疫苗用于治疗小鼠变态反应性脑脊髓炎已获成功。人体实验表明该类疫苗用于治疗人类多发性硬化症也有一定效果。

（2）治疗某些病毒性疾病　自从Doherty和Zinkernagel发现CTL能够杀伤外源微生物感染细胞，而且这种杀伤作用依赖于CTL对外源多肽和自身分子（MHC）的双重识别之后，越来越多的研究表明：病毒特异性的CTL介导的细胞免疫具有清除病毒的功能，是宿主防御病毒感染的主要机制之一。Doherty和Zinkernagel也因他们的发现于1996年成为了生理和医学诺贝尔奖的获得者。由此，CTL表位及CTL介导的细胞免疫应答的研究受到了越来越多的关注。

传统的病毒疫苗（减毒或灭活），含有完整的病毒蛋白质，以刺激机体产生抗体为主，难以有效诱导产生MHC-Ⅰ类限制性的CTL和清除细胞内病毒颗粒。目前临床应用的过继免疫治疗，如CD3-AK细胞、LAK细胞均为非特异性杀伤细胞，靶向性差。因此，有学者直接用单个或多个CTL多肽导入体内（多肽疫苗），诱导机体产生特异性的CTL应答，虽然能够观察到CTL应答，但有时滴度不高，可能是由于较短的CTL多肽更易被血清蛋白酶降解。

T细胞疫苗是用多肽在体外诱导产生特异性CTL，CTL被克隆、扩增、筛选和鉴定后，仅将MHC-Ⅰ类限制的$CD8^{+}$T细胞导入机体，诱导细胞产生免疫应答，从而解决了多肽疫苗存在的上述问题，而且直接回输CTL，可以人为地控制CTL的强度，避免其反应过度，导致大量受感染细胞死亡。

二、树突状细胞疫苗

树突状细胞（dendritic cell，DC）是专职抗原递呈细胞（APC），能有效地将抗原递呈给T淋巴细胞，从而诱导CTL活化。DC是骨髓来源的白细胞，也可由血液中的单核细胞、中性粒细胞及组织巨噬细胞衍生而来。DC膜表面的MHC分子数量比巨噬细胞多近50倍，这样有可能形成较多的与T细胞受体结合的抗原肽/MHC分子的复合物。DC还能高效表达和激活与T细胞有关的黏附分子和共刺激分子。此外，DC对肿瘤抗原的递呈是诱发CTL抗瘤免疫反应的核心步骤。

荷载抗原的DC具有疫苗的功能，故称为树突状细胞疫苗（dendritic cell vaccine）。荷载抗原既可以是病毒抗原，HLA 向 CTL 递呈病原体表位（8～10 个氨基酸的短肽），也可以是肿瘤细胞成分，还可以是编码肿瘤的抗原。

以前，由于对 DC 的分化发育途径及特异性标志缺乏了解，很难获得大量的 DC 细胞，因而限制了 DC 的应用。近几年来，人们在 DC 的起源、分类标志、摄取、加工处理抗原的机制和引起 DC 迁移及成熟的信号传导等领域已取得了很大的进展。由此直接产生了几种体外培养并获得大量 DC 的方法，这些方法来源于对细胞因子 GM-CSF（granulocyte-macrophage colony stimulating factor，粒/巨噬细胞集落刺激因子）和 flt3-L（flt3 ligand，酪氨酸激酶受体 3 配体）在 DC 分化发育成熟中所起关键作用的认识。DC 可以由 $CD34^+$ 或 $CD14^+$ 细胞中产生，存在于人骨髓、脐血和成年人外周血中的 $CD34^+$ 细胞。体外在添加 GM-CSF 和 TNF-α（tumor necrosis factor，肿瘤坏死因子）的培养条件下可以发育成 DC；而 $CD14^+$ 单核细胞在添加 GM-CSF 和 IL-4 的条件下也可以分化为成熟的 DC。最近发现 flt3-L 有明显地刺激 DC 扩增的效果，flt3-L 在联合 TGF-β 的作用下，体外可诱导 DC 的发育并且允许 DC 单个细胞在无血清的培养条件下形成集落。研究表明体外培养获得的 DC 与纯化的体内成熟 DC 具有一样的 APC 功能，从而为 DC 的临床应用提供了保障。

1. 肿瘤相关抗原和肿瘤全抗原致敏的 DC 疫苗

采用肿瘤细胞溶解物（肿瘤全抗原）致敏 DC，也许可解决肿瘤相关抗原的不足之处。由于目前对肿瘤的特异性抗原所知道的不多，利用完全性肿瘤细胞抗原修饰的 DC，无需分离鉴定肿瘤的特异性抗原，可由 DC 去完成对抗原的识别、摄取、加工及递呈。细胞性肿瘤抗原易于获取和制备，有较大的临床应用潜力，用肿瘤细胞总抗原致敏 DC 可能是一种更简便而且有实效的方法。目前摄取完全细胞性抗原的方法有两种，肿瘤细胞提取物和未经处理的肿瘤细胞，常用的提取物包括：肿瘤细胞碎片、mRNA 和洗脱肽（即采用弱酸洗脱肿瘤细胞表面的 MHC-Ⅰ类抗原肽来冲击致敏 DC)。

（1）不分级的弱酸洗脱肽致敏 DC　Zitvogel 等利用未经纯化的用弱酸提取的肿瘤多肽致敏的 DC 治疗小鼠，发现弱免疫原性的肿瘤受到了强烈抑制，而免疫原性较强的肿瘤则可完全消失，并且还观察到 IL-4（Interleukin 4，白细胞介素 4）和 IF*N*-γ（interferon-γ，干扰素 γ）的表达水平明显上升，因弱酸可以洗脱大部分肿瘤细胞表面与 MHC-Ⅰ结合的多肽，此方法可用于 MHC-Ⅰ类分子表达阳性的肿瘤。

（2）肿瘤提取物致敏 DC　将反复冻融或超声破碎的肿瘤细胞与脂质体混合，此混合物再加到 DC 培养液中，此方法制备的 DC 疫苗也能产生较强的抗肿瘤免疫效应。如移植 B16 黑色素瘤的小鼠静脉注射这种疫苗后，发现与对照组相比 62% 的小鼠未发生肝转移，30% 的小鼠得到治愈。Nair 等将肿瘤提取物致敏过的 DC 与未致敏过的 DC 进行疗效比较，结果前者比后者疗效要高 43%。然而，肿瘤提取物或灭活的肿瘤细胞致敏的 DC 疫苗在临床上的应用尚有潜在的危险，因为来源于患者自身的肿瘤细胞或组织有时会严重污染正常的组织和细胞，此外，肿瘤提取物中也会有一些机体正常的抗原，由此可能诱导自身免疫反应。

（3）肿瘤细胞与 DC 的融合　将灭活的肿瘤细胞与 DC 融合后再回输，可在体内产生较强的抗肿瘤免疫，可以避免繁杂而无效的肿瘤特异性抗原鉴定。Coveney 等将经放射的小鼠乳腺癌细胞 4T1 与 DC 一起皮下免疫小鼠后，试验组小鼠对再接种的未放射肿瘤细胞的抵抗力明显增强。Wang 等用 C57BL-6 鼠骨髓来源的 DC 与弱免疫原性的 B16 黑色素瘤或 RMA-S 淋巴瘤细胞融合后，B16-DC 和 RMA-DC 细胞表面都表达 MHC-Ⅰ、MHC-Ⅱ、共刺激分子、DC 特异标志和肿瘤细胞表面的分子标志。接种照射灭活的 B16-DC 疫苗后，大大降低了肿瘤的发生率和肺转移数量，并延长了生存时间。因此，本方法对未确定特异性抗原的肿瘤于进行DC的主动性免疫治疗具有很大的应用价值。

（4）肿瘤细胞来源的RNA致敏DC　用来源于肿瘤细胞的mRNA体外刺激DC，结果诱导小鼠产生了特异性的抗肿瘤免疫反应，提示用肿瘤细胞mRNA可替代肿瘤抗原刺激DC，用于肿瘤免疫治疗。该方法与上述几种致敏DC的方法相比，有其独特的应用价值。由于用肿瘤抗原肽蛋白以及融合肿瘤细胞都需要一定量的活的肿瘤细胞或肿瘤组织，在临床有时难免受到限制，而对于肿瘤mRNA，只需少量就足以致敏DC，可通过核酸扩增，从来源有限的肿瘤组织中扩增到足够数量的mRNA用于刺激DC，而且可通过差异筛选方法，获得肿瘤细胞特异性表达的肿瘤mRNA，用它刺激DC可避免自身抗原刺激DC诱发自身免疫性疾病的危险。

2. 肿瘤抗原肽或蛋白体外致敏DC

此类抗原结构与功能都比较清楚，并且是可被CTL识别的肿瘤抗原。在多种动物肿瘤模型的研究中，体外经合成肿瘤抗原肽致敏的DC免疫接种动物后，都能产生保护性的抗肿瘤T细胞介导的免疫，引起肿瘤的消退。通过前列腺癌Ⅰ、Ⅲ期临床试验结果证明，用前列腺特异性膜抗原（PS-MA）中提取的多肽PSM-P1及PSM-P2体外冲击致敏DC来治疗晚期前列腺癌患者，能有效激发T细胞的增殖和抗肿瘤免疫应答，而且反应时间持久，没有明显的副作用。同样，用MAGE-1（melanoma antigens，MAGE，黑色素瘤抗原）或MAGE-3肽致敏的黑色素瘤患者自身的DC回输体内后，也能诱导特异性CTL反应。但是，在体外反复致敏DC需要足量的抗原，因此从肿瘤组织来源的多肽和蛋白抗原常受到肿瘤标本量和纯度的制约，使其应用受到限制。

3. 基因转染DC

由于基因转染的DC疫苗能提供更多更有效的可能识别的抗原表位，有效递呈抗原的时间更长，而且可以最终克服MHC限制，已成为最具发展前景、备受人们关注的研究热点，目前在基因转染DC的方法上人们已进行了许多探索，主要包括病毒载体和理化方法。现在，一致认为病毒载体对DC的基因的转染更加有效。有研究表明，脂质体、电穿孔及磷酸钙等理化方法同腺病毒载体相比，不仅在转染和表达效率方面不如后者（5%～10%、50%～100%），而且多数方法均对DC有毒性，可引起DC的死亡和表面标志的丧失。病毒载体系统种类较多，包括腺病毒、腺相关病毒、疱疹病毒、痘苗病毒、逆转录病毒、慢病毒等。目前应用最多的病毒载体是逆转录病毒载体、腺病毒载体和痘病毒载体。逆转录病毒载体是目前恶性肿瘤基因治疗最常用的载体，它具有使外源基因得到有效而稳定表达的特点，但临床上应用于制作DC疫苗时，有转染效率低、插入外源基因片段有限等缺点。

复制子缺陷的腺病毒载体系统由于极高的转导效率和外源基因的高效表达，能够诱导很强的免疫反应，且暂时性的外源基因表达持续一周左右时间，不会影响机体的免疫诱导，很适合作为DC的基因转导载体。腺病毒颗粒的免疫原性及残留的腺病毒基因产物是腺病毒载体系统最主要的缺点，但小鼠体内研究结果显示，并没有抗腺病毒免疫应答产生，而且以腺病毒为载体，将抑癌基因（p53）、前列腺特异性抗原（PSA）和黑色素瘤特异性抗原（MART-1）编码的基因转染树突状细胞，用于临床治疗癌症患者并未出现明显的副作用，因此，腺病毒修饰的DC作为免疫治疗工具有着较好的临床潜力。

重组痘病毒转染的DC也能产生抗原特异性的CTL，最大优点是在人体内不复制，故不需要经过基因修饰，操作比较简便。因此重组痘病毒在制备DC的疫苗上具有巨大潜力。

（1）编码肿瘤相关抗原（tumor associated antigen，TAA）的基因导入DC　DC经抗原致敏后可以有效地将抗原递呈给T细胞，而将编码肿瘤相关抗原的基因导入DC，经其不断释放内源性肿瘤抗原，从而更有效地激活T细胞。此外，由于分子生物学的发展，质粒

DNA也易于保存和操作。

目前研究较多的是黑色瘤相关抗原MART-1、酪氨酸酶和卵脂蛋白等，且大多选用腺病毒为基因载体，这些肿瘤相关抗原基因修饰DC都能诱导产生特异性的CTL反应。Ishida等用腺病毒载体将人野生型p53基因转入DC制成疫苗，用其免疫小鼠后，可使70%小鼠免受表达人p53基因或表达鼠突变p53基因的肿瘤细胞的攻击。上述研究结果表明，将肿瘤相关抗原基因导入DC，也能激发特异性的肿瘤免疫反应，与抗原肽或肿瘤细胞碎片直接致敏DC相比，其有效递呈抗原的时间更长。

(2) 以细胞因子基因修饰DC　由于细胞因子使用的安全性和广泛性，以及细胞因子在DC对T细胞递呈抗原过程中的重要作用，使得将编码细胞因子的基因导入DC从而对DC进行基因修饰、提高DC活性，成为对DC进行基因修饰的又一重要选择。

目前，GM-CSF、淋巴细胞趋化因子、IL-12及IL-7等细胞因子都已被尝试导入DC。结果显示，经细胞因子基因修饰后的DC增殖能力明显增强，并可诱导强烈的抗肿瘤免疫反应。在小鼠黑色素瘤模型中，Nishioka等发现，经IL-12基因修饰的DC瘤内直接注射后可诱导强烈的抗肿瘤免疫反应，同时肿瘤生长的被抑制程度只与由DC分泌而非其他来源的IL-12量相关，因为同样瘤内注射经IL-12基因修饰的成纤维细胞对肿瘤的生长几乎无任何抑制作用。Miller等也发现，在小鼠黑色素瘤内直接注射导入IL-7基因修饰的DC，相对未经基因修饰的DC可引起更明显的肿瘤消退现象。

4. 其他类型的DC疫苗特异性抗体

可以模拟肿瘤抗原被机体识别，激发针对表达相同抗原的肿瘤细胞的免疫功能。Hsu等用特异性抗体致敏DC回输给B细胞淋巴瘤患者，其中有两人产生安全的抗瘤反应。另外，Zitvogel等研究发现，肿瘤抗原冲击的DC可以分泌或外排一种具有抗原递呈能力的小体（exosomes），这些小体表达MHC-Ⅰ、Ⅱ类分子和$CD86^+$、$CD8^+$ T细胞，也能在体内产生特异性CTL，消除或抑制已建立的肿瘤的生长。由此提示exosomes作为一种新型的疫苗，可以开辟一条无细胞体系诱导体内免疫功能的新研究。

尽管已经有很多临床试验证实了DC强大的诱导抗肿瘤免疫反应的能力，也有不少观察到了肿瘤的消退，但是还有一些问题需要解决。如DC疫苗的给药途径、剂量和给药间隔等都没有公认的较为合理的方案，需要进一步研究。但不可否认的是，对于已有转移的晚期黑色素瘤及其他肿瘤患者，恰当地联合应用常规化疗、免疫治疗和DC疫苗，必将带来更大的治愈机会，减少毒副反应，提高生活质量。

三、肿瘤疫苗

用疫苗来预防疾病是人类共同追求的目标，更是肿瘤防治的方向。目前肿瘤疫苗主要用于恶性肿瘤的辅助治疗，而尚未被应用于健康人的肿瘤预防。肿瘤疫苗的作用是应用特异性的、具有免疫原性的肿瘤抗原，来激活、恢复或加强机体抗肿瘤的免疫反应，清除残存和转移的肿瘤细胞。目前，肿瘤疫苗已发展到第二代。第一代疫苗是在整个肿瘤组织或肿瘤细胞的提取液中加入非特异性佐剂制成，它可以产生20%左右的临床反应；第二代肿瘤疫苗是基因修饰的肿瘤细胞或重组的肿瘤抗原。第二代肿瘤疫苗具有使机体产生特异性免疫反应和最小毒性的特点。

人们一般将肿瘤疫苗分为三类。

第一类为增强肿瘤免疫原性的肿瘤疫苗。肿瘤之所以不能被免疫系统识别，主要是由于肿瘤的免疫原性很弱。因此，应用免疫佐剂来增强肿瘤的免疫原性是早期肿瘤疫苗的特点。此类疫苗是在自体或同种异体肿瘤细胞或肿瘤细胞的裂解物中加入佐剂（如弗氏完全佐剂、明矾、卡介苗和棒状杆菌属等）构成。其作用机制可能与注射部位的炎症反应激活抗原递呈细胞（APC），产生细胞因子以及B、T细胞在抗原周围的集聚有关。

第二类为基因修饰的肿瘤疫苗。由于肿瘤细胞缺乏主要组织相容性复合物（MHC）第II分子和B7复合刺激分子，以及不能分泌增强机体免疫力的细胞因子，所以不能被免疫系统识别。但APC具有这些功能，如果对肿瘤细胞进行基因修饰，使其产生类似APC的功能，将可引起机体的免疫应答。20世纪80年代末期，随着基因转移技术的发展和人们对免疫系统的深入了解，人们能够按照APC处理和递呈抗原的特点，对肿瘤细胞进行基因修饰，制成基因修饰的肿瘤疫苗。第二类肿瘤疫苗还包括以重组质粒、细菌或病毒为基础的肿瘤疫苗。

第三类肿瘤疫苗是以树突状细胞为基础的肿瘤疫苗。有证据表明，很多肿瘤细胞不能引起机体抗肿瘤免疫作用的机制，并不是由于缺乏肿瘤抗原，而是机体的APC不能将肿瘤抗原递呈给免疫系统。树突状细胞是已知机体内抗原递呈能力最强的细胞，它能捕获抗原，并将信息传递给T、B淋巴细胞，从而引发一系列的特异性免疫应答反应。因此，如果将肿瘤抗原注入树突状细胞，将可引起机体特异性的抗肿瘤免疫反应。这种方法已经在动物模型中获得成功，使动物产生了抗肿瘤的特异性免疫反应，并且可抑制鼠肿瘤的生长。这部分在树突状细胞疫苗中有介绍。

肿瘤疫苗从早期的非特异性疫苗发展到今天的肿瘤抗原特异性疫苗，从20世纪90年代初以基因修饰肿瘤细胞为基础的疫苗发展到现在以树突状细胞为基础的肿瘤抗原特异性疫苗，都与分子生物学、免疫学及基因转移技术的发展密切相关。近些年来，一些临床研究获得了较好的成果：1997年，美国Jefferson大学报道，大约60%的黑色素细胞瘤转移患者，在注射肿瘤疫苗后存活5年以上；1998年10月，波士顿研究人员制成一种经过生物工程改造的肿瘤疫苗，其可以刺激机体免疫系统，使T细胞保持较长时间的攻击力。目前，国外有多种肿瘤疫苗已经进行或正在准备进行临床试验，其中包括皮肤癌、结肠癌、肺癌、前列腺癌、乳腺癌、恶性黑色素瘤等肿瘤疫苗。可期待的是，至少几种肿瘤，如黑色素细胞瘤和肾细胞癌，应用疫苗治疗可以引起特异性免疫反应，从而抑制肿瘤生长。要提高肿瘤疫苗的特异性和疗效，有几个问题尚待进一步解决：患者体内的肿瘤为什么不能直接诱导机体的抗肿瘤免疫反应？这可能与肿瘤患者的免疫缺陷或患者T细胞信号传导障碍有关。肿瘤是如何逃避机体免疫监视的？这可能由肿瘤细胞的MHC表达减低、转运抗原程序缺乏以及有些肿瘤产生的某种细胞因子抑制局部或全身免疫反应所导致。此外，由于人类肿瘤成分复杂，肿瘤抗原表达不均一，就可能需要用多种肿瘤抗原免疫，才能诱发患者的有效免疫反应。

四、避孕疫苗

最近，科学家们发明了一种对人类的节育具有革命性影响的疫苗，称为避孕疫苗。到了婚育年龄的妇女注射这种疫苗后可以收到一举两得的效果：既可以产生长达数月的避孕效果，又可以调节一些不育妇女的功能紊乱。

免疫避孕疫苗由于其潜在的独特优越性——具有抗生育作用但不干扰其他生殖生物学功能，因此，世界卫生组织人类生殖研究与培训特别规划署1999年12月会议确定，将免疫避孕疫苗继续作为高度优先产品进行研究开发。

目前用于免疫避孕疫苗的候选抗原分别是精子抗原、卵透明带及人类绒毛膜促性腺激素(HCG)。

1. 抗精子疫苗

抗精子抗原的自动免疫，经研究显示，它与人类自然不孕有关系，而且这种不孕还可以用免疫疗法使其怀孕。目前精子抗原的提纯正处于研究阶段。

2. 抗透明带疫苗

透明带是卵细胞的最外一层，由卵细胞合成和分泌形成。精子必须穿过透明带才能与卵细胞结合，否则就不能怀孕。采用抗透明带疫苗后，能使透明带表面形成一种阻止精子进入的屏障，从而达到避孕的目的。

3. 抗人类绒毛膜促性腺激素（HCG）疫苗

这种疫苗是使黄体退化，孕酮下降，使胚胎在植入子宫内膜后，不能生长发育，从而得以终止妊娠并恢复月经。

目前，避孕疫苗已经进行了Ⅰ期及Ⅱ期临床试验，当血中抗 HCG 抗体在 50ng/ml 以上时，具有较为完全的抗生育作用；当抗体水平下降至 35ng/ml 时，则恢复生育能力。避孕疫苗主要通过影响黄体的形成，使孕激素下降，恢复正常月经，可能将成为一种可靠的节育措施。

然而，以上研制的免疫避孕疫苗，虽然应用来自病原体的载体蛋白可增强其免疫原性，但仅有 86%的受试妇女抗体水平达到抗生育作用的标准。而且由于外源性载体蛋白自身的免疫原性，将刺激机体产生相应抗体，这就导致避孕疫苗抗生育效果不完全。

第五节　免疫佐剂

佐剂被用来增强疫苗的免疫反应已有 70 多年的历史。早在 1925 年，Ramon 发现在疫苗中加入木薯淀粉、琼脂、面包屑、油、化脓性细菌等可以加强白喉、破伤风抗毒素产生的水平。之后 Glenny 发现，用明矾沉淀的白喉毒素可诱导较好的免疫效果，从而开发了铝佐剂。目前广泛应用于人体的佐剂仍然是氢氧化铝，虽然氢氧化铝无毒性作用，且能诱导产生高水平的抗体应答，但不能诱导产生较强的 T 细胞免疫。另外，分子生物学的迅速发展，促进了基因重组疫苗、多肽疫苗和核酸疫苗的研究，这些疫苗在理论上比传统的减毒活疫苗和灭活疫苗安全，但其免疫原性不强，需要佐剂辅助其刺激机体产生强的免疫应答，因此佐剂的研究成为疫苗学、免疫学领域的重要课题。

从巴斯德至今近百年来已开发了许多疫苗，但是传统的疫苗一般多为全菌或全病毒制成，其中含有大量非免疫原性物质，这些物质除具有毒副作用外也有佐剂作用，所以一般不需外加佐剂。因此，很长一段时间以来主要是研究毒素、类毒素、抗毒素的学者在研究和使用佐剂，例如前文所述白喉、破伤风类毒素制剂就含有氢氧化铝佐剂，免疫马匹制备的抗毒素所使用的免疫原就加了弗氏完全佐剂。在这段时间里免疫佐剂并未引起人们广泛的注意。近些年来，由于对免疫原的深入研究以及生物化学、分子生物学技术的迅猛发展，抗原越提越纯，甚至有些是合成的抗原肽，其免疫原性通常很弱，因此，非常需要用佐剂来增强其免疫原性或增强宿主对抗原的保护性应答，于是佐剂的研究广泛蓬勃发展起来。

一、免疫佐剂的定义和特点

佐剂（adjuvants）是先于抗原或与抗原同时应用，能非特异性地改变或增强机体对抗原的特异性免疫应答，能增强相应抗原的免疫原性或改变免疫反应类型，而本身并无抗原性的物质，又称免疫佐剂（immunoadjuvant）。

佐剂作用于半抗原或抗原以及参与免疫应答的细胞，主要通过增强巨噬细胞活性，促进 T 细胞或 B 细胞的反应来行使其作用。佐剂可突出抗原表位，诱导较强的免疫应答；有的使抗原颗粒化而缓慢释放，诱导长时间的免疫应答。归纳起来佐剂的特点如下。

① 佐剂可选择性地改变免疫应答的类型，如：可改变免疫反应为MHCⅠ型或MHCⅡ型，还能改变T辅助细胞（Th1和Th2）的免疫反应，改变体液免疫抗体的种类、IgG亚类和抗体的亲和性。

② 佐剂可改变抗原的构型，使疫苗诱导T辅助细胞和细胞毒T淋巴细胞反应。

③ 佐剂可延缓疫苗在注射部位的消失。血液和组织中的特异细胞能迅速消除体内的外来物质，外来物质在体内存在时间越长，对它产生的免疫应答就越强。但是许多佐剂对组织有刺激性，如果它们采用的方法、部位、种类与说明书上不同，佐剂疫苗可导致持续组织反应，最后成为脓肿。

随着生物技术的发展，新一代疫苗，如合成肽疫苗、基因工程疫苗等的研究取得了初步成果，但现代疫苗研究过程所遇到的一个关键问题是其免疫原性较弱，往往需要佐剂来克服。对适合于推广应用的新疫苗的研制，佐剂的研究显得至关重要。因此，近年来免疫佐剂的研究进展更为迅速。

二、佐剂的种类

（一）矿物质

矿物质佐剂是传统佐剂中的一类，包括氢氧化铝和磷酸铝等。1926年Glenny首先应用铝盐吸附白喉类毒素，至今已有70多年了，但它还是唯一被FDA批准用于人用疫苗的佐剂。常用佐剂中效果较好的是氢氧化铝和磷酸铝佐剂，其次磷酸钙较常用。铝佐剂主要诱导体液免疫应答，抗体以IgG1类为主，刺激产生Th2型反应，还可刺激机体迅速产生持久的高抗体水平，也比较安全，对于胞外繁殖的细菌及寄生虫抗原是良好的疫苗佐剂。它虽是人医和兽医均获批准的佐剂，广泛应用于兽医疫苗，特别是各种细菌苗，但其仍存在缺陷，如：有轻度局部反应，可以形成肉芽肿，极个别发生局部无菌性脓肿；铝胶疫苗怕冻；可能对神经系统有影响；不能明显地诱导细胞介导的免疫应答。铝胶佐剂存在的主要问题是：①主要激活Th2型免疫细胞，只诱导体液免疫应答，适用于以抗体保护为主的疾病疫苗；②铝胶佐剂在注射部位缓慢释放抗原的效应较低，对很多抗原效果不确实。目前，人医主要用于白喉、破伤风、麻疹等疫苗，兽医主要用于猪、牛、禽等多杀性巴氏杆菌病、肉瘤梭菌、仔猪红痢、猪丹毒等细菌病的疫苗。

疫苗中加入磷酸三钙[$Ca_3(PO_4)_2$]作佐剂，与铝胶一样具有吸附沉淀作用，但使用更加简便。其缺点是：含盐量高，贮存日久有结晶沉淀，皮下注射时偶有肿胀或结块，抗原免疫原性弱时，不足以提高其免疫原性，特别是保护性免疫机制要求活性介导的免疫参加时，应使用其他佐剂。

（二）油乳佐剂

此类佐剂著名的有弗氏佐剂，即是乳化的水油佐剂。1935年美籍匈牙利细菌学家Freund研究成功，首先在动物实验证实了佐剂活性，其后在许多疫苗或免疫试验中证明可显著提高免疫力。

弗氏佐剂（Freund's Adjuvant，FA）分为弗氏完全佐剂（FCA）和弗氏不完全佐剂（FIA）两种。弗氏不完全佐剂是由低引力和低黏度的矿物油及乳化剂组成的一种贮藏性佐剂。弗氏完全佐剂是在不完全佐剂的基础上加一定量的分枝杆菌而成。

弗氏不完全佐剂（FIA）：其作用和铝盐类佐剂相似，主要是在注射部位延缓蛋白抗原的吸收和机体产生抗体，并保持缓释，同时矿物油可促进抗原分散，又在注射局部形成含大量聚集细胞的肉芽肿。但抗原必须在油乳剂的水相中才能加强免疫反应。FIA不能诱发很强的细胞免疫，又不能诱发迟发型超敏反应。弗氏完全佐剂（FCA）：即在FIA中加入分枝杆菌，加强免疫反应，并引起质的改变，其作用机制除具有 FIA 的作用外，还可能增强抗体效价，并引起迟发型超敏反应。分枝杆菌中的主要有效成分为蜡质 D，是含分枝菌酸的一种复合脂质，活性成分是肽糖质，它作用于 T 细胞或 B 细胞发挥佐剂效应。FCA 是 Th1 亚型细胞强有力的激活剂，能引起迟发型超敏反应，又可以促进细胞免疫，促进对移植物的排斥及肿瘤免疫，但其副作用较大，有人认为它可能有致癌作用，不能用于临床医学。由于 FCA 和 FIA 可引起慢性肉芽肿和溃疡，且有对结核菌素致敏以及潜在的致癌作用等毒副作用，故仅限用于兽医。

除此以外还有：佐剂-65、白油 Span 佐剂、MF-59、SAF 系列配方等。

（三）微生物佐剂

某些微生物或微生物菌体成分同抗原一起注射，具有明显的佐剂效应。已经证明有佐剂活性的微生物有：分枝杆菌（如卡介苗和结核杆菌等）；分枝杆菌的成分（旧结核菌素-O. T.、结核菌纯蛋白衍生物-PPD）；革兰阴性菌类及其产物，如肠道杆菌的脂多糖以及百日咳、绿脓杆菌和布氏杆菌等；革兰阳性菌，如乳杆菌、短小棒状杆菌、葡萄球菌和链球菌等。此外，霍乱毒素、免疫增强性重组流感病毒体、CpGDNA（是一种细菌等非脊椎动物的 DNA 中含有胞嘧啶鸟嘌呤二核苷酸的 DNA 片段）等也有佐剂作用。

1. 短小棒状杆菌（CP）

由 CP 经加热或甲醛灭活制成，对机体毒性低，没有严重的副作用，能非特异性刺激淋巴样组织增生，加强单核巨噬细胞系统的吞噬能力，使抗原的处理加速，增加 IgM 和 IgG 的生成。有人报道，CP 具有加强抗体抗原亲和力作用。

2. 卡介苗（BCG）

BCG 是巨噬细胞的激活剂，同时还能刺激骨髓的多功能干细胞发育成为免疫活性细胞，从而明显提高机体的免疫力，是一种非特异性免疫增强剂，大量应用会引起严重的副作用。

3. 胞壁酰二酞（MDP）**及其合成的亲脂类衍生物、类化物**

MDP 主要作用是调节及活化单核巨噬细胞（MΦ），吸引吞噬细胞，进一步增强吞噬细胞和淋巴细胞活性使其易捕获抗原。

4. 细菌脂多糖（LPS）

脂质 A 是 LPS 的活性分子，单独注射时可引起多克隆应答，LPS 可起到多克隆 B 细胞有丝分裂原的作用，也可促进巨噬细胞等分泌单核因子，如 IL-1 还可调节巨噬细胞表面 Ia 分子的表达，从而改变抗原的递呈。脂质 A 经去掉一个磷酸基，则产生单磷酸酰脂质 A（MPL），MPL 受体介导的活性抗原递呈细胞可促进单核因子的分泌，抑制 Th2 细胞，选择性地诱导 Th1 的增殖，分泌产生 IL-2 和 INF-γ，选择性产生 IgG2 抗体亚型，降低 LPS 的毒性。

5. 脂溶性蜡质 D

它是一种多肽糖脂，起佐剂作用的黏肽能够增强体液免疫应答并诱导细胞免疫。关于其机理、毒性等还没有进行深入的研究。

（四）脂质体和 Novasomes

脂质体（liposomes）是人工合成的双分子层的磷脂单层或多层微环体，能将抗原传递给合适的免疫细胞，促进抗原对抗原递呈细胞的定向作用。已证明，小于 5μm 的脂质体微粒能被肠道集合淋巴结提取并传递给巨噬细胞。脂质体既无毒性、又无免疫原性以及在体内的可降解性，不会在体内引起类似弗氏佐剂所引起的损伤，是一种优良的佐剂。研究结果显示：鸡新城疫病毒（Newcastle disease virus，NDV）外膜蛋白脂质体疫苗免疫组的抗体滴度要高于仅用 NDV 外膜蛋白免疫组，二者间具有显著差异，且前者以 NDV 强毒株攻击 SPF 鸡后的保护率达 100%，也优于单纯以 NDV 外膜蛋白免疫组。Novasomes 是目前研制的一种新型脂质体样系统用于黏膜免疫，要比常规脂质体好。该系统为非磷脂的亲水脂分子，在体内的稳定性比常规脂质体好，而且价廉，易制备。

（五）中草药类

1. 蜂胶

蜂胶是一种天然的免疫增强剂和刺激剂，具有增进机体免疫功能和促进组织再生的作用。据报道，应用蜂胶或配合抗原引入机体能增强免疫功能，增强补体和吞噬细胞活力，增加白细胞的产生和抗体产量，并使特异性凝集素的产生大大增加。刘家国等用微量全血 ^{3}H-TdR 掺入法，测定了淫羊藿-蜂胶佐剂对 4 周龄和 8 周龄小鼠外周血中 T 淋巴细胞转化率的影响。其结果表明，淫羊藿-蜂胶佐剂不仅能提高外周血 T 淋巴细胞的转化率，而且对抗环磷酰胺对 T 淋巴细胞的抑制作用使受抑制的 T 淋巴细胞转化活性基本恢复正常，并能刺激 T、B 淋巴细胞活化，显著提高小鼠自然杀伤细胞的杀伤活性等。

2. 皂苷、QuilA、QS21 和免疫刺激复合物（ISCOMS）

从皂树皮中粗提的皂苷有副作用，从皂苷纯化的活性成分 QuilA 较皂苷活性高并减轻了局部反应，但具有溶血性和局部反应。进一步分析 QuilA，分离出与皂苷关系很近的 QS21，选择性很低且佐剂效果很好。Hancock 等用 QS21 作呼吸道合胞病毒融合蛋白（RSV-F）佐剂，同时与铝佐剂做了比较。结果表明，QS21 佐剂组产生的 IgG，主要是 IgG2a 抗体亚型，即 Th1 型抗体，免疫效果类似 RSV 感染；而 $Al(OH)_3$ 组的 IgG，主要为 IgG1 抗体亚型，即 Th2 型抗体。在用 RSV 攻击之后，QS21 实验组抗原特异的抗体分泌细胞数增加了 90 倍，细胞毒 T 淋巴细胞（CTL）的杀伤作用也明显增强，对 RSV 攻击的保护作用也明显增强。

各种病毒膜蛋白抗原掺入到皂苷及胆固醇中形成一种免疫刺激复合物（ISCOM）。ISCOM 可增强经口服途径供给抗原的局部和全身免疫应答。ISCOM 能显著增强 T 细胞增殖分化，诱导特异性抗体 IgG、IgG2a、IgG2b 及 IgG3 亚型产生；提高 MHCⅡ分子的表达；刺激 MHCⅠ类限制性的 $CD8^{+}$ 细胞毒性 T 细胞抵抗内源性抗原；并能通过诱导 γ-干扰素的释放而起作用，还能克服母源抗体的封闭作用，并可用于通过黏膜途径递呈抗原。ISCOM 还具有刺激天然免疫系统细胞产生 IL-12 的能力。目前 ISCOM 已广泛用于人用及兽用疫苗的制备。

3. 多糖、糖苷及复方中药

中药多糖对免疫系统发挥多方面的重要调节作用，它不仅能激活 T 细胞、B 细胞、巨噬细胞（MΦ）、自然杀伤细胞（NK）、细胞毒 T 细胞（CTL）、淋巴因子激活的杀伤细胞（LAK）等免疫细胞，还能活化补体，促进细胞因子生成。中药多糖特别是补益类中药多糖一般都有增强机体免疫功能的作用，且对正常细胞没有毒副作用，是良好的生物反应调节剂，很有希望开发成为新型疫苗佐剂。糖苷与皂苷同属于植物糖苷类物质。从中草药植物中提取糖苷，将糖苷与新城疫病毒及类脂混合，于一定条件下可形成一种性能稳定的复合制剂，免疫增强作用显著。糖苷的提取工艺简便、成本低，但是糖苷的确切结构、能否与蛋白抗原形成免疫刺激复合物及增强免疫原性的作用机理均有待于进一步研究。

此外，一些复方中药也可作为佐剂，如紫术散、当归补血汤、四君子汤、玉屏风散、小柴胡汤等，对免疫激活和提高免疫都有很大的作用。还有中药来源的新型免疫佐剂 ASD 系列，能明显增强乙肝基因工程疫苗的免疫原性，且毒性很低。但其免疫调节作用的分子机理有待进一步研究。总之，中药佐剂安全、有效、可靠，稳定，是一个很有发展前景的佐剂。

（六）细胞因子

细胞因子在免疫应答多样性方面发挥重要作用，可调节抗体应答与细胞介导免疫应答的相互关系。细胞因子环境可参与 Th 细胞亚类的分化。细菌毒素与 CpG 均通过细胞因子发挥佐剂效应，而大多数细胞因子又具有调整和重建免疫应答的能力，因此可直接作为佐剂发挥作用。目前作为佐剂通过实验进行研究的细胞因子主要包括 IL-1、IL-2、IFN-γ、IL-12 及 GM 、CSF 等。许多试验表明细胞因子作为黏膜佐剂可引发对共用抗原的黏膜免疫应答，但不同细胞因子的效应并不相同。由于所有这些分子都表现出剂量依赖的毒性，同时由于其蛋白质本质，存在稳定性方面的问题，且体内半衰期很短、生产费用相对较高，这些均限制了其在常规免疫中的使用。

（七）药物类佐剂

具有佐剂活性的化学药品很多，其中研究最多的有左旋咪唑、抗生素、硒和维生素 E、地巴唑等。

1. 左旋咪唑

左旋咪唑是一种广谱驱线虫药，毒性低，驱虫快速，且具有明显的免疫增强作用，能使低活性的 T 细胞、巨噬细胞和中性粒细胞的功能恢复到正常水平，同时也能诱导 T 细胞的分化成熟。

2. 抗生素

红霉素的免疫刺激作用包括提高质粒 DNA 免疫小鼠的抗原特异性、IgG2a 抗体生成、抗原特异性 $CD4^{+}$T 细胞产生 IFN-γ 和 CTL 应答。甲红霉素可提高接受化疗和/或放疗癌症患者的存活率，诱导自然杀伤细胞活性和提高 $CD8^{+}$ 细胞的细胞毒性，具有诱导辅助性细胞亚群平衡分化的作用。此外，吡喃、胸腺肽、地巴唑等药物也具有佐剂效应，且被应用到 NDV 系疫苗和 IBD 疫苗中。

3. 硒和维生素 E

试验证明硒和维生素 E 是一种理想的 ND 油佐剂灭活疫苗中的免疫调节剂，免疫鸡的 HI 效价较高、维持时间长、个体间差异小、局部炎症反应降低，能刺激淋巴细胞、巨噬细胞增殖，增强其吞噬功能和容量，增强免疫细胞功能活动，加强免疫反应。当疫苗中维生素 E 佐剂含量达 20％和 30％时，它能提高对 NDV、EDS76V 和 IBDV 的体液免疫反应。

（八）生物降解聚合微球

研究与应用最为广泛的是聚乳酸-乙醇酸［Poly（dL-lactide-co-glycolide），PLGA］，其主要优点是：抗原经微囊化后更加稳定；提高抗原佐剂靶向性至抗原递呈细胞（Antigen presenting cells，APCs）；一次口服免疫可能得到全身或黏膜免疫应答；抗原长期持续释放等。甲肝疫苗及佐剂与 PLGA 微囊化后，加入一种溶胀剂，免疫动物后，经几周休眠期后抗原再释出，起到二次免疫的作用，同时得到高水平的抗甲肝抗体。

除以上佐剂外，还有黏膜免疫佐剂、抗肿瘤疫苗佐剂、多肽疫苗佐剂、DNA 疫苗佐剂等也是研究的热点。与注射免疫相比，黏膜免疫具有如下优点：能激发系统和黏膜免疫，能增加疫苗的安全性，降低直接与循环系统接触引起的毒性；不需要经过专业训练就可以操作；易于发展复合疫苗。

理想的佐剂是以最小的免疫刺激引起适当的免疫促进作用，且无不良反应。随着研究的深入，免疫佐剂的应用范围也从疫苗开始不断扩大，包括了免疫治疗药物、肿瘤疫苗，增强机体对细菌、病毒、真菌、寄生虫及一些转移瘤的抵抗力和免疫应答。

诱导黏膜免疫的口服佐剂的研究受到重视，因为口服免疫是一种简单易接受的产生全身性免疫的方式，并且黏膜免疫在保护肠道和呼吸道黏膜表面的疫病方面有主要作用。中草药属天然物质，毒副作用小、价格低廉、取材广泛，从中草药中开发出新型佐剂是佐剂研究发展的重要途径。

多糖类物质是一类十分重要的生物活性物质，具有调节淋巴细胞、吞噬细胞、白细胞介素、抗体水平的功能。多糖经化学修饰形成多孔微粒，具有浓缩和储存抗原的作用。多糖微粒可耐受肠道的降解，可发展成口服免疫载体，故以多糖类物质为佐剂，既可发挥其增强免疫作用的功效，又可使其具有运载抗原、促进抗原递呈的佐剂活性，可成为研究佐剂的新趋势。

参考文献

[1] 王明俊．兽医生物制品学．北京：中国农业出版社，1997.
[2] 李琦涵，姜莉．新型疫苗．北京：化学工业出版，2002.
[3] 董德祥，李琦涵，褚嘉祐，孙茂盛，曹逸云．疫苗技术基础与应用．北京：化学工业出社，2002.
[4] 范宝昌，杨佩英．RNA 病毒的反向遗传学操作．军事医学科学院院刊，2001，2（3）：223-227.
[5] 吕方芳．树突状细胞疫苗的研究进展．中国癌症杂志，2004，14（1）：86-89.
[6] 刘惠莉，陆承平，李震．负股 RNA 病毒反向遗传学操作及其应用．国外畜牧学—猪与禽，2004，24（5）：48-50